JIDDU

J. Krishnamurti
克里希那穆提集

THERE IS

NO THINKER,

ONLY THOUGHT

THE COLLECTED WORKS OF
J.KRISHNAMURTI

无我的觉察

［印］克里希那穆提 著

Sue 译

九 州 出 版 社
JIUZHOUPRESS ｜全国百佳图书出版单位

图书在版编目（CIP）数据

无我的觉察 ／（印）克里希那穆提著；Sue译. --
北京：九州出版社，2023.3
ISBN 978-7-5225-1657-8

Ⅰ．①无… Ⅱ．①克… ②S… Ⅲ．①人生哲学－通俗
读物 Ⅳ．①B821-49

中国国家版本馆CIP数据核字（2023）第050633号

著作权合同登记号：图字01-2023-4079

无我的觉察

作　　者	［印度］克里希那穆提 著　Sue 译
责任编辑	李文君
出版发行	九州出版社
地　　址	北京市西城区阜外大街甲 35 号（100037）
发行电话	（010）68992190/3/5/6
网　　址	www.jiuzhoupress.com
印　　刷	北京捷迅佳彩印刷有限公司
开　　本	880 毫米 ×1230 毫米　32 开
印　　张	19
字　　数	580 千字
版　　次	2023 年 9 月第 1 版
印　　次	2023 年 9 月第 1 次印刷
书　　号	ISBN 978-7-5225-1657-8
定　　价	75.00 元

目录

问题

出版前言

《克里希那穆提集》英文版由美国克里希那穆提基金会编辑出版，收录了克里希那穆提 1933 年至 1967 年间（38 岁至 72 岁）在世界各地的重要演说和现场答问等内容，按时间顺序结集为 17 册，并根据相关内容为每一册拟定了书名。

1933 年至 1967 年这 35 年间，是克里希那穆提思想丰富展现的重要阶段，因此，可以说这套作品集是克氏最具代表性的系列著作，已经包括了他的全部思想，对于了解和研究他的思想历程和内涵，具有十分重要的价值。为此，九州出版社将之引进翻译出版。

英文版编者只是拟了书名，中文版编者又根据讲话内容，为每一篇原文拟定了标题。同时，对于英文版编者所拟的书名，有的也做出了适当的调整，以便读者更好地把握讲话的主旨。

克里希那穆提系列作品得到台湾著名作家胡因梦女士倾情推荐，在此谨表谢忱。

九州出版社

英文版序言

　　吉度·克里希那穆提 1895 年出生于印度南部的一个婆罗门家庭。十四岁时，他被时为"通神学会"主席的安妮·贝赞特宣称为即将到来的"世界导师"。通神学会是强调全世界宗教统一的一个国际组织。贝赞特夫人收养了这个男孩，并把他带到英国，他在那里接受教育，并为他即将承担的角色做准备。1911 年，一个新的世界性组织成立了，克里希那穆提成为其首脑，这个组织的唯一目的是让其会员做好准备，以迎接世界导师的到来。在对他自己以及加诸其身的使命质疑了多年之后，1929 年，克里希那穆提解散了这个组织，并且说：

　　"真理是无路之国，无论通过任何道路，借助任何宗教、任何派别，你都不可能接近真理。真理是无限的、无条件的，通过任何一条道路都无法趋近，它不能被组织；我们也不应该建立任何组织，来带领或强迫人们走哪一条特定的道路。我只关心使人类绝对地、无条件地自由。"

　　克里希那穆提走遍世界，以私人身份进行演讲，一直持续到他九十岁高龄，走到生命的尽头为止。他摒弃所有的精神和心理权威，包括他自己，这是他演讲的基调。他主要关注的内容之一，是社会结构及其对个体的制约作用。他的演说和著作，重点关注阻挡清晰洞察的心理障碍。在关系的镜子中，我们每个人都可以了解自身意识的内容，这个意识为全人类所共有。我们可以做到这一点，不是通过分析，而是以一种直接的方式，在这一点上克里希那穆提有详尽的阐述。在观察这个内容的过程中，我们发现自己内心存在着观察者和被观察之物的划分。他指出，这种划分阻碍了直接的洞察，而这正是人类冲突的根源所在。

克里希那穆提的核心观点，自 1929 年之后从未动摇，但是他毕生都在努力使自己的语言更加简洁和清晰。他的阐述中有一种变化。每年他都会为他的主题使用新的词语和新的方法，并引入有着细微变化的不同含义。

由于他讲话的主题无所不包，这套《选集》具有引人入胜的吸引力。任何一年的讲话，都无法涵盖他视野的整个范围，但是从这些选集中，你可以发现若干特定主题都有相当详尽的阐述。他在这些讲话中，为日后若干年内使用的许多概念打下了基础。

《选集》收录了克里希那穆提早年出版的演说、讨论、对某些问题的回答和著作，涵盖的时间范围从 1933 年直到 1967 年。这套选集是他教诲的真实记录，取自逐字逐句的速记报告和录音资料。

美国克里希那穆提基金会，作为加利福尼亚的一个慈善基金会，其使命包括出版和发布克里希那穆提的著作、影片、录像带和录音资料。《选集》的出版即是其中的活动之一。

PART 01

印度新德里，1961 年

心应当破除语言的奴役

在我们开始之前，我想应该先澄清一点，那就是我们所说的讨论意味着什么。在我看来，讨论是通过把事实展现在我们面前，来进行的一个探索过程。也就是说，我在讨论中认识自己，发现自己的思维习惯、思维方式、推理方式以及自己的各种反应，不仅从智力上，而且从心理上去了解这些内容。其实它不仅仅从语言上，而且也从事实上展现着一个人自身的方方面面，这样的话，讨论就成了一件有价值的事情——我们自己去发现我们是如何思考的。因为我认为，如果我们能够在一个多小时的时间里保持足够的认真，并尽我们所能真正深入地去探索自身的话，那么，无须借助任何意志力的行为，我们就能释放出一种能量，这种能量始终是醒觉的，并且超越了思想。

这场讨论无疑与我们的日常生活息息相关——它们并不是两件互不相干的事情。而我们大多数人在态度和结论方面都已经变得极端机械，导致我们活得如此局限，几乎完全没有活着——这里指的是完整意义上的活着——除非我们打破我们的思维模式。那么，我们在生活中，有没有可能让我们所有的感觉全然清醒，让心灵不被占满，同时又拥有一种完整的洞察，不仅能够从视觉上看到，而且能够超越思维的局限呢？如果可以，那么我们就值得去深入探索这一切。所以，如果你对这些感兴趣的话，我们就可以一起来探讨对生命的这份觉知、这份全然的觉察，进而也许就能释放出一种始终醒觉的能量，尽管我们现在的生活如此空洞、如此浅薄。

当你倾听这些讲话的时候，请务必关注、务必观察自己的内心，这样你才能学习。

听众提问（以下简称"问"）：先生，你说的"学习"指的是什么呢？

克里希那穆提（以下简称"克"）：我想，如果我们能够理解学习的含义，那或许能对我们有所帮助。学习仅仅是一个累加的过程吗？我可以往我已经拥有的东西里，或者已经掌握的知识里添加点儿什么。可那是学习吗？学习与知识有关吗？如果学习只是一个向我的已知中添加的过程，那还是学习吗？

那么，什么才是学习呢——就像说：什么才是倾听呢？如果我在诠释、我在演绎，如果我只是在支持、反对、接受或者拒绝我听到的话，那么我是在倾听吗？学习是对一个人自身结论的改造、改头换面、添加或者扩展吗？显然，如果你要理解倾听是什么、学习是什么，你就必须进行一番探索，不是吗？抑或，学习、倾听或者观察与过去无关，而且完全不是一个时间上的问题？也就是说，我能不能如此彻底而全面地倾听，以至于那倾听的行动本身就能洞察什么是真实的，因而那洞察本身就有它自己的行动，而无须我把看到的东西转换成行动？

问：你用"学习"这个词指的难道不是一种非常特殊的含义吗？我们所理解的学习，是与知识有关的——也就是获得越来越多的知识。除此之外，"学习"这个词里并不包括别的意思。你用这个词指的是一种非常特殊的含义吗？

克：也许我们用这个词指的确实是一种非常特殊的含义。对我来说，它意味着探索和询问。我想弄清楚怎么讨论这个问题。讨论仅仅是意见的交换、辩论或者展示自己的知识、聪明和博学吗？抑或，尽管有知识存在，但讨论是对我所不知道的东西进行的一场更为深入的探索？在科学家探询的领域中——如果他算得上科学家的话——讨论算不算一场科学探索呢？那样的话，他的探询就不会从某个结论出发。

而我们现在做的是什么呢？我们只是在为正确的讨论打下基础。如果这只是男学生之间的一场辩论，那就毫无价值了。如果只是互相反驳对方的结论，那么我们就走不了多远。如果你是个共产主义者，而我是个资本主义者，我们通过语言和政治活动等等来交战，那么我们哪儿也去不了。如果你固守着印度教徒、佛教徒或者无论什么角色，而我是别的什么身份——一个天主教徒——那么我们就只是在用说辞、结论和教条来对打，那不会让我们走多远的。

然而，如果我想走远，我就必须知道、我就必须明白：我的讨论是从一个立场、一个结论、一种知识、一种确定性出发的呢，还是我完全没有固守着什么。如果我固着在某个东西上，然后从那里出发，试图去发现什么，那么我就受到了严重的制约，因而无法自由地思考。而所有这些都是一个揭示自我的过程，不是吗？

听众评论（以下简称"评论"）：完整的生活。

克：有位先生想知道怎样才能完整地生活。

评论：先生，我对了解思想的机制很感兴趣。有时候思想好像是从深层的结论中产生的，有时候好像是从最表层产生的，就像从上面落下来的一滴水一样。对于这点我很困惑。我不知道还有脱离背景存在的思想。我无法估量"思想"这个词真正的含义是什么。

克：好的，先生，我们来讨论这个问题好吗？

思想是思考的机制。思考只是对一个问题、一个挑战的反应吗？如果思考只是一种反应，那么它还是思考吗？我想可能我深入得太快了。如果我深入得太快，请告诉我。

评论：我觉得我们能听明白你的意思，先生。

克：好的，先生。你问了我一个问题，我回答了。那个回答是你的提问引发的，我依据我记忆里的内容做出回答。我只知道这样的思考。如果你是个工程师，我问了你一个问题，你就会依据你的知识来作答。如果我是一个瑜伽士、一个梵文学者或者别的什么人，那么我就会依据我的背景、我所受的制约做出回答。难道不是这样吗，先生？

所以，思考——我们所知道的思考——是不是依据我的背景对一项挑战、一个问题、一个刺激做出的反应呢？我的背景可能非常复杂，我可能有宗教、经济、社会或者技术等方面的背景，我的背景可能受限于某种特定的思维方式——我根据那个背景做出回答。我思维的深度可能非常肤浅，如果我是在现代体制下接受的教育，那么我就会依据我的知识回答你的问题。但是，如果你更深入地追问下去，我就会依据我对自己潜意识认识的深度来回答。而如果你再进一步追问下去，更深入地探究、询问下去，我要么会说"我不知道"，要么会参照某些种族的、传统的、继承来的或从别处得来的答案来回答。不是吗，先生？我们或多或少都知道这一点。思想都是对挑战和问题的机械反应。这个机制可能需要一些时间来做出回答，也就是说，问题和回答之间可能会有一个或长或短的间隔，但依然是机械的。

那么，如果我能觉察这整个过程——我们极少有人能做到这一点，但是，如果可以的话，我假定我们能觉察到这个过程——我意识到我对某个问题的全部反应，也就是思考的过程是非常机械、非常肤浅的，尽管我的回答可能非常有深度，但依然是机械的。而我们是借助语言或者符号进行思考的，不是吗？所有的思想都包裹在语言、符号或模式的外衣下。有没有一种思考是无须语言、符号和模式的呢？

于是就有了这个问题：我们所有的思维是不是都只能借助语言来进行？不是吗，先生？心能把语言和思想分离开来吗？如果语言被剥离出来，那么还有思想吗？先生们，我不知道你们有没有在体会这些，还是仅仅听听而已。

问：思考是什么呢？

克：我问你一个问题，你是怎么回答的呢？

评论：根据我的背景回答。思考是最自然的过程了。

克：我问你："你住在哪儿？"你马上就能回答，不是吗？因为"你住在哪儿"对你来说非常熟悉，你想都不用想就能迅速回答。不是吗，先生？然后我问你一个复杂一些的问题，回答和提问之间就有了一个时间间隔。思想在记忆的深处搜寻着，不是吗？

我问你："这里到马德拉斯有多远？"你说："我知道，但是我得确定一下。"然后你说出距离是多少多少英里。所以你花了一分钟的时间间隔，在这一分钟里，思维过程在进行——搜查记忆，然后记忆给出答案。不是吗，先生？接下来，如果我又问了你一个更复杂的问题，需要的时间间隔就更长了。如果我问了一个你不知道答案的问题，你会说"我不知道"，因为你无法从你的记忆中找到答案。但是，你会等一下再去查证，你去问一个专家，或者回家从书上查了再告诉我。这就是你的思维过程，不是吗？——等待答案。然后，如果我们再进一步，如果我们问了一个你根本无从知道答案的问题，记忆无法回答，那么就不会有等候，不会有期待。然后心智会说："我真的不知道，我回答不了。"

那么，当心智说"我真的不知道"时，它究竟能不能处于这样一种既不拒绝问题，也不继续说"我在等待答案"的状态中呢？我问你真理是什么、神是什么、X 是什么，你会依据你的传统来回答。但是，如果你推进得更远一些，如果你否定了传统，因为只靠重复并不能发现神、真相或者无论你管它叫什么，那么，一颗说"我不知道"的心，与一颗只想寻找答案的心，是截然不同的。当心智说"我真的不知道"时，它难道不需要、不应该处于这样的状态中吗？若要发现什么，若要让某种新东西进来，心就必须处于那样的状态中，不是吗？

评论：先生，我们已经来到了这个点上：我们用语言、符号来思考，我们需要把思想跟语言和符号分离开来。

克：先生，我们有没有直接体会到，就像我们知道的那样，所有的思维都要借助语言呢？或者，它也可能不是语言化的过程。我只是在提出这个问题。而这与日常生活又有什么关系呢？去办公室上班，面对妻子、争吵、嫉妒——你知道日常生活中的所有事情，令人厌恶的疲倦和恐惧等等那一切——这些跟这个问题有什么关系呢？思维是语言层面上的吗？我觉得我们不应该离实际生活太远——那就变成了揣测。但是，如果要和我们的日常生活联系在一起，那么我们也许应该先来消除生活中干扰我们视线的一些因素。就是这样。

先生，让我们重新开始吧。语言对我们来说非常重要，不是吗？像"印度""神""共产主义者""薄伽梵歌""奎师那"这些词，还有"嫉妒""爱"这些词，对我们来说都很重要，不是吗？

评论：是的。语言有着重要的意义。

克：那就是我的意思，词语的意义很重要。那么，心能摆脱深深制约着我们的思维的语言吗？你明白吗，先生？

评论：那不可能。

克：先生，那也许是一件不可能的事情，也许根本就不可能，但我们是语言的奴隶。你是一个通神学者，或者是一个共产主义者，或者是一个天主教徒，你身上带着那些词语所包括的一切含义。如果我们不理解那些词以及它们的意义和内涵，我们就只是词语的奴隶。在开始探索和询问之前，心灵难道不应该先破除语言的这种奴役吗？你明白吗，先生？共产主义者用"民主"这个词指的是一种意思——人民的政府，等等——而其他人用同一个词指的则是完全不同的意思。所以，当一个人发现，两个所谓的聪明人用同一个词指的意思却大相径庭时，他就会开始探询这件事情的真相究竟是什么。所以，他对词语变得特别特别小心。

心能打破语言设下的制约吗？显然，这是首先要弄清楚的事情。如果我想找到神，在找到之前，我必须先破除一切——破除所有关于神的简单化的想法和结论。如果我想弄清楚爱是什么，我就必须打破关于爱的所有传统的、分裂的、分离性的定义——比如肉体的、精神的、普遍的、特殊的、个人的爱，不是吗？心如何才能让自己摆脱词语呢？这究竟可能吗？或者你会不会说"那绝不可能"？

问题：先生，我们能暂时让观点脱离结论吗？

克：先生，如果想要讨论点儿什么，先请问你说的"暂时脱离"指的是什么？如果我暂时脱离共产主义者的身份来探讨一下共产主义，那就没什么意义了，也不会发现什么。

问题：先生，那就像一个人走进了黑暗，手里却连个火把都没有，不是吗？

克：是的，先生，也许是这样；这时的探索也许就是这样。真正的思考与机械的思考是截然相反的。我不知道机械的思考是什么，也不知道真正的思考是什么。你的心智是机械的吗？对你来说，思考是机械的吗？心应该对打破语言的藩篱、问题的障碍以及词语制造的混乱真正感兴趣，不是吗？心应该对人世间的生死问题有真正的兴趣，而不是从理智上感兴趣，不是吗？如果没有兴趣，你怎么可能打破那些公认的理论所包含的意义呢？如果你要探询自由的问题、生活的问题，你就必须探究那些词语的含义，不是吗？仅仅意识到心灵是语言的奴隶，本身并不是目的所在。但是，如果心对自由、对生活等等诸多问题感兴趣的话，它就必须深入探究。

问题：如果心不感兴趣，那它怎么才能做到感兴趣呢？

克："如果我不感兴趣，那我怎么才能感兴趣呢？"我必须睡觉，我又怎么能保持清醒呢？我可以吃几片儿药或者咨询别人来让自己保持清醒，但那是保持清醒吗？

评论：当我看到一样东西，我的"看"是自动发生的；然后诠释就会出现，还有谴责。

克：先生，你说的"看到"是什么意思呢？有视觉上的看到——我看到了你，你也看到了我；我能看到近处、很近的东西，我也能从视觉上看到很远的东西。而且，我用"看到"这个词指的还有"理解"的意思；我说："是的，我现在看得非常清楚。"诠释的过程在看到的同时就发生了。而我们问，如果所有的"看"都是诠释，那么，说"看"不是诠释的标准又是什么呢？我能看着什么东西而不做诠释吗？这可能吗？

我能不能看着什么却不诠释我看到的东西？我看到一朵花，一朵玫瑰。我能看着它却不给它命名吗？我能看着它、观察它吗？抑或，就在观察的过程中，命名就发生了，两件事情是同时发生的，所以是分不开的？如果我们说它们是同时发生的、分不开的，那么停止诠释就变得不可能了。

让我们来弄清楚有没有可能看着那朵花却不给它命名。你试过吗，先生？你可曾看着自己却不命名，不只是碰巧这样，而是从内心里就不命名？你可曾看着自己而不诠释你实际的样子？我发现自己很坏或者很好、我爱着或者恨着、我应该这样、不应该那样。那么，我有没有看着自己，不谴责也不辩解呢？

评论：先生，困难在于，我们无法只是看着自己而不评判我们的行为。同样，当我们评判时，我们立刻就停止了行动。

克：那它就不是一件困难的事情，因为你看到了事实。只有当你看不到事实的时候，困难才会产生。我非常清楚地看到，当我发现自己实际的样子时我有谴责，然后我意识到这个谴责过程阻碍了进一步的行动。如果我不想再有进一步的行动，那就没什么关系了，不是吗？但是，如果我想有进一步的行动，这个谴责过程就得停止。那么困难在哪里呢？

我发现自己在撒谎，没说实话。那么，如果我不想评判这件事，那就不会有问题，我就是撒谎了。但是，如果我要责问这件事情，那么就会产生矛盾，不是吗？我想撒谎，我又不想撒谎；于是困难就产生了。难道不是这么回事吗？

如果我发现自己在撒谎，而我喜欢这样，我就会继续。但是，如果我不喜欢，如果它让我裹足不前，那么我就不会说这很困难。因为它让我裹足不前，因为这对我来说是一件很严肃的事情，所以我会停止说谎。然后就没有了矛盾、没有了困难。词语都带有谴责或褒奖的意味。只要我的心困在词语中，我就要么会谴责，要么会接受。而心有没有可能既不接受也不拒绝，只是观察而不让词语和符号干涉进来呢？

问题：可是，行动跟语言是分开的吗？

克：观察是一个思想过程吗？我能不能不带着词语去观察，就像我们说的那样，既不谴责也不褒扬呢？

问题：观察跟思考有什么不同呢，先生？

克： 我用的是"观察"这个词。抓住"观察"这个词。我观察你，你也观察我。我看着你，你也看着我。你能不带着"我"这个词、不带着你的成见和好恶来看我吗？你把我放在一个讲台上，而我把你放在一个更大的讲台上。你能看着我、我能看着你，而没有这个诠释过程吗？

评论： 观察的时候不可能没有思考过程，也就是形成记忆的过程。

克： 那会怎么样呢？如果是这样，那我们就永远是过去的奴隶，因此永无救赎之日。始终被过去所奴役的人是没有救赎可言的。如果那是我唯一知道的过程，那么就没有自由这回事了，而只有制约扩大或收缩的过程了。这样，人类就永远无法获得自由了。如果你这么说，那么问题就结束了。

问题： 我现在对你做出的反应是一回事，等我走出去之后我的反应就是另一回事了。要养活我的家庭和我自己，需要一些最基本的东西。在得到这些东西的过程中，我也觉得需要保证这些物质类东西的延续性——食物、衣服和住处——未来也是如此。而且我的各种需求也在增长。于是，贪婪就来了，而且不断加剧。我的心怎样才能在某个层面上停止贪求呢？

克： "当我生活在这个需求不断增长的世界上，贪婪要如何才能消失呢？"不是吗，先生们？我认为有些东西是我需要的，而且那些需要也必定会持续存在。可我为什么要为那些事情担心呢？我想知道我们能不能解决这整个问题——恐惧、完整的生活、思考是什么，还有我们讨论过的那些事情，以及我们能不能探讨一下能够唤醒智慧的觉察。我会简明扼要地说一说这些问题。如果我们可以讨论如何能够一整天——不是偶尔，也不是只保持十分钟——都智慧地觉察，那么我想我们自己就能解答这些问题了。我有没有可能觉察——觉察的意思是，无论我在什么地方、地位高低、拥有多少，都能智慧地保持警觉——于是我的心不再处于担忧的状态中？那么，我们有可能智慧地觉察吗？

智慧是什么呢？我们可以提出成千上万个问题，并得到成千上万个答案，但我们依然还会是老样子，除非我们理解了智慧这个词以及它的内涵、意义和内在的意味。现在我就在问自己："我能领会这份智慧的意义吗？如果我有了那份智慧的感觉，那么问题将不复存在，因为问题出现的时候我能够把它们全部解决。"

（新德里第一次演说，1961 年 1 月 8 日）

让心从比较中解放出来

上次我们见面的时候说到要探讨智慧的问题，我想，如果我们能尽可能深入、全面地探讨这个问题，那么也许对我们看清心灵有没有能力充分理解各个问题，进而发现什么是真正的智慧，会大有帮助。要非常深入地探讨这个问题，在我看来，我们首先需要了解什么才是问题；然后，心如何把握或者认识那个问题，心如何理解那个问题——这将带来对自我认识的了解，不是吗？知识始终属于过去。自我了解是此刻鲜活的过程，是活生生的现在。在对问题的理解中，你就会发现如何对心智这个工具进行鲜活的了解——也就是实实在在地去思考，而不是从理论上、学术上去思考——你就会体会到了解的过程，不是吗？我们会探讨这个问题，这样我们也许就能发现智慧是什么。

如果我们不了解我们是如何思考的，我不知道我们怎么能够以认真的态度探讨智慧是什么。单单对智慧下一个定义毫无意义。词典上有解释，你和我也能给它下定义、下结论。但是，在我看来，下定义、下结论本身就说明缺乏智慧，而不是有智慧。所以，如果你也觉得有必要，我们可以相当广泛而深入地探讨智慧这个问题，同时怀着一种乐趣感和欢快感——带着一种必要的认真，同时又有它自己的幽默感。所以，请允许我先讲一点儿，然后你就可以拾起线索，接下来我们就能一起探讨了。

我认为，一颗有问题的心是没有能力真正获得自由的。被问题驱使的心永远不可能有真正的智慧。我会详细探讨这些的。我们马上就开始讨论这个问题。一颗心，如果不停积累问题，成为问题的土壤，并从问题出发去思考，那么它就无法智慧地处理问题。无疑，问题意味着一件心智无法理解的事情，它发现自己很难理解也把握不了这个问题，无法突破这个问题得到一个解决办法。这就是我们所说的问题。它也许是我和妻子、孩子或社会之间的一个问题，是一个个人的或集体的问题。问题隐含着找不到解决办法和答案的意味，所以我们会把找不到答案或解决办法的事情称为问题。一个精通活塞发动机的机械师了解与活塞发动机有关的一切事情——对他来说，这不是问题，因为他了解，所以问题对他来说并不存在。而知识也会制造问题。我不知道我们能不能稍稍探讨一下这个问题。

知识不可避免地会制造问题。如果我对杀戮一无所知，那么残酷的暴力以及诸如此类的一切就不会成为问题。只有知识会制造问题，这让我自己自相矛盾——我想杀戮，我又不想。是知识在阻止我去杀戮，抑或是知识在制造问题。在制造了问题之后，那个知识当然也预告了解决的办法。在我们能进一步深入理解"智慧是什么"这个问题之前，我想我们必须首先明白这一点。

我们来明确一点：我们的讨论——不是像理论家们那种学术上或理论上的探讨，而是实实在在的讨论——是要去体验我们所说的一切。我们说过，我们要弄清楚智慧是什么。当心灵被问题所负累，它可能是智慧的吗？而为了不被问题所累，我们试图逃避问题。想要找到解决办法，本身就是对问题的逃避。转身投靠宗教、结论和各种形式的揣测，也是一种逃避。而由于我们生活的各个层面上都有问题——经济的、社会的、个人的、集体的、国家的、世界的等各种问题——我们深受问题所累。

然而，生活是问题吗？我们又为什么把整个生活都降低成了问题呢？无论我们碰到什么，都会变成问题——爱、美、暴力——我们所知道的一切都以问题的形式呈现。如果心灵能够摆脱各种问题，在我看来那就是智慧的状态——讲话过程中我们将会探讨这个问题。

所以，首先我们有各种问题。问题之所以存在，是因为我们有知识，否则我们就不会有问题。当心智有了一个问题，解决办法就是已知的。我们只想发现一种技巧来帮助我们找到解决办法，而不是直接发现答案，因为我们已经知道了答案。我们可以先来讨论一下这个问题吗？

问题产生于知识，而那个知识本身就已经给出了解决办法。解决办法已经在知识里面了，无论这点你有没有意识到。我们寻求的并不是解决问题，而是要找出有什么方法能得到已知的解决方案。如果我是个工程师或者科学家，我有了一个问题，那是因为我已经知道了些什么。是知识招来了问题，因为我知道问题是知识的产物，那个知识也提供了解决办法。于是我说："我要怎样在问题和已知的解决办法之间架起桥梁呢？"所以，我们并不是在寻找解决办法和答案，而是怎么才能找到或者认识到那个解决办法。我认为我们需要明白，我们想要的不是答案，因为我们知道答案；问题就给出了答案，而问题和答案之间的间隔，这个时间间隔是让那个解决办法发挥作用所需要的技术上的间隔。你看，需要有大量的自我认识才能理解这点，这实际上不仅仅意味着了解每天都活跃着的自我——去办公室、买卖、争吵、嫉妒、羡慕、野心勃勃，以及这种自我中心行为的所有外在表现——而且也了解心灵深处那些从未触及的潜意识领域。所以，就是储存起来的这些知识制造了问题。单纯去寻找问题的答案，实际上、本质上就是从技术上去找到已知的解决办法而已，因此，你必须深入这整个问题，深入探索被称为意识的这整个东西。我不知道我有没有说清楚，还是我把这件事情弄得更复杂了。毕竟，如果我有智慧，如果存在智慧，那么问题就不会存在；问题出现的时候我就能解决它们。而心能不能没有任何问题呢？

我们来进一步探讨。心没有问题的状态就是我们所说的宁静、神或者智慧。这实际上就是我们想要的东西，心不停追寻的东西。但是心智把整个生活降低成了一系列的问题。死亡、衰老、痛苦、悲伤、快乐、如何保有快乐———一切都成了一场噩梦，不仅仅在心理层面、在个人和集体层面上是这样，而且在整个人类的潜意识层面上也一样。所以，在我看来，若要鲜活地置身智慧之中，你就必须超越这一切；否则，这就变成了一个单纯的理论问题。

那么，在说了这些之后，我们能不能探讨一下"问题来自知识"这个话题？否则，问题就不会存在。而当我们说到某个问题时，我们通常的意思是并不知道答案，解决办法是未知的。"要是我能为我的问题找到解决办法就好了。"———这是我们内心长久以来的渴望。但是，正是因为有那个问题，我们就已经知道解决办法了。我们可以先来讨论这点，然后再继续吗？而这将会带我们揭开答案，这将是一个鲜活的自我了解过程，不是吗？

问题：一个数学家有一个未解的问题。他的心要怎样摆脱这个问题呢？

克：先生，你是个数学家吗？你是作为一个数学家在讨论这个问题吗？或者你是作为一个带着问题的普通人，而不是作为一个有问题的专家来探讨这个问题的吗？

评论：我懂一点儿数学。

克：先生，我们讨论的是人类的问题。你可以说你有一个关于爱的问题。

评论：这是已有的知识带来的一个结果吗？先生，我爱我的孩子们，我爱我的兄弟。我承担了他们的责任。我遇到了一些困难，所以我想摆脱这些责任。

克：为什么呢？你为什么想摆脱？

评论：因为它对我的心是一种干扰。

克：所以，你看，仅仅逃避并不是答案。你知道逃避有多愚蠢，但你却继续逃避。所以那就变成了你的问题。我的妻子和我无法相处，于是我借酒消愁。这是一种逃避，酗酒就变成了一个问题。我和我的妻子有问题，而现在我因为逃避所以要喝两杯，于是这也变成了问题。所以生活就是这样继续下去的。我们有不计其数的问题，一个问题带来了另一个问题。不是吗，先生？

所以我们问自己：问题难道不是从知识中产生的吗？我们来讨论一下。我说过问题产生于知识，正因为有那些知识和问题，所以答案是已知的，解决办法已经在那儿了。

评论：先生，"知识"这个词的用法相当含糊。你涵盖的内容太多了。现在我们以汽车为例——这是技术上的知识。但是，这种知识完全不同于对生活问题的认识，对那些难以解决的事情的认识，也跟它完全不一样，因为有太多的社会条件在发生着变化。所以，知识并不总是能导向解决办法——这点并不是必然的；有时候在某些情况下，知识也许隐含了解决办法，而在某些情况下就没有。

克：我完全不确定这一点是不是并不适用于所有的情况。我只是先这么提出来，先生，我不是要变得教条。现在请等一下。你说到了外在和内在，外在的知识和内在的知识。我们为什么要把它划分成外在的知识和内在的知识呢？它们要被储藏在防水密闭的容器里吗？还是说，外在的运动只是自然的运动变成了内在的呢？就像潮水退下去再涨上来一样。你不会说那是向外的潮水还是向内的潮水。整个生命是一场进进退退的运动，而我们把它称为内在和外在。那是同一种运动——而不是互相分离的外在运动和内在运动——不是吗，先生？从根本上讲，存在外在知识和内在知识之间的这种区别吗？并不是外在的知识制约了内在的知识，也不是内在的知识改变了外在的知识。我们能把知识这样划分成外在和内在的吗？我们能不能理解知识始终是过去的，是某种意味着过去的东西呢？

问题：先生，直觉是怎么回事？

克：直觉，也许是个人的投射、个人的愿望经过调整、精神化或提炼之后变成了某种直觉。

所以，如果可以的话，让我们回到我们讨论的那一点上去。我们有很多问题。作为人类，我们受到了诅咒，生活中有各种各样的问题。心智总是在寻找这些问题的答案。但是，有没有一个答案是我们还不知道的，所以我们是不是值得去寻找它呢？你明白吗？我希望我们能讨论一下这个问题。

比方说，我有个问题，爱的问题，也就是我想要普世的爱，无论那是什么意思；我想毫无分别地爱每个人，没有多少，也不分肤色。我说的是普世的爱，而我也爱我的妻子。所以，就有了普世的爱和个别的爱，它们互相矛盾，不仅仅从字面上，实际上也是矛盾的。首先，我们不知道普世的爱是什么意思，但我们却对此夸夸其谈，不是吗？这个国家一直在不停地谈论非暴力，同时又在谈论备战，还有阶级上和语言上的各种划分。我们的心智谈论着普世的爱，并且说神就是爱，我拿这个作为例子。你明白吗，先生？既有普世的兄弟情谊，同时我又爱着我的妻子。我们怎么能调和这两者呢？这就变成了一个问题。怎样把个人的、特定的、"墙内的"东西转变成没有围墙的东西呢？你看，这就变成了一个问题，不是吗？现在我们来讨论一下这个问题。

首先，有一种知识说存在着普世的爱。或者我们偶尔也会有那种感觉，一种非凡的一体感和美的品质，告诉我们说："没什么好担忧的，你为什么要担心任何事情呢？"然后等我回到家，我得跟我妻子开战。所以就有这种矛盾，而我们总是试图找到答案。寻找答案是智慧的做法吗？当我说存在普世的爱，那是一种知识，不是吗，先生？那难道不是一种知识、一个概念、一个结论，一个我道听途说来的东西吗？不是吗？《薄伽梵歌》说了这样的事情，所以结论变成了我们的知识——无论是传统、社会强加给我们的结论，还是我们自己得出的结论。

　　所以，当我们说我们有个问题，那是什么意思呢？先生，你有很多问题，这样或那样的问题，不是吗？而我们那么说是什么意思呢？说"我有个问题"的心是个什么状态呢？就这个问题来说，事实是怎样的呢？

　　评论：我们想达到我们为自己设定的标准。

　　克：我们努力接近那些标准、理想、典范，而因为你无法让自己接近，就产生了问题。我想成为经理，而我是个小职员，所以这就成了问题。我不知道，而你知道，我想达到那个状态，这样我就能说"我知道"了，所以这也成了问题。不是吗，先生们？

　　评论：一种不满足感（insufficiency）。

　　克：你为什么把它变成问题呢，先生？我觉得不满足，我觉得嫉妒，我没有能力，我不够智慧。我感觉内心空虚。我看到别人很快乐，而我不快乐。这是一个非常具体的例子，先生。我现在觉得不满足。我只是在问自己我为什么要把这变成问题。是什么品质把它变成了问题呢？你明白我说的意思吗，先生？我意识到我不满足。这为什么要成为问题呢，先生？我不满足，我想达到那种满足的心态。我通过比较、通过看你，意识到你聪明、有地位、有钱、好运亨通，而我什么都没有。我看到了这些，这对我来说突然就成了问题。你是富人，我是穷人——这变成了问题。我对自己说："是什么让心智把这件事情降低成了一个问题呢？"我看到你美丽而我丑陋，痛苦就开始了。我希望像你那样——聪明、美丽、有学识，你知道诸如此类的一切。是什么让这个机制运转的呢？这个机制显然是比较，不是吗？我不满足，你很满足；我丑陋，你美丽；你是这样的，而我不是——一种对比。那么，是什么导致了这种比较呢？心为什么要制造问题呢？因为，心智有能力去比较，而这种比较从小就得到了培养。你没有你哥哥那么聪明，你没有你叔叔那么优秀，你没有你姐姐那么漂亮，等等诸如此类——这些从小就被灌输到了我们心中。心智说"我是这样的，而我必须变成那样"，通过比较就产生了不满足。而我们却说这种不满足带来了进步。这就是整个过程。

我不满意我现在的样子，因为我有能力和更伟大、更渺小、更高或更低的东西比较，对吗？如果出现了奇迹，能把比较这项品质从脑子里清除掉，那么我就会如实接受自己。然后我就不会再有任何问题了。所以，心能停止比较式的思维吗？它思考的时候为什么要比较呢？因为，事实就是我的心很狭隘，这是个事实。我为什么要跟别的东西比较，然后从中制造问题呢？我的心很狭隘、很空洞，这是一个事实。我为什么不能接受这点呢？有没有可能看到我就是如此的事实，而不做比较呢？造成问题的一个最主要的因素就是比较。而我们说通过比较我们能够获得了解，我们说通过比较我们能够成长，这就是我们知道的一切。心有没有可能排除所有的比较呢？如果不可能，那么我们就会生活在永无止境的问题当中。而被问题驱使的心，显然是一颗愚蠢的心。

评论： 只有精神错乱的心才会没有问题。

克： 一位先生说只有精神错乱的心才会没有问题。精神错乱的心会把自己和某种东西相认同，认为此外其他所有的东西都不存在。当一颗心从心理上把自己和某种东西相认同，或者说"我就是这样的"，那么这样的一颗心就排除了其他所有的事情，把自己局限在了那一件事情之中，所以它显然没有问题。这样的心智是一个精神错乱的心智。但我们也是精神错乱的，因为我们有数不清的结论，我们与它们相认同，并且排斥其他所有的一切。当我说"我是个穆斯林"或者"我是个印度教徒"时，我就会拒绝承认其他所有的事情，我就是精神错乱的。

现在，我们把话题收回来。心为什么要制造问题呢？导致这种行径的因素之一就是比较。那么，通过探究、审视和观察，心能明白比较的无益及其导致的浪费吗？——因为比较带来了各种问题。你明白吗？一个被问题所驱使的心智，根本算不上是一颗心，它没有能力清晰地思考。所以真相是比较制造了问题。我丑陋，我暴力，我能看着我实际的样子而不去比较吗？

你能看着什么东西而不去比较吗？你能不能看着落日，而不说"今天的夕阳很美，但是没有昨天的漂亮"？你曾经这么尝试过吗？不带比较地观察和看着某件事物，本身就有一种非凡的纪律感——不是强加的——全神贯注地看着某样东西，因而丝毫没有比较的问题。有可能看着什么而不做比较吗？你能不能看着自己而不去比较呢？心有没有可能观察自己，而不去说自己没那么好呢？如果心能做到这点，当它做到了，就不会有问题，对吗？

评论：有可能，但是非常困难。

克：那你说的"困难"是什么意思呢？你用"困难"这个词，是因为你的心没有摆脱比较。如果你说很难，你就是在从成就的角度思考问题——那就意味着比较。问题是能量的浪费，任何一个工程师都会告诉你浪费的是没有被利用的能量。那么，如果问题是能量的浪费，那这些能量能不能用来不比较地看待问题呢？当我比较的时候，就是在浪费能量。那显然是在逃避我实际的样子。而看着我实际的样子、与我的事实共处，需要我全部的能量，不是吗？你可曾与某个美丽或丑陋的东西共处过？

问题：先生，你说的"共处"是什么意思呢？

克：你可曾与某个美丽或丑陋的东西共处过？如果你与某个丑陋的东西共处过、它要么会扭曲你、败坏你，要么会把你也变丑陋。当你走到下层街区并日复一日地生活在那里，你就会完全忽略你生活在肮脏环境中的事实，因为你已经习惯了。所以，你从未与它共处过——你只是习以为常了，那变成了你的习惯，你视而不见。而与一棵美丽的树共处——你周围有很多美丽的树，而你从来没有看过它们，那意味着你完全忽略了它们的存在。所以，你从来没有跟任何东西共处过，无论丑陋的还是美丽的。而要与什么共处，就需要很多能量，不是吗？与浪费共处，难道不需要大量的能量吗？

评论：那么我们就会困在污浊里。

克：你要么完全忽视它，要么深陷其中。

评论：如果我们漠视它，就不会被困在里边。

克：如果你对污浊漠不关心，那么你同样会对美漠不关心。所以，请看到这些事实，先生。从这里边可以看出一件非常有趣的事情，那就是心因为这些问题耗费了自己的能量。显然，心因为这种消耗而变得虚弱，所以无法面对事实。事实是，心智是狭隘、琐碎、愚蠢的，心无法面对这个事实。而与"现状"共处，对心智来说极其困难，不是吗？那需要巨大的能量，这样它才能毫不扭曲地观察。

问题：当我们用到"不满足"这个词，难道不就意味着有比较吗？

克：先生，我只是按照词典解释的含义来用这个词的，并没有比较的意味。我只是说我不满足。不满足有比较的含义。但是，当我按词典上的意思来使用"不满足"这个词的时候，并没有比较。如果我们真正认真的话，我希望我们能或多或少排除所有词语的影响，这样我们只需要领会词语的含义就够了。若要与满足或不满足共处，就需要巨大的能量，这样事实才不会扭曲心灵。

问题：先生，不满足和心智是两回事吗？心能看着它吗？

克：当我说我不满足时，心意识到自己不满足。它并没有作为观察者置身于自己之外看着被观察的东西。先生，你能不能试一下，哪怕是为了好玩儿，不去比较，只是存在着、只是看着你实际的样子并与之共处？试着与那个花园、一棵树、一个孩子共处，于是那个孩子不会扭曲你的心灵，丑陋不会扭曲你的心灵，美也不会扭曲你的心灵。如果你这么做的话，然后你就会发现这有多么困难，需要多么丰富的能量才能与某种东西共处。因为我们说人必须有那样的能量才能完全地、彻底地与某种东西共处，于是我们就说有各种各样聚集能量的方式，但那些方式都是能量的浪费。

请看到这个事实，即"心是不满足的"这个事实，并一整天都与之共处，看看会发生什么。观察它、探索它，让它以自己的方式展现，看看会发生什么。而当你能够这样与之共处时，就不会有不满足，因为心从比较中解放了出来。

（新德里第二次演说，1961 年 1 月 11 日）

一颗冲突的心必将缺乏爱的能力

前天我们探讨的是比较和区分的问题，一个总是在比较并进而思考自身优势的心智，究竟是不是真的有任何优越之处。一颗心只要处于冲突和比较之中，这颗心实际上不就是在退化吗？冲突不就表明了退化吗？而我们探讨的是，怎样才能让心如实地感知、观察事实本身，而不对其加以诠释或提供某种观点，以及如果心总是在比较，它能否拥有这样的洞察。我们还讨论了整个不满足的问题。我们大部分人都不满意，对我们实际的样子、对世事的现状都感到不满。而我们之中大部分真正关心这些事情的人，都想要对这一切做些什么。那么，不满是行动的一个源头吗？我不知道我们能不能稍稍探讨一下这个问题。我对这个世界上的政治状况感到不满，我行动的动机就是不满。我想通过某些方式——共产主义、社会主义或者无论什么主义，"极左"、中间派、中间偏左或中间偏右以及诸如此类的方式——来改变现状。

那么，产生于不满的行动是创造性的行动吗？我不知道我是不是把话题转移到我们前天探讨的内容上去了。但是，我想这与我们前几天讨论的内容是相关的，因为我们总是从"更好"的角度去思考，不是吗？而在"更好"的领域里有创造性存在吗？如果有不满，还会有智慧吗？而正如我们所知，"不满"无疑是完全或彻底没有能力去接近"更好"和"更多"。

如果我可以在这里指出来的话，请注意，我们探讨的是一件相当困难的事情。它会非常困难，除非我们在某种程度上给予它一定的关注。

我认为，冲突中的心是最具破坏性的心智。当一颗心身处冲突因而极具破坏性，那么这个心智产生的任何行动——无论多么有学问、多么聪明、多么擅长执行计划，经济的、社会的或者无论什么计划——都是破坏性的。因为它本身的源头就是不满——比较式的心智、破坏性的心智，它的行动，无论是局部的还是整体的，无论是不是能瞒过整个世界以及诸如此类，都是破坏性的。而我们大多数人内心里都有这种不满的病菌、害虫和毒瘤，并且因为这种不满我们总是在寻求满足——通过酒精、神明、宗教、瑜伽、政治活动等等——我们的行动无疑是对这不满的火焰的逃避。而我们一旦从内心深处或者从行动中迅速找到一个我们更为满意的角落，我们就在那里安顿下来、停滞下来。这种事情发生在我们每个人的日常关系、日常活动等等之中。如果我能找到一个古鲁、一个导师、一套理论或一套假设，我就脱离了不满；我很高兴找到了这些东西，于是我安顿下来。这样的行动无疑是非常肤浅的，不是吗？那么，心有没有可能看到、洞察到不满的真相，却不让自己停顿下来，而是去发现不满的来源呢？我换个方式来说，先生们。比较——更好、更多——必然会滋生不满。而我们认为，如果没有比较，就不会有进步、不会有了解，不是吗？这种比较实质上就是野心的表现方式。无论比较是政治领域、宗教领域、经济领域的，还是个人关系方面的，这种比较必定以野心为基础。一个人想当经理，部长想当首相，而首相说："一切都很顺利；我的位子正合适；你不要野心勃勃了。"——这整个过程无疑是比较的结果，是想要改善"我现在如何"和"我们现在如何"。当你野心勃勃，这样的一颗心无疑是没有能力去爱的。野心是自我中心的行为。尽管心可能对和平、天下幸福、神、真理、这个或那个夸夸其谈，但那必定是自我中心的活动，通过比较、野心表现着自己。这样的心是没有能力去爱的。这是一方面。那么，心能看到这一切的真相吗？一颗心如果关心的是自己、是自身的进步，通过经济、社会或诸如此类的成就表达着自己，这样一颗心是无法懂得慈悲和爱的。因此，它必然会建立一个比较和比较式、等级式的价值观持续盛行的世界。所以冲突就成了一种持续的必然，正如你所见，这非常具有破坏性。而我们现在如实地看到了这一切，看到了我们日常生活中真切的事实。那么，心能不能停止比较式的思考，进而消除冲突呢？——而那并不意味着在事情的现状中停滞不前。

我想说的是：心能不能停止处于冲突的状态之中呢？隐含着自我矛盾的冲突，是不可避免的吗？你看，这带来了一个非凡的问题，那就是：创造——我说的不是印刷、建筑、写诗，那只是心灵状态的一种表达；我说的不是表达，而是那种创造性的状态本身——那种处于创造之中的状态是冲突的结果吗？而真理、神或者无论你称之为什么——那个人类世世代代以来寻找的东西——能通过冲突来洞察、感知或体验吗？那我们为什么身处冲突之中呢？而心有没有可能完全摆脱冲突，也就是没有任何问题呢？世界上有很多问题，而一颗摆脱了冲突的心将会面对并解决这些问题，就像一把切开黄油的刀一样，那把锋利的刀削铁如泥，刀刃上却丝毫不留痕迹。

我不知道你们是不是也这么想，还是你们有着不同的看法。毕竟，先生，无论个体还是集体、单位还是团体、个人还是社会，其实都关心一种没有冲突的、真正和平的心灵能否存在——不是政治上的和平，不是共产主义的和平，也不是天主教的和平，而是指一个善良、优秀的心灵，能够推理、分析，同时又能直接地、立即地洞察。这样的心灵存在吗？

如果心处于一种比较的状态中，那么它就会制造问题，因而永远无法自由。先生，我们从小就被培养去比较——比较希腊的、埃及的、现代的建筑——与领袖比较，要"更好、更文明、更聪明"，成为完美的典范，追随大师，比较、比较、比较，然后去竞争。哪里有比较，显然哪里就必然会有矛盾——那意味着野心。这三者不可避免地联系在一起。比较随竞争而来，而竞争本质上就是野心。当心灵困在这种比较、冲突、竞争和野心的旋涡之中，它能不能直接洞察、有没有可能立即看到某种真实的东西呢？而你知道共产主义社会，也知道资本主义社会，每个社会都以这种竞争为基础。更多、更多、更多、更好——整个世界就困在其中，每个人也困在其中。我们说，如果我们没有野心，如果我们没有目标，如果我们没有追求，我们就会堕落。先生们，这个说法深深扎根在我们的头脑中、我们的心中——要去成就、达到、成为什么，这些事情。然而，如果把这些都去除掉，我会停滞不前吗？如果是以强制的方式从我这里去除的，那么我会停滞不前；如果是因为任何形式的影响我停止了竞争，那么我会停滞不前。然而，我能不能了解这个比较、竞争和野心勃勃的存在过程，通过对这个事实的了解和观察，从而摆脱它呢？这是一个非常复杂的问题，不仅仅是一件同意或不同意的事情。心能不能处于一种所有影响都停止了的状态中呢？

我不知道你是不是曾经探索过影响的问题。我知道，在美国，他们尝试过潜意识广告，也就是在银幕上以极快的速度播放影片，放映你该买什么的广告；在意识层面，你并没有接受那些广告，但是在潜意识里，你已经接受了；你知道那个广告是什么，在你离开电影院或者那个地方时，由于宣传内容已经在你内心生了根，你下意识地就会去购买广告中的那些商品。但幸运的是，政府制止了这种做法。

但是我们所有人，都下意识地，甚至可能是有意识地成了这些潜意识宣传的奴隶，不是吗？毕竟，所有的传统都是这样的。生活在传统中的人，无论别人告诉他什么，他都会重复——我们大部分人都这么做，无论是用老生常谈的方式，还是用某种范围更大的摩登说法。我们是那个传统的奴隶，那个传统不仅仅是习俗和习惯，还包括语言。我不知道你对这点是不是感兴趣。因为，当心灵开始去探究这个问题，想看看能否让自己摆脱这种比较式的生活，就会发现这一切显然都隐含在了这个问题当中。

这个世界一片混乱，这一点毫无疑问。在共产主义者看来，这个世界一团糟。有些人说你必须有更好的领袖，更伟大、更英明、更能干的领袖。另一些人说你必须回归宗教，显然那意味着你必须回归你的传统、追随这个、追随那个，或者制订一个你必须遵循的计划。你知道这个世界上正在发生的那些事情。

看看这一切，这是一个领导问题、是一个更好的计划或者按照某个模式——无论是"左倾"还是右倾——创造一个世界的问题吗？那意味着模式比嵌入模式的人重要多了。这就是大部分政客、领袖、理论家以及诸如此类的人们所关心的问题。他们制订计划，然后把人们安排到计划中去。这究竟是不是问题所在呢？显然在某个层面上，这是问题所在。然而，这是根本问题吗？抑或，是最广阔意义上的创造性已经彻底停顿了下来，而人们要如何才能让人类的心灵回到那种创造性的状态呢？——不是如何控制人类的心灵，也不是依据某个模式来塑造它，就像天主教徒和世界上的每个人所做的那样。

是什么困住了心灵呢？精神分析学家曾试图通过分析解放心灵，但他们没有成功。而我完全不确定任何外在的媒介，比如宗教、上师、书籍、神学家等等，能够瓦解心灵的屏障。抑或，是不是只有通过一刻接一刻的自我了解才可能实现这一点？你明白吗？那意味着一种觉察，没有之前的知识因诠释正在经历的事情所带来的负担。然而，正在体验着什么的心灵处于一个怎样的状态之中呢？我看到了一件美丽的事物，一棵树、一座建筑、一片天空、一个微笑着或工作着的可爱的人，等等。我看到了它们；看到那些，本身就是体验的状态。

那么，当心灵意识到自己处于体验的状态之中，那还是体验吗？我不知道。当这个无尽喧嚣的世界上存在宁静时，对宁静的体验——那是个有意识的过程吗？如果是有意识的，如果心智说"我在体验寂静"，那么它是在体验寂静吗？当你很开心——开怀大笑，并不因为任何缘由，不是因为你的肝脏功能良好，或者你喝了杯好酒，也不是因为什么神明的影响，而是真实地感受到那种没有任何来由的不可思议的至福和喜悦感——如果此时你说"我在体验一种奇妙的状态"，显然那种状态已经不复存在了。我们，你和我，能不能一举让心停止比较式的思维呢？这就好像对某种东西死去。我们能做到这点吗？这才是真正的问题所在，而不是如何实现一种不比较的心灵状态。

先生，我们明确地意识到我们身处冲突之中，而冲突产生于自我矛盾。自我存在着一种矛盾的状态，那么，我们如何才能根除它呢？是通过分析，一步步地研究、分析，并得出"这些是矛盾的原因，这些是障碍"吗？显然，野心是自我矛盾的产物。你不想与事实共处。

先生，你是如何与事实共处的呢？事实是，我一方面有各种理想，另一方面我认识到，怀揣理想是对"现在如何"这个事实最愚蠢的逃避。它们是两个不同的状态。那么，我可以抛弃理想，因为我发现了理想的虚妄。我看出了理想的虚妄，它毫无价值，所以我把它抛在一边。但还有另一些事实：我很暴力，我这样，我也那样。事实就是如此，那么我能与之共处吗？而与某种东西共处意味着什么呢？先生，我也许生活在一条嘈杂无比、肮脏污秽的街道上。那是与之共处吗？我再也闻不到臭气，再也看不到街道上的污垢，因为我生活在那条街上已经对此习以为常了。

对某种东西习以为常是一种生活方式——也就是：心灵变得迟钝、麻木，那意味着肮脏、污秽、丑陋的东西扭曲了心灵，让心灵变得不再敏感。还有一些极其美丽的事物——图画、日落、脸庞、田野、树木、河流，以及河面上闪烁的光芒——我日复一日地看到这些，于是对它们也习以为常了。那些壮丽非凡的山脉——我习惯了它们。所以心对丑陋和美丽两者都变得不再敏感。这是一种生活方式。

那么，与某种东西共处意味着什么呢？显然，与丑陋共处意味着我的心必须更加敏感、更有活力，充满了能量，这样才不会被丑陋所扭曲；同样，我的心灵也必须有惊人的活力才能与美丽非凡的事物共处。这两者都需要强大的能量、强烈的洞察，这样才不会出现习以为常的问题。不习以为常——这就是与某种东西共处的含义。

那么，心如何才能敏感呢？——我用"如何"这个词并不是指一个方法；方法是最让心灵不敏感的东西。但是心能看到这个事实吗？看到这个事实，本身不就是能量的释放吗？

每天去办公室上班，面对或愚蠢或盛气凌人的老板，或者面对没有老板那么聪明于是努力仿效他的自己，还要面对唠叨、公共汽车、污秽、贫穷——这一切都让心变得如此迟钝，我们就以这个被弄得迟钝的心为例。我看到了这一切；我在生活中每天都要面对这些。那么我该怎么办呢？去朝拜寺庙或者神明、去参加礼拜天的布道，这么做能让我的心变得敏锐、能让我的心对万事万物变得无比敏感吗？能吗？显然不能。那我为什么还要那么做呢？你为什么不否定并抛弃让心变迟钝的那一切呢？

评论：可是意识到这一切，让我有一种不开心的感觉。

克：不开心，不开心又有什么不对呢？你为什么就不能不开心呢？整个世界都不开心。你怎么才能从中脱离出来呢？首先你必须了解不开心。你必须先了解恐惧是什么，然后才能把它摆脱。如果你逃避它，你就会害怕它；你从来没有面对过这个问题。

你说的野心指的是什么呢？我用"野心"这个词指的是词典里的含义，也就是一种强烈的欲望以及对那个欲望的满足。也就是说，我想当经理，我想当部长，我想爬到社会的顶层，我想成为某个伟大的人物。看出这种事情的荒唐，同时又大谈爱、和平和善良，是彻头彻尾的愚蠢行为。当我发现那就是野心，我就从中脱离了出来，我不会野心勃勃；至少我不会对和平、爱和善良夸夸其谈。

问题：我们能逃离传统、家庭并按照自己想要的方式生活吗？

克：先生，谁建议我们应该逃离家庭了？我们的心智是传统的产物。你是个印度教徒，我可能不是个印度教徒、穆斯林、共产主义者或者别的什么。你是你的环境、你的社会、你的教育和家庭的产物，你知道这些名称——你是这一切的产物。我是在哪个层面上看到了这些呢？从文字上、理论上作为一个解释看到了呢，还是看到了这个事实？你说呢，先生？当然，看到某件事情的事实，跟为那个事实提供一个看法，或者沉溺在对事实的各种解释中——文字上的、智力上的、理论上的、精神上的或者无论什么解释——有着天壤之别。你有没有看出你的心智是传统的产物，无论是现代的传统，还是昨天的、无数个昨天的传统？

前些日子，可能是去年，我的几个朋友让我坐在一辆车的前面，另外几个人坐在后面。我们开车行驶在路上的时候，他们谈论着觉察、觉察的复杂性、觉察的含义是什么，这时开车的司机撞上了一只可怜的山羊，轧断了它的腿。而坐在车里的那位先生还在谈论着觉察，他从没注意到那只可怜的山羊被撞倒了；除了从智力上探讨觉察之外，他什么也不关心。

先生，你在做着一模一样的事情。你能觉察到你的心非常迟钝这个事实吗？

评论：心智有存活下去的愿望。如果我的心智知道自己是迟钝的，它就活不下去了。

克：噢，活下去的愿望阻碍你去面对你的迟钝——那就是你所谓的生活吗？这位先生说：看到我很迟钝这个事实会把我吓坏，我会感觉活不下去了。但是我要问："我们现在活着吗？"当我们看不到美丽的天空，当我们看不到美丽的树木，当我们看不到花园、海洋、雨水，当我们不懂得那一切，感觉不到爱、感觉不到同情，我们是活着的吗？

先生，我们来举一个非常简单的例子——腐败，自从我到了印度以后，这里的每个人都在谈论这个问题。腐败到处都是，因为上上下下的所有人都在谈论这个问题，每个人都说我们对此无能为力，所以我们不用为它枉费心思了。但是，假设我们每个人都真正明白腐败意味着什么，那么会发生什么呢？那会防止腐败吗？还是会让你更腐败？先生们，你们从没思考过这个问题。

你可曾觉察到你实际如何的事实？我们都是词语的奴隶——"灵魂""共产主义""国会"这些词，"这个"和"那个"这些词。你意识到你是词语的奴隶这个事实了吗？举例来说，你并不探究你为什么习惯了"领袖"这个词。为什么呢？因为你属于某个党派、社会党、共产党、国大党或者别的什么。他们有自己的领袖，而你接受了他们；这是传统，你也明白，如果你不愿接受这些东西，你也许就会丢了工作。因此，是恐惧阻碍了你去看。所以，你把那些东西当作有好处、有利可图、不那么令人烦恼的事情接受了下来，于是你生活在词语的世界里，变成了词语的奴隶。所以，"神"（God）这个词对你们所有人来说都没什么意义。它真的意味着什么吗？我们可以把它反过来拼写，然后变成"狗"（dog）这个词的奴隶，就像那些利他主义者一样。但是，先生，心灵能不能打破词语对它的一切奴役呢？

只要心借助词语寻求安全，它就会变得迟钝。我并不是说头脑必须非常聪明，要读很多书，读遍时下所有最流行、最有影响力的书籍和评论——我说的不是那种肤浅的聪明。我说的是如实感知心灵的状况。

先生，我们来举另一个例子，换个方式来说这件事。我们都争强好胜，不是吗？在办公室、在家里、在宗教领域，我们都争强好胜。宗教领域有上师，我居于其下，而有朝一日我会到达那个位置，我会成为上师等等——我要爬上这个阶梯。我们都野心勃勃，不是吗？难道我们不争强好胜吗？——那意味着我们野心勃勃，意味着我们缺乏爱。

评论： 合理的野心和不合理的野心之间是有区别的。比如说，我想改进我的工作，这是合理的野心；而如果我想变成首相，那就是不合理的野心。

克： 先生们，有位先生说："既有合理的野心，也有不合理的野心。当我想变成首相——那个位子已经有人占了——那是不合理的野心，而当我想改进我的工作，那就是合理的野心。"

评论： 他的意思是个人效率。仅此而已。

克： 个人效率？一颗野心勃勃的心可能有效率吗？你有没有留意过一个被玩具完全吸引的孩子？你会说那个孩子有效率吗？你不会说他有效率，因为玩具对他来说是一件奇妙的东西，他完全沉浸于其中。没有刺激因素，他不想变得更好，也不想成为别的什么。

问题： 那是玩耍。如果我没有野心，如果我不想为我的孩子们努力工作，我为什么要改进呢？

克： 你改进了吗，先生？先生，如果把所有的刺激因素全都拿走，你会停止工作吗？你知道世界上福利国家里正发生着什么吗？瑞典是所有福利国家中福利最完备的样板，而那里自杀的人数比别的地方都多。为什么？因为没有刺激因素，从摇篮到坟墓，一切都安排好了。那是一种没有刺激因素的形式。而这里，在这个国家和其他所有的地方，都有刺激因素；如果你努力工作，你就会成为一位更好的官员——往上爬、不停地爬。然而，这里的效率也在下降，不是吗？没有吗？你是怎么认为的，先生？你有刺激因素，可效率却在降低。你要是没有刺激因素，心就变得迟钝。所以，如果你想要真正的效率，你会怎么办呢？不要空谈效率，你怎么才能变得有效率呢？只有当你投入你的整颗心，只有当你热爱你所做的事情时，才能做到有效率。不是吗，先生？

评论：但是因为环境的缘故我们没有选择。

克：先生，我们每个人都是环境的奴隶，我们依赖环境。我们难道就不能认识到人在多大程度上是环境的奴隶，然后限制它、切断它、摆脱它，而不说"我是环境的奴隶"吗？把它限制在身体需要的范围内，并与它和平共处。我们没有先来问问自己为什么心变得如此迟钝。

先生，我们今天早上一开始向我们自己提出的问题是：我们能否了解这整个竞争、冲突和野心的过程，以及心灵接受并追随领袖的这种态度。这些是我们习以为常的东西。你坐在那边，我坐在这边；你怀着某种态度、某个想法在听我讲话，你说："让我听一听。"所以，这种必然会导致心灵迟钝的冲突因此而得以存在。显然，先生，所有的冲突都会破坏心灵。那么，有没有可能看到这个冲突的过程呢？正是对这冲突的洞察——感知、看到冲突的根源本身，而不是你应该对它做些什么——这洞察本身就有它自己的行动。那么，我们看到这一点了吗？这就是我要问的。"那是不可避免的。如果我不在竞争激烈、野心勃勃、权威泛滥的社会上竞争，那会怎么样呢？我身上会发生什么事情呢？"说这些有什么意义呢？那并不是问题所在。你之后才要回答这些问题。然而，我们能不能看到这个事实，即冲突中的心是最具破坏性的心智，无论它想做什么，它的任何活动，无论它想怎么改进，其中都有破坏的种子。

我有没有看到这一点，就像我看到一条眼镜蛇有毒一样？这就是整个问题的症结所在。如果我看到了，那么我无须对这一点做任何事情，事实自己就会行动。请看，先生。你知道，圣徒、领袖，还有所有的哲人、瑜伽士都说要塑造品格、做正确的事情、过正确的生活，他们大肆谈论西方人的所作所为，谈论原罪。那么，如果有爱，还会有罪恶吗？如果有爱，难道不就有了品格吗？爱无论做什么，都是正确的；如果它什么也不做，也是正确的。所以，讨论别的事情——如何塑造品格、你应该做什么、不应该做什么，以及我们如何才能找到它——还有什么必要呢？

当然，先生，若要揭开爱的源头，心就必须彻底摆脱冲突。若要仰望天空，先生，你的心必须清澈明净，不是吗？它不能陷在你的办公室、你的妻子、你的孩子、你的保障之中；它必须去看，不是吗？那么，心能不能摆脱冲突，也就是竞争以及诸如此类的一切呢？

先生，你是怎样看到事物的呢？你究竟有没有看到任何东西呢？先生，你有没有看到我，我又是否看到了你——从视觉上看到——抑或，在你我之间隔着几层文字的解释和幕帘、观点和结论？你明白我在说什么吗？你有没有看到我，或者你看到的是不是对我的语言解释？当你看到一位部长，你看到的是那个人呢，还是部长呢？是哪个，先生们？

评论：我们通常看到的是部长，很少看到那个人。

克：所以，你根本没有看到事实，你看到的是标签，而不是内容。你们是词语的奴隶、标签的奴隶。你没有说："我要看看那个人，而不是那个标签，不是社会主义者、国会议员、共产主义者、资本主义者，而是看看那个人。"——这表明我们是词语的奴隶。先生，你有没有注意到我们问候一个大人物、一个大名人的时候是何等恭敬呢？那意味着什么呢？无疑，这一切都是自我了解的一部分。这份了解本身就会产生自己的行动。

（新德里第三次演说，1961 年 1 月 13 日）

什么是正确的行动

我们前几次在这里见面的时候，探讨了什么是智慧，不仅仅是操作层面的，还包括贯穿人们整个存在的智慧。我想，我们前天讨论了效率和竞争，一颗争强好胜、野心勃勃的心是不是一个真正智慧的心灵。一颗心如果一直在比较，并且认为通过比较能取得进步、成就或达到什么——这样的心实质上是不是一颗智慧的心灵呢？你知道，词语就像是通往了解的骑手，词语本应该传达某些意义，并打开通向进一步理解的大门。但是，如果我们只是使用词语并成为词语的奴隶，那么在我看来，对于一个在不断变化的人群来说，要完全沿着某条特定的路线思考，是极端困难的事情，因为不停有新来的人在加入，而要同时在某个层面上保持对词语的某种理解，也相当困难。而我们讨论、思考的是，心能否摆脱这个比较的想法，从这里就产生了行动效率的问题：一颗心如果理解了竞争、成就和达成所具有的全部深层含义——这样一颗心究竟能否有效率地行动。我想，也许我们今天早上值得探讨一下行动是什么。

我想知道我们认为的行动是什么。在哪个层面上行动停止同时冥想开始，或者，冥想和行动之间是不是存在这种划分？我用"冥想"这个词，没有丝毫禁欲主义或者基督教的含义，而是指：沉思、思考、理解事物的真意，一个人潜入自己的内心深处去探究、去冥想。在这个意义上，行动和冥想之间有什么不同吗？但是，对我们大多数人来说，行动意味着去做，意味着一种身体上的活动，不是吗？对我们大多数人来说，去办公室、写作、玩耍、做事、烹饪、洗澡、说话等等，做就是行动。所以我们有一套行动的哲学。

让我们一起来思考这个问题，你和我一起——不是我想出来，然后你听着，同意或者不同意我所说的话。因为，当我们是在一起思考一个问题，那么就不存在同意还是不同意的问题。我们划着同一条船，沿着同一条河顺流而下或者逆流而上。我们必须共进退。所以，如果我在讲话，你就不仅仅是个倾听者，而且你也在思考的过程中参与和分享；现在我也许说着话，但是你不能把一切都丢给我，只是听着。所以，请注意，当讲话者说了某些事情，你不仅需要倾听，而且还要切实去体验他所说的事情，否则我们就不可能有任何进展。

先生们，我刚才说我们有一套行动哲学、一套行为模式。我们不仅仅有一套行为模式，还有一套打造行为模式的思维模式，我们依据它来行动、做事。对我们来说，观念、思想和行动之间存在着差异；我们始终不停地想要在思想和行动之间架起桥梁。所以，我们不仅仅有一个思想运作和存活的框架，而且从那个框架中我们制造了另一个行动框架，我们称之为行动哲学。无论是日常生活中的行动哲学，还是内心生活的行动哲学，都是以某个模式为依据的。

那么，有没有别种类型的行动，并非只是对某个观念、某个理想、某个模式的遵从呢？如果有这样的行动，那种行动就不只是反应，也不会因此根本不是行动，对吗？显然，反应并不是行动。如果你往某个方向推我，我反抗并进行回击，那是反应，所以不是行动。如果我贪婪，而我出于那种贪婪做了些什么，那就是对最初所受影响的一种反应。如果我善良，是因为社会告诉我要善良；或者我做了某件事情，是因为我害怕；或者我做事、行动，是为了成为什么人物、为了成功、为了成就、为了达成，这样的行为就是反应。

而反应显然不是完整的行动。我寻找神、真理或者别的什么，因为我害怕生活；我遵循某套观点、戒律，是为了实现某个结果；这样的行为显然是反应，会导致、滋生矛盾。而处于矛盾状态之中时，从那矛盾中产生的任何行动都会进一步制造矛盾，因而有的通常只是反应，而没有行动。先生，如果你真正深入地探究这个问题，那么，亲自去发现心能否处于行动状态之中而没有任何反应，将是一件非常有意思的事情。因为反应牵涉到了权威的模式——无论是天主教的权威、共产主义者的权威、牧师的权威，还是反应产生的权威，那些是变成了知识的经验，从中就会产生反应。我不知道你有没有明白这些。所以，心需要懂得行动是什么，不是依据《薄伽梵歌》，也不是按照人类的心智对行动所做的诸多划分——比如政治行动、个人行动、集体行动——在我看来，那些都是反应；共产主义是对资本主义的反应，马克思主义是对18世纪或19世纪的所有状况的反应。

所以，心能不能洞察这一切，而不是加以否认？因为一旦你否认这些，就会有拒绝的反应，而任何形式的抗拒都会带来反应，从那个反应产生的任何行动依然是一种反应。所以，当心灵看到了这些、理解了这些——它能不能发现一种并非反应的行动呢？先生，我认为这具有极其重要的意义，因为我们大部分人的生活都矛盾重重。我们处于矛盾的状态中，我们的生活处于矛盾状态，我们的社会也处于矛盾状态；从那种矛盾中产生的任何行为，必定会制造更多的不幸、更多的矛盾、更多的艰辛、更多的痛苦。我并不是在提出一个理论问题，而是向我自己进而向社会提出一个实际问题：心有没有可能了解这种矛盾，因而也许就能理解反应，并邂逅某种东西——它是行动而不是反应的产物，而且这种邂逅也不是智力上的遭遇。

先生，让我们换个方式来说这个问题。我们大部分人都是通过嫉妒知道爱的。我们大多数人通过暴力来了解和平，或者把和平当作暴力的对立面，也就是在这个国家我们无休止谈论的所谓非暴力。实施非暴力就是在进行反应。而心灵必须深入整个暴力的问题，暴力实质上就是一种矛盾。

所以，一个人对自己内心各种矛盾的了解——不仅仅是意识层面、语言层面、智力层面的那些矛盾，还有潜藏在一个人内心深处的各种矛盾——也许就能揭开反应以及它的各种过程；在对它们的了解中，也许我们就能邂逅那种并非影响产生的结果的行动。我不知道你们对这件事情究竟有没有兴趣。

一个人说："我打算过宗教生活，我打算过一种宁静的、冥想的生活；我不是个生意人，也不是个蹩脚的政客，我对社会主义不感兴趣，我不喜欢这些东西，因为它们对我没有吸引力；我打算退隐，过一种冥想的生活。"这样的一颗心，把生活划分成了冥想的、宁静的生活和商业生活、政治生活、宗教生活，那么它是一颗智慧的心吗？它能这样生活吗？无论我确实得去办公室上班还是不去，生命就是行动，生活就是行动。那么，有没有可能完整地生活因而没有任何划分呢？这实际上意味着只有此刻鲜活的行动，那行动——不是依据某个模式去行动，而只是做事、生活、行动——始终处于现在。先生们，我们可以讨论一下这个问题吗？

先生，正如你所见，暴政在这个世界上愈演愈烈。无论是法西斯主义者的暴政、共产主义者的暴政，还是教会或政客的暴政，暴政正在扩大和蔓延。你不能出于反应与之做斗争，而只能通过活出一种并非反应的生活来与之抗衡，那种生活是一种真实而完整的东西，不受影响，也未被制约。法西斯主义者和共产主义者都是一回事，因为他们都是专制的，就像教会一样。你需要看到这一点，并且不对它做出反应式的行动，那看到本身就是行动。

我们换个方式来说这个问题，先生们，此刻鲜活的行动——不带着期望达到的某个结果，不带着想要实现的某个目标，也不遵从社会或者你自己通过自身的反应建立起来的模式——具有无比重要的意义。你说，如果一个人不隶属于某个团体、某个政治党派、某个特定的组织或者派系，就不可能在社会上有效地行动；如果你想做些什么来改变社会，那么你就必须创建一个组织，或者加入一群想做同样事情的人当中去。这样的团体，是一个反动团体，所以改革只是一个持续引入腐败的种子的过程。

那么，看到了这些、理解了这些的人——而不是害怕这一切的人——显然不能隶属于任何团体，然而他的行动却必定是有效的，但是若要根据对社会的影响来评判他行动的有效性，在我看来显然是错误的。

问题：难道不存在毫无目的的行动这回事吗？

克：我们正试着弄清楚有目的、有动机的行动是什么意思。若要有效率，显然你的行动必须有个目标。如果我想建立一所学校，目标就是创建一所学校；我必须朝这个目标去行动。我出去散步，是为了欣赏落日、锻炼身体，是为了去看、去观察。

评论：没有目的的行动只是一个偶然事件。但它不能被称为行动，行动是运动，是可能会有个好结果的活动。

克：那么在你看来，事件不同于行动。行动有朝向什么的目标，而事件是即刻发生的事情。这真是吹毛求疵。不要这么做。

我想，在讲话一开始或者在讲话的过程中，我已经说清楚了：只有行动，没有怀着目的的行动。我们在试着探究、体验和了解这件被称为"行动"的极其复杂的事情。这位先生说，只有在有目标的时候行动才成其为行动。而我在问我自己：那到底能算得上行动吗？

评论：在我看来，当我看着一朵花的时候，我没有目的，这是行动。当我听到小鸟在唱歌，小鸟的歌声会给我某种触动，我听着的时候体会到真正的喜悦；这也是行动，但是没有目的。

克：是的，先生。但是，这个国家有着贫穷、饥荒、污秽以及诸如此类的一切。这一切都必须被改变、被清除；而你和我，作为社会的一部分，我们说："对此我该怎么办呢？"你说的那番关于花儿的话，是一件事情，而另一件事情是："对此我该怎么办呢？"看到这些之后，我说："我要加入那个团体或者那个党派，它们会帮助扫除不幸。"这也是有目的的行动，不是吗？我现在只是在问自己——我相信你也在这么做——行动是不是要有一个目的。我正确地生活，所以生活这种行动本身就是正确的行动。在我看来，我们用目的代替了生活，而生活中本身就有一种行动，它并没有那个词通常意义上具有的目的性。

先生，我们来看另一个问题，那就是：爱有目的吗？爱这个事实本身不就是这个世界上——这个有着思想、观念、花朵以及一切的世界上——最正直、善良和完整的行动吗？先生，这不是一个从智力上赞同我的问题。我们正试着了解，一个有目的的行动或者说具有目的性的行动，是不是摆脱所有这些混乱和困境的正确出路。或者，是不是还有截然不同的另一条出路、另一个办法或者另一种东西？你明白吗，先生？我可以带着目的生活，按照《薄伽梵歌》《古兰经》或者别的书本来生活，但那根本不是生活；那是遵从，是一个反应的过程。或者，我可以树立一个正直的目标，看到紧迫的需要——那就是西藏的饥荒和印度的贫穷——并对那种紧迫性采取行动。但这里面始终都有做些什么的行为在发生，有一个作为思考者的实体、一个做事的行动者，因而存在着一道鸿沟；他一直不停地试图弥合想法和行动之间的裂痕。那么，我能扫除那一切、那整件事情，用截然不同的视角来看待行动吗？那样的话，生活本身就是行动，不需要任何目的，也没有任何目标。生活没有目标可言。只有死去的东西才会说："我的目标在那里。"所以，如果我可以这样生活，我为什么还要有个目的呢？毕竟，生活才是首要的事情，它不是一种反应。

问题：我看到有个孩子溺水了，然后我去救他。这个行动是有目的的行动吗？

克：先生，请不要举那样一个具体的例子然后再从那个例子得出结论——像救溺水的孩子或别的什么人这样的行动是不是自发的或者正确的。我们想要弄清楚的是：如何生活？而这个"如何"不是一种模式。这是一个理解一种并非反应也没有设定目标的生活方式的问题——一种如此完整而圆满的生活，以至生活本身就是内外兼顾的行动。

事实是我的生活处于一种矛盾状态中。这显然是个事实，从这个事实中产生了各种反应，为了实现这些反应，于是引发了进一步的反应，并带来了更多的不幸。而我说，如今去追求政治上、宗教上、经济上的那些成就是最有破坏性的。那么，如果这是事实，那么我关心的是了解内在和外在的自我矛盾——社会上的还有自身之中的矛盾——这是一个整体的过程，而不是一个分裂的过程。然后，通过了解这种外在和内在的矛盾过程，心不可避免地会遇到这个行动的问题——这种行动不追求什么目标，也不会被某个目的所激励。

一颗矛盾重重的心是一个没有效率的心智。我们不用走多远，看看我们的社会就知道了！能不能有这样一颗心：它本身不自相矛盾，所以不是影响的奴隶？我给你提了一个问题。那么，你是如何倾听这个问题的呢？你听到了词语，你理解了字面上的意思，可你是怎么倾听的呢？你是要找到答案呢，还是要通过倾听来弄清楚——不仅仅从字面上，而且从内心里弄清楚——问题的含义是什么呢？我问自己这个问题：有没有这样一颗心，在它生活的行动本身之中——生活就是思考、活着——在它的行动之中包含了所有的目的，同时又超越了所有的目的？当我向自己提出这个问题，这颗特定的心处理的方式是：它不想得到一个答案，不想得到一个解决办法，它只想弄清楚抛开词语之外的真实体验是什么；理解了词语的含义之后，它真实地体验到了给出肯定回答的心灵状态。

它不再追求任何目标，不再寻找答案，所以它不再追寻——那意味着心处于全然洞察的状态。就在提出那个问题的过程中，它不等待答案的出现，因为等待答案意味着有个答案存在。这样的一颗心处于一种全然感知和洞察的状态之中。

你看，先生，我想过一种没有矛盾的生活。我看到我周围的一切——政治、宗教、传统、我的教育、我的关系、我所做的一切——都被这种矛盾所沾染、被这种丑陋所玷污；这种矛盾是一种罪恶、是一种痛苦，是心灵说它必须超越的东西。首先，我必须意识到这种存在于社会上和内心之中的矛盾，看到矛盾的残酷性，然后就会出现这个问题：有没有可能超越它，不是从理论上或语言上，而是真正地超越它？当心灵向自己提出这个问题，它就必然会遇到行动的问题；它不能只从理论上说它摆脱了矛盾。矛盾是生活中的一种行动。所以，此时心就会问自己：有没有可能这样活着——活着本身就是行动，却没有任何目的？目的对生活而言是如此愚蠢。只有狭隘的心才会不停追求生活的目标、生活的目的。所以，先生，如果你能理解这一点，如果心能理解行动这个意义上的生活，那么就不会存在政治的、宗教的、冥想的行动和生活之间的划分，就不会有依照《薄伽梵歌》《圣经》、基督或者佛陀的生活，而是只有生活。

问题：我想过一种没有矛盾的生活。那会成为一个目标吗？

克：如果你想过一种没有矛盾的生活，而那变成了一个目标，那么你就永远也过不上没有矛盾的生活。先生，我并不是在针对你个人。你意识到你生活中的矛盾状态了吗？你难道不是野心勃勃吗？处于野心状态中的心就处在矛盾状态之中，显然如此。我只是在问：抛开语言表达，你真的意识到你的生活处于矛盾状态中吗？我既暴力又不暴力，这是一种矛盾，不是吗？我意识到这点了吗？我知道我是这样生活的吗？或者，既然这样生活着，我会不会说那是不可避免的，把它合理化并掩盖起来？

我是怎么做的，先生？

先生，社会和社会的领袖们——他们试图从政治上或宗教上引导他们所代表的社会——就处于矛盾状态中，不是吗？然而，这些人却大谈和平。冲突中的心灵怎么能拥有和平、谈论和平或者试图组织和平呢？

问题：为什么一颗暴力的心就不能努力变得不暴力呢？

克：暴力的心努力变得不暴力呢？那是什么意思？那可能吗？你没有尝试过，你只是在空谈非暴力。你曾经尝试过变得不暴力吗？哪一件事情更重要呢——是了解"现实"或看到"现实"，还是努力把"现实"变成"非现实"？

评论：努力变得不暴力的人也许最终会成功的。

问题：先生，你提倡自发的爱吗？

克：先生，如果你不介意，我想换个方式来说这个问题。我不知道爱是什么，我不知道如何去爱、如何拥有谦卑。通过努力去爱，我就能知道爱是什么吗？我能通过努力变得谦卑而拥有谦卑、谦逊这项品质吗？

评论：这一切背后都有某种压力。

克：这就是你的问题。一颗彻底空无的心是不会受到驱使的；用那位先生的话来说就是：它背后没有压力。而我们大部分人的心里都有会导致矛盾的压力——压力就是欲望。不通过反应的过程，能不能去除这些压力呢？或者，心能不能洞察这些压力并把它们摆脱掉？不管你怎么表达，对这些压力的洞察，本身就会把心灵从压力下释放出来。这才是真正的问题，不是吗？我们说的是，通过压力产生的行动是一种反应，无论那个压力是善意的、高尚的还是卑鄙的，那依然是一种反应，而这种反应必然会制造更多的混乱和不幸。看到了这一切，心会问自己：如果没有这些压力，它有没有可能生存下去？如果没有压力，自然流淌出来的行动又是什么呢？

先生，在这一个半小时里你听到了我说的所有这些话。不是从语言上同意或者不同意，而是这些话实际上对你来说意味着什么呢？如果你碰巧听到了一些真实的东西，它就会对你产生作用。很不幸，我们知道我们的生活困苦不堪、矛盾重重并且非常肤浅。当我们离开这个房间的时候，我们还要继续以前的生活吗？我并没有说你应该还是不应该。那取决于你。

（新德里第四次演说，1961 年 1 月 15 日）

心要摆脱滋生权威的遵从感

我们上周日早上探讨了什么是行动，行动的含义是什么，反应是什么，以及一个人能在多大程度上区分反应和并非只是某个反应的产物的行动。我想关于这点我们已经说得够清楚的了，那就是行动和反应两者之间存在着巨大的差异，不仅仅在性质上，而且在广度上也差异巨大。对我们大部分人来说，行动就是反应，而若要把深层的反应分辨出来，就需要大量的自我了解，不是吗？我不知道我们每个人在多大程度上探索过自己的内心，亲自去发现我们的大多数行为——宗教、政治和家庭行为——以及我们与社会之间的相互关系是不是建立在反应的基础之上。而反应，正如我们探讨过的，是矛盾的产物。在了解自我矛盾的过程中，如果你探索得足够深入的话，就会发现有一种彻底脱离了反应的行动。自我矛盾的紧张程度越大，行为越显著，那个行动、那个反应产生的反响就越大。

你知道，当一个人不仅自己内心矛盾重重，而且和社会之间也矛盾重重时，无论矛盾是有意识的还是无意识的，就会存在一种紧张（tension）。只要有矛盾，就会存在紧张状态；矛盾越激烈，紧张程度就越严重。当然，极端的紧张状态就在精神病院里了。但对我们大多数人来说，这种矛盾确实导致了某种紧张。从这种紧张状态中就产生了行动和各种行为。我想有个心理分析师曾经跟我们讲过一个很有名的例子。一个处于反叛状态的知名的优秀作家，接受了分析。他的写作源于一种巨大的紧张，他内心之中的一种冲突感，一种与社会以及社会所代表的一切的矛盾感；他身处的反叛感是一种反应；这种反应产生了巨大的紧张，他出于这种反应而写作。在他接受了分析师的治疗后，这种紧张状态被消除了，后来他就再也写不出东西来了。在我们大多数人身上，这种紧张确实以一种温和的形式存在着，但是紧张程度越大，对社会做出的情绪反应就越强烈。由于我们大多数人只是偶尔地、肤浅地意识到我们的矛盾，所以我们的紧张非常平缓、非常有限和肤浅，我们过着一种非常平庸的生活，尽管我们意识到了我们的紧张。我不知道你是不是没有留意到我们自己内心的这一切。

那么，是不是有一种排除了这种反应的行动呢？我认为我们应该以否定的方式来切入这个问题。我说的否定指的不是肯定的对立面。显然，脱离了反应的行动无法培养出来，因为我只知道反应，不是吗？你恭维我，我觉得很兴奋；你侮辱我，我就觉得很低落。我野心勃勃，我想往上爬，我受到了挫折，我觉得很不幸。各种反应因此而得以存在。如果我内心有矛盾，却不了解自己内心这种矛盾的本质和整个过程，而只是去培养或者思考脱离了反应的行动，那就是另一种形式的反应。所以，我们只能以否定的方式来切入行动这个极其正面的问题。我不知道关于这一点我是不是表达清楚了。一个人若要非常清晰地看到什么，就必须没有任何障碍，不能有任何阻碍。如果我想非常清楚地看到这棵树以及它所有的美、所有的轮廓——它的树干，那棵树非同寻常的优雅、力量和运动——我要怎么办呢？如果我近视眼，如果我想着别的事情，如果我忧心忡忡、心烦意乱，我就没法非常清楚地看到它。我必须倾注我所有的注意力，如果我想着别的事情，如果有其他事情让我担心，我就不能对它全神贯注。所以，如果要感知或看到生活中的任何东西，那种洞察就必须是否定的，而不是肯定的。心灵必须停止担忧，心灵必须消除它自身的问题——它的近视、短视、局限的视野——并采取否定的态度；只有此时它才能看到"实然"。行动具有鲜活的动态特质，那不是理论层面上的。我对理论心怀厌恶，因为它们毫无意义；理论不过是对某个观念的遵从，或者根据你要过的生活构造出一个想法来——那都是反应。

所以，为了真正理解并非矛盾产物的行动，以及矛盾的紧张程度、活动和反应，你就必须以否定的方式入手。任何以意志力为基础的肯定式的行动实际上都是对某个模式的遵从，因而与并非反应的真正的行动相矛盾。所以，如果我们非常清楚地理解了真正的洞察只能经由否定的方式到来，那么我们就会开始明白局限是什么，而不是开始克服那些局限。

所以，我们要来考察和探讨制造紧张和矛盾的障碍、阻碍和局限，我们所谓积极和消极的活动就产生于那些矛盾。所以，阻碍这种并非反应的行动的首要因素之一就是对权力（power）的渴望和追求。权力实质上是自身处于矛盾状态的心所渴望的东西，它试图通过获得成功来掩盖矛盾。

先生，这是一个非常有难度的话题，你必须非常深入地探索自己的内心才能明白。我们都想得到权力，通过金钱、地位、成功或者被社会认可的某种能力来获得权力，那种认可赋予我们一种权威的地位。这是我们所有人都想得到的东西，无论是宗教人士还是非宗教人士，唯物主义者还是科学家，每个人都想被社会当作重要人物、当作 VIP 和大人物。而这种对权力的渴望真的非常邪恶，如果我可以用"邪恶"这个词的话——我用这个词指的是词典上的意思，并没有任何贬低的意味。但是，当你自己一旦认识到这一点，或者看到了这个真相，就很难再去迎合社会了。行善的权力，改变人类生活的权力，丈夫凌驾于妻子或妻子凌驾于丈夫之上的权力，领袖的权力，追随者在领袖身上赋予的权力——所有的权力都滋生了领袖们身上的这种控制感，因为没有哪个领袖是没有追随者的。如果我不追随，我就没有领袖。但是我们想去追随别人。我们想让别人教导我们、督促我们、压迫我们、影响我们，敦促我们去做正确的事情。所以权力无处不在，无论是独裁者专制的权力，还是首相民主的权力。首相利用我们的贫穷获得了巨大的权力，而所谓的圣徒——借助苦行、戒律和控制——感觉到自己身上有着强大无比的以自我为中心的力量。我确信你感受过这一切——一旦你拥有了某种能力，那种能力就给了你一种强大的力量；如果你某件事情能做得特别好，你就已经身处世界之巅了。而这些形式的权力从本质上、根本上是邪恶的。你得自己看到这一点，亲自去观察这一点，不是仅仅从智力上、语言上，而是要从内心深处去体会，并且因为你了解了它进而把它驱除了出去。拥有权力的人就会指导、引导、进行改变并有所行动，不是吗？我们把这样的人称为有创造力的人、好人；我们说他在创造一个新社会、一种新的生活观、一种新的公民——你知道政界的那一整套把戏。还有各派宗教所产生的范围巨大的权力。所以，你必须真正地了解和明白这一点，而不是说"权力是邪恶的，那么告诉我怎么脱离它"，因为并不存在脱离这回事。你必须理解它，你必须看到它，你必须让那份理解融入你的血液；然后你就能摆脱它了。而在脱离权力的过程中，摆脱了反应的行动就会到来。我希望我把自己的意思说清楚了。

我说过需要一种否定的方式。权力产生的所谓肯定式的行动，无论行善还是作恶，都以权力感为基础。而所有的权力都是邪恶的；没有善良的权力——权力就是影响，权力就是想要成功的欲望，是个人的权力感，或者一个人与先进团体相认同的力量感。所有的权力感都是邪恶的。如果我看到了这一点，如果心洞察了这一点，那么那洞察本身就把心灵从那种权力感中解放了出来。然后就有了那种并非反应也没有反应的行动；此时，无论你是在走路、工作，还是在写作、演讲，就会有那种意义上的行动，没有反应的行动。

我们大部分人都心怀嫉妒，而嫉妒是对那种行动的巨大障碍。你也许会说："我生活在这个世界上怎么可能没有嫉妒呢？"你知道嫉妒。一个嫉妒的人、一个不停追求权力的人没有谦卑可言。

阻碍我们的另一件事情是遵从感——遵从就是局限，遵照某个典范，还有通过影响，好影响或者无论什么影响以及压力产生的遵从。心能理解这种遵从感，并把自己从那种遵从中解放出来吗？你知道，先生，如果你曾经尝试过理解遵从，想知道心究竟能不能摆脱遵从，你就会发现这是最困难的事情之一。因为，毕竟政治或宗教领袖们都努力按照他们的模式来塑造人们的心灵。那么，一个作为世世代代遵从的产物的心灵能摆脱遵从吗？我说的心灵，不只是接受教育、学习某种技能的肤浅心智，还包括接受了传统、在传统中生活和运转的心智，不停引用、重复、培养好习惯并把遵循传统模式称为美德的心智。所有这些局限、接受或者拒绝都是对我们所接受的那些东西的反应。心能了解这些东西吗？心必须摆脱滋生权威的遵从感，不是吗？难道心灵不应该摆脱这种局限吗？

先生，我可以接着讲，你也可以接着听。但是你知道，我们的生活被有意识或下意识的恐惧如此严重地扭曲着、歪曲着、败坏着。在我看来，心若要了解这件被称为恐惧的破坏性事物的本质，就必须深入探究遵从的问题，以及它的权威、束缚、局限和顺从。而心能了解遵从、揭开遵从的问题吗？不是怎样才能不遵从，因为那毫无意义，因为你一旦说"怎样"，你就会得到另一个模式，你就会变成那个模式的奴隶。但是，如果我们能揭开遵从的运作方式，你就会发现语言上也存在着遵从的现象——因为我说的是英语，你说的也是英语，我们之间有交流的可能，而这就是一种遵从。还有穿上某件衬衫、某件外套这样的遵从，对某些公认的行为规范的遵从，比如在马路上靠右或靠左行驶，等等。

那么，当你超越了这些，你就会发现所有的思想、思维方式都是记忆投射出来的一种遵从的方式、仿效的方式，难道不是吗？你明白吗，先生？我们的思想是记忆、联想记忆的反应，而联想记忆就是遵从的模式，就像电脑以惊人的速度、惊人的清晰度和准确度运转一样；当记忆非常清晰、敏锐和活跃的时候，它就会机械地运转，我们称之为思考。而那种思考不就是一个遵从的过程吗？请不要接受这个说法，因为你需要亲自发现这一点；这里边没有接受或拒绝的问题。无论你把那个无限的、无法衡量的东西叫作神、真理还是别的什么，被塑造、被局限在遵从观念、印象、记忆、影响和传统的框架之内的心是无法衡量它的。心能超越这一切吗？抑或心灵无法超越，只能在遵从模式的框架内运转？那也许是一个更宽或更窄的模式，一个更和平的模式，一个更好、更受欢迎、更温和、更亲切的模式，但它依然处于遵从的模式之内——遵从成了一种观念、一种思想。如果无法超越它，如果你说那不可能，那么我们就在牢笼里扎根吧，再把这座监牢弄得漂亮一点儿；那样人类就永远无法自由了。我想我们大部分人都接受了这个理论，尽管我们都说我们是这个、我们是那个。而一个深入探索自身、深入探究这个问题的心灵——在冥想的意义上——自己就能发现遵从的局限，而无须别人告诉它如何遵从或如何不去遵从。

所以，当心灵理解了、洞察了、看到了这个仿效和遵从的过程，对遵从的那种洞察本身就能把心灵解放出来，心灵进而变得生机勃勃却没有任何反应，不是吗？你看，先生，从这里就出现了另一个问题。并不是我在讲话，而是在探讨的过程中我们来观察和体验这整件事情。其中还涉及另一件事情，那就是成熟。对我们大多数人来说，成熟意味着身体上从孩童时期成长到中年，然后再到老年。我们在心理上并不成熟。一颗成熟的心不是一颗处于矛盾状态的心。一颗成熟的心不是一颗处于矛盾的紧张状态之中的心。一颗成熟的心不是一颗只会通过渴望或追求权力、地位和威望去遵从的心。我认为一颗成熟的心是理解了这一切的心——理解了权力、模仿，权力的邪恶，通过野心、竞争去遵从的腐败性，对某个模式的遵从，无论那个模式是社会建立的，还是心智自己通过自身的经验建立起来的。被困在所有这些行为模式中的心是一个不成熟的心智，因而是一颗平庸的心。

那么，看到了这一切，心能不能超越这一切呢？这就是问题所在。所以，让我们来探讨这个问题。像这样的一场讲话，它的基础是什么呢？尽管是我在说，但你和我应该不只是倾听，而且还要在生活中体验这些东西，不是吗？一场讲话应当做到这点。当你离开的时候，你不能再像来的时候那样了。你需要发现你实际的样子并加以突破；那洞察本身就是突破；你无须再专门去突破什么。

问题：你认为超脱的行动会导向这个结果吗？

克：那么，你说的"超脱的行动"是什么意思呢？

评论：不在乎结果。

克：你说超脱意味着不追求结果、利益和目标。这不过是一个理论，《薄伽梵歌》这么说过，于是我们也跟着这么说。这并不是你生活中的一个事实。你想成为一个主管、一个大老板或者一个更大的老板；这种仿效始终存在，总是期望得到某个结果。而在我们发现超脱能否导向或者帮助我们理解没有反应的行动之前，我们必须弄清楚我们用"超脱"这个词指的是什么意思，字面上以及语义学上的意思，以及我们脱离的是什么。在我们问什么是超脱之前，我们应该先问问我们为什么依附，不是吗？显然，重要的并不是超脱，而是我们"为什么"依附。如果我能了解依附的过程，那么就没有超脱的问题了。

评论：依附很正常，那是本能。而超脱是一件你需要努力去做到的事情，是一种积极的行动。

克：你说依附很正常，而超脱是一件需要通过自律去实现的事情。

然而，依附是正常的吗？你有没有见过马路边上的那些小狗，先生？狗妈妈把它们喂到四到六个星期那么大，然后它们就离开了母亲。鸟类和动物的情形就是这样的。它们不会为分离尖叫。它们不会继续依附下去。

评论：那是一个生物学上的过程，而这是一个智力过程。

克：噢，那是一个生物学过程！同样，母亲依恋自己的孩子，为什么呢？这是一个生物学过程。不是吗？你依恋你的孩子们，这是一个生物学过程吗？那么，你为什么依附呢？请不要说我们必须依附或者我们不可以依附。我只是在问我们为什么依附，先来探究这一点。依附是自然的、生物学上的吗？你为什么依附呢？这些就够了，我们先从这个问题开始。

评论：孩子们一旦能够自力更生了，你就不应该再依附了。

克：你说的"不应该"是什么意思呢？事实是我们确实依附。你为什么依附呢？我们得先来探讨这个。但是，在我们了解我们为什么依附之前，我们就想超脱。先生，你为什么依附呢？我为什么依附于这座房子呢？我因为有份工作、是个大人物、是个大名人而觉得安全；我说："这是我的房子、我的妻子、我的孩子——我的、我的、我的。"而那背后是什么呢？你知道你依附于你的妻子和孩子们。你为什么依附呢？先生，心理上的原因是不满足、恐惧、喜怒无常、寂寞孤独；所有这些事情都驱使我有意无意地把自己和这座房子、一份工作、一个重要的位置相认同，从不和低于我的东西相认同，只和高的认同，从不和廉价的东西相认同，只和首相认同，从不和一个人相认同，只跟神认同。所以，这个认同过程就产生了依附，显然如此，不是吗？看看要打破我们紧紧依附的观念——基督的观念、别人的观念，还有人为自己建立的观念——有多么难！你依附于这些观念，然后你说："我怎么才能超脱呢？"如果我知道我是如何依附的，知道因为什么原因、为什么我依附，那么我关心的就不是超脱，而是了解依附，从这里出发就不会有问题。我依附——那里面有着所有的痛苦、所有的不幸、困惑、矛盾、沮丧、恐惧——我喜欢这样，于是我说："是的，我喜欢这样，我要这么生活。"但是，如果不了解这些我就直接谈论超脱，那就毫无意义了，那不过是一种消遣。

你有没有认识到、有没有发觉你在追求权力、你的心在遵从？你知道你很平庸吗？你知道吗？你感觉到了吗？还是你害怕面对你迟钝、平庸的事实？先生，在我做任何别的事情之前，我必须认识到我实际的样子，不是吗？如果我不知道那份工作是什么，我怎么能承担那份部长、上尉、将军或司令的职责呢？我必须有那个能力，我必须首先看到我实际上如何，而不做出反应。我必须首先认识到事实，不是吗？

我们来举个非常简单的例子。先生，我意识到自己不敏感、迟钝、平庸了吗？如果我没有意识到，我就是在假装，不是吗？但事实上，我无法假装；如果我得了癌症，我不能装作没得。如果我认识到我迟钝，那么一种不同的行动就会发生。我要么会变得极度沮丧，因为我说"我必须跟那个人一样聪明"，于是我开始发现我在比较，而那种迟钝就来自比较。或者，当我意识到自己很迟钝、不敏感，然后我就不再迟钝或不敏感了。但是，假装他从不迟钝的人——是最愚蠢的人。

你有没有、你的心有没有观察过自己的思维过程呢，先生？我们关心的不仅仅是思想的活动、思维的本质，也关心要思考什么以及不要思考什么。我们不去看流淌的河水，我们看不到河面上的那艘小船、那只浮标；我们说："那么，我能用水发电吗？或者能把它引到我的花园里，能这样或者那样吗？"我们没有随思想而动。现在，我们思考的不是如何改变思想或者改变思想的内容，而是思想的本质。你明白吗，先生？而若要发现思想的本质，你就必须跟随它，而不是说"我必须改变，我不可以改变"——也就是要觉知思想的运动。先生，你有没有尝试过在一段给定的时间内，比如说十分钟内，把你思考的事情准确地写下来？请试试看：把十分钟之内的所有想法都写在纸上。试一试，先生；然后会怎么样呢？首先，你会发现你的想法变得非常快；然后在写下来的时候，你的思维就变慢了。对不对？但是，如果你说你做不到，因为思想太快了，或者这么做太难了，那就结束了。但是，如果你说"我今天早上要把十分钟之内的每个想法都写下来，无论是什么样的想法——好的、坏的、粗俗的、成功的、不成功的"，如果你把它写下来，你就会发现，就在写下来的过程中心智慢了下来。如果你把写下来当成你做的一种练习，那么就会有一种制约、有一种努力，那就像你想减速的时候要踩刹车一样。你也许会成功，也许会失败，但是就为了好玩儿去试着做一下，然后你就会开始发现心智可以变得惊人地缓慢但精确，而慢下来的心智又可以变得极其敏捷。

我们已经看出紧张状态通过矛盾得以产生，行动中的紧张会导致某些后果，而我们大部分人都处于自我矛盾的状态中，那种自我矛盾会产生某种行为。心自身处于矛盾状态中的人，他所有的行为都是极具破坏性的，无论那个人是个出色的作家、是个伟大的画家还是个伟大的政治家。先生，你有没有意识到你的自我矛盾以及从中产生的行动呢？显然，观察我们自己几乎是不可能的事情。我们总是透过别人的镜子来看自己。先生，我们要怎么讨论这个问题呢？只有你不引用任何人、任何书本的话，而是能够直接体验事物的时候，我们才能探讨。显然，这对于我们大部分人来说是不可能的，我们甚至不知道我们在引用。

评论：先生，如果遵从导致矛盾，那么彻底的不遵从也许会导致彻底的混乱。

克：先生，首先，现在我们身处的社会有那么良好的秩序吗？这个社会是美好的、有序的、一切都在完美地运转着的吗？难道印度和整个世界不都是一片混乱吗？你说的不遵从和遵从又是什么意思呢？先生，即使对权力最为克制的人在某些场合——婚丧嫁娶——也会遵从；尽管他说"我不遵从"，但他还是遵从了，不是吗？这点你随处可见。仪式显然毫无意义，然而你们这些人却执行仪式，以这种或那种形式，先生们，不是吗？你们执行毫无意义的仪式，可你们都是教授、知识分子，你们称自己为现代人。这是一种显而易见的矛盾，不是吗？我们完全无意识地继续着你所谓的现代生活方式，同时又生活在一个古老的世界里——这是一种矛盾。你明白吗，先生？你不让它们互相冲突，避开冲突，仅此而已；心的一部分说"我要用传统的方式继续前进"，而心的另一部分说"我要开车"。你从来不让这两者相遇。所以，为了避免这种冲突，我们把它们分开——这就是我们所做的一切。然后在这一片混乱和困惑当中，我们谈论着神。

评论：先生，遵从在某种程度上是必要的。

克：是的，先生。我遵守在马路上靠右行驶的规则，我买邮票、穿衣服、遵守社会要求的某些行为规则——花钱买东西、纳税等等诸如此类。那么，这种遵从会干扰一个说"我必须弄清楚不遵从地活着是怎么回事"的心灵吗？

问题：我能知道领悟的技巧吗？

克：先生，你说你借助某种技巧来学习，那是什么意思呢？你懂喷气式发动机吗？我对喷气式发动机一窍不通。我对活塞发动机略知一二，因为我曾经把它的零件拆下来又组装了回去。我对喷气式发动机一窍不通，我需要借助一个方法才能学习吗？抓住这一点，先生。我要有个学习方法吗？还是我要去找能教我的人，告诉我喷气式发动机的各个部分，然后我边听边学？没有什么学习的技巧。先生，若要学会什么，心就必须对它一无所知，不是吗？不要同意。如果我对任何事情都一无所知，那么我就能学习。如果我对什么略知一二，那么我就只能往上面添加。先生，以你自己为例。你们都是所谓的宗教人士，我不知道那是什么意思，但我接受你们都是宗教人士，你们都追寻神明。但是，你们实际上对神一无所知，什么都不知道。如果你想知道，你就不能背着你所有那些《奥义书》《薄伽梵歌》《古兰经》等等诸如此类的一切。你必须学习，你的心必须清空才能学习；你不能怀着你所有的偏见、冲动、欲求、希望和恐惧去接近神；你必须清空了自己才能学习。若要了解什么，就必须怀着一种不知道的感觉。如果我已经知道了喷气式发动机，我就只能沿着老路子去学习。我往我的已知里添加更多的东西。那不是学习，那只是添加，而添加不是学习。

先生，当你走到花园里去的时候，看看一朵花，或者看看路边的一朵花，只是看着它，不要说："这是朵玫瑰，是这个、是那个。"只是看着它，在那样看着的过程中，你就在学习——在了解它的花瓣、它的茎叶、它的花粉是什么样的，等等。你能每次都以全新的眼光看着它、看着每一朵花，而不说"这是朵玫瑰"，并且就此结束吗？也就是说，我能用崭新的眼睛看着我的妻子、我的孩子和邻居吗？先生，这需要大量的自我洞察。

（新德里第五次演说，1961 年 1 月 18 日）

被知识充塞的心灵不是纯真的心灵

前几次我们在这里见面的时候，探讨了行动的问题——行动是什么？——因为对我们来说这是一个至关重要的问题，需要我们理解并进而在生活中加以贯彻。我们把生活划分成了各种各样的行动：政治的、宗教的、经济的、社会的、个人的、集体的行动，不是吗？而在我看来，因为这样划分了生活，我们从未完整地行动，我们也永远无法完整地行动。我们的行动支离破碎，不可避免地导致了矛盾。而正是这种存在于社会中和个人身上的矛盾，导致了各种各样复杂的苦难和挫折。这些矛盾帮助我们逃避面对现实，逃避到某些虚幻的观念、神明、真理、行为以及诸如此类的一切中去。了解完整的、全面的、不支离破碎的行动是什么，在我看来非常重要。而若要了解那完整的行动，我们就必须探究——不是从语言上或智力上，而是实实在在地探究——并发现支离破碎的心是如何在某个层面上活跃地、有效地运转，却在其他层面上处于一种混乱、不幸、艰辛等等的状态之中的。

正如我们前天所发现的那样，我们多数情况下意识到的行动，是依赖的行为——依赖别人、依赖社会、依赖带来满足的工作，因而也招来了不幸。如果你深入探索依赖这个问题，就会发现我们从心理上、从内心多么严重地依赖信念——对我们的幸福、对我们的生计、对我们内在的安康感的信念。我不知道我们是不是没有从我们自己身上和别人身上留意到，我们的行动其实深深地以这种依赖为基础。我们互相依赖对方给我们幸福，而在我们的关系中，这种依赖显然滋生了某种必然会导致恐惧的行动。这种恐惧正是我们大部分行为的动机，即想要在我们的关系中得到保障；于是我们觉得一定要属于什么才行，不是吗？我们大部分人都想要投身于什么事情。我不知道我们有没有探索过这种想要属于什么的强烈渴望——渴望属于某个社会、某个团体、某个组织、某个特定的意识形态结构、某个国家、某个阶级。我也不知道你有没有注意到这点：所谓的知识分子总是十分坚定地投身于某种形式的活动之中，在发现徒劳无益之后，就会加入另一种活动，如此循环往复下去——这就是所谓的追求——所以那渴望本身就变成了行动，而那行动脱胎于让自己从属于什么、投身于什么的渴望。

先生，在我看来，今天早上的这场探讨将毫无意义，如果我们只是停留在语言层面上的话——也就是说，如果我们只是从智力上或字面上探讨，而不深入到我们内心去探究问题，以发现我们为什么要属于什么，我们为什么要坚定地做一名印度教徒、佛教徒、共产主义者，或者热衷从属于什么的话——这非常明确地指出了一个事实，即我们大部分人都无法独立。我们要么是天主教徒，要么是你知道的一大堆别的东西之一。我们不仅效忠于外部的组织，也效忠于观念、理想、典范以及某种思想和行为模式。我们必须觉察到这种信奉，并且弄清楚这背后有哪些心理上和内在的原因。在我看来，我们永远无法邂逅那种完整意义上的生活，那份"生活本身就是行动"的感觉，除非我们深入探究这整个问题：是什么动因让我们自己投身于某种做法、某种思维模式、某些行为方式之中的。这是问题之一。

另一个问题无疑是，在了解行动的过程中，我们也必须理解职能（function）和地位的问题，不是吗？我们大部分人都利用职能去获取地位。我们利用职能来成为什么人物，从心理上、从内在想成为些什么。我们通过有效率地完成什么事情来谋取威望、地位和权力。所以，对我们来说，行动并不重要，做什么事情的职能并不重要，重要的是那能带给我们什么。我们想得到威望、权力和地位——那对我们很重要。而正如我们前几天说的那样，权力、控制感、重要感——显然与谦卑背道而驰——这种权力感是邪恶的。无论由政客、上师行使，由妻子对丈夫或丈夫对妻子行使，还是由主人对仆从行使，权力感显然是世界上最为邪恶的东西，而我们对此几乎毫无察觉。我不知道你有没有注意到所有这些事情，我们对履行职能所衍生的地位而不是职能本身赋予了怎样的重要性。你知道你是怎样对待一个重要人物的，你对他致以极大的敬意，在他的脖子上套上花环。所以，这一切无疑都涉及一个人对自身思维的理解和觉察，对自己的行为以及行动背后的动机、渴望和冲动的内在洞察。这显然涉及对思想的每个活动、我们思想背后的动机以及思想产生的根源的觉知——就像一棵树的根那样。直到我们觉察到思想结构的整个运转过程之前，行动必然是支离破碎的，所以永远不会有完整的行动，因而我们毕生都生活在一种矛盾状态中。

所以，也许我们今天早上不仅能卓有成效地探讨职能和地位的问题，以及让自己投身于什么、隶属于什么的渴望，而且也能深入探究一下知识和从知识中解脱这个问题，而这对于发现那不可知者至关重要。我们今天早上可以深入这些问题、探讨这些问题吗？你们对这些感兴趣吗？

这不是一个同意或者不同意的问题。我们试着去研究、去探索，我们想去弄清楚。而一个只知道同意或不同意的心并没有在探索；它只是听到了一些词语，而没有进行自我审视。

你知道，先生，"知识"这个问题很有意思，"了解"这个问题也一样。当我们追求知识的时候，还有了解这回事吗？我们大部分人都读过很多书。我们智力上越发达，阅读、联想、辩论和理论化的能力就越强。而知识在我看来是对了解的巨大障碍。机器、计算机、电脑储存了大量的知识，它们能在瞬间完成惊人的计算。它们能告诉你任何一个国家的历史，只要电脑里输入了关于那个国家的足够的信息。它们能作曲，它们能写诗，它们能画画。美国的一只猴子就画了画，其中的一些画还被挂在了博物馆里。我们都是技术方面的专家，都是知识的产物。专家显然要在某个特定的技术领域有所专长，比如作为一名医生、一个工程师或者一个科学家，要有所专长。可那种专家能够创造吗？我说的不是发明。发明与创造截然不同。被知识所沉重负累的心能有能力创造吗？官僚主义者的技巧、能在某个层面机械运转的人的技术，能让他拥有那种意义上的创造性存在、创造性现实和创造性生活吗？先生们，这也许不是你们的问题，但我想这是全世界其他人都要面对的问题。因为，世界上的知识和信息在不断增长，如何把事情做得更好，对能力坚持不懈地追求，做一个完美的公务人员——显然，这些要以知识为基础；所以人类正变得越来越机械。然而那就是实现并揭开人类自由的途径吗？那是发现某种心智无法衡量、无法命名、不可预见之物的方法吗？那是发现人类世世代代以来、千百年来所追寻之物的方法吗？那个东西能通过知识、通过某个体系、某种方法、通过瑜伽、通过某条道路或者各种哲学理念来发现吗？在我看来，知识与那"另一个"（the other）东西没有任何关系。而若要发现"另一个"，让它出现或者到来，心就必须处于一种纯真状态，这点毫无疑问。而当心灵被知识充塞时，它就不是纯真的。然而，连拥有惊人的能力、天分和才能的人，都崇拜知识。所以，我认为有必要去发现知识是不是至关重要的，并把心灵从知识中解脱出来，这样它才能行动、才能飞翔、才能处于一种纯真状态。

要在日常生活中履行职能，高效、细致、完整地把事情做好，知识是必要的。要成为一个一流的木匠，知识是必要的。要在花园里工作，你必须了解土壤和植物，知道怎么做这个和那个；要做个优秀的管理者，你必须有知识，作为一名工程师或者这样、那样的人，你必须有经验和知识。而当职能被用来获取某个地位时，灾难无疑就降临了。如果我们理解了这一点，也许我们就能辨别出知识的局限，划清知识的界限，并从知识跨越到自由，如果我可以这么表达的话；于是就有了从地位中解脱的自由。我不确定我有没有把这个问题说清楚。你要从这里回家，是需要知识的。交流需要知识。我懂英语，你也懂英语。如果我说法语或者意大利语，你就听不懂了。要完成你的工作，知识是必需的。但是，我们就是利用那个知识来获取权力和地位的。而在我看来，摒弃世俗的美就在于摒弃地位。放弃世俗的人——以披上某件袍子、遁入某座寺庙或一天只吃一餐为标志——根本没有放弃世俗；那是一场闹剧；他依然在追求权力，凌驾于他自己、凌驾于别人之上的权力，渴望成为、变成、达成什么。所以，我们有没有可能看到完美、高效运转的重要性和必要性，却无论有意无意都不让那种职能的履行把我们引入歧途，引入到它具有破坏性用途的方向上去呢？

先生，如果你只是听我讲、听到一些词语，那没什么用。我认为你必须洞察到事实真相，即职能的履行本身是正确的、对的、好的、高尚的，但是当它被用来获取地位时，就变成了邪恶的，因为它导向了权力，而对权力的追求是一种破坏性的行动。先生，如果我看到了什么，如果我看到了一条眼镜蛇、一条毒蛇，那"看到"本身就是行动，不是吗？如果我看到了一个标有"毒药"的瓶子，那"看到"本身就能制止所有朝向那瓶毒药的行为。看到某件谬误之事的谬误之处，就是完整的行动。你不用说："我该怎么办呢？"所以，关注，而不是专注，关注本身就是解决问题的钥匙。

先生，我自己非常清楚地看到谦卑是绝对必要的。一颗被知识所累的心永远不会是谦卑的，而并非培养出来的谦卑是存在的。培养出来的谦卑是傲慢最为愚蠢的表现形式。而当我看到"知识的作用是必要的"这个真相，谦卑就会出现，所以这种谦卑并不依赖于任何人。但是，当职能的履行被用来成为什么或者实现什么，或者为了篡夺某个位置或权力，那么地位就会变得邪恶。我非常清楚地看到了这一切——不仅仅从语言上、智力上，而且像看到了马路上的一颗钉子，像在镜子里看到自己的脸那样清楚。我无法改变它，它是原原本本的一个事实。同样，洞察这件事情、看到它——那"看到"本身就会有所行动。而对我们来说，这"看到"就是困难所在——而不是在看到之后怎么做或做什么——因为我们太过痴迷于知识，把职能用来获取权力了。毕竟，小职员即使对他的工作感到厌倦，却依然尽最大努力达到阶梯的下一级，他要往上爬。他想得到成功、更多的金钱、更多的——你知道诸如此类的一切。而社会的整个结构都以成就和求取为基础。

评论： 如果一个人高效地履行职能，地位自然就会到来。在那种情况下，地位并不是邪恶的，因为它不是通过追求得来的。

克： 看看我们变得多么聪明啊！如果地位对我来说是不求而得的，那真是好极了，不是吗？我们的心多么狡猾啊，不是吗？一个人不得不履行职能，即使地位不请自来，他也必须像避开毒药一样避开它。

问题： 那不会是一个反应吗，先生？

克： 不会，先生。对我们大多数人来说，行动就是反应，这种反应在竞争中得以体现——好和坏，大人物和小人物，榜样和追随者——体现在所有的矛盾、竞争和成就中。所以，当我用"避开"这个词，指的并不是一种反应。我用这个词指的是词典上"避开"这个词通常的含义。那不是一个反应。当你看到某个有毒的东西，你会避开它；那不是一个反应。

不管有意无意，我们都想得到地位，想成为某个人物。现在，先生，我们拿这个城镇来举例——这里十分可怕，到处飞扬着旗帜和权力。我们想站在这个舞台的中央，被邀请参加盛大的典礼。因为你是个优秀的公职人员，你是个受人尊敬的公民，于是你适应了这个可怕的权力和欲望构建起来的框架。但是，如果你真正看到了这一切的残酷之处，不是看到蓝天的美丽，而是看到追求权力、崇拜权力的残酷、无情和贪得无厌，如果你真正感受到了这些，那么地位对你来说将会变得毫无意义，你甚至都不会接受它或者拒绝它；你会从中完全脱离出来。

问题： 先生，我们不得不在社会的这个或那个领域中运转，而这需要与那个领域有关的越来越多的知识。那么，怎么能说知识越多就让我们离了解越远呢？

克： 我需要知识来运转。要恰当地、充分地履行一名科学家或一名工程师的职责，我需要越来越多的知识。那么，那种知识在哪里会干涉到了解呢？了解处于活生生的现在，不是吗？但知识处于过去。而我们大多数的了解都是一个添加的过程——也就是，我们往已知的东西里添加，我们称之为增长知识。这就是我们的做法，这就是我们运转的方式——往我们的已知里添加、添加、添加，而那给了我们能力，能力又给了我们地位。这带给我们效率，而社会又在那种效率上面添加了地位。

问题： 假设我不关心那种地位呢？

克： 不，先生。假设没用。我知道，说"假设"然后从理论上去探讨，那种感觉很好。但是，你必须从实际上看到导向地位的职能的致命性，同时也看到"知识"和"了解"分别是什么。"了解"总是处于活生生的现在。了解，这个动词本身——进行时的前往、热爱、做事、思考——总是活跃于现在。那么，如果你只把了解当作对以往知识的添加过程，那么了解就必定不会存在；那只是添加。若要了解什么，为了得到了解，你的心就必须始终清新如初，不是吗？它必须是一种运动，不是吗？但是，当了解这种运动变成了知识，它就不再是一种运动了。先生，不要接受我说的这些话。这是一个心理上的、内在的事实。那么，我能始终在了解的状态中运转，而不借助知识吗？请想一想这个问题。不要接受或者拒绝，而是去深入探究。

我总是要履行自身职能的，但那涉及一个更为复杂的问题，那就是教育。社会需要某些种类的职能人员——工程师、科学家、武器专家和官僚。所以社会和政府关心的是培养这些特定的人员，他们会帮助社会、组织社会，而他们说："教育。"可是他们不关心完整的教育。教育是人的整体发展，而不是只开发某种特定的职能，难道不是吗？人的整体发展包含了职能的履行。但是，只追求某一种职能而不是整体的发展，显然会导致人们自身、社会上以及个体内在产生各种矛盾。所以，我们必须重新开始去发现是不是有一种教育方式、有一种学校能够提供一种教育，使得心能够全然觉知而不只是觉察某个方面。

所以，先生，我们回到了这个问题上——从心理上讲，这个问题非常有趣——那就是：知识的问题，以及知道心智能不能运转，在某个职能中活跃地运转，始终处于了解状态，而不只是借助知识机械地活跃运转。

评论： 先生，在行动的过程中，有识别发生；而识别会变成知识。

克： 知识就意味着识别，不是吗？我认识你，先生，因为我见过你很多次了。而记忆会干涉我们的会面，干扰我看到你。现在，我已经有了会妨碍、会阻止我此刻看到你的记忆、成见和印象。我现在能看着你却不让那一切从中作梗吗？我能在鲜活的此刻看着你而没有思想也不带着我过去的想法吗？

先生，我们来举一个更贴近生活的例子。我能用崭新的眼光看着我的妻子，而不想着千万个昨天，不想着以前所有的怨恨、痛苦、争吵、嫉妒、焦虑、印象、情感和性冲动吗？抑或那是不可能的？不要同意，先生。这不是一个同意或不同意的问题。

我能看着一个我日复一日朝夕相处的人，而不带着所有的记忆、旧事和回想吗？尽管我跟那个人一起生活了很多天，我能以全新的眼光看着他吗？那可能吗？我能看着什么东西而不让过去从中作梗吗？过去确实存在，对此我无能为力。我经历过昨天，我不能否认昨天的存在。但是，我能对昨天死去并睁开双眼去看吗？我们换个方式来说，先生。你具有敏感性吗？如果没有敏感性，那么就只有迟钝、钝化。若要看到任何东西，你就必须具备敏感性。若要看到污秽、美丽、肮脏、所有的贫穷、天空和花朵的美，你必须具备敏感性。那么，若要看到美丽或丑陋而不变得机械，你就必须每次都以全新的眼光去看。先生，如果我记着昨天的夕阳以及它的美丽，我就看不到今天的夕阳了。这是一个心理上的事实。那么，尽管我昨天看过了夕阳，我是不是还能看到今天的夕阳？这意味着一种始终不停的运动——运动着、运动着——没有建立什么，也没有固定下来。先生，心理上的欢愉、昨天的荣耀、对昨天的回忆阻碍了今天的荣耀。

先生，我们换个方式来表达这个问题。心灵怎样才能非常年轻、崭新如初呢？我不知道你究竟有没有想过这个问题。而只有年轻的心才具有革命性，才能看到、才能始终处于果断的状态，而不是一意孤行的状态中。所以，心灵要怎样处于、怎样保持这个意义上的年轻呢？

评论：忘掉昨天。

克：噢，不，你忘不了。你想保有你的房子；你无法忘记残忍、忘掉你的行为方式、你的习惯、社会的残酷——它们就在你家门口让你不得安宁。你忘不了。但是，你能看到心灵是如何被这种不停的积累变得迟钝和愚蠢的。先生，这就是我为什么会引入"投身"（commitment）这个问题。如果我们没有投身于这种或那种事情之中，我们就变成了迷惘的人。如果你不把自己叫作印度教徒、基督教徒、佛教徒或者共产主义者、法西斯主义者，你就会极度迷茫；因此，为了产生一种集体行动，你加入什么之中去，要隶属于什么，于是权力、地位、权威所隐含的一切以及所有那些丑陋的东西就都随之而来。所以，我们真正想要的不是自由而是保障，想要的是被你自己和社会所认可的知识带来的安全。如果我在这个意义上摒弃了世俗：我不想要任何形式的权力，那么，我还有什么必要披上一件僧袍呢？而我披上那件僧袍，实际上是为了得到别人的认可，尽管我的内心也许备受煎熬。所以，先生，我想我们必须真诚地，而不是从口头上或敷衍了事地解决"安全"这个问题，为什么心灵通过这么多渠道想要得到保障——通过我和妻子、孩子、社会、观念和理想的关系，通过权力、地位和身份这些职能，通过让自己投身于什么事情，来获得保障。为什么会有这份对安全的渴望呢？先生，我希望你能深入进去，而不只是听我在说什么，因为你得自己去生活。为什么会有这种对保障——对社会福利，从摇篮到坟墓的社会福利的渴望呢？安全感是世界上最具破坏性的东西——我成功了的感觉，我知道的感觉，以及认为存在着永恒的灵魂、永恒的真我和大梵天之类的想法。为什么一直会有这种需求呢？那就是我们会有各种方法、瑜伽体系、冥想体系以及其他各种荒唐事物的原因。如果我们能解决这个渴望安全的问题、这个想让心灵得到保障的冲动，那么我们就能懂得这整件事情的来龙去脉。

评论：先生，是因为对未知的恐惧。

克：是的，先生，对未知的恐惧——害怕没有工作，害怕公众舆论，害怕死亡、生活、思考，你有各种形式的恐惧——所以，你想得到保障。那么，你说的"恐惧"是什么意思呢？请务必探究一下，先生。不要给我或给你自己一个言语上的解释。"恐惧"这个词的含义是什么，它背后隐藏着什么，你说的"恐惧"又是什么意思呢？恐惧的本质、恐惧的内容，恐惧这件事情本身而不是对它的描述，究竟是什么呢？先生，举个非常简单的例子。我害怕我妻子、我丈夫或者我的邻居会说些什么。现在我想搞清楚那个恐惧的本质是什么，害怕是什么意思，而不是对那个恐惧做出解释。那么，它是什么意思呢？说"我害怕"的心，它的本质是什么呢？先生，你是怎么发现什么东西的本质的呢？我想发现恐惧的本质，我要怎么办呢？首先，我必须停止再给出任何文字解释，不是吗？我必须看着恐惧。要知道恐惧是什么，我就必须看着它。我不能说："它是红色的、蓝色的、紫色的，它不漂亮。"我必须看着它，那意味着我必须停止对恐惧的内容给出意见或解释。我能这么看着恐惧吗？

你看，先生，我害怕死亡。我想了解说"我怕死"的这种恐惧的本质。那么，我要怎样看着它呢？我只是通过别的东西才知道它的，不是吗？我只是通过语言、通过它可能导致的结果或者影响才知道恐惧的——那意味着我是用某个观念、某个结论来看这个事情的。我的心能看着恐惧而不带有任何观点和结论吗？我们的心智就是由各种结论、观点、判断和评价构成的，不是吗？我说我在思考的时候，思维过程就是那样的。那么，我能看着什么东西而没有那个过程吗？不要说不能，不要否定或者接受。你能不能、我能不能看着什么东西，心里却没有这个智力化的过程呢？先生，看一看。我想知道关于死亡的一切——去了解、去体会，而不只是说："我怕死，我该怎么办呢？"我会怎么办呢？我以前从没经历过死亡。我见过亲戚们死去。我知道死亡不可避免。但是，当我还活着，活跃地运转着、感受着的时候，我就想知道死亡意味着什么，而不是等到最后一刻有什么东西要被带走的时候。我现在就想知道如何死去。如果你快失业了，你立刻就会花心思去想这个问题，你会彻夜不眠，直到找到解决的出路为止。

我想搞清楚死亡意味着什么。我不能吃片药然后死掉；那样我会丧失意识。所以，我要怎么进行呢？先生，死亡是不可避免的。五十年或六十年后，死亡必然会来临。我不想等到那个时候。我想搞清楚，想知道死亡意味着什么，于是在那份了解中，恐惧就会消失。我要怎么开始呢？有人教过你逃避的办法，而不是帮你搞清楚如何死去。

先生，你知道死亡意味着什么，不是吗？你对任何东西——对任何快乐、任何痛苦——死去过吗？就说对某种快乐死去——这是什么意思呢？我喝酒，那能带给我某种轻松、某种快乐，某种或迟缓或剧烈的效果。我能对它死去吗——死去，却无须任何努力？因为，我一旦努力对什么东西死去，那就只是那种东西的延续。

先生，让我们更进一步。你侮辱了我，或者你奉承过我。你看到我，却没有跟我打招呼，你嫉妒我。我能毫不费力地对那些记忆死去吗？什么，先生？这是一种死去，不是吗？你不能跟死神讨价还价，你明白吗？你不能对死神说："请让我多活几天吧。"所以，同样地，你能对记忆死去吗？也许你能对某种痛苦死去，然而，你能同样对快乐死去吗？你能吗？先生，只是来试一试，然后你就会知道对昨天——昨天就是记忆——死去是怎么回事了。你明白吗？我想知道死去是什么，对这种想要延续下去的愿望、这种不停想得到保障的渴望、这件我叫作恐惧的事情、对什么东西死去是怎么回事。如果我对这些死去了，那么我就会知道死亡是什么，那么心就会知道处于超越死亡却不被死亡的痛苦所沾染的状态是怎样的。

所以，先生，问题是：不纯真的心永远无法接收到纯真的东西。如果没有一颗纯真的心，没有一颗对社会的一切都死去，对权力、地位、威望和知识都死去的心，那么，神、真理或者无论那个无法命名的东西——无法衡量者——是什么，都是不可能到来的。毕竟，权力、地位、威望就是我们叫作生活的东西。对我们来说，那就是生活；对我们来说，那就是行动。你必须对那种行动死去，而你做不到，因为那是你想要的东西。先生，对我们叫作生活的东西死去，才是真正的生活。如果你走到街上，看到那些权力、那些象征着权力的旗帜，如果你对那一切都死去，那就意味着你对自己的权力欲死去了，正是这种欲望造成了所有这些可怕的事情。

评论：那是某种彻底的湮灭。

克：为什么不呢？除了彻底的湮灭之外，生活是什么呢？你们现在的生活方式真的是活着吗？先生，我们想什么都不探索就得到极乐；我们想做平庸的人类，完全舒适、彻底安全，有酒喝、有性、有权力，同时还想拥有那件我们称为极乐的东西。

所以，先生们，总结一下：独立，而不是一种孤独的处世哲学，显然是处于一种对整个社会结构的革命状态中——不仅仅是对这个社会，还包括共产主义社会、法西斯社会，包括任何一种表现为有组织的残酷或有组织的权力的社会形式。那意味着对权力的影响有一种非凡的洞察。先生，你有没有留意到那些在操练的士兵？他们都已经不是人类了，他们是机器，就在那里，站在太阳底下，他们是你们的儿子和我的儿子。这种事情在这里发生着，在美国、在俄罗斯、在世界各地都发生着——不仅仅在政府层面，而且也在庙宇层面——从属于行使着这种骇人权力的寺庙、社团和群体。而只有不从属的心灵才能独立。你看到这一点了吗？当你看到了这一切，你就脱离出来了，再没有州长或者总统会邀请你共进晚餐。从那种独立中就出现了谦卑。只有这种独立才懂得爱——而不是权力。野心勃勃的人，无论是宗教人士还是普通人，永远都不会知道爱是什么。所以，如果一个人看到了这一切，那么他就拥有了这项完整生活进而完整行动的品质。这通过自我了解而到来。

对神的信仰有损于对那种真相的体验。如果我相信神是这个或者是那个，那就是一种损害，于是我根本无法体验那种真相。若要体验，我的心就必须清晰，必须扫除了、涤清了那一切——那意味着我的心必须完全处于任何类型的影响都从未触及的状态。在那种状态中，行动是完整的，因而那个状态中所有的行动都是善的，并且具有一种非凡的能力，因为它不是一种自相矛盾的行动。先生，你难道不知道这一点吗：当你爱做某件事情——不是因为什么人让你去做的，也不是因为你能得到某些奖赏——你就会最高效地做这件事？当你热爱某件事情时，你就会对它投入你的身体、你的心灵、你的整个存在。

（新德里第六次演说，1961 年 1 月 20 日）

如何才能轻松地面对恐惧？

这是最后一次讲话。前天见面的时候，我们探讨了恐惧的问题，以及通过各种方式追求权力的强烈渴望。在我看来，了解如何面对恐惧，这非常重要。对于大多数人来说，不管我们有没有意识到，恐惧经常袭扰我们。

由于我们大多数人都有这种恐惧，所以我想，面对那种恐惧而不带来其他的问题，这点非常重要。我们说我们害怕死亡，我们害怕不安全，我们害怕失业，我们害怕没有进步，我们害怕没有人爱，我们害怕如此之多的事情。那么，怎样才能开放地、轻松地面对恐惧，而不让恐惧滋生其他的问题——那些有意识或无意识地构成我们生活的问题呢？我想我们可以通过了解什么是睡眠和什么是冥想来切入这个问题。你也许会觉得扯得有点儿远了，但是我不这么认为，如果我们能稍微深入一点儿探讨的话。

对我们大部分人来说，努力似乎是生活的本质所在；各种形式的努力就是我们的日常生活——努力去办公室上班，努力工作，努力起床，努力实现某个结果——我们依靠努力来生活，于是它成了我们的一部分。我们害怕如果不努力，我们就会停滞不前；所以我们不停地借助压力和纪律让自己挣扎着保持活力，不仅仅把追求野心的实现作为激励自己的手段，而且努力正确地思考、正确地感受，还有努力抗拒。这就是我们的生活。我想知道我们之中有没有人真正认真地思考过我们究竟为什么要努力，以及有没有必要努力。抑或，是不是努力妨碍了理解呢？在我看来，"了解"是不仅能够聆听清晰表达的一切，而且能够非常简单直接地感知事物的心灵所处的状态。而一个只知道诠释的心智是没有能力了解的，一颗只会比较的心是无法清晰感知的。

在往下进行的过程中，我们会讨论这个问题，就像以前那样，现在我只是在为我们的讨论打下基础。当我们付出我们全部的注意力，不仅仅从语言上、智力上、情感上，而且投入我们的整个存在，这时我们确实能够非常清晰、敏锐而准确地看到事物。这时我们处于一种真正感知、真正了解的状态中，而那种状态显然不是努力的结果。因为，如果我们努力去理解什么，那种努力就意味着挣扎、抗拒和否定，我们所有的能量都被那种抗拒的努力、试图理解和抵制的努力耗费了。

所以，我认为我们必须明白，努力确实阻碍了感知。你知道，当你想听到什么于是努力去听的时候，你实际上并没有在听；你所有的能量都用在努力上了。如果我们能简简单单地看到这个问题，不是怎样才能不努力，而只是看到这一点，那么我们就能进入下一个问题了，这个问题对于探讨努力和恐惧非常重要，那就是意识的问题，而我们大部分人的意识都是支离破碎的，被划分成了有意识和无意识。有意识的部分是表面的一层，通常是迟钝的，它受过教育，获得了某种技能，并在肤浅的层面上运转着。

请注意，先生们，你们不是仅仅在听取一套说辞或观念，而是就在实际的倾听中，你体会着我所说的话；而只有这样的一种倾听才有价值。但是，如果你只听到了一堆词语和观念，那么这种听就毫无价值。如果它本身适用于你，那么你的倾听就有了真正的深度。所以我希望你能这样去倾听。

我们在非常肤浅的层面上运转着，我们的日常生活非常表面。但在心灵广阔的深处隐藏着巨大的深度，那就是潜意识。那是种族的、传统的、积累起来的知识，是种族的、人类的和个体的经验之和。所以，获得了知识和技能，能够根据各种环境来调整自己的有意识的心智，和不那么容易被教化的潜藏着无数渴望、冲动、欲望和动机的那个大仓库，这两者之间有一种矛盾。而这种矛盾通过睡眠中的梦境，通过符号、象征和暗示表现出来。就在睡觉之前，你心里可能有各种各样的想法、画面和形象，当你做梦的时候，在睡觉的同时你用那些梦来进行诠释。所以心灵，无论是有意识的还是无意识的，它睡着的时候常常处于混乱之中，经常处于一种探求、追寻、回答、反应、制造景象和符号的状态中，我们称之为梦。所以，即使睡着了心智也从没休息过。你肯定注意到了这些，这没什么神秘的。这些都是显而易见的心理事实，你什么书都不用读，自己就能发现。而我认为一个人必须探究这一切，因为那无疑是自我了解的一部分，是了解一个人自己心智的整个运作过程的一部分。

所以，如果没有真正了解心灵中这个矛盾的过程，以及从这种自我矛盾中产生的幻觉，冥想就没什么意义，因为冥想是一种行动，而我们已经探讨过行动的问题了。我不知道"冥想"这个词对你来说意味着什么。无疑，冥想是一个探索心灵深处的过程，这种探索是体验的觉醒，不是吗？这不是依据某个模式、某种方法或某个体系的体验，而是揭开制约的过程，从而心灵是在实实在在地体验并超越那些制约。所以，在我看来，单纯期望在冥想中实现某个结果，确实会导致各种各样的幻觉。明白吗，先生们？如果不了解思想的过程，不明白思想的内容和本质，冥想就没什么价值。但是我们必须冥想，因为那是生活的一部分。就像你去办公室上班、你读书、你思考、你说话、你争吵、你做这个、做那个一样，冥想也是这个被称为生活的非凡事物的一部分。如果你不知道如何冥想，你就错过了生命中一片广阔的领域，那也许是生命中最重要的部分。

有人给我讲过一个非常有趣的故事，说的是一个徒弟去找一位师父，徒弟摆出一副冥想的姿势然后闭上眼睛；于是师父问那个徒弟："我说，你那么坐着是在干什么？"徒弟回答说："我想达到最高的意识。"然后他闭上眼睛继续冥想。师父于是捡起两块石头开始摩擦，一直不停地摩擦，摩擦发出的声音吵醒了徒弟。徒弟看了看，说："师父，你在干什么？"师父回答说："我想通过摩擦从这两块石头中磨出一面镜子来。"徒弟笑着说："你可以继续那么磨上一万年，师父，可是你永远磨不出镜子来。"那位师父说："你可以那么坐上一百万年，可你永远也找不到。"你看，如果你想一下这个故事，它能揭示出很多东西。我们想依据某个模式冥想，或者想要一个冥想的方法体系；我们想知道如何冥想。但冥想是一个生活的过程，冥想是对你所做的事、你所想的事、你的动机、你内心秘密的觉知，因为我们确实有很多秘密。我们从不会把一切都告诉别人。我们内心有隐藏的动机，隐藏着的希望、欲求、嫉妒和渴望。如果不了解所有这些秘密、这些隐藏的渴望和冲动，单单去冥想就会导致自我催眠。通过遵照某个方法，你可以让自己安静地睡去，而那就是我们大多数人的所作所为。不仅仅在冥想中，在日常生活中也是如此。我们生活的大部分是昏睡的、盲目的，我们生活的某些部分是活跃的——谋生、争吵、谋求成功的那部分；渴求着、希望着、实现着、滋生着无数恐惧的那部分。所以，我们必须了解心灵这个整体，那了解本身就是冥想。你知道你是怎么跟别人讲话、怎么看待别人、怎么看一棵树和傍晚的夕阳的吗？你知道自己拥有的各种能力吗？你了解你的虚荣、你对权力的渴望之中就有成功的骄傲吗？如果不了解这一切，就没有冥想可言。而对这复杂的生存过程的了解本身就是冥想。当你非常深入地探索这个问题，你就会发现心变得格外安静，不是被引导也不是被那个词催眠了才进入的一种安静状态。因为我们大部分人都过着矛盾重重的生活，我们的生活始终处于冲突状态中；无论我们是清醒还是睡去，始终有一种燃烧着的冲突、不幸和痛苦；而试图通过冥想逃避它们，只会带来恐惧和幻觉。所以，了解恐惧，这点非常重要。而对恐惧的了解本身就是冥想的过程。

如果可以，就让我们来深入探索恐惧这个问题，因为对我们大部分人来说，恐惧离我们近在咫尺。如果不了解近在眼前的东西，我们就走不了多远。所以，让我们花点儿时间来理解这个叫作恐惧的非凡事物。如果我们能理解它，那么睡眠就具有了完全不同的意义。我马上就会讲到这个问题。如何——我不能用"如何"这个词，因为那会让你的脑子联想到一种面对恐惧的模式。我们意识到我们害怕。我确信你觉察到了这一点。那么，在我们探究恐惧之前，我们说的"觉察"是什么意思呢？我们来审视一下这个词以及它背后的意味。

我们实际上是怎么从视觉上看到事物的呢？我们究竟看到了任何东西吗，还是我们只不过是在诠释它们？我希望你们跟上了。我看到你了吗？你看到我了吗？抑或你诠释你所看到的，我也诠释我所看到的？诠释并不是看到，对吗？请务必在这个问题上花点儿时间。不要太急于弄明白冥想是什么。这就是冥想的一部分。我能不做诠释地看着你吗？你能看着我，却不赋予我各种溢美之词，不评价也不判断——只是看着我而不命名吗？你命名的那一刻，就阻碍了你自己的观察。我不知道你究竟有没有试验过这件事情。先生，请对这件事情付出你的注意力，因为我们要探究什么是对恐惧的觉察。我们在探讨觉察是什么意思。它意味着什么呢？显然，它意味着不仅仅觉察思想和感知的外在活动，同时也觉察思想和感知的内在活动，不是吗？我看到那些树，然后我做出反应；我看到了人们并做出反应；我看到了美，对美产生了反应；同样，也有对丑陋、对所有这些污秽、虚荣和权力感的反应。有一种外在的、表面上的观察，这种观察被诠释、被判断、被批评，那种向外的活动同时也在向内进行着——就像涨涨落落的潮汐一样。通过观察外在的活动，心也观察同一个行为向内的运动及其所有的反应。所以觉察的是思想、判断、评价、接受和拒绝的这整个内在和外在的运动过程。这点我说清楚了吗？因为除非我们清楚了这一点，否则我们无法深入恐惧这个问题。先生，通过命名我们能了解任何东西吗？你明白吗？如果我说你们都是印度教徒、佛教徒、共产主义者、这个或者那个，我能了解你们吗？通过给你一个标签，我能了解你们吗？抑或，当没有命名、没有标签的干扰时，我才能了解你？明白吗，先生们？所以，贴标签和命名的过程实际上是一种对了解的障碍。而不命名、不赋予某种品质地观察什么，是极其微妙、极其困难的，因为我们的思维过程本身就是语言化的过程，不是吗？我想传达的是，觉察是一个整体过程，而不是一个只知道挑剔、评价、谴责、比较的心智所处的状态。了解它为什么比较、为什么指责、为什么评价，这个评价的过程是怎样的，评判背后是什么——对这整个过程的觉察，实际上是心对它自身整个行为过程的觉知。

如果你对这个问题理解了一些，那么我们就能探讨恐惧和嫉妒的问题了，以及嫉妒意味着什么。你能不能看着那种感觉而不给它命名呢？因为，命名过程就是思想者的运作过程，他观察思想，就好像思想是思想者之外的某种东西一样。我们知道思想者和思想之间、经验者和经验之间的划分。思想者把经历的事情诉诸语言，称之为快乐和痛苦。当思想者观察却不把观察到的事物诉诸语言，那么思想者和被观察之物之间就没有了分别，就是一体的。请务必理解这件事情，因为这很难。这是一种非凡的体验，因为一旦被观察者和观察者之间没有了分别，就不会有冲突。请务必理解这一点。这真的非常重要，因为我们大部分人都生活在矛盾状态中。因此问题就在于，心能不能全然地、彻底地完整，于是没有观察者和被观察之物，因而摆脱了矛盾。所以一个人必须了解这种矛盾是如何产生的。

先生，举个非常简单的例子——羡慕、嫉妒和愤怒。所有这些事情，在体验到的那一刻，是没有矛盾的。但是在体验发生过的瞬间之后，就有了矛盾，因为思想者、观察者看着那件事情，说："这很好，或者这很坏；这是愤怒，或者这是嫉妒。"在经历的那一刻，并没有矛盾——那是一件非凡的事情。只有在体验结束了的瞬间之后，矛盾才发生。而这种矛盾产生于思想者判断、评估他所观察到的东西的过程中，无论是接受还是拒绝——那实际上是一个语言化或根据他所受的制约做出反应的过程。所以，若要消除这种矛盾，思想者能不能在观察的时候不把他观察的那个东西诉诸语言呢？

你有没有探究过语言这个问题，心是怎样被词语——印度教徒、佛教徒、穆斯林、共产主义者、资本主义者、民主党人、国大党人、妻子、丈夫、"神"这个词或者没有神——所奴役的？我们的心是词语的奴隶。而把思想从词语中解放出来——那可能吗？不要接受我说的任何事情。有没有可能把思想从词语中解放出来呢？如果可能，那么思想者、观察者能不能不带标签、不带词语、不带符号地看着什么事情呢？而当它能够如此直接地看时，没有标签、词语和符号的干扰，那么就不存在一个在观察事物的思想者。而这就是冥想，明白吗，先生们？这需要巨大的关注，而关注完全不是专注。关注意味着一种完整性，完整性的一种延展，而专注是一种局限。所以，心若要探究恐惧的问题——实际上就是矛盾的问题——它就必须懂得这种不诉诸语言地看着某个事物的过程——诉诸语言本质上是记忆在干扰观察者。

评论：心的这种整体性是一个从世界中抽离出来的抽象概念。

克：那不是一个抽象的概念，先生们。你发现其中的困难了吗？你给一套词语一种意思，而我给它另一种意思。你带着你的意思初次来到这里，尽管我们已经讲过这个问题了，但是我们不得不从头再讲一遍。所以，很抱歉；我不会把那些再讲一遍了。我们说的不是抽象的意思，我们说的是真切的事实。我们不是在进行抽象；我们探究的是心智的运作过程。心在观察它自己，这不是一种抽象，这不是从某件事情中得出一个结论。它观察，处于一种观察状态中，因而没有它借以评判的抽象概念，没有推演，没有结论。观察中的心从来不会处于结论状态，而这就是一颗鲜活的心所具有的美。一颗在结论中运转的心根本就不算是一颗心。

看，先生们，让我们重新开始吧。我们大部分人都有各种各样扭曲我们思维和生活方式的恐惧——我们说谎，我们生气，我们野心勃勃，因为我们害怕。一个不害怕的人，一个无所畏惧的人，不会有野心。他不想说他活着；然而他却处于完整地活着的状态中。从这里出发，你就可以开始探询那无法衡量的事物了。但是，害怕的心，努力去发现那无法命名、无法衡量之物——这样的心永远不会发现什么是真实的。它能制造幻觉，它也确实如此，并生活在幻觉之中。所以，我们真的有必要在恐惧出现的时候就面对它，并且在面对恐惧的过程中，不产生一系列其他的反应。人要如何面对恐惧而不对它产生反应呢？毫无疑问，只有当你使用"恐惧"这个词的时候，才会产生反应，不是吗？

先生，你看：你不介意使用"爱"这个词；当你使用这个词的时候，你觉得很兴奋。但是当你有了某种感受，如果你用"愤怒"这个词，它就已经有了谴责的含义。所以，若要完整地看着恐惧，进而观察者没有与那种感觉分离开来，那么就不能有把它们分开的任何词语或者标签。你是怎么看、怎么观察恐惧的呢？你是怎么知道你害怕的呢？

评论： 如果我发现了一条眼镜蛇，我就会退回去或者做点儿什么，后来我才知道我害怕那条眼镜蛇。

克： 是的，先生。你说的恐惧是什么意思呢？恐惧的本质是什么呢？——而不是什么让你害怕。眼镜蛇让你害怕，公众舆论怎么说让你害怕，死亡让你害怕，你无法在社会的阶梯上达到某个非凡的高度，这让你害怕——这些都是让你害怕的东西。但是，你知不知道恐惧的本质是什么呢？而不是那些让你害怕的东西？这两者之间无疑是存在某种不同的，不是吗？

你可曾真正地感受恐惧、与恐惧共处？有过吗？抑或，你总是逃避恐惧？显然，我们总是逃避恐惧。当我害怕的时候，我打开收音机，喝杯酒，去寺庙朝拜，去散个步，或者做各种各样的事情，但我从未与恐惧共处。我有没有与恐惧共处，就像我曾经或者想与快乐共处那样？两者都需要某种能量，不是吗？先生们，与快乐共处是一件能带给你巨大愉悦的事情，因此你必须拥有巨大的能量；否则，它就会摧毁你。而与美丽共处和与丑陋共处都需要能量。当词语、标签、符号插手进来，那种能量就被破坏了，进而会在与那件事情共处的过程中制造一种分裂。你明白吗？

你看，先生，我说你很迟钝。你能看着自己而不做反应吗？你也许不喜欢别人说你很迟钝，但是当你去看、当你观察的时候，你认识到你确实很迟钝。先生，当你看不到天空的美，看不到天空、大地、树木，看不到污秽、苦难、炫耀和权力，你难道不迟钝吗？当你观察不到这一切，当你视而不见，你难道没有意识到你很迟钝吗？有人告诉过你你很迟钝吗？你的迟钝是别人指出来的呢，还是你自己意识到的呢？先生，你发现这两者之间的区别了吗？当有人说你很迟钝，你接受并单纯地做出反应，要么你说："我不迟钝。你算老几，说我很迟钝？""迟钝"这个词有贬低的含义，而你认为自己非常聪明、非常优秀，尽管事实上你确实很迟钝。

我们来说一说不敏感。当心灵在习惯中运转，当它看不到、当它感觉不到、当它面对生命中的一切都了无生气时，不敏感就会产生。我意识到自己不敏感，我意识到自己很迟钝。我的反应是什么呢？我立刻想变得聪明，要努力变得不迟钝。一颗迟钝的心怎么能努力然后变得聪明、变得优秀并摆脱迟钝呢？它必须充分意识到那个状态。而若要充分地、完全地、彻底地意识到那种状态，就不能有反应。我必须观察那种状态，心必须看到那种状态。如果它只是说，"噢，我迟钝，我必须变聪明，我必须这么做或那么做"，那么它就没有观察。若要观察，心就必须与事实共处。任何一种形式的谴责都是对事实的逃避，而与事实共处需要巨大的能量。

先生，请看：你看到那里有棵树，是吗？你看到它上面有蓝天和晚星，有金星，但是你没有观察，你没有感受。而要感受到这一切，心就必须处于一种惊人的活跃状态中，带着一种生机勃勃的能量感。如果存在观察者和被观察者之间的冲突，你就无法拥有能量。当记忆在观察者和被观察者之间横加干涉，矛盾就会通过反应、通过语言或符号的使用得以产生。所以，看着恐惧、与恐惧共处、面对恐惧，而不在恐惧和观察者之间制造矛盾，就是问题所在。明白吗，先生们？我也许可以借助某个窍门来避免某一类恐惧；但是，在我生活下去的过程中，还会有别的恐惧，等等。恐惧就像突然来临的阴影一样，它常常光顾。它就在那里。想要理解恐惧并彻底摆脱恐惧——而不是仅仅摆脱某一种形式的恐惧——心就必须拥有能量，这样心才能够成为其他的东西，而非恐惧的奴隶。心灵探索这些，并与之共处——那就意味着处于这样的能量状态之中。

那么，我们探讨的这整个过程就是冥想。冥想不是坐在房间里或者某个角落里，盘着腿、呼吸以及诸如此类的一切——那是自我催眠；而是一个人必须深入探索这些问题，于是心在白天——当它散步、工作、玩耍或观察时——能够没有反应地觉察，毫无选择地觉知、观察，这样，当它睡觉的时候，就会有另一种行动过程，那种行动并非只是有意识或无意识的心的反应。当心灵白天非常警觉地留心观察，挖掘出每一个动机、每一个思想、思想的每一个活动，那么，它睡觉的时候，就会处于一种宁静状态；此时它就能经历另一些并非有意识的心所能经历的事情。所以冥想并非只是一个清醒阶段才有的过程，它也包括了睡眠阶段。而此时你就会发现心清空了它所知道的一切，清空了它所有的昨天——并不是说昨天不存在了；昨天依然存在，但是心清空了制约心灵的昨天的所有反应。你知道，先生们，一个完全空无一物的东西是彻底完满的。而只有这样的心才能接收或者领会那种作为时间产物的心智所无法衡量的东西。

问题：恐惧难道不是人与生俱来的一种本能吗？

克：所以，你说恐惧是天生的、自然的。先生，你在走路的时候遇到一条眼镜蛇、一条毒蛇，你会本能地往后跳。那么，那是恐惧吗？那不是自然的吗？如果你没有这种本能的反应，你就是在自杀。所以，我们必须在自保感和干涉对安全的心理需要的不敏感之间划出界限。

我换个方式来说。先生们，我们需要食物、衣服和住处。我们需要某种整洁、某种舒适，这是必要的。也许五十年或者一百年之后，世界上的食物就会极大丰富，因为科学是如此发达。那么，食物、衣服和住处什么时候开始干涉，或者说心智是什么时候开始利用这些东西来得到内在的、心理上的安全的呢？你明白我说的意思吗，先生？我需要那些东西——你和我都需要食物、衣服和住处。但是，我们利用这种需要来达到心理上的目的——更大的房子、更高的地位；我们利用这种需要获取权力、地位、威望，进而制造了这一整幅恐惧的图景。

看到一条蛇之后会有神经上的反应：这是一种情况。另一种情况是坐在房间里想象或者思考——想象这栋房子可能会失火，我妻子可能会跑掉，或者蛇可能会爬进来。这种思考过程可能引发或者滋生恐惧。有两种神经上的恐惧：一种是遇到毒蛇时的恐惧，另一种是思想通过神经、想象和假设唤起的恐惧。

评论：这意味着本能反应根本不是恐惧。

克：对。恐惧只有当思想运作的时候才存在。不要说不是，而是去检验一下。通常的那种本能的神经反应是存在的，你说那不是恐惧。那也有可能是恐惧。第二种是思想唤起了某些神经上的反应，进而产生了恐惧。这两者是截然不同的。有没有可能观察所有神经上的恐惧，包括思想唤起的那些，而不让思想进一步唤起恐惧呢？

问题：那些思想唤起的神经反应，我们称之为恐惧。怎么可能不带着"恐惧"这个词、这个名称观察恐惧这种神经反应呢？

克：当我们面对这些通过词语唤起的神经上的恐惧时，我们必须了解各种思维方式、思想运作的各种方式。我坐在房间里，我的思想在想象，然后说："由于我效率低下的事实，我要失业了；或者，我妻子要跑掉了，这也许会成为事实，也许不会；或者我有一天会死掉。"而这带来了恐惧。思想通过未来制造恐惧，所有的恐惧中都有未来，也就是明天的参与。我现在活着、运转着，但是死亡也许明天就会来临。所以，思想通过未来这样的时间制造恐惧。所以，思想就是时间，而思想基于各种反应——经由现在通向未来的无数个昨天的知识的反应。

我们所谈的思想是时间的本质和内容。我认为我会成为一个大人物，我也认为我可能做不了大人物，所以内心有一种恐惧。是思想制造了恐惧，这点很重要。所以，问题是：思想能不能看着恐惧——也就是，思想能不能看着自然的神经反应呢？制造恐惧的思想能看着恐惧吗？你是不是没有任何想法地看着任何东西呢？当你观察的时候，思想在运作吗？你观察一朵玫瑰、一朵花；那观察本身就是语言化的过程，认出那是一朵玫瑰——这个名词。有没有一种不进行识别的看呢？我能看着恐惧而不进行识别吗？

当我使用"恐惧"这个词，这个词本身就隐含了区分。使用"恐惧"这个词本身就是区分。之所以会有区分，是因为有个观察者带着他的词语、符号、理念和反应——他通过这些去看，因而在观察中就产生了区分。因为他是通过区分进行观察的，所以他会逃避恐惧或者对它采取行动。能不能不做区分地观察恐惧呢？只有当不存在一个对他所观察的事物做出各种反应的观察者时，恐惧才能得到面对。观察者能不能不区分他称为恐惧的那件事情，而只是看着呢？只有当他懂得了完全地、彻底地与那件事情共处的全部含义，他才能做到这一点。当他逃避或者接受时，他就无法与那件事情完全共处。他依据痛苦和快乐——身体上的以及心理上的——去逃避或接受，那就意味着词语变得无比重要。

先生们，你们都相信神明，或者相信别的什么，不是吗？你们是某种东西的信奉者，而那种信奉制约着你的心做出某些反应。现在，我们问：心能不能不带着词语所做的区分去看呢？而对这一切的探究——这就是自我了解的核心和过程——就是冥想。如果你这样冥想，那么你自己就会发现你能够观察感受和恐惧，而不带着词语所做的这种区分，因此你能够彻底地、完全地与它们共处，于是所有的恐惧都停止了。而这样的心是一颗创造性的心；这样的心是一颗优秀的心；只有这样的一颗心能接收到那无法衡量之物；只有这样的一颗心才能接受永恒的祝福。

（**新德里第七次演说，1961 年 1 月 22 日**）

PART 02

印度孟买，1961 年

自由的心不该拴在信仰之上

我们看到可怕的混乱遍布整个世界。各个地方的人都相互对立，不仅仅在个人层面，而且在种族和团体层面上，各个国家、团体和种族之间也相互对立。国家主义四处泛滥，并且与日俱增。自由的余地非常狭窄，不仅仅对个人而言，而且对社会、对心灵来说也是如此。各派宗教在分裂着人们，它们根本不是团结的因素。而专制也愈演愈烈，无论是左派的还是右派的。宗教有各种各样的形式——数以千计，不计其数——整个世界都说它们有真东西。对于真正探索真理是什么的心来说，宗教专制就跟政治上的专制一样可怕，而且两者都处于上升趋势。天主教连同它的教义、信条、驱逐以及诸如此类的一切，正在蔓延和扩散。共产主义，连同它的驱逐、清算，以及对人权、思想和自由的否定，也愈演愈烈，并且扩散着贫穷、污秽和混乱。事实上，房子已经着火了，真的着火了，就剩下最后的爆炸了，那就是原子弹。这一切我们都在或深或浅的程度上有所了解。

每个人都有一种必须做点儿什么来看清问题的感觉，不仅仅从智力上，而且内心也感觉到有一种对这整个问题做出紧急反应的必要性。如果一个人没有领会到这个问题的整体，就会致力于社会改革，复兴古老宗教，回归《奥义书》《薄伽梵歌》或者某些古老的思想，或者追随某个做出更多承诺的领袖。有一种看法认为，既然一个人自己无法完成这件事情，他就必须交给别人去做——交给上师或政治领袖。世界上还有缝缝补补的改革——发放土地，什么"平复""缓和""共生"，扭曲词语，让它们指代跟词典里直接的含义不同的东西，来适应一个人自己或者一个政党自身意识形态上的目标。先生，腐败、苦难和突飞猛进的工业化遍及整个世界，而没有革命的工业化只会导致平庸和更深重的苦难。

这个世界需要另一种革命——那就是我要讨论的问题，那就是我想探索的问题。但是，我认为一个人必须彻底看清宗教组织是毫无意义的，看清那些组织的荒唐，以及单纯追随某个观念、某个人类救赎计划的荒唐。对于一颗探索真理的心来说，宗教领袖不再具有任何意义。我不知道对这一切你有什么样的感觉。但是，如果在这片土地上观察、逡巡、徘徊，你就会发现有一种整个人类都在死去的骇人感觉，因为我们把自己拱手交给了政治党派、宗教书籍或者最时新的圣人——他们裹着腰布四处游荡，带着自己特定的社会、政治或宗教万灵药进行着安抚和慰藉。我不认为我在夸大实际发生着的事情，无论是这个不幸的国家，还是世界上其他的地方所发生的一切。

现在，你知道了这些。我只不过描述了事实是怎样的。对事实给出一个观点的心，是一个狭隘的、局限的、破坏性的心智。你明白吗，先生？我们来进一步解释一下。这是一个事实——这个世界实际上发生着什么。这一点你和我都非常清楚。你可以用一种方式诠释这个事实，我可以用另一种方式来诠释。对事实的诠释是一个诅咒，妨碍了我们看到真正的事实并对事实采取行动。当你我讨论我们关于事实的看法时，对事实本身就毫无作为；你也许可以对那个事实添加更多的东西，发现那个事实更多的细微之处、内涵和意义，而我也许在那个事实中看到的意义要少一些。但事实不能被诠释，我不能对那个事实提供一个看法。事实就是这样，而心要接受这个事实非常困难。我们总是在诠释，我们总是根据我们的各种偏见、制约、希望、恐惧以及诸如此类的一切，去为事实赋予各种不同的含义。如果你我能够看到事实，而不提出某个观点，也不诠释它或者赋予它某种意义，那么那个事实就会变得更有活力——不是更有活力——那么就只剩下事实，别的任何东西都不再重要；然后那个事实就会有自己的能量，那能量会推动你去往正确的方向。观点推动我们，结论推动我们，但它们让我们远离事实。但是，如果我们与事实共处，那么事实就会有它自身的能量，会把我们每个人都推往正确的方向。

所以，我们知道世界上正在发生的事实，而不做诠释。诠释应该留给那些跟眼前的事情和可能性打交道的政客，他们捏造出各种可能性来迎合他们的想法、他们的感受、他们的结论、他们的观念以及诸如此类的一切。他们是地球上最具破坏性的一群人，无论是最高层的政客还是最底层的当选者。你在全世界都可以看到这种事情的发生——他们分裂着人们，划分着土地，根据他们的偏见、他们狭隘琐碎的观念把某些想法强加于人。所以，看到了这一切，我们也看到了这种被某个上师、教士或知道更多的人指导的荒唐愿望——之所以荒唐，是因为并不存在什么人知道得更多这回事；然而，我们以为有些人知道得更多。我们要过的是我们自己的生活，我们要处理的是我们自己的不幸、自己的冲突、自己的矛盾、自己的悲伤，而不是别人的；不幸的是，我们自己解决不了这些问题，所以我们指望别人来帮我们，于是我们就困在了那些毫无意义的事情当中。

所以，看到了这一整幅图景，也看到了遍布全球的巨大悲伤和混乱，若要正确地回应这整个问题，我们就需要一颗不同的心——不是宗教的心智，不是政治的心智，不是擅长做生意的心智，也不是装满了过去和书本知识的心智。我们需要一个崭新的心灵，因为问题是如此艰巨。

我认为一个人必须看到拥有这样一个崭新的心灵的重要性和紧迫性——而不是如何得到它。我们必须看到拥有这样一颗心的重要性，因为问题实在是太艰巨、太复杂、太微妙、太多样了；若要切入、了解、探索这个问题，带来正确的行动，就需要一颗截然不同的心。我说的"心灵"，不仅仅包括头脑的物理特性——语言上、思想上非常清晰的头脑所具有的品质，一颗好头脑，一颗能够逻辑地、理性地、毫无偏见地进行推理的头脑——而且是一颗拥有同情、怜悯、温情、慈悲和爱的心，一颗能够直接去看、去观察、去感知的心，一颗内在能够安宁、寂静、和平的心——那种安宁不是由什么引发的，也不是人为造成的。我说的"心灵"包含了所有那些，它不单纯是一个智力上、文字上的东西。我说的"心灵"，是所有感觉都是完全清醒、敏感和活跃的，并以最高状态运转的心灵，我说的是心灵的整体，而它必须是崭新的才能应对这种紧迫性。

人们对过去进行了探索、研究和观察，知道了关于过去的一切；正如你所知，科学家探索了那一切，并且正在用火箭和卫星探索时间和空间。电子机器正在替代人脑的功能进行计算、翻译、组建这个和那个；它们正越来越多地取代人脑的功能，因为它们做起事情来，比普通的大脑甚至是最聪明的大脑都更有效率。所以，再次看到了这一切，你需要一个崭新的心灵，一颗摆脱了时间的心灵，一颗不再按照距离或空间思考的心，一颗没有边界的心，一颗没有停泊处或避风港的心。你不仅需要这样一颗心来面对永恒，而也需要它来处理生活中最紧急的问题。

所以问题是：有没有可能我们每个人都拥有这样一颗心呢？不是慢慢来，不是去培养它，因为像培养、发展这样的过程意味着时间。它必须立刻发生；必须现在就发生转变，具备一种没有时间因素的永恒品质。生就是死，而死亡在等着你；你不能跟死亡讨价还价，就像跟生活讨价还价那样。所以，有没有可能拥有这样一颗心呢？——不是作为一项成就、一个目标，也不是作为一件要去实现、要去达成的事情，因为那些都隐含着时间和空间。我们有一套非常方便而又丰富的理论，认为进步、到达、成功或接近真理需要时间；这是一个错误的想法，是一个彻头彻尾的错觉——时间就是那个意义上的一个错觉。拥有这样一颗心是最紧迫的事情，不仅仅是现在，而且始终都是，那是非常必要的。而这样的一颗心能出现吗？它又意味着什么呢？我们可以讨论这个问题吗？

先生们，问题是：我们能不能扫除所有的一切并重新开始？我们必须如此，因为这个世界正在变得面目全非。空间正被征服，机器正在接管，专制正在蔓延。新的变化正在发生，而我们对此全然不知。你也许阅读报纸和杂志，但是你没有觉察到这种改变的运动、意义、潮流及其动态的品质。我们以为我们有时间。你知道有人会来安抚人们，说还有时间。另外一些人则依据某个体系进行冥想，说："还有时间呢。"而我们说："让我们回去翻看《奥义书》，复兴宗教；还有时间，让我们悠闲地把玩这件事情。"请相信我，没有时间了——不是相信我——事实就是这样。当房子已经失火，没有时间来讨论你是个印度教徒、穆斯林还是佛教徒，你是不是读过《薄伽梵歌》和《奥义书》了；讨论那些事情的人完全没有意识到房子已经着火的事实。房子正在熊熊燃烧，而你可能并没有意识到，你也许迟钝或者不敏感，你也许已经变得虚弱。

所以，我们能不能讨论一下拥有这样一颗心的可能性呢？先生们、女士们，你们是如何讨论这样一件事情的呢？你怎么探索这个问题呢？我向你提出了一个问题，不仅仅从语言上，而且投入了我的整个存在；你必须回答它，你不能说："噢，我要以我的方式生活下去；我属于那个社团、这个社团，而这已经够好的了；我的圣人对我来说已经够好的了；他找到了自己的天职，他做得很好，他在改革，而我在我的角落里也做着一点儿事情，等等诸如此类。"——你得抛开这一切。

你是如何探询这个问题的呢？你怎么回答，你对这个问题的答复是什么呢？那可能吗？显然，你不知道。你不能说可能或者不可能。如果你说不可能，那么就没什么能做的事情了，你自己就把门给关上了。当你说那不可能，你必须有自己的上师、自己的圣人，你就已经从心理上、从内在阻挡了自己。如果你说也许是可能的，如果那是一个希望，那么那个希望也就意味着绝望；你并不知道。你明白这两者之间的区别吗？

如果一个人说"不，这样的心太不可思议了，我不会拥有的，它离我太远了，远远超出了我能力所及，我办不到，那不可能"，那么他就从心理上、从内在关上了门。也许有人会说"也许那是可能的，我不知道"；无疑，他排除了所有希望。我们必须确定"希望"这个特质已经消失了。一旦你有希望，就必然会有失意。你明白吗，先生？心存希望的心智会招来失意，一颗期期艾艾进而生活在失意中的心，是没有能力探询的。请务必看到这一点。所以，一颗说也许可能的心根本没有处于希望状态中。它不是一个说"有可能成功"的心智，因为成功同样意味着希望；所以，哪里有成功，哪里就始终会有失败，因而会招来失意。所以，一颗说"这有可能"的心——只有这样的心才能开始探询。请看到这一点的重要性，因为那样的心不怀疑、不接受也不拒绝。

心灵有三种状态——说"那不可能"的心灵，希望成功的心灵，和说"那也许可能"的心灵。前两种心灵与第三种是不同的，它们只从时间的角度，从希望、绝望、成功和挫败的角度思考问题。但是一颗探询的心排除了这两种状态。那么，如果这点清楚了——清楚的意思是你看到了这个真相：只有当心灵让自己摆脱了希望、绝望以及那一切，不再说"那不可能，只有极少数人才可能"，进而你彻底消除了这两种情况，这时心灵才有能力探询——这时心灵会说"那也许可能"；只有这样的心灵才能探询。那么，先生，你的心具有怎样的品质呢？

评论：我们满怀恐惧，我们超越不了这种恐惧。

克：害怕的心是没有能力探询的。这不是一个如何摆脱恐惧的问题。如果我想探询，恐惧就会止息；恐惧就变成了次要的东西。如果想要爬上高山，如果你害怕自己太老了或者太年轻了，你就没有能力去爬山，所以你就不会去爬；但是如果你感觉到了爬山的必要性，恐惧就会消失。它也许退到了背景之中，但是你会去爬山。

问题：我可以问问你说的"探询"（enquire）或者"尝试"（try）是什么意思吗？

克：我没有用"尝试"这个词，我说的是"探询"。我用这个词指的不仅仅是词典上的意思，而且指一颗在探询和观察的心。若要探询，你就必须拥有自由；心就不能被拴在任何形式的信仰、结论之上。探询意味着此时所有的个人习性、虚荣和希望都必须被抛在一旁；它意味着结果并不重要。探询意味着就在我受苦的过程之中，我也许就会改变，或者内在和外在都会有一场巨大的革命。而若要探询，显然恐惧、结论以及拖累我们的一切都必须被抛在一边——不是抛在一边，因为探询的紧迫感本身就消除了那一切。正是探询的那种紧迫感、那种必要性变得重要，因而别的事情都变得次要，此刻它们毫无意义。你明白吗，先生？就像战争一样——你知道，在战争中，所有的事情、所有的工厂、人脑的所有资源，一切都用来防御；他们不会去想可能性、恐惧、希望——那一切都不在了。你的心也是一样。你现在听到了这一切，你的心处于探询状态吗？你的心要求自己进行这种探询吗？

评论：当你说话的时候，我们大部分人都在想着我们自己的问题。这就是困难所在。

克：不对，请原谅我这么说。我们大部分人都想着自己的问题，是因为我们被我们的问题制约了，所以问题成了我们主要关注的对象，而我们来这里是想看看我们能不能解决那些问题。这点我知道，你也知道。你想知道如何与你的丈夫或妻子相处；你想知道觉察是什么；你想知道上师、圣人是不是正确；死后有没有来生；死后有什么，有没有不朽；如果你有颗否定的心，那会怎么样；你想知道如何冥想——问题、问题。当房子着火了，会发生什么呢？你不知道吗？着火比你眼前的问题重要多了——并不是说你的问题不存在了；它们还在，但是着火这件事情要更加重要。这并不意味着共产主义者用迂回的方式说的那个意思——重要的是你朝着某个特定的方向行动，因为你的问题在那边。我说的完全不是这个意思，那完全是含糊其词的说法。我说你的问题很重要，但是当你懂得了如何探询，你会更彻底、更细致、更完全地处理它们。先生，你难道不知道这个国家里有腐败吗？你不知道这里有贫穷吗？到处是污秽，这个国家中发生的一切都缺乏美、缺乏爱、缺乏同情，有骇人的肮脏、腐化，这个地方的精神已经消亡，你难道不知道吗？这一切你难道不知道吗？

评论：那是表象，就像一场梦一样。

克：如果那是一场梦，那就活在里边吧，先生。那就把这个世界当成一场梦、一个幻境吧，不要再枉费心思了，也不要听我讲些什么了。如果你把这个世界当作一种幻觉，那么就没什么问题了。但是，当你饿肚子的时候，当你丢了工作，当你不知道你下一顿饭在哪儿的时候，当你的妻子离开了你，当你没有孩子又想要孩子的时候，当死神在随时恭候你的时候，你不会说这个世界是个幻觉。这个世界一片混乱，无论你喜不喜欢。

问题：感受是心的一个方面吗，先生？

克：当然，我那么说过。心灵包括了欲望、爱、恨、嫉妒、情感——这个生机勃勃、活跃着的整体。说这个世界是幻境和幻觉的人，或者说"先解决经济问题，然后一切都会好的，先解决吃饭问题"的人——这些都包含在了心灵之中。思想、互相矛盾的想法、渴望、需求、残忍、关怀、爱和温柔的感觉——所有这些都是心灵的一部分。所以，先生们，你们怎么就感觉不到此刻的紧迫感，就像你感到你生病了，需要做手术了一样呢？你们为什么就感觉不到这种紧迫性呢？你是怎样探询紧迫性这个问题的？

你想得到这个世界上的好东西，你也想得到一颗好的心灵。这两者你无法兼得。我说的"世界上的好东西"，不是指人穿的衣服，而是权力、金钱、地位、权威带来的那些东西。我们想和那些东西生活在一起，同时也想有个好的心灵——没有野心，在生活的行动本身之中就体会到一种愉悦感的心灵。我们想两者兼得；换句话说，我们既关心眼前的野心、成就、挫折、争吵、嫉妒、羡慕、渴望，同时我们又说，"噢，时间是超越衡量范围的"，我们想让两者共存。两者兼得是不可能的。拥有一颗好的心灵、一颗真正的心是可能的，然后野心就毫无立足之处了——你也许有几件衣服、有点儿钱、有个住处，那就是全部了。重要的是好的心灵、真正的心，而不是另一个，但是现在另一个对我们来说很重要。

你的心在探询吗？你的心处于探询状态吗？显然没有。那么，凭着这样一颗没有感到紧迫性的心，你该怎么进行探询呢？这样的一颗心怎样才能感受到这种紧迫性呢？你对自己的心有觉察吗？我们需要一个崭新的心灵，一颗完整的新头脑，来应对世界上的这种混乱。那么，如果你说这不可能，这是一件事情；如果你说这是要去实现的某种东西，这是另一件事情；但是这种心灵是没有能力去探询的。我问你：你的心是个什么状态，你知道吗？你会说那不可能吗？或者，你是不是依然从希望及其隐含的一切这个角度去思考问题的呢？或者，你的心会不会说："让我来探询一下。"

评论：那有点儿难。

克：生活是很难。早上起来及时赶到这儿，在这儿等上一个半小时，坐公共汽车来，然后坐在这儿无所事事，是不容易。一切都不容易。快乐不难，但是随之而来的会有困难、遗憾和懊悔。只有当心灵能够那样完整地生活时，懊悔、困难和痛苦才不再具有任何意义；只有此时才有生活，才有行动。

那么，你觉察到了吗？你说的"有意识""觉察"是什么意思呢？

你可曾看过一棵树？你是怎么看一棵树的呢？你是如何看到一棵树的呢？你有没有看到树枝，你有没有看到树叶，你有没有看到果实、花朵和树干，并想象它地下的根？你是怎么看这棵树的呢？此外，你究竟有没有看过一棵树，还是你只是从它旁边经过呢？也许你只是从旁经过，所以你从来没有看到那棵树。但是，当你看着一棵树——看着，从视觉上看到——你是看到整棵树呢，还是只看到树叶？是看到整棵树呢，还是只看到树的名字？你是怎么看一棵树的呢？你有没有看到它的轮廓、高度和树叶的美，与它嬉戏的微风，随风舞动的树枝，树叶的质地，树叶的触感，树的芬芳，或柔弱或粗壮或纤细的树枝，还有随风摆动的树叶？你看到那一整棵树了吗？如果你没有看到它的整体，那么你就根本没有看到那棵树。你经过它的时候也许会说："那儿有棵树，真漂亮！"或者说："那是一棵杧果树。"或者说："我不知道那是些什么树，它们也许是罗望子树。"但是当你站在那儿看的时候——我说的是实际上、事实上——你从没看到它的整体；如果你没有看到那棵树的整体，你就没有看到那棵树。

"觉察"也是一样。如果你没有在那种意义上完整地看到你心灵的运作——就像你看那棵树一样——那么你就没有觉察。树由树根、树干、大大小小以及高处非常柔嫩的树枝，还有树叶——落叶、枯叶、绿叶、被吃掉的树叶、丑陋的树叶、正在落下的树叶，还有果实和花朵组成——当你看到一棵树的时候，你是把那一切作为一个整体看到的。同样，在看到你心智的运作过程的那个状态中，在那种觉察状态中，有你的谴责感，有赞同、否定、挣扎、徒劳、绝望、希望和挫折等各种感觉；觉察涵盖了所有那些，而不只是其中的一部分。所以，你有没有在这个非常简单的意义上觉察到你的心，就像看到一幅完整的图画一样——不是看到画的一隅然后说："这幅画是谁画的？"看到这整幅画包含了看到蓝色、红色、各种相反的颜色、阴影、水的流动和天空。同样，你有没有觉察到你活动着的心智，各种互相矛盾和谴责的态度，说："这很好，那不好；我不想嫉妒，我想做个好人；我没有那个，我想要那个；我希望被爱。"——心中所有那些没完没了的喋喋不休。你是那样觉察的吗？不要说："这很难；我怎么才能做到呢？"不要开始分析，不要说："这么做对吗？我看的方式对吗？"或者说"噢，我不该那么做吗？"这都是觉察的一部分。你是这样觉察你的心的吗？

评论：有少数的时候是觉察的。

克：这位先生说他只有偶尔是觉察的。那就够好的了，不是吗？你知道那种觉察的滋味感觉如何。只是你说它必须持久，你必须整天都那样。但是现在你觉察到了吗——而不是明天，也不是后天？就在我们一起谈话的现在，你觉察到了吗？觉察意味着看到整体——不只是争吵、焦虑和希望，还有整件事情。你们有些人坐过飞机，对吗？从上面，你能看到整片大地，土地是怎样被划分成小块儿的；从那里看，没有国界、没有领土，地球不是你的也不是我的；从那里你能看到河流、树木、岩石、山脉和沙漠；你看到了全景，所有一切的深度、高度和美丽；从那里看，贫瘠的土地和富饶的土地同样美丽——从那种觉察的意义上看到了整片大地。

现在，我们回过头来看。你的心在探询吗——而不是探询什么是好的心灵、什么是崭新的心灵？因为崭新的心灵来自空无、来自彻底的否定；只有心灵彻底独立、处于那种革命状态中时，崭新的心灵才会出现。而当你被困在各种信仰、结论、恐惧、宗教迷信、意识形态或设想出来的欲望中时，心就无法独立和不受影响，它无法处于一种彻底否定的状态中。当你追随别人，当你抱有权威，当你野心勃勃，当你努力变得德高望重和不暴力时，心就没有空无感——在那种空无状态中才会有洞察，才会看到整体。

那么，你能不能带着你全部的感受，不去探究崭新的心灵，而是去探询我们都有的对权力的渴望和野心这整个结构？对权力的渴望——你明白吗，先生？有精神上的权力——你知道圣人，那些战胜了自己的人，说："我知道，我读过了，我实现了。"还有借助金钱、权威和地位，借助职能，通过让自己达到接近权力强大的大人物、首席工程师和大老板的状态，来获得物质上的权力。这些你们都明白吗，先生们？你能探询这些吗？如果你要探询这些，那就把它们彻底清除——不是花时间慢慢来，而是立即清除。所以，你能不能以那种意义上的觉察，看清权力的五脏六腑，探询它并把它彻底打破，于是当你离开的时候，你就摆脱了时间？——时间已不复存在，因为这里面已经涵盖了时间、空间和距离。你明白吗？你们能这样做吗，先生们？就像是吸收了权力、消化了权力一样。以这样彻底的觉察去探究它，看清它的整个结构，以及你想在那个结构中参与的部分——追随会带你到达安全地带的上师、寻找大师、信仰大师。你们中有很多人都相信这个或者那个，他们每年都会来这里，我不知道为什么。让他们待在他们的寺庙和大师那里——和他们玩耍，度过愉快的时光——但是不要到这里来浪费他们的时间和我的时间。你知道我对那一切都是什么看法。我彻底脱离了所有那些，因为他们全都会导向权力、权威、地位和保障。但那些是你们想要的，所以尽管去追求、寻找并拥有那些吧。

问题：怎样才能摆脱所有那些东西呢？

克：怎样？你并不想摆脱那一切；如果你想，你就会从里边走出来。所以，请不要问我"怎样"；我问你们的是截然不同的事情。你们怎么那么不注意听呢！我说的是崭新的心灵，而不是说"我怎么到那个地方？"的心。崭新的心灵不是来自一个追求成功、想要解脱的心。崭新的心灵也无法经由戒律得来。崭新的心灵不会说："我如何才能自由？"它爆发到那个状态中，它爆炸。我展示给你看，我指给你看怎样用你的整个存在去爆发——不是逐渐地，不是它偶尔适合你的时候，不是你想着别的什么事情的时候，不是你有点儿时间才考虑这个问题的时候，不是你毕生时间都用来上班谋生的时候。我说觉察的心需要心灵深入探询你的野心，探询你对权力、权威、地位的欲望，你对待人们的方式，当你遇到一个大人物你是如何卑躬屈膝的，你对安全的渴望，觉察这些。而当你完全觉察到了这些，你瞬间就从中脱离了出来，那些东西就消失了。

问题：你是不是否定这种革命中存在阶段或者对某些方面的发现？

克：我当然否定阶段；我完全否定从时间上、距离上、空间上逐渐发现某些方面的过程。我解释过为什么是这样的。"某些方面"意味着什么呢？意味着制约、减少、时间、渐进，从这里到那里，从一种状态到另一种状态。它意味着成就、到达、成为什么人、达成。如果你探究这个问题，你就会发现那一切都意味着一种怠惰感，接受事情原来的样子——接受昨天、今天和明天，接受土地和人们的分裂。先生们，你们没有看到这件简单的事情吗？你是怎么看一棵树的———部分一部分地，还是看到它是一个整体呢？看到事情的整体需要这种非凡的充满活力的能量。而你能通过各个细小的部分得到这种能量吗？你能一点一点地变得友好吗？你能一点一点地去爱吗？如果你确实一点一点地去爱，那就是一个渐进的过程；那是习惯，不是爱；那是重复。先生们，你们不知道这些吗？先生们，请务必想一想你们有没有探询自己的野心和权力的五脏六腑；你不能一点一点地切入这个问题，而是要看到这整件事情，而当你看到了这整件事情，它瞬间就消失不见了。

（孟买第一次演说，1961 年 2 月 19 日）

时间和恐惧并肩而行

前几天我们见面的时候，探讨了当今这个混乱、困惑和冲突的世界需要什么。我们认为不仅需要立刻行动，而且需要一种持续的行动，而只有当我们领会了问题的整体，我们才能有这样的行动。而若要了解整体，我们就需要一颗不同的心，一个崭新的心灵，一颗不仅仅关注局部而且关注整体的心；而把握了整体，心就能了解局部了。我们也谈到了探索的状态，而不是探索本身。我认为这两者是不同的行动，不是吗？只关心向外和向内探索的心，处于一种躁动不安的状态中，一种敦促和驱策的状态中；而探索状态是一种否定的觉察，其中有洞察而没有记录——那是一种纯然看到的状态。

我不知道我们在大多程度上理解了"看"（seeing）的重要性。我认为有必要进一步思考这个问题。我怀疑我们究竟有没有看到任何东西。你知道我说的"看到"是什么意思吗？看、观察、感知、倾听的品质——所有这些都隐含在"看"里面，而当你对看到的事实抱有某种观点时，"看"就被阻碍了。我看着你，你也看着我。你们大部分人我都不认识，但是你们认识我。你们对我抱有各种看法、结论、观念以及某种判断，你们心怀各种画面、形象和符号。你其实并没有看到我，因为你对我抱有观点。所以你从未看到，你从未感知，你从未倾听；这些看法、观念、结论以及某种传统、你读过的书——这些都妨碍你看到。在我讲话的时候，请务必试验一下我说的话。

无疑，"看"意味着抛开了所有这些，而只是观察、倾听、看、感知、吸收，如实地看到什么是事实；它要更有活力，从那里你就会得到巨大的能量。观点并不能给你能量。结论和观点能带来某种形式的能量，但那种能量会耗散，它是破坏性的，会制造紧张和矛盾，因为我们的大部分行动都产生于矛盾以及矛盾造成的紧张。所以，如果你能看而不带有任何判断、评估、接受和拒绝，如果你从内在和外在都能单纯地如实感知事物和事实，那么那感知本身就会带来一种品质非凡的能量。事实上并不存在一种与内在状态相分离的外在状态；它们并非两种不同的状态，它们实际上是一种连续的运动，就像潮水的涨涨落落一样。觉知事实——那本身就能产生某种活力感、能量感和一种美的品质。所以，我们要探讨这种觉知的必要性。只有一个崭新的心灵才能领会完整地看到事物的重要性。

崭新的心灵并不是某种要去实现的东西，不是某种要奋力以求的东西，它也不是一个理想——要去实现的一个结果、一个目标，某种要去努力追求的东西。它瞬间就能出现，而只有存在这样的"看"时，那才是可能的。时间妨碍了这份觉知。一颗心如果从渐进、距离和空间的角度去看，从由此及彼的角度去看，把从这里到那里的运动当作一项成就、一个目标——这样的心是无法完整地看到事物的。所以，也许我们值得稍稍探讨一下时间是什么，因为我认为超越时间是非常重要的。

时间是思想，而思想是记忆的运作过程，记忆制造了昨天、今天和明天这样的时间，并把时间作为获取成功的一种手段和一种生活方式。时间对我们来说极其重要，生生世世，一世的生命接着另一世的生命，稍做改变然后继续。时间无疑是思想的本质，而思想就是时间。只要时间作为实现目标的手段存在，心就无法超越自己——超越自己的品质属于摆脱了时间的崭新的心灵。时间是恐惧的一个因素。我说的时间不是指物理时间或者钟表时间——秒钟、分钟、小时、天、年——而是作为心理和内在过程的时间。正是这个事实造成了恐惧。时间就是恐惧；由于时间是思想，它滋生了恐惧；正是时间制造了挫折和冲突，因为即刻洞察事实、看到事实是没有时间的。直接洞察事实的这种感知、觉察和探索状态——比如，事实是一个人很生气——是没有时间的。你会对愤怒做什么，为了去除它，你不能做什么和你会做什么——这一切都给了让时间插手进来的机会。

所以，若要理解恐惧，你就必须知晓时间的问题——时间就是距离和空间；思想制造了昨天、今天和明天这样的时间，用昨天的记忆来调整自己适应现在并制约未来。所以，对我们大多数人来说，恐惧是一个非凡的现实，而被恐惧以及恐惧的复杂性纠缠的心永远无法自由；不了解时间的复杂性，它就永远也无法了解恐惧的整体。时间和恐惧是并肩而行的。

先生们，若要发现、若要了解，你就必须倾听，就像你会单纯地聆听乌鸦的叫声，听那些男孩的喊叫声、那些钟声，而不做评判，也不说："他在说话，我必须仔细听，好弄明白他的意思。"如果你聆听那些鸟儿、那些乌鸦的叫声，聆听街道上的嘈杂声、男孩们的喊叫声、发动的枪声，同样也倾听这里说的话，那就是整体的倾听。所有这些都是事实——枪声、乌鸦的叫声、孩子们的喊叫声、轰轰驶过的巴士声、街道的嘈杂声。一旦你用一个事实对抗另一个事实，决定只听其中一个而不听另一个，那么你就根本没有倾听。如果你以一种非凡的随意感去倾听，那么倾听就是一个整体的过程，因而没有抗拒，因而就有了对事实的即刻洞察。若要抓住事实，就必须有一种随意感。一个只知道严肃，不知道随意、活泼和轻松为何物的心，永远无法看到事实。一个不知道随意的方式是什么的严肃心智，也许拥有某些能量，但那种能量是破坏性的。

现在我们来思考一下恐惧的整体。一颗害怕的心，深陷在自身的焦虑、恐惧感，产生于恐惧的希望和绝望之中——这样的心显然是一颗不健康的心。这样一颗心也许会光顾寺庙和教堂；它也许会编织各种理论，也许会祈祷，也许学识渊博，也许外在拥有所有世俗的光环，善于服从、教养良好、礼数周全，表面上行为正直；但是有着这一切并扎根于恐惧中的这样一颗心——就像我们大多数人的心智一样——显然不能直接看到世间万物。恐惧确实会滋生各种形式的心理疾病。没人害怕神，但是人们害怕公众舆论，害怕不成功，害怕没有成就，害怕没有机会；而从中就产生了这种严重的负罪感——你做了一件不应该做的事；或者在做什么事的过程之中有罪恶感；你很健康而别人贫病交加；你有吃的而别人没有。心探询、深入、追问得越多，罪恶感和焦虑感就越强。如果不了解这整个过程，如果不了解恐惧的全部和整体，就会导致各种怪异的行为，圣人的行为和政客的行为——如果你观察，如果你觉察到有意识和无意识的恐惧自相矛盾的本质，你就会发现那些行为全都可以得到解释。你知道各种恐惧——对死亡的恐惧，对没人爱或爱的恐惧，对失去的恐惧，对得到的恐惧。你们怎么解决这个问题呢，先生们？

恐惧是寻找大师和古鲁的渴望；恐惧是一层体面的外衣，每个人都对它珍爱有加——要体面。先生，我没有说任何不属于事实的事情。所以你可以从自己的日常生活中看到恐惧。恐惧这种不寻常的无处不在的品质——你是如何处置它的？你仅仅培养勇气这项品质来应对恐惧带来的挑战吗？你明白吗，先生？你是下定决心要勇敢面对生活中的各种事情呢，还是把恐惧合理化，为困在恐惧中的心找到一些令它满意的解释呢？你是怎么应对的呢？是打开收音机、读书、朝拜寺庙，抱定某种形式的教义、信条吗？我们来讨论一下如何应对恐惧。如果你觉察到了它，那么你会采取什么方式来对付这个阴影呢？显然你可以清楚地看到一颗害怕的心会慢慢萎缩；它无法恰当地运转；它无法合理地思考。我说的恐惧不仅仅指意识层面的，而且也包括一个人头脑和内心深处的恐惧。你如何发现它，而当你确实发现了它，你会怎么办？我问的不是一个随随便便的问题，不要说："他会回答的。"我会回答，但是你必须自己搞清楚。一旦没有了恐惧，就没有了野心；但是会有因为热爱某件事情而产生的行动，而不是因为人们认可你正在做的事情。那么，你是怎么应对它的呢？你的反应是什么呢？

显然，我们通常对恐惧的反应是把它推到一边，然后从中逃避，借助意志力、决心、抗拒和逃避把它掩盖起来。这就是我们的做法，先生们。我并没有说什么耸人听闻的事情。所以恐惧就像影子一样跟着你；你没有摆脱它。我说的是恐惧这个整体，而不只是某个特定的恐惧状态——死亡或者你的邻居会怎么说，害怕自己的丈夫或孩子会死去，害怕妻子会跑掉。你知道恐惧是什么吗？每个人都有自己特定形式的恐惧——不是一种，而是很多种恐惧。有任何一种恐惧的心灵显然都无法拥有爱、同情和温柔这些品质。恐惧是人身上的破坏性能量，它让心灵枯萎，让思想枯萎，并催生各种各样无比聪明和微妙的理论，以及荒唐的迷信、教条和信仰。如果你发现恐惧是破坏性的，那么你要如何着手把心灵清理干净呢？

评论：试着探索恐惧的原因。

克：你说通过探索恐惧的原因，你就能摆脱恐惧。是这样吗？你知道你为什么害怕别人说什么，你的邻居可能会怎么说，你害怕公众舆论；你也许会失业，你也许会失去几样东西，你也许不能让女儿嫁入豪门。每个人都害怕这种或那种东西，也知道他为什么害怕，但是恐惧还是没有根除。试着发现原因，也知道了恐惧的原因，这并没有消除恐惧。你能通过逃避来处理恐惧吗？如果只有通过了解恐惧才能应对它，那么你要怎样了解恐惧呢？

你是怎样了解某件事情的呢？如果你有个儿子，你怎么了解他呢？你可曾试着了解你的儿子、妻子，你的上师、邻居、政客以及诸如此类的一切？有吗？了解你的小女儿意味着什么呢？你是怎么做的？首先，你必须观察那个孩子——在她玩耍的时候、笑的时候、哭的时候，观察她，看着她。需要去观察，然而如果你投射了你的那些观念——比如孩子必须要乖，但是她很淘气；要拿她跟别的孩子比，等等——你就无法观察。只有当你没有把这些想法和观点投射到你的观察中时，你才能观察；从那样的观察中，你就会开始看到更深的含义。那份观察就是爱这项品质。先生们，你们尝试过这么做吗？也许没有。同样，你是如何了解恐惧的呢？心灵要摆脱恐惧，这非常重要。否则，你的神明、你的礼拜、你的虔诚和体面将毫无意义；它们也许已经枯死了。对你来说，恐惧并不是一件你必须了解、领会并消除、摆脱的东西；你接受它是你生命的一部分，因此，你非常漫不经心地对待它，觉得它并不重要。

问题：单纯观察恐惧——会把我们带到哪里呢？

克：你看，先生们。我们说过了处于探索状态的心灵，探索状态并不是探索本身；我们说过了看到事实，思想为什么是时间，以及思想产生恐惧。是思想在说："我饿了，我野心勃勃，我不能嫉妒，等等。"我们没有把恐惧孤立出来，我只是拿它来探讨，就像你也许会拿性、死亡或者别的事情来探讨一样。但是，由于恐惧对我们大部分人来说都是极其常见的东西，所以我认为需要探讨它、看清它的本质——不仅针对某个特定的恐惧，而且看清恐惧的整个本质。

评论：它实在是太可怕了，所以我们没有了解它或者观察它的能力；与此相反，我们试图设想出某种神圣的力量来保护我们。

克：保护一个害怕观察自己的渺小心灵的神圣力量！那个神圣的力量真的对你那么感兴趣吗？先生，你必须摆脱那种想法。

你是如何处置恐惧的呢？恐惧是一个结果，恐惧是一个思想过程——思想是时间的产物，而时间是记忆的产物——恐惧，并非只是眼前的恐惧，而且还有来自几个世纪的行为、渴望和冲动等等的深藏的恐惧，它们潜伏在无意识的深处。知道了所有的原因，你要如何应对这整个恐惧呢？

心灵这个整体之中有恐惧，有焦虑，有野心，有嫉妒，有挫败，有成就，有渴望、绝望、希望，有各种大师、品格和戒律。当你考虑心灵这个整体，恐惧并不是孤立的，但我们大部分人认为恐惧是孤立的。拥有那种完整的觉察将奇妙无比，那样你就能应对恐惧了，但是我们大部分人都没有那种非凡的、精致的、微妙的整体感。我们大多数人都困在了某种特定的恐惧中，我们的整个余生都与它纠缠不清。既然把恐惧孤立了出来，那我们怎么能应对它呢？这就是我们大部分人的问题，你明白吗，先生？

评论：你一旦明白了，恐惧自己就消失不见了。

克："明白"这个词是什么意思呢？你是在恐惧出现的时候一个一个地处理它，还是解决整个恐惧呢？而若要解决恐惧的整体，你就不能把事情当作孤立的来分别切入。我不知道我有没有传递给你任何信息。先生，你看！我害怕公众舆论；我看到了它的原因，也看到了害怕公众舆论是多么幼稚、多么不成熟。我看到了这件事情的荒唐，但我还是怕可能会丢了工作。我不必告诉你公众舆论对人们都做了些什么。那么，你是把它当作单独的事情分别去处理的呢，还是你用一种能带来对恐惧的整体了解的方式，去切入公众舆论问题的呢？如果我有能力或者有一种方式去观察对公众舆论的恐惧，那么也许就开启了那扇通往完整地、彻底地了解恐惧的门。这就是我的看法，你明白吗？思想的每个活动都在加强恐惧；我此刻并不关心这个问题。我害怕公众舆论；我知道其中的原因，我知道那一切的含义。那么，对这个问题的探索会带我开启通往恐惧这个整体的门吗？那是我唯一关心的事情，而不是如何去除恐惧。

如果一个事件能通向整体，那么心灵就能彻底摆脱恐惧。我不知道是不是把自己的意思说清楚了。

先生们，让我们暂时放下恐惧这个话题，说说暴力和非暴力的问题。我暴力，同时有非暴力的理想；我通过戒律、借助冲突和矛盾去努力接近这个理想，你所有的上师、哲人、瑜伽士和圣人，都向着理想的非暴力进行着这种可怕的调整——那是暴力——我也调整自己尽力做到非暴力。现在，请跟上这个问题。事实是暴力；非暴力是"非事实"。非暴力是一个幻觉；那是一个词，它没有任何真实性。暴力是一个事实，而另一个根本不是事实；它只不过是一个思考出来的想法、念头——你必须是非暴力的，因为领袖们说这大有好处，因为那样的话你就能实现政治独立——你可以玩弄词语，但事实上你是暴力的。我必须通过观察事实来了解某件事情，也就是：心灵永远不能困在词语和观念的幻觉中从而远离事实。先生们，当一个政客谈论非暴力、和平以及所有那些东西的时候，你必须把它们都抛在一边，因为事实就是暴力。那么，我要如何了解暴力呢？

当抛开了词语和理想的所有幻象，消除了事实和理想之间的冲突，抛弃了让事实接近理想因而会让冲突继续的企图，此时的心灵是如何运转的呢？当你科学地处理事实，应对事实而不是幻象时，你就必须彻底抛弃那一切；然后心就抛弃了整个模仿、遵从某个模式和观念的原则。所以，心通过应对一个事实，就发现了心是如何习惯于词语，得出毫无真实性的结论的，因而就只剩下了事实。你明白吗？然后心就能够看着那个事实了。而"看着事实"意味着什么呢？

"看"——是什么意思呢，先生？你是怎么去看愤怒的呢？显然，我是作为一个正在生气的观察者去看的。我说："我生气了。"在生气的那一刻并没有"我"；瞬间之后"我"就出现了——那隐含着时间。所以，我能不能看着事实，而不带着时间因素，也就是思想和语言？当存在没有观察者的"看"时，上述情形就会发生。看看这把我带到了哪里。我现在开始发现有一种"看"的方式——是不怀着观点和结论，不做谴责和评判地感知。因此，我发现可以"看"而没有思想，也就是没有语言。于是心灵超越了观念、冲突、二元性以及诸如此类的控制。所以，我能看着恐惧而不把它当作一个孤立的事实吗？

先生，恐惧和暴力只是例子而已。通过一个例子，你就能看到思想的整个世界；通过考察一件事情——"恐惧"，你就打开了心门。如果你把一个事实孤立出来，没有打开通往整个思想世界的门，那么我们就回到事实上去，从另一个事实重新开始，这样你自己就会开始发现心灵这件非凡的事物，于是你就有了钥匙，可以打开那扇门，能够冲进门去。明白吗，先生们？

你总是非常清晰地分析恐惧，它的原因、它的结果，它互相关联的各个原因——你可以发现恐惧的整个模式。你害怕你的邻居，你害怕你的妻子、丈夫，害怕死亡、失业、生病，害怕老了以后钱不够用，或者你妻子也许会跑掉，你丈夫也许会移情别恋，你的儿子、女儿不听话，你知道这一切，先生们——恐惧，我们每个人都有的恐惧。如果不了解恐惧，它就会导致各种形式的扭曲和心理疾病。说自己跟拿破仑一样伟大的人，和追随大师、古鲁、生活的理想模式的人，同样都是精神错乱的。那确实是精神错乱——我知道你们不接受这一点，但那没关系。在一个精神错乱的世界上，一个人们都是精神病患者的世界上，保持清醒是一件极其困难的事情。先生们，想想教会及其教义和信仰的荒唐——不只是天主教的信仰，还有人类视若珍宝的印度教、伊斯兰教、佛教的信仰。那都是产生于恐惧的不健康和心理疾病。你也许会对天主教徒信奉的教条——圣母马利亚确实上了天堂——嗤之以鼻，你说："太荒唐了！"但是你有自己荒唐的方式，所以不要对那些视而不见。我们知道恐惧的各种原因，我们知道它非凡的微妙之处。通过探究一种恐惧——对死亡的恐惧，对邻居的恐惧，对你妻子凌驾于你之上的恐惧，你知道这一整套控制的把戏——那会把门打开吗？那是唯一重要的事——而不是如何摆脱恐惧——因为一旦你打开了门，恐惧就被彻底消除了。

先生，心智是时间的产物，而时间就是语言——想想这件事情有多么奇妙！时间是思想；正是思想滋生了恐惧，是思想滋生了对死亡的恐惧；本身是思想的时间，它手里握有恐惧全部的复杂性和微妙性。所以，你若不了解恐惧，不切实看到时间的本质，也就是思想和语言的本质，你就无法消除恐惧。从这里就出现了这个问题：有没有一种思想是没有语言的，有没有一种思考不需要本身就是记忆的词语？先生，如果不明白心灵的本质、心灵的运动和自我了解的过程，单单说我必须摆脱恐惧，那没什么意义。你必须把恐惧放在心灵的整个背景之中来考虑。

要看到这些，要探索这一切，你需要能量。能量并不是通过吃饭得到的——那只是身体需要的一部分。而要"看到"，在我用这个词所指的意义上．就需要巨大的能量；而当你与文字纠缠，当你抗拒、谴责，当你满怀着妨碍你去看去观察的想法时，那能量就被消耗了，你的能量都用在那些方面了。而在探索这种感知、这种"看到"的过程中，你又把门打开了。

（孟买第二次演说，1961 年 2 月 22 日）

倾听事实的行动会把心灵从冲突中解放出来

我们前天见面的时候，探讨了恐惧的问题。恐惧是思想的产物；思想是语言，而语言和思想都在时间的范畴内。我们也探讨了心智、整个心灵摆脱恐惧有多么重要，因为，显然恐惧确实会败坏、腐蚀思维过程。恐惧产生了各种各样的幻觉、逃避和各种形式的冲突；它阻碍了那种具有创造性品质的能量。我希望今天早上我们能探讨一下这种品质的能量。请暂且不要给"能量"那个词赋予更深的含义。让我们慢慢来，因为如果真的想走得很远而且很深入，你就必须从非常近的地方开始，而不是仅仅把事情想当然。

每种形式的运动都是能量；每个思想也是能量；自然界中的能量，水的能量、机器的能量，我们做的每一件事都是能量的一种形式；只是对我们来说，能量呈现为各种各样的表达方式。我们几乎所有的行为都是那种机械能量的表现形式，因为我们所有的行为都产生于思想，无论我们有没有意识到。请务必跟我一起慢慢想清楚。思想是机械的；思想永远无法自由，所以能量也始终是不自由的。思想是机械的——我这么说的意思是，思想是记忆的反应，而记忆显然是机械的。所有的知识都是机械的。能添加或减少的东西都是机械的；所有的添加过程，无疑都是自动的、机械的反应。思想在冲突中为自己制造了各种矛盾。对我们大多数人来说，能量是从思想中产生的冲突，而思想产生于自我矛盾——好的和坏的，"应当如何"和"现在如何"，诗歌和数学之间、无限广阔和琐碎细节之间的分别，有各种矛盾、二元性和划分。而分别越大，对那种分别的意识越明显，紧张程度就越高；紧张程度越高，行动和能量的规模就越大。我不知道这点对你来说是不是清楚了。这些都是显而易见的事实。

一个人必须觉察到自身之中的这种矛盾，意识到矛盾产生的紧张程度越高，行动的规模就越大，能量也越大。拥有这种巨大张力的人极其活跃。完全沉溺于——我用"沉溺"这个词指的是词典上的意思——某种信仰中的人是极端活跃的。我们考虑的并不是行为的好坏、是否对社会有益——这些问题暂时无关紧要。与某个团体、某个国家、某个党派及其教条完全认同，能带来惊人的能量。你知道有这样的人，不是吗？那种能量是自动的、机械的，因为它产生于思想。思想是记忆、知识和以往经验的反应，而所有的添加过程都是机械的，因为它们是思想的产物。

所以，我们发现我们的内在和外在有着巨大的分裂，我们总是努力把它们拼凑起来，弥合起来——弥合哲学上、物质上、精神上、感情上的二元性。这种分裂以及这种分裂的持续，不仅产生了某种能量，也从想象中或者理论上把对立面拼凑在了一起，进而产生了巨大的能量。有一种物质能量表现在我们或粗鲁或优雅地做出的每个动作、每一步中；出色的运动员从身体上表现出这种能量；当你对某件事情有强烈的感受，理直气壮地感到愤怒，或者感觉到你必须做些什么的时候，会有一种情绪能量；还有，当你找到了自己的天职，也会产生一种能量。找到了自己天职的人极具活力，满是能量和行动。另外，当你研究某个观点，把各种观点聚集到一起，互相联系、探讨、争论、推演、分析、引导时，会有一种智力能量——其中有巨大的能量。

先生，我并没有说任何偏离事实的内容；我只不过在重复我们都知道的事情。一个充满仇恨的人有巨大的能量，就像在战争中那样；看看他们在战争中都做了什么骇人听闻的事情。催生了防御性军事力量的恐惧，也产生了巨大的能量。恐惧、仇恨、愤怒、嫉妒、羡慕、野心、追求结果——这一切确实会产生一种内在的活力感、一种驱动力、一种强制性的活动。物理上有自动运行的能量，而其他的一切无疑都是思想产生的能量。所以，我们花费和聚集的能量都在时间的领域内，也就是在思想的领域内，所以那种能量始终是破坏性的。野心勃勃的人是最具破坏力的人，无论他是在精神方面野心勃勃，还是想在世俗世界上有所成就。

那么问题是：有没有一种能量不在思想的领域内，不是自相矛盾的强制性能量、自我成就或挫折的产物呢？你明白这个问题吗？我希望我说清楚了。因为，除非我们找到那种品质的能量——它不单纯是一点点产生能量的思想的产物，也不是机械的——否则行动就是破坏性的，无论我们是进行社会改革、写出优秀的著作、非常擅长做生意，还是制造国家分裂、参与其他的政治活动等等。那么，问题在于是不是存在这样一种能量，而这个问题不是从理论上提出的——因为当我们面对事实的时候，引入理论是极其幼稚的、不成熟的。就像一个得了癌症的人需要做手术一样，谈论要用哪种工具以及诸如此类的一切是没有意义的，你必须面对他必须做手术的事实。所以，同样地，心必须深入洞察，或者处于一种不再被思想奴役的状态中。毕竟，时间中的所有思想都是发明；所有的小装置、喷气式发动机、冰箱、火箭以及对原子和空间的探索，都是知识和思想的产物。所有这些都不是创造；发明不是创造，能力不是创造，思想永远不可能是创造性的，因为思想始终是局限的，它永远无法自由。只有并非思想产物的那种能量是创造性的。个人的心灵，我们每个人的心灵能不能从实际上，而不是从语言上参透那种能量呢？

问题：你说所有的思想都是机械的，然而你却要求我们去探询和发现。这种看法难道不是思想的一个方面吗？

克：先生，你当然必须利用理性去废除理性。我们必须拥有准确和清晰思考的能力。只有当你内心清晰的时候你才能超越，而不是当你困惑、混乱的时候。我们可以运用思想，看看思想能走多远，思想的各种含义是什么，而不把思想当作机械的或者不机械的来接受。除非你把它弄清楚了，否则毫无意义。我们依靠思想生活——你的工作，你所有的关系，一切都是思想的产物。所以你必须了解这个非同寻常的机制。所有的思维过程都是思想内在的本质。除非你理解了这一点，除非你亲自去弄清楚，否则，无论你说那种非凡的能量存在还是不存在，都将是毫无意义的。

先生，一个国家主义者——无论是俄国人、美国人、印度人还是中国人——当他对自己的国家怀有强烈的感情，他会有某种能量，而那种能量显然是最具破坏性、最残忍和愚蠢的——我用"残忍""愚蠢"这些词指的是词典上的意思，而没有任何贬低的意味。对他来说，那种能量是无比重要的，被那种能量所驱使，他会做出惊人的事情——他会杀戮、建设；他会牺牲；他会做出各种各样的行为。那么，一个困在国家主义的精神、阶级观念或者迂腐狭隘的精神中的心灵，永远无法懂得另一种能量，尽管它也许会谈论那种能量，除非它深度地涤清了自己。隐藏着深深的恐惧并在恐惧中运转的心灵，无法了解任何超越它自身能量的事物。我们驱除过思想，但我们的恐惧依然如故。我们已经接受了野心是一件非常高贵的东西；我们接受了竞争和竞争中的冲突是我们存在的一部分；我们不知道没有冲突——没有内在的和外在的、深层的和表层的冲突，这样的生活是怎样的，而这种冲突确实会产生某种能量。所有的圣典、所有的圣人都告诉你：为了拥有这种非凡的能量，你必须独身，你必须约束自己，你必须放弃自己的家园，你不能看女人，你必须彻底约束自己的心，到头来只剩下一颗枯萎的心，你必须摧毁自己的欲望，你不能看也不能欣赏一棵树。传统说："要拥有那种能量,你就必须拒绝。"

于是你照着去做。那些博览群书的人，有时候和我进行探讨的人——他们心里装满了这种"修炼"（sadhana）或者无论他们称之为什么，装满了戒律，他们必须做什么和不能做什么，因为他们想得到那种能量——就好像通过牺牲、压抑或者拒绝，他们就会拥有那种非凡的能量。世世代代以来，人们都在寻找那种能量——永恒的能量——人们把它叫作神或者别的名字。

问题： 先生，那种能量是神的吗？

克： 那位先生问那种能量是不是属于神的。那是我们最喜欢抱有的希望之一——把它称为灵魂、永恒、沉睡的精神实体，一旦机会到来就会绽放。一个被自己的自我中心行为、自己的野心、冲动和渴望满满占据的心灵，始终希望抓住"另一个"；而由于它无法把握"另一个"，它就发明了"灵魂"、永恒的实体这种东西，并且说我们都是那种能量的精华所在。

现在，让我们把话题收回来。我们都知道传统是什么。我们知道世上存在着各种划分——数学家、诗人、作家和劳工之间的划分。我们知道数学家和想成为诗人的人之间的冲突。我们知道我们自己身上的矛盾——"我想成为大人物、大名人、最有名的人；而就在成为这样的人的过程中，我屡屡受挫。"这里面有冲突，而就是这种冲突产生了另一种形式的能量。

那么我们的行动是从怎样的源头产生的呢？让我们从这里开始。你为什么要做各种各样的事情呢——上班、赚钱、成家、写文章或者批评政府？你做这一切是出于什么根源呢？

问题： 人为了释放紧张感于是写作——不是吗？

克： 我希望写文章的先生们和女士们能讨论一下这个问题。我写文章或者跟你们讲话，是出于制造了紧张——这份紧张必须得到释放——的自我矛盾吗？我讲话是因为我处在自我矛盾状态吗？我周游各地与人们进行探讨、会面以及诸如此类的事情，是因为我内心处于矛盾之中，进而那矛盾产生了一种紧张感吗？你知道矛盾越大，紧张程度就越大，而那种紧张必须得到某种释放，于是那种释放就表现为演讲或者写作。那是我为什么讲话的原因吗？我知道我讲话并非出于矛盾；我并不在乎我讲话还是不讲话、写作还是不写作；所以，我这么做并不是出于任何自我中心的、自相矛盾的紧张状态，也不是想去做好事、帮助别人以及诸如此类的事情。所以并不是那样的。现在，把目光转向你自身。你为什么做某件事情呢？你的行为是出于你的矛盾、紧张，或者你觉得是被迫这么做或者被推动着去这么做的吗？我们也听到有些人说有个"内在的声音"告诉他们这么做、那么做——那是他们的愿望变成了那个"内在的声音"，那是一种强迫感，是一种想做些什么的愿望。但是请不要跟我解释原因，而是你自己深入去探究，搞清楚你为什么要做某些事情。

人有一种让自己投身于什么事情的渴望——投身于某个政党、某个观念、某个团体、某种信仰，投身于政治、宗教、家庭，投身于某个社团、某个教会，投身于共产党、社会党，信奉某个上师，或者从属于什么。你不能独立；在独立之中没有安全感，你自己内心没有安全感，于是就想让自己投身于某种行动中——社会行动或集体行动。于是就有了帮助别人的愿望，带着一种"我知道，你不知道，我来帮你"的感觉，从社会上、经济上、精神上去提供帮助。所以你让自己投身于那些事情。这种投入可以是专业领域的、政治领域的、宗教领域的等等。而我们还让自己投身于某个党派、某个团体、某个国家，因为那给我们一种非凡的力量感和安全感。你也许没有衣服，你也许没有住处，但是属于最强大的政党——社会党、共产党、民主党或者共和党——能给你某种地位、某种权力、某种身份。所以我们让自己投身进去，而这被诠释成："我不能一个人生活；我是个社会人，我必须帮助社会，我必须回报给予过我的社会。"你知道我们编织的那些动人的词语——我这么说并不是出于讽刺。所以，你是因为这种投入才行动的吗？你的日常行为是不是带着这种投入到什么中去的愿望，以期摆脱这个不安全的世界？那是你行动的源头吗？——尽管你说那是社会工作，是为了国家、为了人们的利益、为了人类、为了神。

当一个人说"我想帮助别人"，他就必须质询自己究竟为什么想要帮助别人。存在从内在帮助别人这回事吗？从外在，你可以给别人衣服、住处和工作，你可以帮助他在机械方面有所专长。难道不值得去弄清楚这背后的动力是什么吗？是慈爱吗？是慷慨吗？是安慰自己的良心吗？是爱吗？你为什么写文章并且说服人们——分发土地、不分土地，要这么做而不要那么做呢？动机是什么呢？我们的行为都有个动机。动机是思考、思想，它说："我这么做是为了国家、世界的利益，为了我邻居的利益。"这样你所做的事情就是非常有害的——无论是最伟大的圣人这么做，还是一个微不足道的人这么做。

心智是属于时间的；它本身就是衡量者，而正是这种衡量产生了能量。当你感觉到自己完全控制了自己的身体，你难道不知道那种非凡的力量感，那种能量的品质吗？那种能量是心智的量度，所以这种衡量处于时间的范畴内。那么问题是：心灵的所有活动——无论多么微妙、多么深刻、多么周到、多么无私——是不是依然在思想的维度、范围和领域内，因而是局限的？所以它的能量必然是有限的，那种能量必然是矛盾重重的。这样的一颗心能不能立即——而不是逐渐——抛下这整个过程，并进入"另一个"呢？你一旦说"逐渐"，就引入了时间，因而"逐渐"就变成了思想进行的奴役。

问题： 在某些时刻我们确实感觉到没有矛盾、没有困惑，也没有涉及时间。那是创造性吗？

克：这位先生说有时候我们确实感觉到一种状态，其中没有矛盾，心是安静的，没有冲突。他问那是不是一种创造性状态。如果有这样的状态，心灵就想得到更多这样的状态或者让那种状态延续。然后你就变成了你的思想、欲望和那一切的奴隶。

有人跟你说了件事情，你倾听了。这个倾听的行为本身就是一种释放行为。当你看到了事实，对事实的感知本身就是那个事实的释放。如实地倾听和看到某件事情，有一种非凡的影响，却没有思想的影响。

你有没有真正倾听刚才所说的话呢？当你把刚才听到的话诠释成或者翻译成你自己的术语、梵文或者《薄伽梵歌》，那么你的心就没有吸收、没有倾听；它只是把我说的话翻译成了自己理解的术语——那意味着你没有听。或者你听了，是想看看你怎么能把它转换到日常生活中去——那也不是倾听。或者你说："心怎么可能没有思想、没有知识呢？"所有这些行为都妨碍了你去倾听。

你看，先生，我们拿一件事情，比如"野心"，来举个例子。我们已经充分探讨了它的所作所为、它的影响如何。一颗野心勃勃的心永远无法知道同情、怜悯和爱是什么。一颗野心勃勃的心——无论那野心是精神上的、外在的还是内在的——是一颗残忍的心。你听到了这个说法。你听到了，你在听的时候对它进行了诠释，然后说："我怎么才能活在这个建立在野心之上的世界上呢？"所以，你没有听。你对某个说法、某个事实做出了回应和反应，所以，你没有看到那个事实。你只是诠释了那个事实，给了它一个看法或者对那个事实做出了反应，所以你没有看到那个事实。你明白吗？如果你倾听了——指的是没有任何评估、反应和判断这个意义上的倾听——那么，无疑事实就会创造出那种能量，能够摧毁、消除、扫清制造冲突的野心。

先生们，你今天早上会离开这个房间回去上班，然后你会被困在你的生活、日常生活的野心之中；你今天早上听到了关于野心的一番话，而你回去还是一头扎进了野心里。所以，你制造了一种矛盾，而当你再来这里的时候，这种矛盾还会加剧。你明白吗？那种紧张感会增强，出于那种紧张，你于是放弃了野心，然后变得非常虔诚，并说："我不可以野心勃勃。"——那也同样是非常荒唐的。但是，如果你倾听了我说的话，你就不会再有任何矛盾，野心也会像树上的一片枯叶一样自然地凋落。

野心产生的能量是破坏性的。你难道没有看到这个世界上发生的破坏吗？所以说，解释和信仰不会把心灵从野心这种毒药中解放出来。你的任何戒律、拒绝和牺牲都不会解放心灵。但是，倾听事实的行动会把心灵从冲突以及冲突产生的紧张中解放出来，因而它就发现了一种并非只属于思想的能量。

（孟买第三次演说，1961 年 2 月 24 日）

美丽而真实的事物始终是简单的

我们接着前天讨论的内容继续讲。我们探讨了一种不同的能量，它不同于挫折和矛盾的紧张感产生的能量，还探讨了我们的大部分行动真实的、实际上的原因。

我们有没有觉察到我们的行动？觉察的广度和深度又是怎样的呢？因为，我们所做的每件事显然都是某种形式的行动——思考、坐着、活动、感受、上班，观看落日、花朵、孩子、女人或者男人。我们把行动划分成了政治的、经济的、社会的、宗教的和科学的；把行动归类之后，我们试图找到自己独特的渠道、独特的方式，进而希望通过正确的职业找到释放我们前天谈到的创造性能量的方式。

我希望我们是在一起思考这个问题，你不只是单纯听我说了些什么或者被我的话所催眠。前几天有人写信给我，说听众被我催眠了。你也许是被催眠了，这点我完全不确定；但我希望你没有，因为那根本不是我的用意；那太不成熟了，我也不认为你能被催眠。

但是，我们要尽可能深入而广泛地一起思考这些问题——不是说你要对此做些什么——这很重要，不是吗？显然，我们大部分人年纪都已经很大了，我们安顿在我们的窠臼中，不想脱离它们；我们让自己投身于生意、官僚机构、管理、宗教行为或政治行为；或者我们觉得我们必须"做些什么"，我们不想脱离我们的窠臼。而如果一个人真的对能量这个问题有浓厚的兴趣，那么他显然就必须探究我们大部分人所身处的矛盾、矛盾制造的紧张以及从那种紧张中产生的行动。自我矛盾产生的这种紧张所导致的行动，就是我们的生活，就是我们的生活方式——无止境的冲突。而我们觉得这种冲突是必要的，所以我们习惯了这种破坏性能量的延续。我们上次聚在这里的时候已经充分探讨了这个问题。

但是，我们自己去发现让我们做各种事情的动机是什么，动因和动力是什么，这很重要，不是吗？举个非常简单的例子，你们为什么来这儿呢，先生们？让你们一大早起床，克服各种不便，用一种很不舒服的姿势坐上一个多小时，被讲话者质问，被推动着去讨论我们大部分人甚至从未思考过的问题，是什么事情让你们这么做的，动力是什么呢？为什么呢？我认为，如果你能真正深入地探究这个问题——不是按照我说的话，而是你亲自去探究——我认为你就会开始发现很多事情，你就会开始解开困惑的乱麻。我们大部分人都很困惑，不知道该怎么办。我们做各种各样的事情——去办公室、去教堂、去寺庙，参加某个政治党派，参加这个或那个，写文章、布道、跟某个人一起散步等等——我们总是在做着什么。但我们为什么而做，我们并不清楚。显然，当你去办公室上班时，你为什么上班的原因很清楚——是为了谋生。而其中涉及所有那些例行公事、乏味、侮辱和不道德的事情，被野心勃勃的人发号施令，被他的贪婪所驱使，等等——如果你真的认真，那么去弄清楚所有这些事情真的非常重要，不是吗？生活是一个不断出现挑战、不断应对挑战的过程，这就是我们所说的生活。当你坐在这里，当你走出去，当你做任何事情的时候，你一直被挑战、被质疑、被询问、被要求，无论你有没有意识到；这就是生存的过程。这种不断的挑战、不断的应对以及它们之间的互动，我们称为生活和行动。

先生们，我可以请求你们不要做笔记吗？请务必仔细听，因为你无法在做笔记的同时又能倾听，因为你是在探索自己，你不是在听我讲了些什么；我讲的话只是一种手段、一道门，通过它你能深入探索自己；可是如果你在做笔记，你就没办法注意听我讲了些什么，也没有在探索自己的内心。你做笔记只是为了可以回家以后再接着思考；那跟现在倾听并探索你自己不是一回事。

所以，生活是挑战和应对之间这种不停的互动。让我们来稍稍深入地看看这个问题，探索一下，因为如果我们能深入探究的话，它将揭示出某种非凡的东西。我们囿于我们的局限做出回应，而挑战也是局限的；挑战从来都不是纯粹的。你对某个政治活动、某个政治观念做出反应，而政治本身是非常局限的；如果你有政治倾向，你对那个有限的挑战做出反应，所以你的反应也是局限的，结果就更加局限。你明白吗？一个刚刚获得了独立的国家会有政治上的挑战，它不知道真正的民主是什么，这个词真正的意义和内涵是什么——那种美，那种平等感，机会平等，在一起的感觉，以及关系中的平等感。我们不知道所有那些含义。出现一种挑战，我们应对它，因为我们不了解它。我们困惑，我们不了解。还有腐败，有这类的事情，还有很多其他的事情；所以我们应对某个局部的挑战，我们混乱地应对，结果就是进一步的混乱。我不知道这点我说清楚了没有。宗教方面也是这样，我们的人际关系以及各种日常琐事的挑战也是这样——总是有局部的挑战和局部的反应。挑战和反应一样混乱，所以我们尝试各种各样的行动方式——政治的、宗教的——它们尤其混乱；我们发现了这一切的徒劳无益，于是我们边等边说："让我等一等，同时我也做点儿什么，没关系，写写文章、四处走走，或者跟什么人一起周游全国，写作、做这个、做那个。"——等待、等待、等待、希望、希望、还是希望，因为我们应对的每个挑战带来的结果都是我们自己的燃尽和枯萎。这就是我们日常生活的过程。所以，在烧伤了我们的手指以后，我们说我们应该等待。我们确实对共产主义、政治和宗教活动有些感触，我们确实对另一些活动有所感触——感受、感受、感受，这让我们一头扎到某种东西里面去。然后我们发现我们的信仰落空了，我们的信仰被摧毁了，感触、活力、激情被所有这些混乱的挑战和反应燃烧殆尽。请务必跟上这点，先生们。请务必关注这点——请认真听。

我并没有说什么不同寻常的事情，我没有说任何你可能并没有思考过的事情；而是我在和你一起出声地思考，这样我们就能一起往前走，我们最后说道："我不知道该怎么办；我会等待，但同时我会做点儿什么，让生活继续下去。"我们没有等待，而是在支持某种极为有害、邪恶并让别人困惑的事情。我不知道我有没有说清楚。如果我等待，那么我就会什么也不做；我会保持安静，我一件事情都不会去做，我不会写文章，因为如果我写了，如果我演讲或者参与了什么，如果我做了什么事情，我就是在局部地应对那个挑战，所以那个反应会很混乱，因而具有误导性。我们所谓的越认真、越聪明、越兴奋、越活跃、越善辩，我们就越容易做些事情让生活继续下去，而不是安静地坐下来，去看、去深入探索，所以我们总是在应对混乱的挑战，而我们的反应也是混乱的。先生们，什么都不做有什么坏处呢？

我们来探索一下。如果你不知道，你为什么还要做点儿什么呢？说"我不知道，我会等一等"，只是等待，而不让你的手和你的脑子做任何事情，这又有什么坏处呢？你为什么就不能像一个盲人那样不往任何一个方向迈步，而是说"我不知道；我要等一等，我要站一会儿；让我先习惯一下我这份盲目的感觉以及它意味着什么"呢？但是我们大部分人都因为公众舆论而害怕等待。我们做了领袖，我们做了这个和那个，我们把人们呼来唤去，告诉他们怎么办，煽动他们；现在他们指望着你这个大人物。而你觉得自己是个人物，你觉得自己必须做点儿什么，因为社会给了你某些东西，而你必须回报社会，所以你又回到了这种对混乱的挑战做出混乱的反应这个过程中。请看到这件事情的重要性，不要把它搁置一旁。请看到，当人们自己都很困惑，因自身的矛盾、紧张、挫折和缺乏激情而迷惑时，还想去做点儿什么事情，这是何等虚荣；他们是真正的不幸制造者。而这就是困住我们的东西。

现在，让我们更进一步。当你看到这整幅图景——我说的"看到"不是语言上的、智力上的，而是真正的理解——当你看到了，当你深刻地、透彻地理解了：混乱的、局部的、不完整的挑战和反应产生的任何行动，都必然会造成伤害，必然会导致进一步的苦难和混乱，而不是更少，那么你会聆听任何一个挑战吗？挑战总是来自外部。一个著作颇丰、知识渊博、游历广泛、事迹卓著、名声显赫的人——他说了些事情，然后你做出回应。但是，当你不带反应地看着那个挑战时，你就会发现它是多么微不足道，国家主义的色彩是多么严重、多么狭隘琐碎！共产主义的挑战，社会主义的挑战，宗教的挑战，各种哲人、瑜伽士、《薄伽梵歌》和《奥义书》的所有挑战——它们都来自外部。你明白吗？当你应对一个来自外部的混乱而又局限的挑战时，你的反应也是局部的、不完整的、肤浅的。所以你开始问："有没有一种来自外部的挑战是完整的呢？"你明白吗？一个外来的挑战——西方的挑战，罗马人和希腊人发出的挑战，过去所有的文明制造又摧毁的挑战，你每天面临的挑战——你的妻子、丈夫、孩子，你周围的一切——都来自外部，那么外来的挑战能否是完整的、完全的呢？抑或，因为外在和内在从来没有统一在一起，所以挑战始终都是局部的，不是吗？它是局部的。所以，在提出了这个挑战并发现了它的真相后，你向自己提出了这个问题；你开始探询自己身上的反应是不是也是局部的，因而是肤浅的、有限的。然后你问：难道没有一种心灵状态，既是它自身的挑战又是它自身的反应吗？然后你进一步问：难道没有一种心灵状态既没有挑战也没有反应吗？一件真实的事物，就既是它自己的挑战，又是它自己的反应——它超越了挑战和反应。

我们把生活分成了外在的运动和内在的运动，有外在和内在的划分。外在的是地位、权力，还有另外一些我们摒弃了的东西，如果我们有精神方面的偏好的话——无论"精神"那个词指的到底是什么。外在的还有文学学士、文学硕士、哲学博士，商人、拥有更多的人以及诸如此类的一切。内在的有潜意识、有学问的、没学问的、家庭和种族遗传。外在总是在要求、索取、质问、成为，而内在总是在回应外在。外在总是局部的，反应和挑战之间的互动也是局部的，不是一件完整的东西。但是，外在和内在的运动就像是落下去和涨上来的潮水一样，说"那是外在而这是内在"是很愚蠢的；潮水既包括落下去的也包括涨上来的。而一个觉察到这种一体运动的心灵，不会仅仅对外在或者仅仅对内在做出反应。内在和外在的运动作为一个一体的过程，本身就是完整的挑战和反应。

先生，让我换个方式来说这件事情。我们把所有的影响划分成了外在的影响和内在的影响。外在的影响、社会，推动着你；所有的传统都把你往某个方向上推，你的反应要么是顺应传统，要么是对立，要么往相同的方向，要么往相反的方向。所以我们是影响的玩物，而作为玩物，我们对某一套影响做出反应，并抛弃另一套影响，或者对某一套以某种方式而不以另一种方式做出反应，这都制造了混乱。所以你开始探询有没有一种心灵状态超越了所有的影响。

问题： 个人对外界的挑战做出反应，这种反应来自记忆。为了能够用你说的那种方式来应对挑战，心怎样才能消除记忆呢？

克： 问题是："所有的挑战都有赖于记忆产生的反应，而记忆必定是局限的，那么为了从整体上应对挑战，记忆要怎样才能停止呢？"这个问题对我来说并不是一项挑战，但对你来说是一个挑战，不是吗？你怎么应对它呢？

你明白这个问题、这个挑战了吗？他说：对挑战的所有反应都来自记忆，记忆是局限的，所以反应始终是局限的，因而没有完整的反应。而讲话者说了：有没有一种整体的反应没有知识和记忆局限的反应呢？你怎么回答这个问题呢？他问了：为了从整体上应对，心如何才能摆脱始终局限的记忆呢？这是正确的问题吗？也许是个正确的问题，我不知道，但是我想弄明白他的问题在我们谈话的语境中是不是合理。

评论：提出问题是为了找到一个解决办法。

克：有位先生说提问是为了找到解决办法。看看这个问题，先生们。一个问题有解决办法吗？请务必和这个问题一起待上两分钟。当然，你提问就是为了找到答案。然而，那样一个问题能从别人那里得到答案吗？这是一方面。另一方面是：你为什么提问题呢？为了解释、为了探询吗？当你真的提问时，那必定是一个难题；否则，你就不会问。你提问是为了找到问题的答案呢，还是为了弄清楚究竟为什么会有这个问题呢？你发问的那一刻，你提出问题的那一刻，你就已经知道了答案，因为那个问题是因答案而存在的。如果你没有答案——无论那个答案你有没有意识到——问题就不会出现。你没明白我的意思吗，先生？请一步步地跟上这点。那位先生问了一个问题：只要心灵是记忆的奴隶，那么会有一种整体的反应来应对一个整体的挑战吗？现在，这就是他向我们提出的挑战。那么，在我回答之前，我想知道这个问题究竟是怎么回事。

我想知道他为什么问那个问题。是什么让他提出了那个问题，如果他问了那个问题，他是不是已经知道答案了呢？否则，他不会提出那个问题。如果我对工程学、科学或者数学不了解，数学、科学或工程学的问题就不会出现；因为它们出现了，所以我知道答案；可能需要花些时间找到答案，但是我已经知道答案了；否则问题就不会存在。你明白吗，先生？所以，是知识制造了问题，也是知识提供了答案。你明白吗？

问题：一个人知道的是答案呢，还是信息的组合呢？

克：那当然是一回事。我们不要只是玩弄词语。我们回来看我们刚刚思考的问题。我们在回答一个问题之前，必须首先搞清楚那是不是一个正确的问题；如果是一个正确的问题，他为什么会把它提出来呢？那么，什么是问题呢？问题是关于某个事物的，如果我不了解那个东西，就不会有问题。因为我对它有所了解，于是我开始组装各种知识的细节，好回答这个问题。所以是知识制造了问题，把知识组合到一起就找到了答案。所以我知道问题，也知道答案。你看看会发生什么，先生，如果你深入进去，就会把心灵从各种问题和寻找问题的解决办法中解放出来。

那么问题是：如果有记忆，心能自由地做出完整的回应吗？显然不能。那么下一步就是：那为什么还要为此费心呢？这就是我们的下一步。我们总是根据我们所受的制约——作为一个印度教徒、基督教徒等等——做出反应。我们的反应来自我们所受的制约。这就结束了。或者，你换个方式提出这个问题：由于挑战从来都不是完整的，所以我的反应也永远不会是完整的。正如我们所看到的，一个人某个阶段从政治层面做出反应，某个阶段从宗教层面做出反应，另一个阶段从社会层面做出反应——他总是对局部的要求从局部做出反应。不要对这个问题麻木不仁，请务必好好思考一下。所以，我不会对自己说："心能摆脱记忆吗？"——而是我会问自己："心能同时既是挑战又是回应吗？挑战和反应都是局限的、混乱的，而挑战总是来自外部、反应总是来自内在吗？心能脱离那一切吗？它能自身同时既是挑战又是反应吗？"跟上了吗，先生？如它能做到，它是不是就处于一种完全没有挑战和反应——也就是没有死亡的状态中了呢？

问题：没有反应和挑战的心有什么用处呢？这样一颗心并不能把我们带到哪里去。这样的一颗心会带来什么呢？

克："从中会出现什么？"为什么会问这个问题呢？对挑战做出局部反应的心，会为别人和自己带来苦难；它发现所有的反应和所有的挑战都是局限的，于是心问自己："我能不能既是挑战又是回应呢？"这意味着一种质疑自己的惊人状态，它自己做出反应，并且知道自己反应的局限性以及自身挑战的局限性。然后下一步就是：心能不能处于一种既没有挑战也没有反应的状态中呢？这会通向何方呢？它为什么要通向哪里呢？请跟上这一点；美这件事情就在它本身之中，它不需要成为别的什么或更多的东西。你明白吗？一件本身纯粹的事物——它有什么必要成为更多的什么呢？

先生们，你们明白所有这些内在的含义了吗？你难道不了解人类，难道不了解自己吗？在这个国家里，你对政治独立做出反应，于是加入某个党派，然后变得沮丧，发现了其中的徒劳无益、腐败、野心和残忍，于是你抛开那一切；然后你拾起些别的东西，和某个圣人并肩而行，然后你发现那依旧徒劳无益；于是你加入这个运动、那个运动中去，撕扯自己，然后到最后你说："我完蛋了，我累了，我把自己烧光了。"这时你不对自己说"我烧光了，我要与之共处"，而是想做点儿什么事情，所以你再次回到了混乱、痛苦、挣扎的领域中，为别人和自己编织罗网并困在其中。

所以，请看到这一切，先生们。我不需要用语言告诉你所有这一切。去观察，你就会知道。从那份观察中就可以看到所有的挑战都必然是局限的，所有的反应也都必然是局限的——这是一种矛盾。从这种矛盾中就产生了一种紧张、一种行动；然后你对自己说："心能不能有如此非凡的活力，以至于它本身既是挑战又是反应呢？"你也看到了其中的局限性。然后你更进一步，心更进一步，说："有没有一种状态既没有挑战也没有反应，没有死亡、没有停滞，而是活力无限的呢？"一件鲜活的东西，先生，既没有挑战也没有反应。它彻底地、完全地生机勃勃，就像熊熊大火——火焰不需要反应也不需要挑战；它是自由的。它就像光，就像善良。

所以，那种状态中没有挑战和反应，从那种状态本身之中就会产生行动——其他所有的所谓行动都是破坏性的。所以当一个人开始说"局部的行为是破坏性的"，他就必须在自己身上深入探究这一点。你必须让自己面对这个问题："我行为的动机是什么？我为什么做某件事情？我为什么要写篇文章呢？我为什么坐在讲台上讲话呢？"这些内容我前几天都探讨过了。

评论：你描述过最终的阶段和最初的阶段，而中间的阶段并不清楚。

克：反应始终是针对局限的挑战做出的，反应也是受限的。然后，下一件事情就是一个挑战自己的心灵。心灵摆脱了外在的信仰，并质问自己为什么相信某些教条、为什么做这做那——你为什么写作、为什么讲话，你思想的缘由是什么，你的贪婪和嫉妒背后是什么。先生们，难道你们不问这些问题，难道你们不回答吗？这种回应显然还是局部的。我焦虑，我贪婪，我恐惧；所以我想要这个——这是一种逃避。这意味着你依然在回应你局部的要求。而那不会带你走多远的，因为你有各种解释，你知道各种缘由，你知道所有的原因、你自己的意图，除非你在欺骗自己，那样的话你就没有任何问题了。探究了这一切之后，你必然会来到另一个问题：有没有一种状态，心灵是光，心灵是熊熊燃烧的火——也就是其中没有任何挑战？先生，此时的心灵是一个完全鲜活的东西；每个原子、每种感觉、其中的一切都极其活跃。此时就既没有挑战也没有反应，从中就会产生永远不会具有破坏性的行动。你不必接受我关于这点所说的话，先生们。你可以自己去试验。如果你这么做，你瞬间就可以发现这一点。

问题：那是不是意味着你不在反应和挑战之间进行选择呢？

克：先生，一颗混乱、偏颇的心灵怎么能选择一个局部的挑战呢？一颗混乱的心能选择吗？它所选择的也将是混乱的。先生，你难道不知道政治帮派、政治威胁和投票这些方面发生的事情吗？你去为某某先生或某某女士投票。他们的承诺摆在那儿，但是他们做了些什么呢？他们让混乱变得更糟、更混乱,而你选了他们。你也有你毫无选择余地的专制。所以,选择是什么时候插手进来的,选择是怎么插手进来的呢?当你看到一颗混乱的心,它的选择也是混乱的。它怎么能选择任何东西呢?

评论: 你说我们应该停下来等待。但是,当我们大部分人都有某些责任要承担,比如家庭、工作等等,我不知道那个做法的意义何在。

克: 先生,我没有那么说。我再重复一遍。我们中有些人经历了这一切,学生时代参加过某个运动,为国家效力而放弃了大学,为自由而战,或者坐了牢;然后当他们出狱之后,在政界获得了重要的地位;他们现在是大人物了,所以他们摆脱了我们的控制。但我们还是囚徒,我们燃烧了自己,我们看到那些大人物腐败地坐拥权力和地位,于是我们说:"这一切是多么空虚啊!"所以我们把那些搁置一旁,然后参加另一些运动,我们四处活动,到最后,我们说:"噢,这把我弄得一团糟!"你难道没有经历过这一切吗?我说的不是工作和例行公事。那是另外一回事,先生。我们必须去办公室上班。但是从内在,我们想让自己投身于什么,不是吗?我们让自己投身于这个和那个,投入到一件接一件的事情中,燃烧自己;我们在这些事业中渐渐枯萎,最后我们说:"我们已燃烧殆尽。"但是我们没有等待;我们始终在乱写乱说、在大喊大叫、在追随别人、在做着什么。

问题: 似乎大部分人来听你讲话是因为他们绝望,因为他们是怀疑主义者、是愤世嫉俗的人。就工作而言,等待不是非常困难的事情吗?

克: 我说过你不能等着工作来找你;如果你那样的话,你就会错过巴士,你就会丢掉工作。那些事情需要继续。我必须供养我的家庭,我有妻有子。我必须继续做那些工作。但我说的是对挑战、对这种不断进行的斗争——获取成就、工作能力和妨碍我工作出成果的低效率之间的斗争——做出的内在反应。即使我让你不要工作，你还是会去工作的；如果我请你等待，你会一笑置之，然后起身离去。但是，我说的是跟你一样的那些人，这些事情他们都一件件地经历过，已经烧到了他们自己的手指、自己的心灵、自己的头脑；他们在等待，希望出现某些新的挑战来撼动他们、唤醒他们。你没有在真正地等待——等待的意思是："我会等到正确的时刻到来，那时我就会发现我有没有应对一个正确的挑战。"如果你已经探索了这么远，你就必然会问自己的心能不能同时作为挑战和回应活着。

所以，心灵——我说的心灵，指的是感觉、感情，还有欲望——野心勃勃，困在野心之中，把自己分裂成内在和外在，它是不自由的。但是，当整个心灵都是彻底清醒的，那它为什么还需要挑战和回应呢？

如果你是半睡状态，然后你被摇晃，你就会从那种睡眠状态中做出反应。如果你有点儿天赋，你就会把一切都搞砸，那就是为什么你要特别当心所有的天赋和才能的原因，因为你太轻易就能说服人们了——那就是政客们还有圣人们通过威胁、通过承诺、通过奖赏和祈祷所做的事情。所以，当你看到了这一切，不只在印度，而且在全世界，同样的模式被一再重复着，那么你就必然会扫除这一切，并发现有没有一种诞生于完满的行动。但是，如果你没有探究这一切或者瞬间看到这一切，那么你就无法找到那种完满。如果心灵清晰地看到了这一点——不是被麻醉，也不是被催眠——你就无须经历那一切。当你看到了这一切，你就会完全扫除你所有的虚荣、野心、渴望和竞争的焦虑。这真的是一件非常简单的事情。任何美丽而真实的事物都始终是非常简单的。

（孟买第四次演说，1961 年 2 月 26 日）

让心灵如同火焰孑然独立

在我看来，探讨挑战和反应的问题，看看我们能探究得多深入，是相当重要的，因为那也许会开启一扇通往很多领域的门。那么，在探讨中，不仅仅要考虑语言层面的作用——也就是，我说了什么，你听了之后要么同意，要么不同意然后丢在一边，这些其实都没什么意义——而且要以自我批判的态度，觉察我们是在哪个层面上和什么深度上应对生活中的所有挑战的，这在我看来很重要。尽管我们也许是有所专长的人，是机械师、教授、工程师、政客或者所谓的宗教人士，无论我们的专长多么突出，任何一个层面上的挑战都是同样无效、局限或特殊的。如果我是个政客，那么我会以政客的身份回应挑战；或者，如果我是个宗教人士，我会根据那个背景做出反应。我与外界接触，我根据自己的环境、所受的制约和影响有限度地敞开我的心灵或头脑。由于生活始终是一系列连续不断的有意识或无意识的挑战和回应，所以它并没有时间的限制。它始终在那里——当你坐下、观看的时候，当你倾听、品尝的时候，当你出门的时候——一切都是一场持续不断的挑战和回应。

我们每个人自己去发现我们实际上是从哪个深度和哪个层面上进行反应的，这难道不重要吗？我的反应是依据我的信仰、我的经验、我有限的知识和我的偏见——作为一个医生、一个教授、一个信仰者或者无信仰者，作为一个共产主义者、社会主义者、民族主义者，作为一个拜火教徒、印度教徒、佛教徒、穆斯林、基督教徒等等——做出的吗？我们实际上是从哪个深度上进行反应的呢？我们对这点有觉察吗？因为，认识到这个事实在我看来很重要。如果我们只是囿于我们的心智所局限于的窠臼来应对一系列挑战的话，那么我们的生活显然是非常局限、非常肤浅的；在我们的工作、我们的辛劳、我们的痛苦和探询结束的时候，我们已经燃烧殆尽；除了灰烬什么也没有剩下。我不知道你有没有留意到——不仅仅是在你自己的内心，而且在外面那些经历过所有这些事情的人们身上——最后他们什么也没有剩下，因为他们是根据眼前环境的需要、根据眼前的可能性——只针对眼前的紧迫性做出反应的。如果我们观察，就会发现所有外来的挑战都是非常局限的，无论它们是历史上的、现实中的还是理论上的；这种挑战很肤浅，它们流于表面；你也许会以巨大的深度进行回应，但所有的挑战都来自外界，就像影响那样。所以，如果你始终仅仅回应眼前的需要、眼前的要求、眼前的紧迫性，那么我们就是时间的奴隶。我们在我们有限的能力范围内做出的反应是非常狭隘的。

看，先生们，世界上正发生着什么呢？这个世界分裂成了抱有民族主义观念的各个国家、政党和组织——伊斯兰教、印度教、拜火教、印度——我们对这些都做出反应；这个世界上的贫穷或轻微或严重，我们把它当作最紧急的事情来应对，还有一些表面的改革正在进行——我们说那真是太棒了，我们正为此而努力。或者，我们害怕死亡，所以去找某个人把恐惧给解释掉，尽管那种肤浅的解释可能也有那么一点儿深度。这些都是事实。

那么，当你看到这些事实，当你看到了事实的真相，你总是能够超越——也就是说，心灵本身变成了挑战者，同时也是做出回应的实体。因为，当心灵深刻地挑战它自己，就会比肤浅的挑战具有大得多的力量。如果我问自己：我在做什么，我为什么思考，我以什么方式思考；我行动的局限是什么；我是不是一个民族主义者；我是不是有信仰，是不是没有信仰，我为什么有信仰；我的思维过程是怎样的；我知不知道爱是什么，我知不知道来自一颗纯净的心的那种毫无动机的慷慨是什么；我是不是彩色地图上一小块儿叫作"印度"的地方的公民，我为那个印度而战，觉得那一小块儿地方、那一小点儿颜色或者我所属的一个党派无比重要，我是不是害怕？——如果我这么问自己，那么这样的一个挑战就远远比表面的挑战具有更大的活力、强度和力量；它让我的心智极其清醒，让我的心灵敏锐、探询并且不停地行动——正确意义上的行动，而不是像猴子不停抓取东西那样肤浅的行动。心灵无法同时成为挑战和对自身的回应，除非我们尽可能深刻地理解外在的挑战；当外在的挑战失去了它的动力、力量和生命力时——那实际上意味着当我们不对眼前的挑战做出反应时——心灵就会变成它自身的挑战者，并做出它自身的反应；然后你就会开始懂得思想非凡的生命力以及思想的局限性。

如果我们在和挑战相同的层面上来应对它，那么问题并不能得到解决。在全世界范围内，带来挑战的政治问题就是在那个层面上被解答的。没有哪个挑战、没有哪个问题能从它自身的层面上得到解决，而这就是我们所做的事情。充斥着大小报章的政客们在这么做，而我们对所有那些印成铅字的演讲、所有那些政治机器做出反应。当我们真正理解了这些影响——每一种影响——那么我们就可以走得更远，而那并非只是外在挑战和肤浅挑战的延续。始终在挑战自己的心根本不是那个过程的延续；它是一种截然不同的东西。然后那心灵就会像一堆篝火一样熊熊燃烧；它既没有挑战也没有回应。只有此时才有正确的行动，而那是唯一不会为世界带来苦难、困惑和混乱的行动。但是，如果不了解这一切，你就无法到达那里。你不能直接跨过去，或者说："我怎么才能到那里呢？"——这个问题太幼稚了。

先生们、女士们，你们难道不知道你是在什么深度上反应、在哪个层面上反应的吗？你只对眼前的工作、生计、妻子和孩子做出反应——只在这个层面上。我没有说这是一个丑陋的层面、极棒的层面或者唯一的层面。你有没有觉察到你是在作为一个印度教徒、一个民族主义者、某个党派的一员——共产党、社会党、国大党或者别的党派——进行反应的吗？先生，你知道你是在哪个层面上行动和反应的吗？

评论：只要有二元对立，挑战和反应就会存在。

克：这是我们讨论的内容吗？你看，先生们，这就是那些跟我们所说的话毫无关系的不着边际的说法之一。我问你的是：你是在哪个层面上行动、反应、运转、思考和感受的？而你答非所问，你并没有觉察到这一点。先生们，你们知道我们讨论的目的吗？我认为，如果我们能真正非常认真、孜孜不倦地探讨，深入地探究，那么我们就能彻底转变——不是一百年后或者几年之后，而是现在就转变。如果你能清晰地、坚定地、直接地思考，并且如实地面对事物，那么有些事情就会发生在你身上。

先生，你知道你和我是在哪个层面上做出反应和回应的吗？如果你不知道，你难道不应该去搞清楚吗？因为那就是心灵的觉醒，不是吗？然后你就可以进入下一个问题了：心究竟为什么觉得被外界挑战了呢？因为此时的心灵本身就变成了一种提问和挑战的力量，而这样一种挑战具有更强大的生命力。然后你再也无法欺骗自己，你无法躲避问题；头脑不再制造幻觉和回应什么，因为它面对着自己。

科学精神正在当今世界上迅速盛行。科学精神精确地思考，在显微镜下清晰地观察；它无法欺骗自己。借助显微镜，通过各种形式的研究，它清晰地看和观察，没有一丝模棱两可，没有任何偏见。科学家也许在实验室外心存偏见——他也许是个共产主义者，也许是个民族主义者，也许只为自己的家庭寻求保障，他也许想出名，也许想成为这个和那个。但是，我们说的"科学精神"并不是指作为科学家的那个人。科学精神是精确、高效的精神；它本质上是知识这种精神和它的延续。显然是这样的——如果背后没有知识的支撑，他们无法计划登上月球。知识可以发明,但知识永远没有创造性。科学家从来没有创造性;他只是个发明者,因为他的职业本身就是发明,而他的发明基于知识,基于他学到的东西。我没说什么耸人听闻的事情;这不是一种想象,这是一个事实。对我来说,知识实际上是经过无数个世纪积累起来的。

评论:先生,我认为你对科学家做了一种不公正的评价。例如,现在有一种探索,是通过做实验来挑战过去时代的那些说法,这就是新东西。

克:非常正确,先生,我并没有否认这点。我只是想把科学精神的那种含义简明地表达出来。知识,无论是几个世纪的,还是千万年的,都是一个累加的过程;偶尔会出现从这种知识到某种新东西的突破——那是科学探险精神,进入一个尚未探索的领域。科学探险精神需要精确的思考,其中不允许有任何个人倾向,国家主义、地方主义还有古吉拉特语、马哈拉施特拉语这样的语感在里面并不存在。我说的研究,指的是需要知识并偶尔会突破知识疑云的研究。你明白我的意思吗,先生?毕竟,每个实验都是那种研究的结果。这就是我说偶尔会有些突破的原因。这种科学精神盛行于全世界。每个男孩儿都想成为一名科学家、物理学家、工程师、数学家,不仅仅是因为那有利可图,而且因为那很有趣。这就是如今发生的事情。

然后还有宗教精神。我说的宗教精神并不是宗派精神,不是俗世精神,也不是作为宗教人士的印度教徒的那种精神。属于某个组织化的宗教的人——我根本不会把他叫作宗教人士。印度教徒、基督教徒、穆斯林、拜火教徒——他们都被他们所处的社会、环境和教育所制约;他们要么信奉什么要么不信奉,因为他们就是这么被教导的。那根本不是宗教精神,那只不过是对奴役心灵的传统的接受。那个执行仪式、信仰教条、重复某些词句、没完没了引用《薄伽梵歌》《奥义书》或最时新的这个那个的实体，并不是一颗宗教心灵。光顾寺庙的人不是宗教人士；他那么做是依照他的传统，或者因为他害怕，或者他觉得要失业了；他不知道该怎么办；如果他不去教堂他就嫁不掉自己的女儿——那不是宗教。所以，我们必须弄清楚正确的宗教精神以及正确的科学精神是什么，因为两者的结合就是挑战。

你必须探询什么是宗教精神，什么是宗教心灵。先生，通过否定你才能理解；通过否定式的思考（negative thinking）——这不是对肯定这个对立面的反应——你才能发现什么是真实的。光顾教堂或寺庙的心只是在依据传统自动运转，就像一台机器一样，它心存恐惧和迷信，因为它受到了制约——这样的心不是一颗宗教之心。我为什么这么说？那是我的反应吗？那只是反应吗？是因为我想得到自由所以做出的一种反应吗？我说"这一切是多么丑陋"，于是我做出反应。我说"去教堂的那些人真是愚蠢、真是脑残，尽管他们从那里、从重复《薄伽梵歌》或者引用什么中获得了一点乐趣！那一切简直太愚蠢了！他们没有宗教精神"，然后我反叛，但是我的反叛依然在挑战和回应的领域之内。所以，有没有一种思考方式并非只是一种反应、一种回应呢？只有当我懂得了什么是否定式的思考，我才能找到它。

我们说的否定式思考是什么意思呢？如果否定式思考只是肯定式思考的反面——肯定式思考只会导致遵从——那么这种否定式思考也会导致形成另一系列模仿和遵从的行动。我说的否定式思考不是肯定的反面。在更进一步之前，我们先把这一点说清楚。我们在探讨什么是宗教精神。你是怎样开始探询的呢？如果你在探询，如果探询是对肯定式的思维体系、对诸如去教堂之类的肯定式传统的反应过程，那么这样一种反应只会为心灵建造进一步的局限和牢笼。这点清楚了吗？先生，我退出基督教并成为一名印度教徒。我加入印度教，因为印度教也许要稍微广博一点儿、华丽一点儿、达观一点儿，诸如此类，但那还是一种反应。或者，如果我在一个相信神明的家庭中长大——我怀疑是不是有神明这种东西——我对此做出反应，从那种反应中产生的任何行动都是进一步的局限。这相当简单，先生，不是吗？

先生，你不用赞同我；这不是一个赞同的问题，而是一个感知和洞察的问题，因为我想探讨下一个问题：什么是否定式的思考？如果我退出印度教加入共产党，那就是一种反应；这种反应确实会产生某种行为，表面上看起来更有帮助但实际上是局限的、受制约的和破坏性的；如果我退出共产主义变成一个社会主义者或者法西斯主义者，那是同样的反应；如果我退出所有这些然后去喜马拉雅山或者玛旁雍错，那还是一种反应。那么，这种反应，尽管看起来是否定式的，实际上却是对肯定的反应。而我说的"否定式思考"跟它们两个没有任何关系。心灵必须看到所谓的肯定式行动以及对肯定的反应的谬误之处——心称之为否定。只有当你看到了肯定的谬误和否定的谬误——它只是对肯定的反应罢了——彻底的否定行动才会出现。

如果我看到某些言论、某些主张中有谬误存在，此时的行动就不再是反应。如果一个人看到了精神领域的所有组织都是错误的，它们除了让人被奴役之外毫无他用，那么他的行动——这样的洞察以及随后对灵性组织的解散就不是一种反应。这是一个事实。

问题：思考跟语言的组织过程有关。当你用"否定式思考"这个词组，是不是意味着语言的组织过程还在继续呢？

克：提问者说："所有的思考都是语言的延续，所有的思考都在符号和语言的领域内。语言、符号是记忆，对语言、记忆的反应也许是否定的，但那依然在语言和记忆的领域内；否定式的思考是不是没有语言上的局限、没有符号的制约呢？"

所有的思考都是语言文字的延续。你可曾不带词语地思考过？所有的思考都基于记忆；记忆是符号，是储存起来的经验的可见反应，通过这样的词语表达出来："我受伤了；我受到了恭维；我嫉恨；我羡慕。"这就是用语言进行的思维过程和语言的继续。提问者问："否定式的思考摆脱了语言吗？"

所有的宗教组织，无论是规模很小的还是规模巨大的，无论是最高效的还是虚弱无力的——像天主教会、印度教、通神学会这样的组织，所有的宗教组织、伪宗教组织或者伪科学组织——这些组织都不会让心灵解放出来去发现真理；它们是谬误的，它们是破坏性的。我现在说的这些话，只是在传达我的感受、我的想法。那么，我怎样才能看到，我怎样才能理解和领会这个事实，即所有精神方面的组织都是破坏性的呢？这非常重要，请注意听这个问题。我是作为一个反应看到的吗——因为我不能成为任何宗教的整个组织的首脑，所以我做出这样的反应？因为我不会成为世界上最大的组织的首脑，我就说那个组织很糟糕——这就是一个反应。这一切依然在记忆的领域内——想要成为"什么"——权力感、地位感、权威感，拥有追随者、崇拜者以及诸如此类的感觉。所以这一切依然在语言的范畴内，通过成为什么的欲望表达着自己。

先生，你侮辱我然后我做出反应——也就是说我觉得受到了侮辱。我反应，是因为我不喜欢你的侮辱，那种反应依然是你的行为的反面；所以，它依然在思想的领域内。那么，当我问："什么是宗教心灵？"并探究这个问题，那么我的探究并不是一个反应，所以也不是词语的延续。如果说"这是错的，那是对的"，那是思想的延续。然而只有没有反应的心灵才能洞察。否定式思考这个问题非常有趣——也许我不应该把"否定"和"思考"这两个词用在一起。

问题：那就不能是真正的洞察而不是否定式的思考吗？

克：先生，你看！你知道肯定式的思考是什么，不是吗？如果你告诉我某件事情，我否认或者同意你的说法。同意你说的话，是肯定过程的一部分，或者你说的事情我不同意，那是否定，但依然在同意和不同意的范畴内，那是一种反应。你明白吗，先生？那么，当我说让我们以否定的方式探究宗教问题，我那么说的意思是：让我们看到所谓的宗教精神事实上究竟如何——看到事实，这需要一个摆脱了词语的心灵。

我看到事实是所有的灵性组织——从最神圣的到最堕落的，从最强大的到最弱小的——对人类的精神都是破坏性的。我看到了这一点。那是一个事实。那么，要么那个事实是一个反应，因为我想成为所有宗教组织的首脑，而我做不到——这是一种受挫的感觉，于是我说："我退出了。"——或者，我看到了事实，不是结果如何，不是它们是不是有利可图、有益处、从表面上有所帮助，而是我看到了事实。现在你也许会问："你是怎么看到事实的呢？"我看到事实，是因为我的心处于一种否定状态中——没有语言上的延续，没有想成为什么的欲望，也没有挫败感。"这个组织是错误的，所以我退出了；这个组织是对的，所以我加入进去。"——这两种说法都在"肯定—否定"的范畴内；它们都是反应。但是，当心灵看到了事实，那么它的洞察就来自一个否定状态，那不是"肯定—否定"的反应。我看到，当一个人寻找真理、上师或者无论你称之为什么，当一个人从属于什么，那都毫无意义。我不想确信什么，而是我看到了，那对我来说毫无意义。"那毫无意义"这个说法并不是一个反应。

真正的宗教精神是什么呢？我想发现真实的东西、真正的事实。显然，光顾寺庙、信仰什么、光顾教堂、信奉教条、从属于什么的人——那根本不是宗教精神，对它们的反应也不是宗教精神。所以那些都排除了。于是我问：什么是宗教精神？当你否定，当你看到了事实，发现了归属以及不归属这些反应的谬误，此时心就处于一种否定状态——那意味着心是独立的；它没有权威、没有目标，不是任何社会影响下的产物。它是独立的，它不因自身的安全、幸福、康乐和经验而依赖。它完全独立——但不是隔绝和孤立。所以它不会处于一种恐惧状态中，那也是一种反应。那么它有什么意义呢？宗教心灵摆脱了过去，宗教心灵摆脱了时间，因为时间属于肯定和否定的反应。所以，宗教心灵是一个能够不从否定和肯定的角度出发而进行精确思考的心。因此，这样的宗教心灵之中包含着科学心灵，而科学心灵并不包含宗教心灵。因为它基于时间、基于知识、基于成就、成功和利用。

那么当你回到家，紧抓住这个问题不放松，弄清楚你没有这种宗教精神——不是虚假的宗教精神以及对它的反应，而是真正的宗教精神——独立的心灵，却不是团体或社会的对立面，因为它结束了所有肯定否定之类的对立面。它孑然独立——就像一簇独立的火焰那样——那样的心灵能应对当今的这些挑战、这些迫在眉睫的问题。如果你有这样的意愿，当你走出这个房间，自己去把这个问题搞清楚，先生们，你有没有那样的宗教心灵。你必须拥有一颗宗教心灵，因为你是有着所有这些紧迫的、破坏性的、充满悲伤的问题的人类。若要用你的全部生命完全地、彻底地解决这些问题，你就必须拥有这样的一颗心。

你为什么没有这样一颗心呢？不是"如何拥有这样一颗心"——因为"如何"就是对肯定的一种反应。你也许说："我不知道，但是如果你告诉我，我就会那么做"；那依然是"肯定—否定"的反应之一。但是，如果你不停地挑战自己——你为什么做印度教的礼拜，你为什么去找上师、遵循仪式、做这些可怕的破坏性的事情，你为什么是一个国家主义者，你究竟为什么要有所归属——属于拜火教、印度教、穆斯林以及诸如此类的一切——这将会告诉你为什么你要有所归属的整个故事；但是，如果你做出反应，你就发现不了。若要发现，你就不能对此做出反应，而是要看着它。

那么，这样的一颗心究竟是否可能呢？心灵能不能丝毫不受影响，因而它不是过去和未来这样的时间的产物、空间的产物和距离的产物呢？

心灵能不能完全单独，坚定地孑然独立，就像火焰一样呢？无论你有怎样的回应，都将是一种破坏性的回应，直到你的心灵是那样的一颗心为止。

（孟买第五次演说，1961 年 3 月 1 日）

宗教心灵是摆脱了所有权威的心灵

前天我们探讨了宗教精神和科学精神的问题。什么是宗教精神？什么是宗教心灵？什么又是科学心灵？我认为它们是唯一能够真正解决世界上各种问题的两种心灵。真正的科学心灵包含在宗教心灵之中。我们或多或少都知道科学心灵是什么。符合逻辑的心智，能够清晰地、自由地思考并且没有偏见和恐惧的心灵，能够深入探究包括物质、生命和速度等方面的整个问题。这样的心灵能进入宗教心灵吗？或者它们是不是两种不同的东西呢？宗教心灵是绝对不会遵从传统的、彻底摆脱了所有权威的心灵；它不像科学精神那样从知识这个中心出发去探究。当科学心灵突破了知识的局限，那么它也许就接近了宗教心灵。

我们能自己去发现什么是宗教心灵吗？科学家在他的实验室里是一名真正的科学家；他没有被他的国家主义，他的恐惧、虚荣、野心和个人需求所左右；在那里，他只进行研究。但是出了实验室，他就跟其他人一样了，有着自己的偏见，自己的野心，自己的国籍、虚荣、嫉妒以及诸如此类的一切。这样一颗心是无法趋近宗教心灵的。宗教心灵不从权威的中心出发去运作，无论那个权威是作为传统积累起来的知识，还是经验——那实际上是传统的延续、制约的延续。宗教心灵不从时间、眼前的结果、社会框架内迫切的改革这些角度去思考。我不知道我们上次在这里会面之后，你有没有思考过这个问题，你的回答是什么。我们说过宗教心灵不是一个仪式化的心智；它不属于任何教会、任何组织、任何思维模式。宗教心灵是能够进入未知的心灵，而你无法进入未知，除了纵身一跳；你无法精心算计之后再进入未知。宗教心灵是真正具有革命性的心灵，而革命性的心灵并不是对已有现实的一种反应。宗教心灵是真正具有爆炸性和创造性的——不是"创造性"这个词被公认的那些意思，比如诗歌、装饰、建筑、音乐以及诸如此类之中的创造性——它处于创造性的状态之中。

　　一个人要如何发现宗教心灵——不是发现它——人存在的最根本处要如何才能发生一种彻底的转变呢？于是问题就出现了：如何识别一个宗教心灵，如何识别一个圣人呢？当今世界上存在任何一个宗教人士吗？我想，如果我们能理解我们说的"识别"这个词是什么意思，那么我们就能够回答这个也许并不相关的问题了。那个词是什么意思呢？我认出你，你也认出了我，因为我们对彼此有些认识——你从过去了解我，我也是从过去了解你。识别是再次看到，不仅仅从物理上、视觉上，也是从心理上、从内心再次见到。要识别一个圣人，他必须遵守规则，他必须恪守社会定下的制约。社会说："你是一个圣人，因为你缠着腰布，你不生气，你一日一餐，你不结婚，你是这样的、那样的。"依据我们抱持的模式，他成了一个圣人，但是，如果你打破了这个模式——为了发现宗教心灵，你必须这么做——那么就根本不存在什么圣人了。我认为理解这一点非常重要。天主教会认可某些圣人，给他们圣人的封号；这个加封过程非常严格——圣人们必须遵守某些常规的要求，他们必须受到某些制约并接受严密的监管，他们必须做某些事情，他们必须按某种方式生活，他们必须为教会服务，他们必须遵守教会设定的模式。在这里，在这个国家，圣人必须符合我们对于一个圣人应该如何的想法：他必须穿一件藏红袍子，过着僧侣的生活，做善事，做一个"宗教—社会—政治"实体；他必须取悦政府，他必须取悦大众，他必须遵奉《薄伽梵歌》《奥义书》或者别的什么圣典为权威。然而，当你粉碎了这整个存在和识别的模式，那么谁是圣人呢？他也许就在某个角落里无人问津。

我们为什么想要识别什么呢？我们想识别一个圣人，是因为我们想要追随，我们想要被引导，我们想要被告知。这种想要追随、想让别人告诉我们怎么办的有害愿望，实质上是每个人都能感觉到的一种渴望，一种不安全感的强烈驱动。显然，如果你理解了"识别"这个词，会发现它是一个非凡的词语。我们不仅仅认可某人是个人物，也识别我们自己的经验。当我认出某个经验是这样的或那样的，我就已经把那个经验归了类——也就是，把它放回我的记忆中，让记忆捕捉到它——所以它不是一个鲜活的东西。理解这一点非常重要，先生们。但是，一个人自己就能发现——不是圣人才能发现，那就太势利了——如何接近宗教心灵，而我们说，只有心灵不再对肯定做出否定的反应时，那才可能。洞察、看到某件事情的真实或者虚假并不是一个反应，而只有当心灵处于一种并非肯定的对立面的否定状态中，那种洞察才是可能的。

我们行动，而我们现在的行动，只是一种反应，不是吗？甲侮辱了乙，乙做出反应，那个反应是他的行动。如果甲恭维乙，然后乙也做出反应，他的行动也是一个反应。乙对此感到很高兴，他记得甲是个好人，是个朋友，诸如此类，从这里还有会后续的行动——那就是，甲影响了乙，乙对那个影响做出反应，从那个反应中会有进一步的行动。所以，这是一个我们都熟知的过程，有一个肯定的影响，然后有一个反应可能会延续这种肯定，或者产生相反的否定行动——反应和行动。我们以这种方式运转。而当我们说"我必须摆脱什么"，那依然在那个领域里；当我说"我必须摆脱愤怒、摆脱虚荣"，想要摆脱的愿望就是一种反应；因为愤怒、虚荣也许给你带来了痛苦、不适，于是你说："我不能这样。"所以，"不能如何"是对"过去如何"或"现在如何"的一种反应，从这种否定中产生了一系列诸如戒律和控制之类的行动——"我不可以，我必须"。从一种影响、从一种制约中产生了一种反应，而那种反应带来了进一步的行动，进而产生了肯定的和否定的反应、肯定的推动力和否定的推动力；

从否定的推动力中也产生了一种反应、一种回答、一种行动。

那么，在一个不停做出反应的心灵状态中，你能观察任何东西吗？如果我对所有宗教都坚守的仪式做出反应，并且说："噢，那真是荒唐至极！"然后远离那些东西，那么，我真正懂得了仪式的全部含义吗？当我不对仪式做出反应而是审视它们——那就是科学精神——我才能了解仪式的全部含义。

所以，如果你对某件事情只会做出反应，那么就不可能对它进行审视。甲说：所有的灵性组织——无论它们弱小还是庞大，是不是精心组织的并受到罗马、巴纳拉斯或者别处的控制——对人类的自由、对真理的发现以及诸如此类的事情都是有害的。那么，这个说法是甲这个人做出的一种反应吗？当甲检视了这件事情，出于对其中真相的领会和洞察，然后说"不要属于任何此类组织"，那么这就不是一个反应。像教育机构、邮局、政府之类的组织是必需的；但即使是这些，当心灵没有非常警觉时，也会捕获心灵并把它变成奴隶——尽管没有基于信仰、权威之类的宗教组织那么严重。我把事情说清楚了吗？所以，一种否定的做法和洞察，能揭示出行动的真实或者虚假。

心能不能没有反应地看或观察呢？我能看着那些花朵而没有任何反应吗？如果心智从某个处于肯定或否定状态的中心进行观察，就必然会有反应。先生，不要接受我说的话。观察你自己，观察你自己的心。我说："把你自己称为一个印度教徒、印度人、天主教徒、共产主义者或者无论什么，是多么幼稚啊！"你必然会有所反应，尽管你也许会假装没反应。你说："那个人说了如此这般的话；我得保持安静并克制自己。"但是，你肯定会有所反应，因为我言辞非常激烈——"多么愚蠢、多么弱智、多么不健康、多么不成熟、多么幼稚。"那么，当你做出反应时，你就发现不了那个说法的真实性或虚假性，你只是在反应。若要发现那个说法的谬误或正确，心就不能做出反应；它必须观察，他必须理解那个说法。

只有当你没有从一个中心进行观察时——那意味着你没有坚信什么——你才能体会一个说法的正确或谬误。如果我坚定地投身于共产主义或者某个党派，我就会排斥你关于共产主义的所有说法；我不想听，因为我看过马克思说过什么，我只接受那些；我从那个有着信念、接受和安全的中心做出反应；在那个过程中，我没有观察，我没有能力观察和审视。所以，心能不能看着什么而没有中心呢？没有中心的观察就是否定的过程。

评论： 从我们小时候就一直有认可感；我们从小就是被我们的教育、我们的背景和所有那些方式培养长大的；所以，无论我们看到什么，无论我们观察到什么，必然会有所反应。

克： 我明白，先生。但是，心有没有可能突破那些制约去观察呢？

先生们，假设你们是神的信奉者；你在那样的观念中长大，你受到了那个观念的制约。神存在还是不存在，你并不知道，但是你相信神明；你从小就是被那样抚养长大的，所以你的心受到了那个词的制约；你的传统，你的文学，你的歌曲、礼拜、神话——所有那些都说你必须这么相信。你被养大的那种方式让你有信仰，就像俄国的共产主义者被培养不去信仰什么一样，所以你们彼此之间并没有什么不同。一个人被抚养长大去相信什么，另一个人被抚养长大不去相信什么。那么，若要发现神是不是存在，或者不只是思想的某种东西是否存在，你就必须粉碎那整个背景，不是吗？你必须突破你从小就身处的那种制约。当心灵看到这个真相，即任何形式的制约对洞察都是破坏性的，那么心灵就能够突破；此时的突破就不是一种反应。

而那就开启了整个自我了解的领域——观察思想和动机的整个过程。觉察而不评判一个人自身心灵的整个结构、了解自己的心灵就是自我了解。但是我们暂且先把这个问题放下——我们也许可以改次再讨论。

从中心进行观察的心智必然会做出反应，这样的心是没有能力发现什么是真实的。如果甲从一个中心进行运作，然后甲遇到了一个圣人——一个穿上僧袍、一日一餐或者一日半餐、冥想然后睡过去的人——甲只能从那个中心、依照他所受制约的模式做出反应。但是，如果并没有一个用来识别和观察的中心，那么甲就能看到那个实体的真实或者虚假——这比只是接受那个被制约的人——那是个识别过程——具有更强大的活力。

所以，在发现什么是宗教心灵的过程中，一个人显然是能看到某些事情的。仪式化的心智显然不是宗教心灵，它太不成熟了。你从做印度教礼拜、去寺庙和教堂中得到了一点儿乐趣，那就跟去看了场电影是一样的，因为你得到了某种快感、某种乐趣。显然，经文的权威、圣人的权威、名人名言的权威、上师的权威——所有的权威显然都是破坏性的。而心能不能打破权威，不是作为一种反应，而是看到权威的谬误呢？那种洞察并不是一种反应。所以，能够不从中心去看的心处于一种否定状态中——而那不是对其反面的否定。

你能从字面上理解我说的话，但那并不重要；你是不是在运用它，它是不是一件你在实际经历的事情呢？当你真正抛弃了权威、神明和那些书籍，《薄伽梵歌》《奥义书》和圣人的权威——不是作为一种反应，而是因为通过并非对肯定的反应的否定，而有了一种洞察——然后通过那种否定，心不再依照一个中心、一个结论或一个观念去运作；因而那颗心是永恒的——因为使用词语、符号的心智困在了时间之中。

先生，我不知道你是不是曾经思考过或者探究过这整个语言化和命名的过程。如果你曾经探究过，就会知道这真是一件极其惊人的事情，一件非常激动人心和有趣的事情。当我们为我们经历、看到或感受到的某件事情命名，词语就变得无比重要；而词语就是时间。时间是空间，而词语是它的核心。所有的思考都是语言化的过程，你用语言思考。那么心能摆脱词语吗？不要说："我怎样才能摆脱呢？"那没有意义。而是向你自己提出这个问题，看看你是如何被词语——诸如印度、《薄伽梵歌》、共产主义、基督教徒、俄国人、美国人、英国人、低于你的阶层和高于你的阶层之类的词语——所奴役的。"爱""神""冥想"这些词——我们赋予这些词多么超乎寻常的重要意义，我们多么严重地遭受着它们的奴役。想想这一点，先生们——一个游方僧人四处解释《薄伽梵歌》并拥有千万个追随者——《薄伽梵歌》这一个词就够了。所以心是词语的奴隶。心能摆脱词语吗？把玩一下这个问题，先生们。

评论：词语会消失，但是还会回来。

克：词语会消失，但是还会回来。所以你太贪心了，不是吗？你想一直、永远、永久地捕捉住那颗没有词语的心。我们说的没有时间，而你说的有时间，时间消失了，但是你想让这种状态持续下去。你明白吗？请务必看到其中的困难，先生。我并没有说这不难，而是要看到我们是如何被词语奴役的。使用词语是个识别过程，我们想通过识别过程进入某种未知的东西，你办不到的。神不是某种你能认出来的东西——能认出来的东西会非常廉价；你的图画、你的雕塑、这个或那个并不是神。所以是词语塑造了心灵，而心灵制造了作为思想的时间。有没有一种思考是没有词语的呢？当心灵没有被词语塞满，此时的思考就不再是我们所知道的思考，而是一种没有词语、没有符号的运动；因此它没有边界——词语就是边界。

词语制造了局限、疆界。不在词语中运转的心灵没有局限；它没有边界，它不受局限。你瞧，先生们！以"爱"这个词为例，看看它在你内心唤起了什么，观察你自己；我提到这个词的那一刻，你就开始微笑，坐直了身子，心里有了某些感受。所以"爱"这个词唤起了各种各样的想法，带来了各种各样的划分——肉体的爱、精神的爱、世俗的爱、无限的爱以及诸如此类的划分。但是你要去发现爱是什么。先生，若要发现爱是什么，心灵无疑必须摆脱那个词以及那个词的含义。

科学心灵是从知识到知识这样运转着的，它是累加的心智。但是一个科学的心智也可以爆发、突破和超越知识；然后它也许就能进入能够把它包含在内的宗教心灵了。而宗教心灵显然是一颗终结了过去的心——并不是事实上的过去，而是心理上的过去。宗教心灵永远不会处于把记忆当作心理动力和心理活动的手段进行积累的过程中。宗教心灵不会让词语扎根，所以它摆脱了词语的权威。

问题：词语之外难道没有某种早期的精神倾向导致的不明障碍吗？

克：我不太明白你的意思，先生。那么，那是什么意思呢？提问者问："难道词语之外没有一种清晰而精确的状态是早期的、尚未成形的吗？"你是从哪里看的呢？你是从中心之外还是从那个中心去看的呢？你是在揣测呢，还是在我们探讨的过程中你真的在经历呢？你不知道宗教心灵是什么，对吗？从你说的话来看，你不知道它的含义；你也许对它曾经有过瞬间飘过的那么一瞥，就像拨开云层的时候你看到清澈、美丽的蓝天一样；但是你看到蓝天的那一刻，你就有了对它的记忆，你想要得到更多，所以你迷失了；你越是需要词语把它当作经验储存起来，你就越是迷茫。

问题：我们是从孩童时期的无语言状态进入语言状态的。现在你告诉我们要消除我们积累的所有过去。有可能现在即刻就回到那种无语言的状态吗？

克：提问者问："有可能即刻抹除语言状态吗？"语言状态是历经数个世纪，通过个体和社会之间的关系精心建立起来的；所以词语、语言状态不仅是一种个人状态，还是一种社会状态。要进行我们现在所做的沟通，我需要记忆，我需要语言，我必须懂英语，你也必须懂英语；这是经年累世才获得的。语言不仅仅在社会关系中得到发展，也是社会与个人的关系中的一种反应；词语是必需的。问题是：经过了久远的历史、经过了数个世纪才建立起来的这个符号化的语言状态，它能被瞬间抹除吗？——那意味着："我们难道不需要时间吗？"你能用时间废除时间吗？或者是不是需要某些其他的因素来打破时间呢？如果我说"必须逐渐做到这点"，那么这种渐进也许是一天、一千天或者一百万天，渐进意味着要运用时间。借助时间我们能去除数个世纪建立起来的心灵的语言牢笼吗？抑或必须马上将它打破？那么，你也许会说："必须得花时间，我没法马上做到。"这意味着你必须用很多很多天，这意味着过去的状况会得到延续，尽管在过程中会稍做调整，直到你到达一个再也无处可去的阶段。你能做到吗？因为我们害怕，我们懒散，我们怠惰，我们说"为什么要费心想这些呢？那太难了"，或者"我不知道怎么办"——所以你拖延、拖延、拖延。但是，你必须看到词语延续和调整的真相。对任何事情真相的洞察都是即刻的——而不是处在时间中的。时间意味着距离、空间；在那个空间中，会发生来自你那个中心的无数经验和变化，你对它们做出反应；所以，每延长一秒钟都意味着对"已然如何"的一种调整。不要说你不明白我们说的是什么意思。如果你运用你的心灵，会发现这非常简单。其中涉及的问题是：心灵能不能就在发问的那一刻立即突破？心能不能看到语言的障碍，瞬间理解语言的意义，并处于那种心灵不再受时间所困的状态之中？你肯定体验过这点；只是这对我们大部分人来说是一件非常非常罕见的事情。

问题：从科学、进化的观点来看，我们是从一个无语言状态进化到语言状态的。我们现在能抛弃语言吗？

克： 我没有抛弃语言。我看到了它的结果、它的影响、它奴役人们的性质，我发现了它的真相；那并不意味着我做出反应，并不意味着我捍卫它或者指责它，也不意味着我摆脱了它，而是意味着有一种状态，这时我认识到某件事情的真相，这是一种不同的状态。

问题： 那你如何区分前语言状态——也就是最初或不发达的状态——和你所说的无语言状态呢？

克： 我不明白，先生。提问者问：最初没有语言只能发出某些声音的心智，和语言、符号、观念培养了数个世纪的另一种心智，有什么不同？两者有什么不同呢？

如果我们必须到达那个心灵不再是词语奴隶的状态，就像最原始的心智那样，那么我们为什么还要经历数个世纪这整个语言培养的过程呢？我必须遍过醉酒才能知道清醒是什么吗？我必须历经悲伤才能知道快乐是什么吗？我们说是的；这就是我们的传统，这就是我们每天的生活。而且每个人都告诉我们："你经历这些是为了得到那些。"我们就把这些当成不可避免的接受了下来。但我不接受这是不可避免的。

我们来看看痛苦的问题。如果人懂得了痛苦——那种懂得既不是在时间中也不是在空间中——那么痛苦还会给他带来悲伤吗？我们都知道痛苦。看到别人受苦、奄奄一息，看到妻子目盲、儿子垂死，看到贫穷、看到人心的愚蠢，还有比较——比如一个人拥有一切而另一个人一无所有——我们感到痛苦。痛苦是来自中心的一种反应，所以它是破坏性的，并不能带来心灵的净化。痛苦是必要的吗？

心智经过数个世纪在使用语言的过程中得到了发展，而语言是社会交流和个人反应的产物。提问者问：我们说让心灵摆脱词语，那难道不是一种跟原始状态一样的状态吗？我不这么认为，先生。但是，也许真正的原始人比蹒跚走过那一切的人更接近"另一个"。但不幸的是，我们既不是原始的那种，也不是另一个；我们处在中间，这种中间状态就是平庸。

问题： 当意想不到的事情发生时，对我们会产生巨大的影响，在那一刻有一种状态可以说是没有时间的；在那种状态中根本没有语言，人被惊呆了。你会把那种经验叫作没有时间的经验吗？

克： 不会，先生。当你看到某件美丽的事物，你惊呆了；你有一种震惊、一种体验，你被惊呆了；当你受到了残酷的打击，你感到震惊；有一种瘫痪状态——所有这类状态跟没有语言的状态是一样的吗？不，先生，是不一样的。你看到一场美丽的日落，一件可爱的东西，在那一刻言语全无。发生了什么？那只是一种几秒钟的瘫痪状态，就像一股热血冲进大脑会让半个身子瘫痪一样。在那种状态中，心智当然不会反应。但是，处于那种状态的心智，跟宗教心灵不是一回事。

当我们看到了这一切，就出现了独立 (aloneness) 和孤独 (loneliness) 的问题。独立，是心灵孑然一身、没有比较、没有阴影而真正独立的状态——它不是影响的产物，不是被拼凑出来的。但是，一个人不可能看到、捕捉到或懂得那种真正独立的心灵状态，除非他懂得孤独是什么——那是一个会导致我们所说的孤独状态的隔绝过程。那么，先生，难道你没有隔绝自己吗？难道印度没有隔绝自己，把自己称为印度，因而切断了自己与外界的关系、与其他国家的联系吗？当你认为自己属于某个特定的国家，你不就在隔绝自己吗？你也许不接受"隔绝"这个词，但那是一个事实。当政客使用"民族"这个词，以建立他自己的国家，那难道不是一个隔绝过程吗？把自己叫作印度教徒、基督教徒、佛教徒、穆斯林，难道不就是一个隔绝过程吗？当你拥有某项天赋、某项才能，你用那些才能去构建自我，那难道不是一个隔绝过程吗？当你与自己的家庭相认同——并不是说不要家庭，而是当你说："那是我的家庭"并为之而紧张——你不就在隔绝自己吗？当你更深入地探究这个问题，无论你是在走路还是安静地坐在树林里或者巴士上，你突然意识到你是多么孤独，你突然感觉自己被切断了与一切的联系。你难道没有体会过那种感受，以及它的黑暗、它的隔绝、它的恐惧，它那种怪异的无助感、没有一丝希望的彻底的绝望感吗？你没有感受过这一切吗？先生，任何一个清醒的人都必定感受过这些，而这种感觉的终极表现就是沮丧。感受到这些的人会从中逃避——打开收音机，朝拜寺庙，唠叨个不停，奔向丈夫或妻子——以求逃避这种叫作孤独的感受。我们从社会、国家、宗教、经济等各个层面隔绝自己，尽管我们也许大肆谈论着兄弟之爱、和平和民族。这种隔绝的心灵说："我要去发现"——那不过是无稽之谈；它什么也发现不了。如果你观察，你就会发现在那个隔绝过程中有一种孤独感。我想知道你是不是有过这种感受。当你感觉到孤独的时候，你是怎么做的，先生？

评论：读本书。

克：读一本侦探小说，打开收音机，拿起报纸来读一读——那是什么呢？这一切都是对孤独的逃避。

当你逃离某件事情，制造恐惧的正是那种逃离；造成恐惧的并不是面对事实，而是逃离事实。如果我说"是的，我很孤独"，并看到这个事实，那么我就不可能有恐惧。但是我一旦游离开来，逃离、逃避，那个逃离事实的过程本身就是制造恐惧的过程；然后，从事实逃到别的什么事情上去就变得无比重要，也会变得非常有趣；然后我会保护、捍卫那件事情并为之争吵和战斗；我逃避自己，我去找上师，然后我捍卫那个上师。上师，那个用来逃避的对象变得无比重要，因为那是你逃离事实的避风港。事实不是幻觉，但是你离开事实逃向的那个对象是个幻觉，是它制造了恐惧——无论它是国家、上师、观念还是结论——你毕生都在与这些苦苦作战。先生，这是一个事实；看到事实，不要说："我能怎么办呢？"什么也不要做，只是看到事实。

当你说"我很孤独"，并面对那种感受，那意味着什么呢？那意味着你穿越了那个隔绝过程，你来到了那件终极的事物面前。那么，你如何观察这种感受呢？观察并不是一件多么伟大、智力高超、不可思议的事情，它只不过是对事实的合理观察，而那观察本身就足够了。那么，你如何观察这种感受呢？心是不带词语地观察这种感受的吗？还是心是带着词语来观察这种感受——也就是用词语去观察感受的呢？如果你透过词语去看，那么你到底有没有在看它呢？当你用词语去看那个感觉，那么你就是词语的奴隶，词语妨碍了你去看；因此，你没有能力看到它。

要如何摆脱词语呢？"如何"没有意义，因为没有方法。你必须看到这个事实，即如果你被语言所困，你就无法看到任何事物；你只需要看到事实。如果你对看、对观察、对感受有兴趣，那么词语就变得不再重要。你看，先生，我想了解一个孩子——他也许是我的儿子或者别的什么人。为了了解那个孩子，我会一整天都观察他的玩耍、哭泣以及他做的任何事情。但是，如果我把他当作"我"的儿子，带着这个词从一个中心去观察，那么我就无法观察；我也观察，但是那毫无意义。同样，若要清晰地看、清晰地观察任何事物，词语就不能有任何重要性。那么，你能不能观察我们所说的"孤独"而不做任何逃避呢？你能不带词语地面对它吗？"神"这个词可能带来了某种感受，但是我们根本不知道什么神；而若要发现神，词语就必须退出。

所以，心能不能不带词语地看着它自己呢？那需要思想具有一种非凡的精确性，一种对自身没有任何偏离的准确观察。当词语与它的感受一同消失，会剩下什么呢？去搞清楚，先生们。我并不是在告诉你该怎么办——告诉你没有任何意义；向一个饥饿的人描述食物是什么没有任何价值。但是，你必须来到洞察的门前，你必须亲自开启、亲自去看。

如果你做不到这些，那是你的事；但是既然你来了，这就是我们正在做的事情。

所以，心需要了解隔绝的全部含义。每个人都在某些时刻品尝过这种非同寻常的孤独感，它就像一个黑影一样。心必须彻底探究它，了解这个词的意义和内涵，这个词是不是带来了那种感受；发现了这个词所包含的事实之后，心就能超越它——那意味着它会真正摆脱所有的影响。如果你经历了这些，就会有一种跨越——那意味着彻底的独立，就像一堆火焰一样。当心灵处于那个状态，它就是宗教心灵；它就会有一种行动，完全不同于一个沮丧、隔绝、孤独的心灵的行动。不要掩盖沮丧的心灵所做的那些行动——身穿僧袍，诵念着《薄伽梵歌》里的词句，做着所谓圣徒的所有那些荒唐的举动。

（孟买第六次演说，1961 年 3 月 3 日）

不再痛苦的心灵才没有恐惧

我认为，如果我们把这些讲话当作理论探讨，让我们的生活努力接近某些观念或者理想，那将是一个巨大的错误。那无疑不是我们正在做的事情。我们小心翼翼地、深思熟虑地从事实走向事实，这实际上是科学家采用的方式。科学家也许有各种各样的理论，但是当他面对事实的时候，他会把那些都抛在一边；他关心的是对外界事物的观察，观察那些关于物质的事实，无论它们是远是近；对他来说只有物质以及对它的观察——观察外在的运动。宗教心灵关心的也是事实，并从事实出发，它的外在运动和内在运动是一个整体过程——这两种运动不是分开的。宗教人士从外向内运动，就像潮水一样，始终有这种不停的从外向内和从内向外的运动，所以有一种完美的平衡和一种整体感，外在和内在不是两种分开的运动，而是一个整体的运动。

如果你非常仔细地观察，就会发现不命名是多么非凡的一件事情。毕竟，要了解事实就需要这种不命名的做法。若要看到"何为虚假"这个真相，或者若要发现什么是真理，就必须借助不命名的方式，而不是借助传统、希望、绝望和观念之类的方式——那些都是与这个或那个相认同，因此永远都无法不命名。遁入寺庙并起个法名的僧侣并不是无名的，遁世修行者也不是，因为他们依然与他们所受的制约相认同。一个人真的需要觉察这种外在和内在作为一个整体过程的非凡运动，而对这个整体的了解必须没有任何命名。所以，了解所有的制约，并觉察那些制约、粉碎那些制约，非常重要。

我希望你玥白"倾听"的意义。你不是仅仅在倾听我、倾听这个讲话者，而且你也同时在聆听自己的心——心在倾听自己——因为这里所说的话仅仅是一种指向。而更重要的是通过这种指向你开始倾听——心开始倾听自己并觉察自己，觉察每个思想活动。然后我想这些讲话就有了意义和价值。然而，如果你只是把它们当作理论，当作要苦苦思索的东西，并在思索之后得出一个结论，然后让你的日常生活努力靠近那个结论，那么这些讲话将会显得毫无意义。如果有谴责或辩护的过程发生，就会存在对思想的认同。在我们探讨的过程中，你必须看到这点的意义所在。我们已经探讨了宗教心灵和科学心灵。其他任何一种心智都是有害的心智，无论是学富五车、博才多识的人，还是放弃了这个那个的遁世修行者的心智；当然，政治心智是最具破坏性的心智。真正的科学心灵毫不妥协地观察、分析、解析和探究生命的外部运动；科学家在实验室外依然是一个身受制约的人，他也许会妥协，但是在实验室里他会有一种探询和研究精神，会"毫不留情地"追求事实；这是科学领域中唯一的精神，我们必须具有那样的心灵才能获得了解。同时心灵必须拥有这种对外在和内在的全面理解，因为这是仅有的两种真正的事实，进而我们开始懂得这两者是一个统一的过程，而只有宗教心灵才能了解这个一体的过程。然后，无论那个宗教心灵产生什么行动——都是不会带来痛苦和困惑的行动。

我们也在某种程度上探讨了恐惧的问题，也许今天早上值得思考一下痛苦和慈悲的问题。有物理学家曾经告诉我，当他们把强光聚焦在一个原子上，那道光就会激起原子的运动，而在那个运动中——有个心智在看着那个运动——就会有一种不可预测性；科学家们是这么说的。那么，我认为，有一种寂静的光芒，可以用来解决所有的问题——寂静之光可以被点燃，如果我可以用这个短语的话。那寂静之光把精确、清晰、准确带到每个实际的思想活动中。只有在那寂静之光中才会有了解。我想，我们就这个问题已经探讨得足够多了，也看到了其中涉及的所有内涵。然后，带着这份了解，我们来思考一下痛苦是什么。我们讨论过了恐惧，我们或多或少探究了这个问题。现在让我们来探讨痛苦的问题，因为我觉得恐惧和痛苦的问题非常贴近对"什么是慈悲"这个问题的领会。科学心灵并不是一颗慈悲的心；它无法知道，它也确实不知道慈悲意味着什么。但是宗教心灵知道，它就活在、存在于慈悲之中。而若要领会慈悲这件事，你就必须懂得痛苦是什么。

请注意，我希望你不只是单纯地在听我讲，因为你真的可能会进入一种催眠状态，被词语催眠，被学到的某些说法所催眠。我完全可以想象你会如何重复"寂静之光"这个说法，心里会不停地重复。你并没有理解它的含义，但那是一个新短语，听起来很不错——那会催眠你自己。但是，如果我们能够真正地深入痛苦这个问题，从实际上而不是从理论上深入，那么从这场与词语、思想和心智的斗争中，慈悲的火焰也许就会出现。

痛苦是什么？我们都受苦，每个人都处在某种痛苦之中。我们喜爱的人死去，会带来悲伤；贫穷，外在和内在的贫乏，也会滋生一种巨大的无望感。而内在贫乏的人，无论他有没有意识到，都受困于悲伤的世界中；意识到你的内心一片荒芜，是一件非常可怕的事情。你也许有一大堆学位、头衔，身居部长的要职，锦衣美食，府邸豪华，诸如此类；剥掉那些，你会发现自己内心是一片空洞的阴影和一片灰烬。把一个人的知识、语言和他所积攒的一切从他身上统统剥离之后，他同样只剩下无尽的悲伤。我们因太多的事情而痛苦——受挫的悲伤，野心的焦虑，孤独的存在，没有孩子的女人不停哭泣，没有能力的男人看到别人的能力和聪明，看到天赋异禀的人，愚蠢的人想拥有那份天赋和很多其他的天赋，这些事情会带来痛苦。无能和能干两者都会带来痛苦。还有一个人知道自己没人爱所以痛苦，还有他爱着别人别人却不以爱回报的痛苦。

所以，痛苦有着太多的种类、复杂性和各种不同的程度。这些我们都知道。你对这些非常熟悉，我们的整个一生，从我们生下来的那一刻一直到我们堕入坟墓的那一刻，都背负着这个重担。看看你自己，先生，而不是我说的话。痛苦是必要的吗？受苦是生存的一部分吗？它是不可避免的吗？它是人类的法则吗？

人类二万年来一直受苦，而且痛苦还在继续——从最贫穷的乞丐到最富有的人，从最强大的人到最弱小的人都受苦。如果我们说那是不可避免的，那么事情就无解了；如果你接受了这一点，那么你就停止了探询。你关上了进一步探询的门；如果你逃避它，你也关上了那扇门。你也许逃到某个男人或女人那里去，逃到酒精、娱乐中去，逃到各种形式的权力、地位、威望和喋喋不休的虚无中去。然后你的逃避方式变得无比重要；你逃往的对象获得了巨大的重要性。所以你也关上了理解悲伤的门，而那就是我们大部分人的做法。我们能彼此坦诚地稍稍做些探讨吗？我因为儿子的死去而痛苦；我内心有巨大的空虚、痛苦和困惑，有一种失落感、坠落感。你知道这一切；我逃避这些，转而相信转世，然后重生以及诸如此类的一切接踵而至——那意味着我逃避事实。当我逃避时，显然我就无法了解痛苦是什么。那么，我们能停止各种逃避并回到痛苦上面来吗？你明白吗，先生？身体上的各种痛苦——牙疼、胃疼，一次手术，各种意外、各种身体上的疼痛，都有它们自己的解决办法。人们还有对将来再有疼痛的恐惧，那会导致痛苦。痛苦与恐惧紧密相关，如果不了解生活中这两个主要因素，我们就永远无法懂得慈悲和爱是什么。所以一颗关心了解什么是慈悲、爱以及这一切的心，必须了解恐惧是什么、悲伤是什么。

首先来看身体上的事实。我也许生了一场病，或者得了某种显然无法避免的疾病。或者医生可能发现了一种新的抗生素或者一种新药也许可以延长寿命——你也许能活到120岁，而不是100岁。一个人一旦生过病，他就总是害怕未来，害怕疾病会复发，害怕痛苦会重复、焦虑会再来——"已然如何"的事实把自己投射到未来：我也许会生病，于是那一切就开始了；悲伤，悲伤之轮滚滚向前，那是思想把"已然如何"投射成将来的"也许如何"。我们觉察到了这一点之后，需要一个非常敏锐的心灵才能不投射思想，不把自己投射到未来——因为一旦有了痛苦，就可能会再次痛苦，死亡可能从中降临；于是恐惧进驻，悲伤之轮循环往复。所以我们需要理解心智投射出身体上的恐惧这样的悲伤。你不能把这些弃置一旁，说我们只关心内在的、心理上的悲伤。并不是说没有内在和心理上的痛苦，而是你必须首先理解这个身体上的事实。我们大部分人都有牙病或者各种各样的痛苦；我们必须了解它们。心智记得过去的痛苦，说"看"，然后变得恐惧、焦虑，所以它害怕将来会有痛苦。而思想是导致这种未来的痛苦和焦虑的种子。请好好听一听，来看清这个过程。我不知道你有没有明白我说的话，请好好听一听这个心理事实，即曾经有过痛苦的人害怕将来痛苦会再次发生。是思想制造了那种恐惧；将来你也许不会再有那种痛苦，但是心智已经在为它做准备了；这就是实际上的心理事实。只是观察这个事实——你对事实什么也不能做——看到那就是心智的运作方式。神经系统，处于防卫状态的整个有机体蠢蠢欲动；它非常急切地想做些正确的事情，总是带着恐惧、痛苦和悲伤的背景。

那么悲伤是什么呢？我们明白了产生恐惧和痛苦的身体上的过程。那么另外一些种类的悲伤是什么呢——不是另外的种类——除此之外的悲伤是什么呢？看看这个事实，即我们大部分人都经历过我们所爱之人的去世，此时内心有一种巨大的失落感，有一种剧痛感，一种痛彻心扉的孤独感，被抛下独自一人、孤苦伶仃的感觉。我们知道这些；我们大部分人都各自在不同的强度上有过这样的经历。为什么会有痛苦呢？你是怎么认为的，先生？

评论：因为有恐惧的想法。

克：是的，先生，有恐惧的想法。深入进去。

评论：一种彻底无助的感觉。

克：彻底无助的感觉——但是那为什么会带来悲伤呢？为什么死亡会带来悲伤，为什么活着会带来悲伤呢？为什么这件被称为死亡的事情是这么非同寻常的一个因素，会带来莫名的恐惧和悲伤，就像活着显然也会带来莫名的痛苦和悲伤一样？所以当有悲伤存在时，生与死就是同义词。请务必理解这一点，先生们。你们并不只是害怕会带来悲伤的死亡，你们会发现自己也害怕带来悲伤的生活——活着，身体健康，受人尊敬，有工作或者没工作，有人爱或者没人爱，野心连同其挫折，无能或能干的心智经受着自己的折磨，还有受挫感。你知道自己所过的生活——每天去办公室上班，例行公事，无聊乏味，有各种侮辱和焦虑。没有接近、没有实现、没有达到——那也是我们的生活，不是吗？和别人、和某些观念没完没了的竞争——那就是我们所说的生活。这种生活，就跟死亡一样，也产生了这种叫作悲伤的惊人事物。

我们为什么如此害怕死亡——而不是之后发生的事情呢？我们说的不是以观后效，不是生命会不会延续，也不是有没有灵魂那些东西。我们探讨的是我们都熟知的事实，这件可怕的被称为死亡的事情会带来痛苦、悲伤、焦虑，带来彻底的无助感、孤独感、隔绝感，你被遗弃了的感觉。你们难道不知道这种感受吗，先生们？

评论：我们很悲伤，因为他曾经活着，我们爱的人曾经填补了我们内心的空白，并帮助我们活了下来。

克：没错，那就是我们为什么爱那个人的原因。我爱我的儿子，因为他能让我不朽，我将通过他延续我的姓氏，我能让自己永存，因为我老了以后他会供养我，他会比我更好，他会去上大学，会更聪明，拿到更好的学位，有更好的工作，变成一个大人物，所以他会被当作要人，而我也从那种重要性中得到了荣光，等等。所以我说："我爱我儿子。"这个惊人的过程自人类有史以来进行了千千万万年，一直延续到了现在。各派宗教、伟大的导师们谈论过这些，而我们就困在其中。

评论：我们本能地避开痛苦和悲伤。

克：这位先生说我们本能地避开痛苦和悲伤。当你说你避开痛苦和悲伤，那你为什么还痛苦呢？这样的问题没有意义。如果你说"我本能地避开一条蛇"，那么那是有答案的；那是个事实。但是，当你说你本能地想避开痛苦和悲伤，你就活在了痛苦中；你无法避开它。你们明白了这些吗，先生们？你为什么痛苦？深入进去，先生们。这是你的挑战。对这个挑战你的回答是什么呢，先生们？你为什么痛苦？

评论：因为我们不完满，因为我们的心灵不完满，生命极端空虚。

克：你给过解释了，可最后你还是痛苦——那意味着你接受痛苦是不可避免的。一颗健康的心是不会接受痛苦的，先生。解释了之后，现在你愿意深入进去吗？你要如何深入这个问题，于是当你离开这个房间的时候，你已经一劳永逸地结束了痛苦，不再回到那永无休止的悲伤之轮中？

评论：接受存在痛苦的事实。依附是悲伤的成因。

克：你说依附是悲伤的成因。于是你培养超脱，同时你依然痛苦。你处于痛苦状态中，你接受你在受苦的事实。你为什么要接受呢？你并不需要接受阳光，不是吗？痛苦就在那里；你不需要接受它。痛苦以及它强烈的灼烧感在折磨着你，你不用说："我必须接受它。"它就在那里。

你可以解释，你可以慢慢把它推在一边——那就是你所做的事情。你也许会说"我接受它，我能忍受它"，但是剧痛你连几小时都忍受不了。

而心智说悲伤是由依附导致的——意思是你如果超脱了，就能摆脱悲伤。所以你开始培养所有书籍都谈论的超脱。首先，你为什么要依附呢？你说你内心空虚，所以你依附妻子、孩子，依附某个观念、权力和地位，来填补那空虚。你不去解决空虚，而是逃避空虚。那么你如何面对痛苦这个事实呢？

问题：痛苦的含义是什么呢？

克：你如何探询痛苦这个问题呢？那就是我的意思——而不是"原因是什么？"你知道原因，但是你没有面对事实。你在受苦，你怎么解决这个问题呢，先生们？

评论：不再想它。

克：吃颗药，去看场电影，吃片镇定剂吗？那能帮助我吗？你在建议我如何减弱痛苦，你用一大堆词语给我建议，不是吗？你给我一堆解释，可到最后我还是两手空空。

我想知道，当我痛苦时如何摆脱痛苦。不是用语言，不是用解释。当我真的牙疼的时候，我会去看最近的牙医；我不会坐下来解释、解释。如果是心在询问并应对挑战，想要解脱，那么你会怎么办呢？这时它只能看着事实并完全停止逃避。我想知道我为什么痛苦；所以，我不能通过解释、通过酒精、通过女人、通过收音机、通过别的东西来逃避这件事情。我想了解这件事情，我想突破它、粉碎它、永远摆脱它，这样它就再也无法沾染我的心了。那意味着，我想要与它共处，我想了解它的一切——而不是给它说法、给它解释。就像我会去找最近的医生并确保再也不会有疼痛一样，我会用同样的方式结束痛苦。

我不会逃避它，因为我发现通过逃避——无论多么微妙、多么狡猾、多么合理的逃避——是无解的。那么，对于一颗停止了逃避，不再抱守《薄伽梵歌》《奥义书》、上师、转世和传统的心来说，会发生什么呢？它停止了那一切。不再逃避，想解决这件事情并从而变得洁净、明亮、无暇的心，是怎样一种状态呢？心意识到，若要看着某件事情，就不能有任何逃避，它必须对自己有一种科学意义上的毫不留情，因而没有任何的自怜自艾。

然后你平生第一次没有了语言，你停止了一切词语的使用。以前，你沉溺在词语、解释和引用中；现在，你没有言语，语言停止了。所以心灵懂得了痛苦，它曾经痛苦，它经历过生命的艰辛，现在面对着这个赤裸裸的事实，它只是观察。

现在，我们来探究一下"观察"这个词——不是探究你正在看的东西，而是观察的状态。你是如何观察的？你是怎样看你的妻子、丈夫、孩子或者一棵树、一朵花的呢？通常发生的事情是：各种各样的画面、想法、欲望汹涌而来。如果你能明白你是如何观察的，那么你就能邂逅某种能够帮助你理解悲伤的东西。

当你看到一件极其美丽的事物，一座雄伟的山峰，一场壮丽的落日，一个迷人的微笑，一张迷人的脸庞，那个事实将你惊呆，你寂然无语；这样的事情难道在你身上没有发生过吗？然后你会张开双臂拥抱整个世界。但那是外在的某种东西占据了你的心，而我说的心灵不是被惊呆的，而是想要去看、去观察的。那么，你能观察而没有那汹涌而来的一切制约吗？对于一个身处悲伤的人，我用词语解释：悲伤是不可避免的，悲伤是追求成就感的产物。当所有的解释都彻底停止，此时你才能去看——那意味着你没有从中心去看。当你从中心去看，你观察的能力就是有限的。如果我据守着某个位置并想要待在那里，就会有一种紧张、一种痛苦。当我从中心去看痛苦，就会有痛苦。正是没有能力观察才产生了痛苦。如果我从一个中心去思考、去运作、去看——就像我说："我不能有痛苦，我必须弄清楚我为什么痛苦，我必须逃避。"——那么我就无法观察。当我从一个中心去观察，无论那个中心是一个结论、一个想法，是希望、绝望还是别的什么，那种观察都是非常有限、非常狭隘、非常琐碎的，而那会带来悲伤。

所以，当我想了解痛苦，因为有想了解的强烈意愿，所以我不从一个中心去看。我想摆脱悲伤——解脱，于是悲伤再也不会沾染我的心。心灵说："它是一件丑陋的东西，它扭曲生命、死亡和一切。"所以必须有一种全然的了解，进而把它从整个心灵中彻底清除出去。这就是挑战。当心智根据它所受的制约、它的背景，从它的中心进行回应时，就妨碍了对事实的观察。当我作为一个国家主义者去看这个世界时，我就无法去看一个来自国外的人；我与他没有任何关系，尽管我谈着兄弟之爱、和平以及诸如此类的事情。当我从一个叫作"国家主义者"的中心去看、去观察时，我就是在一个狭隘的小岛的范围内打转。所以，只有当我没有诸如国家主义者、印度教徒之类的中心时，我才能看到完整的世界，并与世界完整地、全然地共处。

所以，重要的是没有中心地去看、去观察，此时就再也不会有痛苦。也许会有身体上的痛苦——肾脏可能会出问题，你也许会得癌症、失明，死亡也许会来临——但你此时就能没有中心地看着身体上的痛苦、每个折磨以及心理上的痛苦。因而你永远不会再有心理痛苦。

而只有不再痛苦的心灵才没有恐惧。只有这样的一颗心才处于慈悲的状态中。先生们，请务必带着这种强度走出这个房间；当挑战是如此巨大，你必须极其充分地应对，而不是从"我"这个世界的一个小角落里去应对。

（孟买第七次演说，1961 年 3 月 5 日）

时间是一千个昨天的影响

上次我们在这里见面，探讨的是恐惧、悲伤和慈悲。你可以清清楚楚地看到，当心智被恐惧所残害，就不可能有慈悲，也不可能有同情和怜悯；被痛苦折磨的心灵，无论程度如何、深度如何，都无法感受慈悲那种非凡的力量。科学心灵虽然在它的研究中准确而又清晰，但也无法感受这种慈悲，只有心灵了解了自己，慈悲才能出现。从外在对事物的研究并不一定会导向对事物内在的理解，但对事物内在的了解会带来对外在的了解。内在的了解是属于宗教心灵的。心灵这个整体包含了它所有的感受、野心、恐惧、焦虑、能力、观察的力量，地位和权威的力量，残忍、恶毒的仇恨以及诸如此类的一切。

今天，我们来探讨和了解时间和永恒的问题。若要了解这整个时间过程以及其中涉及的所有复杂性，你就必须了解影响是什么。让我们稍稍探究一下这个问题；通过了解影响，我们就能了解时间和永恒是什么。如果我们能够了解被时间——时间本质上就是词语和影响——制约的心灵，而不是仅仅从语言层面探讨这个问题或者从智力上把它打碎了分析，也许我们就能懂得永恒是什么。所以，让我们来探究一下影响是什么。

我们每个人都被环境所影响；我们是各种影响——好的和坏的、美的和丑的、过去的影响、种族遗传、家庭传统等影响的产物；我们被我们吃的食物、穿的衣服所影响；每个想法、每个动作都是影响的产物。我们被报纸、杂志、电影和我们读的书所影响；我们也有意无意地相互影响。还有这种对挑战的反应过程，那也来自过去的影响。先生们，当我说这些话的时候，请不要接受或者拒绝，而只是观察——你怎样生活，你是如何被《薄伽梵歌》《奥义书》、上师、政客和报纸所影响的。我们是宣传的产物，潜意识的宣传或者明目张胆的宣传——潜意识的宣传非常非常微妙并且具有暗示性。刚刚过去的昨天并没有那么重要，但是十年前的记忆却具有催眠的力量。如果我们观察宗教、经济和社会等各个方面，就会发现我们是传统的产物——这个国家继承的传统，你和我从过去继承的传统。当你说你相信神明，你就是受到了影响，别人就是这样告诉你的；你自己也有找到某种安全、某种保障、某种永恒的愿望；所以你就是在信仰的氛围中成长起来的。还有另外一些人，那些共产主义世界里的人，他们成长的氛围是不信仰什么——那也是受到了影响。所以，你并不比那些在没有信仰的环境中长大的人更具宗教性，因为你是宣传的产物，你是你周围条件的结果，你是环境的产物；显然，无论你接受与否，这是一个心理事实。把你自己叫作印度教徒、拜火教徒，这显然是你所受制约的产物。把你自己称为俄国人以及诸如此类的一切，那也都是一回事。

所以心灵是制约的产物，是无数有意识和无意识影响的产物。潜意识比有意识的心灵要更为强大有力；潜意识的心灵是无数记忆、传统、动机、渴望和冲动的残余和仓库。在我说话的时候，请观察你自己的内心、观察你自己；你不是仅仅在听一个你在努力接近的模糊解释。

问题：先生，第一颗心是如何形成的呢？

克：我们可以从理论上去看第一颗心是如何形成的。显然它是通过感官感受，通过饥饿，通过味觉、嗅觉和触觉形成的。我们锻炼手臂进行伸展和抓握。这并不是问题，先生。我们是如何开始的，我们可以探询、我们可以假设、我们可以研究；但事实是，我们走到了这里。研究任何事物的起源是以科学的方式切入问题，就像科学家、生物学家研究生命的起源一样。你必须探究你现在实际的样子。当你探究时,问题就出现了:是不是有一个起点或者一个终点——而不是起点是什么。

我们是从时间和永恒的问题开始探讨的。如果我们探究时间的问题,我们就必须探究"存在"这个问题,也就是生活、影响、结果以及我们实际的样子。而若要发现我们实际的样子,我们就必须如实对待自己,并且在审视我们实际如何的过程中要"毫不留情"——而不是猜想我们在万物伊始的时候是什么样的。如果我们能够了解现在如何,那么我们就能发现事物的开端和结束。其实并没有开始也没有结束,而你无法领会那种非凡的永恒感,除非你了解了处于现在的心灵。我并不是在回避最开始有什么这个问题。你要如何把这个问题搞清楚呢?你们并不是生物学家、研究员;你们也不是能够研究这整个过去的问题、所有生命是如何形成的专家。专家们做过了实验,他们在试管里创造出了生命。如果我们不去搞清楚万物的起源,那又有什么关系呢?

让我们来看看心灵,我们的心灵,你和我的心灵。人类的心灵,正如它现在的样子,是环境的产物。如果你从自己与社会、与邻居、与国家的关系中观察自己的话,就可以非常清楚地看到这一点。我们排斥别人告诉我们说我们是环境的产物,因为我们觉得自己是某种非凡的灵性存在,好像环境也只是人类的整个存在的一部分。所以,了解有没有可能让心灵排除——心灵让它自己排除——所有影响,是非常重要的。那可能吗?因为,只有当心灵让它自己排除了所有影响,它才能发现永恒是什么。若要理解时间是什么——不是把它弃置一旁,不是创建一种理论,也不是让你的心灵陷入各种假设和愿望以及诸如此类的一切——你真的必须探究自己的心灵,而如果你觉察不到影响的强大作用,你就无法探究。

显然,当你听我说话的时候,你就受到了影响,不是吗?当你听到街上的垃圾清扫车发出的铃声,那个声音就在影响你;一切都在施加着影响。心能不能觉察到这些影响，观察正在塑造心灵的每个影响并涤清自己，或者觉察并穿越那些影响？所以这就是问题，它实际上意味着了解无数个昨天的整体。就在此刻，就在我跟你说话的时候，有影响在产生作用，你对我说的话做出的反应无疑来自一千个昨天的记忆。这一千个昨天是更早的一千个昨天及其影响、挑战、回应以及制约——也就是记忆和时间的产物。不是吗？先生，你有没有从自己身上留意到昨天并不是那么重要，昨天的记忆很快就逝去了，但过去十年的记忆具有一种非常强大的催眠力量？我不知道你有没有留意到这一点。你十年前做了什么，你一年前有什么感受——或者当你还是个四处乱跑的小男孩儿时的感受，突然捕捉到林中的光影，游泳的记忆，那么自由，没有责任，充实的生活中没有冲突，有一种全然的喜悦感——你记得那一切，那一切拥有非凡的生命力，比昨天的记忆要鲜活得多。那些在影响着我们，在塑造着我们的思维。

所以，我们知道时间是一千个昨天的影响。所以我们开始探究作为记忆、昨天、今天和明天的时间——时间是昨天经由今天的通道，经过塑造、制约和浇铸之后再到达明天。所以不仅有钟表时间、物理时间，还有向前和向后延伸的记忆这样的时间，这种记忆作为潜意识隐藏在了人们广阔的内心深处。

所以，有昨天、今天、明天这样的钟表时间、计时器时间；有地点之间、从这里到那里、之前和之后这样的时间；还有"成为"这样的时间：我是这样的，我要变成那样；我今天残忍、暴力、丑陋、愚蠢；明天或者十天之后我也许就会变成另外一副样子。所以存在着由此及彼的时间。所有的渴望都是如此——有朝一日我会成功，有朝一日我会成为经理，有朝一日我会成为这整场演出的大老板。所以这种时间中有成就的渴望，伴随着这种成就的渴望而来的必然有挫折和悲伤，这依然是时间的一部分。我们知道这些，我们把这些当作不可避免的、当作我们自然生存的一部分接受了下来，并希望有朝一日，逐渐地、生生世世之后，或者一连串的明天之后，我们会到达那里。我们说一颗种子会长成一棵大树。我昨天种下了种子；我今天关照它，十年之后它会变成一棵美丽的树，长满绿叶，树影婆娑。所以我假装有一天我也会到达那个永恒的地方。于是我们开始引入永恒和短暂，并说最终我们将会到达永恒。

存在任何永恒的东西吗？关系中的永恒，房子、政府的永恒，这种或那种东西的永恒，真理、神的永恒——这意味着延续性，也就是时间。我们就像由别人教导该怎么做的孩子一样接受了这一切，我们余生都是这些说法的奴隶。所以，除非我们懂得了这整个时间的过程，否则我们就无法进入那个也许存在也许不存在的状态。

我应该接受没有时间的状态吗？我们所知道的只有时间。因为我们是它的奴隶，它折磨我们；从"现在如何"到"将要如何"始终有不停的斗争。所以我们必须了解这一点；让我们来弄清楚。

有根据钟表的时间，有火车什么时候开出的时间，飞机离开地面的时间，你去办公室上班的时间，还有你必须播种和必须收获的时间——那是一种时间。还有一种时间——内在的时间——那就是记忆；它非常复杂、非常微妙；如果不领会它、不了解它，不像进行研究的科学家那样毫不留情地探索它，你就无法发现有没有一种时间不存在的状态。只要存在因果，就必然会有时间；只要存在基于观念的行动，就必然会有时间——时间就是：依据某个想法做出行动或者让行动接近想法。你发现困难所在了吗？当我愚钝并试图变得聪明时——那也是时间的一部分。当我意识到我很暴力，我试图练习、约束、控制以求变得不暴力，这种渐进，"成为"这个渐进的过程就需要时间。我们都是这么长大的。在学校里，有人告诉你必须做最棒的孩子——时间立刻就产生了。所有的竞争都是时间——小职员竞争想成为经理，经理竞争想成为高级经理、董事，最终成为更大的什么。不仅存在钟表时间，而且也存在心理时间、

"成为"这样的时间。

评论：心智、时间和经验似乎是一个东西，但记忆不可能是时间，因为记忆是过去的。它是时间这个概念的一部分。

克：我们是从理论上还是从实际上讨论这个问题呢？看看你自己的内心，先生们。你的心智是经验的产物，也就是时间的产物，不是吗？虽然心智因各种经验而不同，但它依然在时间的领域内。你也许有不一样的经验，我也许有另外一些经验，但那些经验构成了记忆，从中产生了思想，它们都在时间的领域内。现在我们在讨论时间，将它展开；我们甚至不是在讨论，我们只是在把它暴露出来。这不是一个我同意或者你否认的问题。我们只是在看着这幅地图。

问题：我听你说话的时候，被你的思想所影响；然后我说：我会探究你所说的话。你难道不认为"我会探究"这个问题也引入了时间吗？

克：当然，先生。整个思考过程都牵涉时间。

问题：那你怎么要求我们不受影响地觉察事实呢？

克：我从没这么说过，先生，你在猜测。我说过：首先让我们来觉察事实——既不接受它们也不拒绝它们。困难在哪儿呢，先生？在我进入永恒之前——如果有这样一个状态的话——我必须首先知道时间是什么——不是参照爱因斯坦或者最前沿的教授，也不是依据《薄伽梵歌》或《薄伽梵歌》的诠释者。我想知道我的心智是什么样的，它是时间的产物，我想了解时间。

如果你想了解什么东西，你就必须非常简单地切入，不是吗？如果你想了解一台非常复杂的机器，你必须从一点点儿地拆卸它开始，慢慢地、一件一件地拆开；你不能一蹴而就——你也可以，如果你有那种脑力的话。但是我们大部分人都没有那么敏锐、清晰、科学的毫无偏见、不做任何假想和公式化的心智。所以你必须探究时间。有去办公室的时间、列车时刻表、钟表时间，这是一种时间。还有一种领域广阔的时间，那就是经验、记忆、思想、心智、渴望、成为、拒绝、成就以及说"我必须成为什么"的心智——这一切都是时间，这就是我们所探讨的。我们在探究它、观察它；我们并不是拒绝它，也不是接受它，而是如实地看到事物的现状。

所以你的心智就是那样的——而不是最开始它是什么，也不是最后它将会如何。我不知道最开始它是什么，也不知道最后它将会如何。但是，我从这广袤的时间中切出一小片、一个间隙，看着它，也就是看着"我自己"。如果你不想看自己，那就完全是另外一回事了。我不知道你能如何探究——探究的意思是你直接体验、直接观察、直接感受你的做法，如实面对自己，而不是假想你是怎样的——你也许只不过是传统，并依据那个传统行动，对于你将来如何不抱任何希望——而希望依然在时间的领域内。

问题：时间与神有任何关系吗？

克：你相信神明吗，先生？相信神明，相信某种你并不知道的东西，那是什么意思呢？你希望并且相信神明存在，相信你最后将找到神明。我们必须了解时间这个过程，而这就是真正的冥想。冥想不是坐在某个角落里，做着各种自我催眠的事情，而是探究心灵有没有困在时间中，或者心灵能否摆脱时间——那才是真正的冥想。

我想发现有没有一种没有时间的状态，因为只要心灵是时间的奴隶，就没有自由。它是因果的奴隶。我爱你，因为你给了我某些东西；我从这儿去那儿，是因为我想得到什么；我发现非暴力非常有利可图，它从经济上和心理上带给我一种成就感——所以这里就有因果。探索的心灵想要发现有没有一种没有因果、只有纯粹能量的状态——而有因果的能量是受限的能量。如果我说"要善良"，你也许会变得善良；这里面隐含了压力和影响——那还是善良吗？如果你的善良有个动机，那还是善良吗？抑或善良是一种丝毫没有动机的东西？爱有动机吗？如果我爱我妻子，是因为她给了我她的身体，因为她为我生了孩子，她为我煮饭，她为我洗衣服，在我谋生的时候她照看家里，那么那是爱吗？爱、慈悲有原因吗？你明白这一切吗，先生们？我想弄清楚，我的心非常好奇，想要搞清楚；如果我接受各种愚蠢的、模棱两可的理论，无论它们多么令人愉快，我都无法保有好奇心；我必须去探究、去发现，"毫不留情地"对待自己。

那么，让我们开始吧。心智是属于时间、属于经验的，而经验基于记忆；记忆是头脑中保有的记录——不仅仅是我自己个人经验的记忆，还包括人类潜意识里保存的记忆，它始终有意识或无意识地制约着我的思维、塑造着我的思想。作为那一切的产物的心灵能够自由吗？你明白这个问题吗？你们明白这个问题吗，先生们？只有心灵自由时我才能发现有没有一种永恒的状态；否则我就不可能懂得这一点。从理论上讲，也许有那么几个圣人——不是自认为圣人的那些所谓圣人；公众、教会也许会称他们为圣人；他们从未体验到永恒——别的地方有那么几个人体验过这些。但是现在我们先不探讨那个问题。我在这里，你们也在这里；我们是塑造我们经验的影响的产物，那些经验被局限了，我们未来的经验也受到了制约。我在问自己：我们认识到这个事实了吗？你明白吗？这是一件非常简单的事情。当我说我是个印度教徒、佛教徒或者拜火教徒的时候，我有没有意识到这个事实？我知不知道，我有没有意识到我有信仰，我的心灵是在一个受制约的状态中也就是在时间的领域中运作的？我了解那个心灵吗——而不是它是对是错？我的了解有那么多吗？如果我知道了那些，那么我就会对自己说："在那个状态中，有可能去看、去观察吗？"

当我自称印度教徒、基督教徒、佛教徒时——而这就是整个传统、传统的重负、知识的重负、制约的重负——我就无法看到任何东西，我无法清晰地、准确地观察。用那样的一颗心，我只能作为一个基督教徒、佛教徒、印度教徒、国家主义者、共产主义者或者作为这种人、那种人去看待生活、看待事物，而那种状态妨碍了我去观察。这很简单。

当心灵看到自己是一个受制约的实体，那是一种状态。但是当心智说"我受到了制约"，那是另一种状态。当心智说："我受到了制约"，在这种心灵状态中，有"我"作为观察者在观察被制约的状态。当我说"我看到了那朵花"，就存在观察者和被观察者，观察者不同于被观察之物；所以，存在距离，存在时滞，存在二元性，存在对立面；然后是克服对立面、弥合二元性——那是一种状态。然而还有另外一种状态，此时心灵观察到自己是受制约的，其中没有观察者和被观察之物。你发现其中的不同了吗？

你观察到自己的心灵受到了制约，有个观察者说"我受到了制约"，那意味着观察者和受制约的状态是两回事。当我们说："我的心受到了制约，我是时间的产物，我是经验者，我有经验"，你是在谈论这种存在二元性的状态。当你说"我生气了，但我不能生气"，当你说"我知道我受到了制约"，以及"我如何才能摆脱制约？"这时就有一个作为观察者、思想者的"你"在说："我必须自由。"所以这种二元过程在进行着；这是一个事实。并不是我想建立这个观点，而是那就是一个事实，那就是你所想的。你说："我很暴力，我必须变得不暴力。"——这个国家充斥着这个观念，其他的国家则充斥着另外一些东西。在这里，非暴力是一种无比非凡和美好的状态，你拥抱这种状态，并且说"我必须变成那样。"我说那就是事实，那就是你所想的。存在着观察者、思想者和被观察者、思想，所以存在这种二元性，也就是时间；观察者说"我必须变得不暴力"，这就引入了时间。这是一个渐进的过程，如何弥合这两者就变成了问题。你想把这两者整合在一起，弥合它们。于是你说"我必须自律、练习"，然后你进行各种各样的修炼、控制、压抑，这个和那个，为了弥合这两者——那意味着始终有一个外部因素，有个实体在约束，有个心智在控制，有个心智在选择，有个心智在拒绝，有个心智在接受，就好像它本身与这件事情是分开的。这就是你在做的事情。我不是在描述，我不是在告诉你；你不必努力接受我说的话；这就是你在做的事情，而我说这一切都引入了时间。你看到你自己正在这么做吗？你有没有观察到你正在这么做呢？

我野心勃勃；我因为各种各样的原因想成为某个人物：权力、威望，这能带给我力量，其中有某种利益，我喜欢，我野心勃勃，野心勃勃地想成为某个人物。这引入了时间：我必须工作，我必须狡猾，我必须无情，我必须会见正确的人，暗中操作、卑躬屈膝、阿谀奉承、虚情假意、屈尊俯就，就差拜倒在他们脚下跪行乞怜了。这就是世界上发生着的事情。我想成为什么——那引入了时间；有个观察者、思想者说："我要成为那个。"现在，你用那样一颗心在问："存在永恒吗？"你困在时间里；心灵被困在那个框架、那个模型里，你在那个模型里问："存在永恒吗？"我说那是一个徒劳的问题。当你粉碎了那个模型，你就会发现真相。然后你会说："请告诉我如何粉碎它，好让我享受那个美妙的状态"——那意味着实现某个目标；那变成了你的野心；然后就有了练习、戒律和改变，一切再次落入时间之中。

当你观察时，你不带着观察者和被观察者这种划分来觉察。心灵觉察到自己受到了制约——心灵和思想并不是分开的。你发现其中的区别了吗，先生们？这很难，很复杂。心作为观察者观察自己，这么说并不是一种催眠。观察你自己。当心灵是"我想成为这个或那个"的奴隶，它就处在了有观察者和被观察者、有划分、有二元性以及诸如此类的状态中。那个心灵意识到观察者就是被观察者，意识到没有分离——这是一种非同寻常的体验。这不是一件罕见的事情，你确实会经历到。当你生气的时候，当你身处某种惊人的体验，当你热情洋溢，当你满心喜悦，当你被某种东西完全吸引的时候，在那种体验状态中，既没有观察者也没有被观察者。你难道不曾留意到吗，先生们？当你极端愤怒的时候，在那一刻，在那一毫秒，既没有观察者也没有被观察者；你处于那种体验状态中。片刻之后你说："我怎样才能不生气呢？我不能生气。"诸如此类。于是时间就开始了。这些都是事实，先生；我没有说任何事实之外的东西。这不是一个理论。所以，当心灵把自己分离成观察者、思想者，分出思想和观察者，你就是在无止尽地延续时间；然后问题就出现了：如何弥合这两者，观念和行动，让行动去接近观念。这就是你所做的事情。

理想主义者和乌托邦；观念和行动；作为原因的观念和同样作为原因的行动——这一切都引入了时间。所以心灵被困在了这个因果的链条上。那么，当心灵观察到自己受到了制约，此时就只有行动，而没有观念；在愤怒的那一刻有行动，在激情的那一刻有行动，却没有观念；观念随后才来。当你对某个事物的感觉非常震撼、非常强烈，就不存在观念；你处于那种只有行动而没有观念的状态中；不存在让行动去接近某个观念——而这种接近就是现代文明的诅咒、理想主义者的诅咒。现在你已经探清了那一切。你跟上了吗？这就是冥想，这是真正的工作。

你的心能不能意识到自己受到了制约，不是作为一个观察者在观察自己所受的制约，而是此刻正在体验——不是明天，也不是下一分钟——那种没有观察者的状态，就像你愤怒的时候经历的状态一样？这需要巨大的关注，而不是专注；当你专注时，就有二元性。当你专注在某件事情上时，心智是集中的，看着它所专注的事情；因此存在二元性。关注中没有二元性，因为在那种状态中，只有体验的状态。

当你说"我必须摆脱所有制约，我必须体验"，那么就依然存在一个"我"，那个你借以观察的中心；所以根本无法脱身，因为始终存在中心、结论和记忆，有一个正在进行观察的东西说："我必须，我不可以。"当你在观察，当你在体验，就有一种没有观察者的状态，其中没有一个你据以观察的中心。在有切肤之痛的那一刻，并没有"我"。在极其喜悦的那一刻，没有观察者；整个天空都丰盈满溢，你是其中的一部分，所有一切都是一种至福。当心灵看到企图成为什么、成就什么并谈论永恒的心灵状态的谬误，那种心灵状态就会出现。只有当观察者不存在时，才有永恒的状态。

问题： 观察到自身所受制约的心灵——它能超越思想和二元性吗？

克： 你有没有发现你是如何拒绝非常简单地观察事物的？先生，当你生气的时候，那一刻有观念吗？有想法吗？有观察者吗？当你激情四射时，除此之外还有别的事实吗？当你被仇恨之火燃烧，还有观察者、观念以及诸如此类的一切吗？它们随后、一毫秒之后才到来，但是在那种状态中丝毫没有这些。

问题： 爱有指向的对象。爱里面有二元性吗？

克： 先生，爱并不指向什么。阳光并不指向你和我；它就在那里。

观察者和被观察者，观念和行动，"现在如何"和"应当如何"——这里边有二元性、二元对立，以及想连接两者的冲动；两者的冲突在那个领域内，那就是整个时间的领域。用那样一颗心，你无法接近或发现时间是不是存在。如何才能把那些消除呢？不是"如何"，不是体系，也不是方法，因为你一旦应用某个方法，你就又回到了时间的领域中。那么问题是：有没有可能从中跳出来呢？你无法逐渐做到这一点，因为那又引入了时间。心有没有可能不通过时间，而是通过直接的洞察消除制约呢？这意味着心必须看到谬误，同时看到真理是什么。当心灵说："我必须发现永恒是什么"，对于一个困在时间中的心灵来说，这样一个问题是没有答案的。然而，作为时间产物的心灵能清除自己吗——既不通过努力也不通过纪律？心能清除那些东西而不需要任何原因吗？如果有个原因，那么你就又回到了时间之中。

所以，你开始以否定的方式探询爱是什么，就像我以前解释过的那样。显然，有动机的爱并不是爱。当我为一个大人物献上花环，是因为我想得到一份工作，因为我想从他那里得到什么，那还是尊敬吗？或者那实际上是不敬？没有不敬的人自然是彬彬有礼的。只有处于否定状态中的心——那不是肯定的反面，而是看到什么是谬误并把谬误消除的否定状态——才能探询。

当心灵彻底看清了这个事实，即借助时间，无论你做什么，都永远无法找到"另一个"，这时"另一个"就会出现。那是一种更为广阔的、无限的和不可衡量的东西；那是无始无终的能量。你无法到达那里，没有什么心智能到达那里——它只能"出现"。如果可能把心洗涤干净的话，我们只能关心涤清，但不是逐渐涤清；而那就是纯真。只有纯真的心才能看到这种东西，这种就像一条河流一样的非凡事物。你知道河流是什么吗？你可曾坐着小船上上下下地观察一条河、游过一条河？它是一件多么美妙的事物啊！它也许有个起点，也许有个终点。起点并不是那条河，终点也不是那条河。河流是处在中间的部分；它流经村庄，一切都汇入河中；它流经城镇，被有害的化学物质污染，污秽和污水被倒入其中；然而过了几英里，它就净化了自己；万物都生活在那条河里——水下的鱼，以及在上面饮用河水的人们。这就是那条河，但是在那后面，有流水巨大的压力，有这种自我净化的过程，这就是河流。纯真的心就像那种能量一样，它无始无终。那就是神——而不是庙里的神明。它既没有开始也没有结束；所以没有时间，只有永恒。而心智无法到达它。以时间衡量的心必须清除自身，进入其中而自己并不知道，因为你无法知道它，你无法品尝它；它没有颜色、没有体积、没有形状。这是对讲话者而言的，而不是对你来说的，因为你还没有离开另一个。不要说存在那种状态——当那个说法是由一个受了影响的人得出的，那就是一个虚假的状态。你所能做的一切只有从中跳出来，然后你就会知道——然后你甚至都不会知道——你就是那个非凡状态的一部分了。

（孟买第八次演说，1961 年 3 月 8 日）

只有敏感的心才能够学习

在这些讲话进行的过程中，我们不应该只听取话语的内容，而且还要倾听我们的内心，因为单纯的描述或者解释本身是不够的——那就像对一个饥饿的人描述食物一样，这种描述毫无价值；他需要的是食物。仅仅揣测"应当如何"和"不应如何"或者把它们理论化，在我看来是完全徒劳无益的，而且极其幼稚。所以，必须有这样一种倾听，可以对当前迫切的现实进行观察，而只有当我们觉察我们自己的心智及其运作过程时，这种鲜明的观察才有可能。实验室里的科学家会抛开理论观察事实；他不让事实去靠近理论。当事实否定了某个陈旧的理论时，他也许会有一个新理论、一种新假设，但他始终从事实走向事实。但不幸的是，我们抱有某种理论，它变得无比重要、强大有力，我们努力让事实接近或者适应那个理论——这就是我们的生活。我们抱有一些久远的、持续的想法，社会应该是这样的，关系应该是那样的，等等；这就是我们长久以来的局限、需求和传统，我们依照它们而活，完全忽略了事实。

那么，心为什么渴望永恒呢？存在什么永恒的东西吗？我们从理论上说没有永恒，因为我们发现生活变化无常——总是在改变，不停在运动；从来没有哪一刻你能说："这是永恒的。"你也许会失业；你的妻子、丈夫也许会离开；你也许会死；一切都处于无休止的变动中，处于一种不稳定状态，不停地在改变——这些都是显而易见的事实。但我们依然想让某些东西永恒。对我们来说，永恒就是安全、舒适，出于这个原因我们采取各种各样的行动，不是吗？我们希望我们的关系、职业、性格和以往持续的经验能够永恒；我们想要永久的快乐，并永远避开痛苦。我们希望处于一种持续的、长久的、不间断的平静状态。我们想让每一种好的形式、每一种好的感情——爆发为深情、同情和爱的感情——都能够永恒。我们寻找让这一切永恒的各种方法和手段。然后当我们意识到这一切都不是永恒的，我们就试图在内心建立一种稳定的、持续的、长久的、永恒的等等诸如此类的精神状态。这就是我们始终不停的渴望和常态。

如果妻子或丈夫离去，我们是多么不安；当死亡来临，我们又是多么震惊！我们想让一切都牢靠、永恒；我们想把一次转瞬即逝的美妙经历捕获并装进框框。不断要求永恒是我们始终不变的渴望之一。然而有永恒这回事吗？有什么东西是永恒的吗？而心又为什么拒绝看到这个事实，即这个世界上无论内在还是外在都没有任何东西是永恒的呢？

有份好工作的人希望永远保有这份工作，他害怕退休；当他退休的时候，他就开始找寻另外的永恒之物。而这种需要，这种事实与渴望得到某种与事实相悖的东西之间的差异，造成了冲突。我希望与我的妻子和孩子们有一种永恒、持续、长久的关系。我妻子就跟我一样，是一个人，活着、运动着、思考着、变化着；她也许会看上别人或者跑掉；然后麻烦就开始了，冲突——嫉妒、羡慕、恐惧、希望、绝望和挫折——就开始了。而为了克服这些冲突，我们试图发现各种方法和手段不去面对冲突，而是设法找到某种会引入新元素的事情，能带给我们另一种状态、另一种永恒的体验。我不知道你有没有在自己身上留意到这一切？我并没有说什么毫不相干、荒唐无稽或者理论上的事情。

所以，冲突是存在的。对我来说冲突就是死亡。冲突中的心是最具破坏性的心智；它没有面对事实。面对事实、看着事实很难，从外在和内在如实地观察事实、看待事物，而不引入我们的偏见、我们的局限、反应和欲望、希望、恐惧以及诸如此类的一切，非常困难。而这种对永恒的需要确实会蒙蔽心智，确实会让心灵迟钝，因而失去敏感性。敏感性意味着心灵不仅不停地调整，而且超越了事实上的单纯调整，与事实一起流淌、运动。事实从来不是静止的；它就像河流一样始终在运动、始终在流淌；一旦有存水的小水塘、小支流，就会出现停滞。一个运动着的、鲜活的心灵永远不会静止；永远没有一种恒定感，正是这样一颗心不仅仅对丑陋敏感，也对美丽、对一切都敏感；它是敏感的。所以只有敏感的心才能够理解或者身临其境地体会那种被称为美丽或丑陋的状态。我不知道你究竟有没有想过什么是美丽、什么是丑陋。

不幸的是，在这个国家里，欲望的压抑被当作一种宗教行为。遁世修行者、圣徒和所谓的圣人们不停地敦促和主张欲望应当被根除。当你摧毁了任何内在或外在的事物，显然就会有一种不敏感状态出现，而当心灵不敏感的时候，它就无法看到美丽是什么。

我不知道当你坐巴士去上班，当你跟别人讲话，当你坐在桌边的时候，你有没有留意到人们的言谈举止是多么轻率和粗心，他们完全不顾及别人。我不是在做道德评判，我只是在描述和表达事实。美丽实际上并不是丑陋的反面；美包含了丑，但丑陋并不包含美丽。如果没有这份对美是什么的领悟——不仅仅是外形的装饰，还有姿态、礼貌和体贴之美，以及无比温和亲切的柔顺感——如果没有这份对美的体会，人必定无法生活在那种运动中，那种没有恒定的流动的品质中。只有想要永恒的心才知道死亡。

心如何——如何，并不是方法的意思——才能觉察到事实与心智的欲求之间的这种冲突，这样它才能活在一种不停的运动中，其中没有歇脚处、没有停泊点，内心深处不想得到任何永恒的东西？我不知道你有没有留意到或者有没有问过自己，生命中是否存在任何永恒的东西。我们爱着什么人，妻子、丈夫、孩子，也许爱着社区、爱着世界甚至爱着整个宇宙；但是，这里边始终透着一股持续感、恒久感，有一种不懂得任何变化的东西。我不知道你是否曾经问过自己，心为什么渴望永恒，它为什么想要得到永恒。我们从这里找不到永恒，因为所有的关系都在变化，所有的事物都在运动；还有死亡和突变。所以我们说存在着神，存在着某种不变的东西、我们所不是的东西，于是我们去寻找神。

心能不能抛开这一切——不仅仅是这种对永恒的渴望，还有存在已久的记忆、妨碍了生命运动以及生活那种鲜活品质的知识？有没有可能进入那种运动，同时又具有回忆的能力，但回忆不会干涉生命的品质，那种鲜活的、动态的品质？

我们大部分人都以为知识和信息是必需的，它们能带来一种安全感、永恒感，却歪曲了我们的整个生活。从这个问题中就出现了另外一个问题：什么是学习？

学习只是添加，只是一个积累的过程吗？因而是累加性的，是不停地添加、添加、添加——也就是机械的？学习是机械的吗？还是某种截然不同的东西？男学生只是在收集和积累信息，把信息添加、储存到记忆的仓库里；当问题被提出来，他就回答。这是一个获取的过程，一个添加的过程。这是学习吗？除非你自己回答这个问题，否则你就是在追求一条通往机械永恒的道路。

电脑、计算机是能够进行惊人的计算、完成各种惊人工作的机器；它们能比人类更准确、更快捷、更精细地解决各种难题，因为它们都基于一个机械的过程。如今，我们已经失去学习的能力。学习是机械的吗？抑或只有当心灵不机械的时候才能够学习？——那意味着心灵没有陷在习惯里。当我有了一个教条或者信仰，当我把自己奉献给了某个人——某个圣人或者某本书——我就没有能力学习任何新东西；我只是在我的信仰、我对那幅图画的认同、我的社会工作、这个或那个的范围内，对新东西加以诠释；而当我确实做出某种改变时，那种改变也只是一种反应，因而根本不是学习。

如果你仅仅利用心智进行机械的累加过程，继续原有的习惯或者改成另一系列的习惯，那么你就无法学习。你有没有注意到，随着你年纪渐长，你就在各种习惯中安顿了下来？当你习惯了吃某种特定的食物，要尝试某种陌生的食物是多么困难啊！下次你坐在桌边的时候，务必看看你自己的行为举止。你的心智已经在各种习惯和行为方式中把自己固化了下来。你已经建立了某种生存模式和生活方式，要打破它们非常困难，那种打破也只不过是一种反应，而学习不是反应。机械的过程是一种反应过程，而学习从来都不是反应。

敏感这项品质不是机械的。只有敏感的心能够学习，而不是在习惯中运转的心，当心灵被传统所困，它就会在习惯中运转。

当你学习某种你不知道的东西时，你的心处于怎样的状态？当它说"我不知道，我要去搞清楚"，它就是在等着要知道，它就不是空白的，也不是谦卑的；它处在一种期待状态中，等着去积累。但是，当它说"我不知道"，并且没有处于一种期待状态，那么它就能够学习，因为此时它极其活跃，不是活跃地收集信息，而是它本身很活跃；它扫除了已知的一切——所有的信仰、所有的观念、所有的教条、所有的固着点。

所以，当心灵拒绝面对事实，拒绝看到事实中的真理或者谬误，因为它对事实抱有某些观点，这时就会存在冲突；这种冲突产生于观念、希望、传统、结论和事实之间的不同。

我们知道存在着死亡这件事情——物质有机体油尽灯枯，就像所有用光耗尽的东西一样。我想了解死亡是什么——不是关于死亡的结论或者观念，也不是有没有转世或者死后生命能不能延续。我见到过运送中的尸体，我见过人们哭泣、焦虑、痛苦，他们感觉到孤独、沮丧、空虚，我必定已经知道了死亡。积累关于死亡的信息——比如复活、转世、来生——是一个机械的、累加的过程，能给一个已然机械的心智带来慰藉。但那不是对死亡的了解。死亡，物质身体的终结确实存在，但也许还有另一种结束；我想了解这点。我不说我必须永恒、生命必须延续，也不说我身上有某种永续的东西。我对别人或者书本上说过什么不感兴趣。我必须抛开所有的信息和机械的知识积累过程。如果我心里留有任何机械的也就是积累的力量，我就无法学习；所以，我必须不容分辩地对那一切都死去。因为我感兴趣的是了解死亡，那么我能对已然变得机械的一切都死去吗？——对我的性事，我的野心、地位、权力、威望死去，它们都是机械的。我能不由分说地对这一切都死去吗？当心灵对积累和认同的机械过程死去，对它已知的一切都死去，那么它就处在了一种学习状态中。学习的兴趣排除了、摧毁了机械的生活过程。如果心智想要摧毁机械的过程，它就无法摧毁，因为那个想去摧毁的主体依然是机械的，因为它想到达别的地方。但是，当了解死亡的兴趣摧毁了机械的过程，心灵就处在了一种不知的状态、一种空无的状态中，因为它对记忆、侮辱、希望、恐惧、绝望、快乐等所有的机械过程都死去了；因而心灵本身处于一种未知的状态中。这种未知就是死亡。当心灵本身处于未知的状态中，它以未知觉察自己，不再有任何追寻——只有机械运转的心智才苦苦追寻，而追寻本质上是从知识到知识的过程。因为心灵不再追寻——永远不再追寻，那是一种非凡的状态——它永远不会再陷入冲突，并且惊人地活跃和敏感。

未知无法描述，所有的描述都是让你累积更多知识的过程，进而让你更加机械。当你对自己说"我不知道"时——不是出于痛苦，不是出于绝望，而是怀着那份爱的感觉——你就必然会来到那种状态。爱说"我不知道"，始终如此。爱从不说"我知道"。说"我不知道"的正是那种谦逊的品质，而谦逊就是绝对的纯真。

（孟买第九次演说，1961 年 3 月 10 日）

崭新的心灵状态并不在知识的领域中

这是本系列的最后一次讲话。我们上几个星期探讨了当今世界的状况需要一个崭新的截然不同的心灵，它没有指向性，并非只在某些特定的方向上运转，而是从整体上运转。这样一颗崭新的心灵就是真正的"宗教心灵"。宗教心灵完全不同于科学心灵。科学心灵具有指向性，它从活塞发动机突破到喷气式发动机，沿着特定的方向突破各种物理障碍。但是宗教心灵的爆发不具任何指向性，它没有方向。崭新的心灵具有的爆炸性不是一个修炼的问题，也不是一件要去得到、实现和获取的东西；如果你在争取、获得、实现，把它当作一个目标，那么它就会变得有方向，进而变成科学心灵。当我们理解了我们思维的整个结构，当我们对了解自己和自我认识非常熟悉，宗教心灵就会出现。你必须了解自己所有的思想、行为、嫉妒、野心、冲动、渴望、恐惧、悲伤和抱负，信仰和教条的阻碍性质，还有心智凭借经验或者信息得出的无数结论。这样的自我了解是绝对必要的，因为只有这样的心灵才能让自己凋谢，让崭新者形成，因为它懂得了自己。

有逻辑、理性、清晰的文字思考并不够；那是必要的，但哪里也到不了。一个野心勃勃的人可以演讲，就像一个通常野心勃勃的政客也可以谈论毫无野心、谈论野心的危险一样——那是文字上的逻辑，那毫无意义。然而，如果我们能够了解自己，如果我们能够探询自身，我们就不应只是进行文字解释，而且要彻底抛开所有解释，因为解释并非真实的事物。我知道有几个人听我讲话听了好多年；他们是解释方面的专家；

他们所做的解释在文字上、逻辑性上、清晰度上要远远优于讲话者。但是，看看他们的内心和他们的头脑——他们备受折磨、困惑不堪、野心勃勃，追求一个又一个目标，所作所为始终像猴子一样。这样的一颗心永远无法懂得那崭新的心灵。

我认为，形成这个崭新的心灵非常重要，而它无法经由愿望、经由任何形式的欲求或牺牲到来。它需要的是一颗非常富饶的心，不是装满了观念和知识的心——而是像非常肥沃的土壤一样，种子在其中无须培育和精心照料就可以生长，因为如果你把一颗种子种在沙地里，它就无法生长，它会枯萎，会死去。但是，一颗非常敏感的心是富饶的，是空无的——空无，不是一无所有的意思，而是除了种子需要的营养之外不含任何其他东西。如果你没有深入探究自己，深入地探询、探索、看和观察，你就无法拥有一颗敏感的心。如果心灵没有清除自身所有的言辞和结论，这样的一颗心怎么可能敏感呢？被经验、知识、语言所负累的心灵——这样的一颗心怎么可能敏感呢？这不是一个如何消除知识的问题——那不过是一个方向——而是你必须看到心灵敏感的必要性。敏感意味着对一切都敏感，而不只是在某个特定的方向上——对美敏感，对丑敏感，对别人说的话敏感，对别人和自己说话的方式敏感，对所有的回应都敏感，无论是有意识的还是无意识的。当身体臃肿、饮食过度，当心灵是吸烟、性、饮酒等习惯的奴隶，是心灵作为思想培养出的习惯的奴隶——显然这样的心不是一颗敏感的心。你有没有看到拥有一颗敏感的心是多么重要，而不是如何得到一颗敏感的心。如果你看到了拥有一颗敏感的心的必要性、重要性和紧迫性，那么其他的一切都会到来，都会调整自己。一颗受约束的、遵从的心，从来都不是一颗敏感的心。显然，追随他人的心不是一颗敏感的心。只有极其柔韧、没有束缚在任何东西上的心才是敏感的。

而一颗富饶的心——并不是盛产各种新观念的心——不会享受或者

耽于解释，好像语言本身就是现实一样。词语从来不是事情本身。"门"这个词并不是门本身；这两者是截然不同的东西。但是，我们大部分人都满足于言辞，我们以为凭借语言我们懂得了宇宙和我们自身的整个结构。从语义学上，我们可以用语言从逻辑上非常清晰地推理，但那不是一颗富饶的心。一颗富饶的心就像受孕前的子宫一样空无；它因为空无而富饶、丰足——那实际上意味着它涤清了自己身上一切不必要的东西，好让崭新的心灵得以诞生。而只有当你看到拥有这样一颗心的紧迫性——一颗富饶的心，没有任何信仰，没有任何教条，没有任何挫折，因而没有希望和绝望，没有实际上是自怜的悲伤气息——崭新的心灵才能诞生。崭新的心灵需要这样的一颗心，而那就是进入自我了解的领域非常重要的原因。

我们知道有几个人听这些讲话听了三十年或者四十年，却依然没有从内在超越他们的局限；他们的外在表现得无比活跃。这些人都是骗子，进行着剥削，因而是非常具有破坏性的人类，无论他们是政客、社会工作者还是精神领袖，他们没有真正从内在深入地洞察自己的存在，毕竟那就是生活的全部。你和我就是生活的全部，就是整个生活——生活：包括物质生命、有机生命、自动的神经反应、感官感受，还有野心勃勃地追求自己目标的生活，知道嫉妒因而与自己无休止征战的生活，比较和竞争的生活，知道悲伤和快乐的生活，充满了动机、渴望、欲求、成就和挫折的生活，想最终达到永恒、长久和永远的生活，知道每一刻都转瞬即逝的生活，知道任何事物中都没有永恒或者实质的生活——这一切就是你和我的全部；这就是生活。如果没有真正了解这一切，仅仅对此做出一番解释毫无价值；然而我们太容易满足于解释、满足于说辞了——这表明我们是多么浅薄，我们的生活是何其肤浅，满足于机巧的言辞，满足于非常聪明地拼凑起来的词语。毕竟，《奥义书》《薄伽梵歌》《圣经》《古兰经》不过是一堆词句，不停地重复、引用、解释同样的东西依然是词语的延续；而我们显然对这些感到无比满足——这说明我们是何等空虚、何等浅薄、何等容易满足于不过是灰烬的说辞。所以了解自己是极其重要的。"了解"这个词与"解释"这个词毫无关系。描述不是了解，文字上的东西并不是了解。若要了解什么，就需要一颗能够毫不扭曲地观察自己的心。如果我没有对那些花儿给予关注，我就无法了解它们、无法看着它们。关注中没有谴责，没有辩解，没有解释或者结论。你明白吗？你观察，而当内心有一种了解、看、观察、感知和洞察的紧迫感时，这样的一种观察状态就会出现；然后心就会剥除自己身上的一切去观察。对我们大部分人来说，观察非常困难，因为我们从来没有观察过任何东西，无论是妻子、孩子，还是街道上的污秽或者微笑的孩子们；我们也从未观察过自己——我们如何坐立，如何走路，如何喋喋不休地讲话，如何争吵。我们从未在行动中觉察自己。我们自动地运转，而这就是我们想要有所行动的原因。在建立了某个习惯之后，我们说："我怎么才能不带着那个习惯去观察自己呢？"因此我们有了一个冲突，而为了战胜这个冲突，我们建立了另一些形式的纪律，而那只不过是习惯的进一步延续。

所以，习惯、纪律以及某个特定想法的延续——这些都妨碍了理解。如果我想了解一个孩子，我就必须在这个孩子玩耍、哭泣和做各种事情的时候看着他，我必须观察他。我必须看着他，但是只要有偏见，我就停止了观察。一个人自己发现那些妨碍这种观察的偏见、歧视、经验和知识，就是自我了解的开始。如果没有自我了解这种探询，你就无法观察。如果不剥除"我"的各种偏见和无数制约的有色眼镜，我能观察吗？那些政客是如此野心勃勃、如此狭隘，只关心他们自己的进步、他们自己的国家，他们怎么能看这个宇宙、这个世界呢？同样，我们也关心我们自己的公职、妻子、地位、成就、野心、嫉妒和结论，心里想着这一切，我们说："我们必须看，我们必须观察，我们必须了解。"我们无法了解。只有当心灵剥除了那一切——必须毫不留情地剥除——了解才能到来。因为，这些会带来悲伤，它们是悲伤的种子和根源，而扎根于悲伤的心灵永远无法拥有慈悲。

我不知道你是不是曾经对某一个问题进行过深入的探究和审视——比如"羡慕"。我们的社会以羡慕为基础，我们的宗教也以羡慕为基础。羡慕在社会中表现为"成为什么"，要在社会中爬上成功的阶梯。羡慕包括竞争，而"竞争"这个词用来掩盖羡慕；我们的社会就基于此。而我们的思维结构也以羡慕连同它的比较和想成为什么的竞争为基础。就拿这一件事情——羡慕——为例，了解它，彻底参透它。死死咬住这个问题，并让心灵摆脱羡慕。而这需要能量，不是吗？审视羡慕，观察它在我们之外和我们内心的运作，观察羡慕的表达方式，对羡慕的满足，羡慕带来的挫败感，羡慕包括了野心、嫉妒和仇恨，抓住这个问题并穿透它，不仅仅从语义学上、文字上、逻辑上精确地思考，而且从实际上让心灵剥除一切羡慕，于是它不再从竞争、实现和得到的角度思考问题；我确定你们没有这么做——不只是那些第一次来这里的人，还包括那些听我讲了三十年的人。他们没有做到这点；他们在周围兜圈子，解释、玩耍。但是，若要日复一日、分分秒秒都毫不留情地观察自己，穿透这件叫作羡慕的骇人事物——就需要能量。但这种能量并非坚定地投身于不羡慕，你明白吗？当你关心对羡慕的了解，就不存在你需要投身其中的不羡慕这种二元性，就像暴力和非暴力一样。想要变得不暴力的愿望是一种有方向的投入，那个方向的投入给了你能量。当你投身于某些形式的活动中——拯救西藏的儿童，拯救印度民族或者别的什么——那会带给你非凡的活力，这点你难道不知道吗？为这个不幸的国家而战的人们，身陷囹圄的人们——他们做这些事有着惊人的能量，因为他们献身于某些事情。这种献身是通过某件事情来实现忘我；这是一种替代，自我与那件事情相认同，因而产生了能量。但是，若要不带方向地探究羡慕这个问题，就需要一种截然不同的能量，因为你没有投身于不羡慕，你没有投身于某种你没有羡慕的状态。在探索羡慕的过程中，你需要一种惊人的、强大的、生机勃勃的能量，它与任何形式的投入都毫无关系。请务必了解这一点：因为你在毫不留情地探索自己——从不放过任何一个包含羡慕这项特质的想法——那种没有指向性的能量就会到来，但它并非来自投入。只有当你开始了解自己，当心灵剥除了自身所有意味着冲突的矛盾过程，那种能量才会到来。

冲突中的心灵没有能量。与其心怀冲突，倒不如活在一种没有冲突的状态中，无论是什么冲突——野心勃勃、懈怠懒惰、无精打采或者崇拜偶像。在那里，你是怎样就怎样；你愚蠢，仅此而已。但是，如果愚蠢的心说："我必须变聪明、富于灵性等等诸如此类。"——这样的一颗心就处于冲突中。而冲突中的心永远无法获得了解；它没有能量去了解。请务必看到这一点：一颗饱受折磨的心，一颗困在二元冲突中的心，是没有能量去了解的；它在冲突中耗费着自己。但是，心灵如果探询自身，找出内心深处隐藏的所有角落、所有区域，不停地观察、观察、观察——其中就没有冲突，因为它从事实走向事实；就是这样，而这会产生一种没有动机的惊人能量。请务必试验这一点，先生们，请看到这点。就像我说的那样，抓住诸如羡慕或者野心之类的无论哪一件事情，一究到底。不是剥除心中的羡慕——这点你做不到——那样的话就会变成冲突、二元对立，而你的冲突会吸走能量；就像一个暴力的人试图变得不暴力一样。这个国家里所有的圣徒、圣雄和伟人整天都在和自己做斗争，这种斗争产生了一种能量，但那并不是净化的能量。然而，若要拥有净化的能量，你就必须探究某一件事情，观察它、了解它，看看你能不能把它搞清楚。

心灵浩瀚无比，它并非只是宇宙中的一个小点——它就是整个宇宙，若要探索整个宇宙，心灵就需要一种惊人的能量。那种能量要比所有火箭的能量都强大，因为它是自我永续的，因为它没有一个据以行动的中心。而你无法遇到这种能量，除非你能够真正地探询心智外在和内在的运动——从内在划分出的潜意识是家庭、姓氏、动机、渴望、冲动等所有种族遗传的仓库；而那种探询不是一个分析的过程。你无法探询某种模糊的、未知的、不可预见的事情；你可以把它理论化，你可以对它进行猜测，你可以阅读有关的书籍，但那不是对潜意识的了解。或者你也可以按照荣格、弗洛伊德的理论，或者在最前沿的分析师或心理学家的帮助下来看这个问题；或者你可以回头求助诸如《薄伽梵歌》或《奥义书》之类的古老典籍——那并不能带给你对潜意识的了解——而你其实就是它的一部分。

什么能带来对潜意识的了解呢？我们并不是在试图了解潜意识。我们对有意识的心智以及它每天的行为，或多或少有些了解。但潜意识是隐藏的、黑暗的，所有的渴望、冲动、裂痕、本能和强迫症式的恐惧从那里产生——你如何了解这些呢？我们要么晚上做梦，要么白天做梦；梦境是潜意识的线索，是隐藏的那些东西的暗示，以新的形式、符号、形象和情景等等展现出来；单纯解释这些景象、符号和画面并不是解决之道。

我不知道你有没有明白这些话。直到心灵不仅了解了表层的心智，而且也懂得了潜意识，自我了解才能出现。你明白我说的这个问题吗，先生？心灵不仅包括有意识的部分，也包括隐藏的潜意识。有意识的心智近来获得了教育，可以成为一名工程师、物理学家、生物学家，一名教授或者律师；环境的需要不停对它施加影响，它获得了某些层面上的能力。但是，在潜意识的深处，有座存储着人类的经验、文化和历史的仓库；整个人类的故事就在那里。所以，你就是人类的故事，那么你如何探究这个问题呢？有意识的心智能探究它吗？显然不能。有意识的心智无法进入它没有觉察到的东西。有意识的心智在表层运作；它也许能通过梦境接收来自底层、来自潜意识和隐藏部分的暗示和线索，但是，那个有意识的、开放的、表层的心智无法进入潜意识的深处。然而，心灵又必须了解它自身这个整体。你理解这个问题吗？

　　首先要理解这个问题——而不是答案是什么。如果你向自己提出某个问题，那个问题之所以被提出，是因为你已经知道了答案。否则你就不会提出那个问题。请务必看到这点的重要性。一个工程师或者一名科学家提出某个问题，是因为他有问题，而那个问题是他的知识的产物，那个问题只存在于对那些知识的探索中，而因为那些知识，所以他有答案。例如，因为有关于喷气式发动机的所有那些科学知识，问题就出现了：如何跨越从地球到月球的距离？如果我们没有这些知识，我们就不会有这个问题。这个问题之所以产生是因为有知识，而因为有知识，答案也已经有了。探索那些知识，如何把它们搞清楚——那就是问题。

　　所以我是在换个方式向你提出同样的问题。心灵既包括有意识的部分也包括潜意识。我们都知道有意识的部分。潜意识有着深深隐藏的部分，包含着隐藏的愿望、隐藏的欲求、隐藏的渴望。表层的心智如何才能进入那个部分，揭开它并把它全部清除，进而变得清新、纯真、新鲜、年轻而又崭新如初？这就是崭新的心灵具有的品质。提出了这个问题之后，你就已经知道了答案；否则你就不会提出那个问题。

　　我可以每次拿出一种经验来分析潜意识，非常仔细地进行分析，但是这种分析并不能解决问题，因为潜意识是一座巨大的宝库，一个个地分析经验将会花掉一生的时间，而且也需要一颗非凡的头脑来进行分析，因为如果我没能做出正确的分析，问题就会变得越来越复杂。可是，涤清潜意识已经迫在眉睫——这是否可能，现在已经不再重要。潜意识是人类的故事，是历史故事、文化故事、积累的故事、继承的故事，是一直在调整的故事，不停地依据互相矛盾的渴望、要求和目标调整着自己；它就是"尔"的故事。你也许只在非常肤浅的表层上了解自己，你也许会说"我是个律师"或者"我是个法官",这都是浅层的认识。然而,需要涤清的是整个心灵、整个故事、整个存在。你会怎么做呢?如果这是你面对的一个问题,你说"我必须把它搞清楚",那么你就会找到巨大的能量去探索和发现。

你是怎么看任何事情的呢?你是怎么观察任何事情的?你怎么观察我?你坐在那里看着我,你是怎么看我的呢?你是如实看到我的吗?抑或你是从语言上、理论上、传统上把我当作一个有着弥赛亚以及诸如此类名声的存在体来看待的呢?你自己搞清楚你是如何观察坐在这里的讲话者的。显然,你是带着各种各样的眼光和观点,各种各样的希望、恐惧和经验来看的——那一切都挡在了你和讲话者之间,所以你并没有在观察讲话者。也就是说,讲话者说了一件事情,你把听到的根据你对《薄伽梵歌》《奥义书》的认识,或者你无尽的希望和恐惧进行了诠释;所以,你并没有听。你明白这点吗?所以,心灵能不能剥除自己的各种结论,以及它所听到的、所知道的、所经历的一切,不做任何诠释地直接观察和聆听讲话者?

现在,当你倾听的时候,实际上有什么事情直接发生在你身上吗?如果此刻你在倾听、你在观察,并让心灵清除了所有愚蠢的结论和诸如此类的一切,那么你就是在直接地倾听、直接地看到讲话者。所以你的心能够否定地观察——否定的意思是心中没有结论、没有对立面、没有方向性;它观察,在那份观察中,它不仅能看到近处有什么,也能看到非常遥远的地方。你明白吗?你们之中有些人开过车,对不对?如果你是个非常好的司机,你能看到三百码或四百码开外的距离,在那一看中,你不仅看到了近旁有什么——货车、乘客、行人、驶过的汽车——你还看到了远处有什么,什么正在靠近。但是,如果你的眼睛只紧盯着近处的前挡泥板,你就会不知所措——那是新手才会干的事儿。心既看远处也看近处;它比你开车时眼睛看到的东西要多得多。

如果心里存有结论、偏见、动机、恐惧和野心，它就无法观察，无法既看到近处又看到远处。而观察状态中的心灵是一颗否定的心灵，因为它没有肯定，也没有对肯定的反应。它只是观察，只是处于一种观察的状态而没有回忆和联想，也不说"这是我见过的，这是我没见过的"；它处于完全的否定状态中，因而观察中有全然的关注。所以，当你观察时，你的心处于一种否定状态中。它分明地觉知远处和近处的事物——而不是理想，观察中没有理想；当你怀揣理想，你就停止了观察，于是你就只是在让现实去接近那个想法，因而就会产生二元对立、冲突和诸如此类的一切。在那种否定状态中，没有作为肯定对立面的反应，在那种觉察状态中、在那种观察状态中没有联想，你只是观察。在那种观察状态中，没有观察者和被观察者。理解这一点很重要——理解的意思是体验它，而不是从语言上看到它的理性和逻辑——因为没有观察者和被观察者的那种观察体验，真的是一种惊人的状态，那种状态中没有二元性。

　　先生，你能那样观察吗？你不能，因为你从来没有深入探索自己，从来没有和自己的心尽情嬉戏，心智在思考、观察、希望、寻找和看的过程中从未觉察自己；如果你没有这么做过，显然你就无法到达那个状态。不要问如何去做，不要询问答案。这需要艰苦的、理性的、不懈的工作，而我们很少有人愿意这么做，以造就一个处于否定状态的心灵，一颗从意识和潜意识层面彻底清除了那整个故事的心。

　　唯一重要的是：心必须处于能够看和观察的状态中。它看不到，因为它怀有各种愚蠢的结论和理论。但是，因为它对观察感兴趣，于是它一举清除了那一切。清除心灵有意识和无意识的整体，并不是一种修炼或牺牲行为。在那种心灵状态中，既没有有意识的部分也没有潜意识。正是潜意识阻碍了你去观察、去看，因为在你看的那一刻，恐惧就来了——你也许会丢了工作或失去很多别的东西——那些东西潜意识知道，而意识不知道；因为害怕，心智说："我不想看，我不会去看。"但是，当内心有一种想去看、想去观察的强烈渴望和兴趣时，人类所有的故事就都不会再干涉进来；所有的故事都被清除了；此时心灵处于一种否定状态，它能直接地看和观察。这样的一颗心没有方向，因而不是政治的心智，不是印度的心智，也不是经济的、科学的、工程学的心智，因为它没有任何方向地爆发了，它向各处突破，而不只是朝着某个特定的方向。所以，那就是宗教心灵。

宗教心灵不会从事政治，宗教心灵不会染指经济问题，宗教心灵不会谈论也不关心离婚还是不离婚、暂时的改革、安抚这个部分还是那个部分，因为它关心的是整体而不是局部。所以，当心智在某些特定的方向上运作，说"我必须平静，我不能生气，我必须观察，我必须友好一些"，那些局部的有方向的活动并不能造就一颗崭新的心灵。

崭新的心灵，其出现和爆发没有任何方向。而这是艰苦的、艰巨的工作，需要持续的观察。你无法从早到晚都观察自己，高度警惕，眼都不眨一下；你做不到。所以你必须玩味它。当你与某种东西嬉戏时，你就可以持续进行很长时间。如果你不知道如何与这份觉知感轻松地嬉戏，你就会茫然无措，冲突就会再度产生：我要如何觉察？方法是什么？体系是什么？当你玩耍时，你就能够学习。所以学习不是一个积累的过程；你一旦积累，就停止了学习。装满了知识的心只能为自己添加更多的知识、更多的信息。而我们探讨的是某种属于截然不同维度的东西，你必须了解它，所以它并不是一个问题；如果它是一个问题，那么它就来自于你的知识，因而它的答案就已经在那些知识中了。但是，崭新的心灵状态并不在知识的领域中，它是某种截然不同的东西。那是一种始终在爆发的创造性状态。你对它一无所知；你不能说它是你的一个问题，因为只有当你知道它的时候，它对你来说才是一个问题，然而你对它一无所知。所以，若要了解某件事情，知识就必须结束。西方世界已经开始认识到这一点，他们开始明白知识根本就不够；他们知道生活中的大部分事情，但是那并没有把他们带到任何地方；他们知道宇宙的知识，宇宙是如何形成的，他们知道各种星体，他们知道地壳的深度、人类关系的深度，他们了解物质有机体，他们添加了无数知识。他们说我们不可以互相仇视，我们必须友好，我们必须兄弟以待，但是那并没有带他们走多远。

所以，崭新的心灵无法伴随权威、伴随大师、伴随古鲁而出现。你必须消除那一切，从完全清白的状态开始。而知识并不是可以用来清除的工具，知识是一种障碍；知识在某个层面上是有用的，但它不适用于崭新的心灵。所以，心灵必须剥掉它自身的恐惧、它深深的悲伤和绝望，了解、观察并觉知自身。如果你曾经看到灵性组织的荒谬——哪怕只看到一个组织的荒谬性，无论那是个小组织还是个诸如教会之类的世界性组织——你一旦看到了这一点，它就结束了；你一旦明白了，就彻底地消除了那整件事情。所以，你再也不会属于任何组织，因此也没有必要追随任何人。

所以，你也许是那少数几个幸福的人之一，可以说"我见到了它"，在那领悟的呼吸之间，你就可以进入那未知的心灵。你可以这么做，从那里再开始进行逻辑上的推理和讨论。但是，你们大部分人都很不幸；你们无法做到这一点，因为你们没有能量。看看你们的生活，先生们！你在办公室里度过四十年到五十年，充斥着例行公事、乏味、焦虑、恐惧和机械性，最后你说你必须探究这个问题。你已经燃烧殆尽，你想转向某种鲜活的东西；你办不到，尽管你也许会遁入喜马拉雅山或者周游全国——因为尔没有一颗新鲜、热切和充满活力的心。这并不意味着官僚主义者和办公室职员没有这颗心，而是说他在摧毁自己。他可以在那里或者任何地方得到那颗心，但是那需要巨大的能量。瑜伽士和圣人们告诉你"你必须独身；你不可以抽烟；你不能结婚；你不能这么做或那么做"，于是你遵照他们的说法。但是这种遵从并不会带来那种能量，它只会制造冲突和不幸。释放那种能量的是直接的洞察，那会造就崭新的心灵。

　　只有毫无方向性地爆发的心灵才是慈悲的——世界需要的正是慈悲，而不是阴谋。而慈悲正是崭新的心灵所具有的本质。因为崭新的心灵是未知的心灵，它无法被已知衡量；而进入这种心灵的人知道处于至福状态、处于极乐状态是怎么一回事。

（孟买第十次演说，1961 年 3 月 12 日）

PART 03

英国伦敦，1961 年

不要成为语言的奴隶

我想我们从一开始就应该非常清楚这场聚会的意图是什么。我认为，它无论如何都不应降格为一场单纯的语言和观念的交换，或者仅仅是我自己观点的展现。我们不是在和观念打交道，因为观念只不过是一个人自身所受制约和局限的表达。就某些观点进行辩论，争论谁是谁非，显然毫无价值，不如让我们一起来探索我们的问题。我们不是作为看客在观看进行的一场游戏，而是我们参与进来，我们每个人都参与讨论中，看看我们能不能非常深入地穿透我们的问题——不仅仅是个人的问题，还包括集体的问题。我认为我们有可能超越心智的咕哝抱怨和喋喋不休，超越所有世俗的要求和影响，亲自去发现什么是真实的。而在发现什么是真实的过程中，我们将能够面对我们每个人都会遇到的各种问题并与之共处。

所以，我们也许可以智慧地、悠闲地、仔细地探讨，以把握我们生活和存在的全部意义——生命究竟是怎么一回事。我认为，我们只有对自己非常诚实——而这相当困难——这种探讨才能成为可能。在探讨的过程中，我们应该充分暴露自己，而不是别人，这样凭借我们自己的智慧、我们自己精确的思考，我们就能穿透并进入某种真正有价值的东西。

我想我们大部分人都知道，不仅从报纸上也从我们自己直接的经验中，知道世界上正发生着巨大的变化。我想说的不是从一件事物到另一件事物这样的变化，而是变化本身的迅捷，这种变化不仅体现在个人的生活中，而且也体现在集体、国家和全世界各类人群的生活中。

一方面，机器正在完成各种惊人的工作。在很多领域，电脑、计算机远比我们人类能更快、更准确地做事情。同时他们也在研究如何让机器操纵另一些机器，而完全无须人类的干预。所以人类正被逐渐剔除出去。这些机器的运转与人类的心智、人类的大脑有着相同的原则。也许不久后它们也会作曲、写诗、绘画——就像有些猴子已经学会了画画等等一样。剧变的洪流汹涌而至，世界对我们来说再也不会是从前的样子。我想我们都意识到了这一点。但是，我完全不确定我们觉察到了我们个人与这整个过程的关系，因为我们认为知识是一种无比重要的东西；我们崇拜知识——但机器能获取广泛得多的知识。这是问题的一个方面。

另外，世界上还存在着各种形式的共产主义、法西斯主义以及诸如此类的一切。你发现亚洲有着巨大的、压倒性的、正在恶化的贫穷，而人类正寻找一个体制来解决这个问题。但是这个问题仍悬而未决，因为我们有着狭隘的、民族主义的视角，因为每个国家、每种体制都想居于主导地位。

所以，在我看来，若要从一个截然不同的视角来应对所有这些问题，就需要一场彻底的革命——不是共产主义、社会主义、美国的或者中国的革命，而是一场内在的革命，一颗全新的心灵。我认为这才是问题所在——而不是原子弹、登月或者谁坐着火箭围绕地球转了几圈；猴子做到了，会有越来越多的人也能做到这一点。无疑，若要整体地面对生活以及其中的各种意外和事件，你就必须拥有一颗截然不同的心灵——不是所谓的宗教心灵，那是有组织的信仰的产物，无论是东方的还是西方的信仰；这样的一颗心只会无止境地延续分裂，并制造越来越多的迷信和恐惧。所有这些荒唐的分裂和局限——属于这个或那个群体，加入这个或那个社团，追随某个特定形式的信仰或者行为模式——这些事情不会解决我们迫在眉睫的问题。

我认为，只有深入某种并非只是经验产物的东西，我们才有可能应对这些问题，因为经验始终是局限的、扭曲的，始终处在时间的枷锁之下。我们必须亲自去发现有没有可能超越心灵的边界、超越时间的障碍，发现死亡的巨大意义——那实际上意味着揭开活着是怎么一回事，不是吗？为此，一颗崭新的心灵无疑是绝对必要的——不是一个英国人、印度人、俄国人或者美国人的心智，而是能够捕捉整体的意义，能够突破国家主义、各种制约和价值观，并超越奴役自身的语言的心灵。

在我看来，那才是真正的问题，真正的挑战。我想智慧地、精确地和你探讨这个问题，不带任何情绪，不做任何隐喻，以发现有什么办法可以造就一颗崭新的心灵，还是根本就无路可循。有没有一条道路、一个方法、一个戒律体系将带领我们通往它；或者，如果心灵想变得新鲜、年轻、纯真，是不是所有的方法、戒律、体系和观念都必须被彻底抛弃、彻底清除？

你知道，在印度——这个古老的国家有着如此之多的传统，不幸的是，那里还有着如此之多的人口——他们有几个所谓的导师定下了什么是正确的、什么是错误的，你应该采用什么方法，如何冥想，应该想些什么、不想什么；所以他们受到了局限，被囚禁在他们各式各样的思维模式中。在这里，在西方世界也是一样，同样的过程也在上演。我们不想改变。我们都或多或少地在我们所做的一切中不停地寻找保障——家庭中、关系中、观念中的保障。我们希望确定，这种想要确定的愿望不可避免地会滋生恐惧，而恐惧会带来愧疚和焦虑。如果我们审视自身，我们就会发现我们是多么害怕几乎所有的事情，负罪感的阴影总是无处不在。你知道，在印度，穿上干净的腰布会让人觉得有负罪感；吃顿饱饭也会让人觉得有负罪感，因为那里到处都是贫穷、污秽、肮脏和不幸。这里的情况没有那么严重，因为你们有国家福利、有工作、有很多保障，但是你会有另外一些形式的愧疚和焦虑。这一切我们都知道，但不幸的是我们不知道如何让我们自己摆脱所有这些丑陋的限制因素；我们不知道如何彻底丢掉它们，才能让我们的心灵恢复清新、纯真和年轻。无疑，只有崭新如初的心灵才能感知、观察和发现是否存在真相、上帝和超越所有这些言语、说辞和制约的东西。

所以，考虑到这一切，我们该怎么办呢？如果需要做点儿事情，那需要做什么呢？又从哪个方向上去做呢？我不知道我说的话对你来说究竟是不是有意义。对我来说这非常严肃——不是一种拉长了脸的表情和语气——而是那种强烈、热切和紧迫的感觉。如果你也感受到了一颗崭新的心灵的必要性，那就让我们来探讨需要从哪里开始、需要做什么。

评论：心似乎在不停地兜圈子，但是好像从来没有超越它自身的局限。

克：我们可以稍稍探讨一下这点吗？——因为我们不是只想把问题和答案凑在一起而已。首先，在我们说心总是不停兜圈子之前，我们必须弄清心灵的全部内容是什么，我们所说的心灵实际上意味着什么，不是吗？那么，我们如何回答这样一个问题？当这个问题被提了出来，那个预设的回应过程是如何进行的呢？请观察你自己的内心，不要等我来回答。我提出了一个问题：心是什么？你如何回答？又是什么在回答呢？你是如何观察事物的？你是如何观察一棵树的呢？你是一眼瞟过它的外表，还是你会观察树干、树枝、树叶、花朵和果实——也就是树的整体呢？我希望我没有把事情弄得太抽象，但是我认为你必须探究这一切。当我们提出这个问题："心是什么？"你是如何应对这个挑战的？你是从哪个中心、从什么背景进行观察的呢？而若要彻底地、全新地、完整地观察什么，你要做什么呢？

评论：你必须带着理解而不是用心智去看。

克：可你说的"理解"是什么意思呢？拜托，先生，我不是在吹毛求疵，而是我建议我们不要引入别的词语来代替。让我们一起来做些探讨。我们说的观察、看到、感知是什么意思？当我说我非常清楚地看到了某件事物，那是什么意思呢？那意味着我们不仅仅从物理上用双眼看到了那样东西，而且我们也超越了语言，不是吗？我看到国家主义是一种愚蠢的感情主义的表现形式，没有任何理性、没有任何意义。我看到了这一点，拜托，不是你。首先，我直接看到了它的谬误，然后我做出解释：它如何分裂人类，它有害的本质，把自己称为印度人、英国人、德国人或者无论什么人有多么大的破坏性。这点我不需要别人来告诉我，我也不必就它进行推理，不必通过演绎或者归纳得出某个结论。我只不过一眼看清了它的全部：那是直接的洞察——就像我看到属于任何有组织的宗教是最腐败、最具破坏性的存在方式一样。

那么，这种看到的能力是什么呢？我看到心的整体了吗？不是心的片段，智力部分、情感部分、保存和使用知识的部分、野心勃勃的部分、因为不想野心勃勃而自相矛盾的部分等等。我看到这件事物的整体了吗？还是我在等着别人来告诉我？

我想，如果我们能够，如果我们每个人都能够弄清楚我们说的"看到"是什么意思，那将会是非常有趣、非常有利可图的——如果我可以使用这个商业词语的话。你知道，我饿了的时候并不需要别人来告诉我，我知道自己饿了。任何解释都无法带给我饥饿的体验。那么，你和我能不能直接体验到心是一个整体呢？当你确实体验到某种东西是一个整体、是一件完整的事物，那么还会有一个去体验它的中心吗？

你想体验心的整体，不是吗？你想体验生活那种整体的感受，不执着于什么的完整感。但是你如何才能知道心的整体是什么呢？经验总是依据已知而来的，不是吗？如果你从未体验过心的整体，你怎么能知道它呢？你发现问题所在了吗？请不要只是同意，因为这里面涉及太多东西了。

你知道，当你坐飞机旅行的时候，地球在你下方三万到四万英尺的地方；当你经过巴基斯坦、伊朗、中东、克里特岛、意大利、法国、英国、美国等等地方的时候，你知道它们都被人为的界线划分得四分五裂，但还是有一种大地的整体感、整个地球的一体感，那非常美丽。

那么，若要感受那种整体的品质——你能依照你已知的一切来体验它吗？抑或那是一种无法通过识别来体验的东西？

也许我就这个问题深入得太快了，所以我们再来问问自己：心是什么？让我们深入探究它、揭开它。

心智是识别并把知识作为记忆储存起来的能力；它是数个世纪以来人类的努力、经验和冲突的产物，是个人现在的经验与过去和未来相联系的结果；它是设计、沟通、感受、理性或不理性思考的能力。既有感觉温和、安宁、寂静的心，也有残暴、无情、优越、傲慢、虚荣的心，处于自相矛盾的状态中，被往各个不同的方向撕扯着。是心智在说："我是英国人""美国人"或者"印度人"。既有潜意识的心智，内心深处集体的、继承来的部分；也有依照某种技术、某种行为规范和知识接受过有关教育的浅层心智。是心在追求、寻找、想要永恒和安全；心靠希望为生，却只知道挫折、失败和绝望；心能够记忆和回想；心可以非常敏锐、非常精确；心知道爱和希望被爱是什么。

无疑，这一切都是那个整体，不是吗？这就是你和我拥有的心灵——动物也有，只是少很多。还有说必须超越这一切、必须触及别处的心，说必须经历某种整体、某种永恒的、无限的事物的心。

所以，这一切都是心灵。当我们嫉妒、生气、憎恨的时候，我们知道它的片段，或者我们能在自相矛盾中或者从梦境中、从来自过去的线索和暗示中觉察到它。这一切都是心灵。是心在说："我是灵魂，我是真我、是高我、是低我，是这个、那个和别的什么。"是心困在时间的局限内，因为那一切都属于时间。心是词语的奴隶，就像英国人是"女王""基督"这些词的奴隶一样；印度人是他那一套词语的奴隶，其他人亦如此。

那么，意识到了这一切，你要如何往下进行呢？心到底是什么呢？

让我们换个方式来看。你们看，先生们，必须发生某种改变，而设计好的改变根本就不是改变。凭借练习、戒律、控制和无情的掌控来实现某个结果的改变——那一切只不过是同一种东西改头换面之后的继续。而渐进式的、进化式的改变——那些也过去了；我们完全抛弃了它们。唯一的改变是根本的、即刻的改变。心要如何实现这种改变，于是它能够消除它所有的局限、残忍、愚蠢、恐惧、愧疚和焦虑，并变得崭新如初？我说这是可能的，不是通过分析的过程，也不是借助研究、检验以及诸如此类的一切。我说有可能把那些即刻一举清除。不要把这句话诠释成上帝的恩典；不要说："对我来说是不可能的，但也许对别人来说是可能的。"——那样的话我们就没有面对这个问题，我们在逃避。这就是我为什么一开始就说我们需要非常清晰、非常精确的思考和毫不留情的探询。

评论：这种即刻的清除——其中无疑不会有任何思想存在。

克：但是如何才能做到这点，需要的行动是什么呢？先生，你明白我的意思吗？你非常清楚世界上正在发生着什么——可能比我知道得更清楚，因为我不读报纸，我不研究那些，但是我四处旅行，能见到各种人，大人物和无足轻重的人，我也倾听。你知道，人的内心必须有一场巨大的革命，才能应对这个混乱、肮脏的世界提出的挑战。我说这是可能的，如果可以，我也愿意在不妨碍你探讨的前提下，继续就这些问题进行探询。带来根本的改变——无论你年轻还是年长，那难道不是你的问题吗？那么，我们如何解决这个问题呢？

评论：那似乎是我们正试图了解的事情，但我们做不到。

克：当我们试图理解什么，当我们试图把握什么，我们必定已经把这件事情按照旧有的东西进行了诠释。先生，你难道不清楚这就是你的问题吗？如果我把问题强加给你，那么你我之间就会有一种矛盾状态。我没有强加给你，我只是在陈述问题。如果你没有明白这一点，我们就一起来讨论。但是，如果你确实明白了这一点，那么它就是你的问题了，而不是我的问题。然后你和我就有了一种关系；然后我们就在发现答案的过程中彼此有了联系。如果它不是你的问题，那么我会说：为什么不是呢？请看看世界上正在发生着什么：外部化越来越严重；外在的东西变得越来越重要——谁先登上月球；你知道所有那些正变得无比重要而实际上却极其幼稚的事情。所以，如果这是我们所有人的问题，那么我们要如何回答它，我们要如何开始呢？

评论： 我们只能说我们不知道。
克： 当我们说"我不知道"，那是什么意思呢？

评论： 我就是那个意思。
克： 不，请原谅，你不是那个意思。让我来稍稍解释一下，因为"知道"和"不知道"是两种不同的状态。如果有人问你一个你熟悉的问题，你立刻就能回答，不是吗？因为你对它很熟悉，你即刻就能给出回答。如果问你的是一个更为复杂的问题，你就需要花些时间来回答，而问题和回答之间的时滞就是思考的过程，不是吗？那种思考是在记忆里搜寻以找到答案。这显而易见；我说的事情非常简单，并不复杂。那么，如果问你的是另一个还要复杂些的问题，一时间你不知道答案是什么，于是你说"我不知道"；但是你在等待——等待找到答案，无论是从你记忆的仓库里翻寻，还是等着别人来告诉你。所以，当你说"我不知道"，那意味着你在等待，期待着去发现。现在，请等一下。你能不能诚实地说"我不知道"——意思是既没有期待，也没有从记忆中搜寻？所以，当面临"崭新的心灵如何形成"这个问题时,会有两种状态:你要么说"我不知道",意思是你等着我来告诉你,要么你真的不知道,因而没有期待,没有等着经历什么——而那也许就是关键所在。

让我们回过头来稍微再说一下这一点,因为我认为理解感知、看到、观察意味着什么,非常重要。我们怎样才能真正看到某件事情呢?

评论: 在我看来,我们只能借助语言来看。

克: 凭借语言你能了解吗? 当然,我们用语言来交流,这样你就能跟我说话,我也能跟你说话,但那并不是被语言所奴役。我们意识到我们是多么严重地被语言所奴役吗? "英国人""俄国人""上帝""爱"这些词——我们难道不是这些词语的奴隶吗? 既然是词语的奴隶,你怎么能懂得某种整体的、未被词语所局限的东西呢? 作为"爱"这个词的奴隶——这个词被如此严重地滥用了、腐化了,被划分成了性爱和神圣的爱——我能懂得它那完整的本质吗? ——它必定是某种惊人的事物。整个宇宙都包含在这个词的意义和真谛中。

极其不幸的是,你看,我们是词语的奴隶,而我们试图触及某种超越词语的事物。根除语言、粉碎语言并摆脱语言会带来一种非凡的洞察力、生命力和活力。而让你自己摆脱语言需要花费时间吗? 你会不会说"我必须先想一想",或者"我必须练习觉察",或者"我会去读伯特兰·罗素的书"呢? 抑或,你确实看到了心灵作为语言的奴隶,是没有能力去看、去观察、去感受、去看到什么的? ——而正是那种清晰、那个真理本身摧毁了奴役。

评论: 你也许在那么一瞬间看到了,然后心智又回来了。

克: 你是在一瞬间看到国家主义是有害的,然后又退回去了吗? 我们意识到我们是词语的奴隶了吗? 共产主义者是"马克思""斯大林"

等等这些词的奴隶，而所谓的基督教徒是符号、十字架和这整个文字游戏的奴隶。到罗马，到任何地方，到处都是词语。

也许我们同时也是"心灵"这个词的奴隶。我们崇拜心灵，我们的整个教育都是对心灵的培养。无疑，我们试图发现的是某种东西的整体——而不是词语——那种你可以拥抱整个事物却没有语言屏障的感觉。

（伦敦第一次演说，1961 年 5 月 2 日）

经验令思想失去自由

我们上次见面的时候说到了必须发生一场巨大的革命，不仅仅是因为如今骇人的世界状况，而且因为人类的心灵迫切需要获得解放以发现什么才是真实的。在我看来，造就一颗崭新的心灵——一颗不被国籍、组织化的宗教、信仰和任何特定的教条或经验所局限的心——尤为重要。无疑，带来一种创造性的状态已经迫在眉睫——这种状态并非只是发明、绘画、写作等等的能力，而且具有一种更深和更广意义上的创造性。我们想知道如何才能实现这样一场革命，需要怎样的行动。我希望我们能继续沿着这个方向进行探究。

人们曾试图通过加入各种团体、参加各种思想和冥想的学派，来发现该怎么办，不是吗？我们感到不仅需要搞清楚在日常生活中该怎么办，而且我们也想知道有没有一种行动方式——在"行动"这个词更广泛的意义上——具有一种整体的品质，而不只是在某些特定时刻的行动。我想，显然我们大部分人都渴望知道该怎么办，而这也许就是你们来这里，以及你们属于如此之多的团体、宗教组织和社团的原因——想搞清楚该想些什么和该怎么办。

对我来说，那根本就不是问题。"怎么办"这种需要，对某种行为模式、特定的生活方式的需要，对行动真的非常有害。它意味着，为了达到某个特定的目标、某种特定的生存状态，你可以日复一日地遵循某个体系。我们生活在如今这样一个疯狂、混乱、残酷的世界上，试图披荆斩棘找到一种不再制造更多问题的生活方式和行动方式。我认为，若要真正深刻地理解这整件事情，你就必须了解努力、冲突和矛盾。

我们大部分人都生活在一种自相矛盾的状态中，不仅集体层面上如此，个人层面上也一样。我希望我没有给出什么太过绝对的说法，而是我认为这个说法或多或少是准确的，即我们极少意识到我们内心什么时候没有冲突、没有矛盾；我们不知道内心何时处于完全安宁的状态，何时那种安宁本身就是一种行动。我们大部分人都生活在矛盾中，从这种矛盾中就产生了冲突。而我们关心的是如何不仅从外在而且也从内心摆脱这种冲突。如果我们可以从这里开始探讨，也许我们就能够找到一种并非只是反应的行动。对我们大多数人来说行动就是反应。那么，有没有可能不做反应地行动，进而不在我们内心制造矛盾呢？我希望自己表达清楚了。我希望我们能够一起探讨这个问题，并且非常详尽地深入进去。因为对我来说，即使用委婉的说法，任何形式的冲突对了解、洞察和领悟也都是有害的。我们是在冲突和竞争的基础上成长起来的、接受的教育；我们整个贪得无厌的社会就以此为基础。所以，心灵有没有可能让自己摆脱冲突，进而揭开这整个自我矛盾的过程？也许我们能够智慧地探讨这个问题，进而邂逅那颗处于革命状态的心灵，并因此了解不带着经验和知识的限制性影响的行动是什么。

问题：那难道不就是不假思索的行动吗？

克：当然，那会非常混乱，不是吗？也许我们应该先来探讨思考的过程和思考的机制。所以请允许我向你提出这个问题：思考是什么？

评论：我会说思考是对经验的一种神经反应。我们无法对我们不知道的东西做出反应。

克：你知道，有些机器会思考——电脑、计算机。我们的思维是不是按照同样的方式进行的呢？它是不是记忆的反应——记忆是储存起来的个人和集体的经验，其中包含着神经反应？我问你：思考是什么？请务必试验一下。在你回答之前，你难道不应该首先觉察回答的过程和机制吗？在提问和你做出回答的间隙内，思考过程就在进行着，不是吗？问题的提出让思考机制运转起来，然后就有了反应。不是吗？如果我问你你的宗教信仰是什么，或者你的国籍是什么，你就会依据你的教育、你的成长环境、你的信仰或者无信仰来回答，不是吗？那么，你回答所依据的那个背景是什么呢？

评论：记忆。

克：就是这样，不是吗？如果我生在某个地方，在那里接受教育，被我所处的社会和传统所塑造，那么我就会有一座经验和记忆的仓库，我从那个背景对所有的挑战做出回应。这就是机制所在，这就是我们所说的思考。我依据那些继承来的、获取的经验来生活、来行动。所以我的思想总是非常局限，所以思想中没有自由可言。

问题：难道不可能拥有创造性的思维吗——比如，在科学或者数学领域获得新的发现？思想完全是制约的产物吗？

克：我们在什么时候真正发现了什么呢？无论从内在还是从客观上，我们何时洞察到新事物？

评论：我会说当已知的所有办法都被用尽的时候。

克：让我们稍稍探讨一下这个问题。我有个数学问题，我用各种不同的方法来解答它、解决它，直到我黔驴技穷，只好暂时把它搁在一边，然后第二天早上或者后来什么时候答案突然冒了出来。所以，当我的心智已经彻底探究了那个问题，却依然没有找到答案，于是只好放弃，此时就那个问题就有了一种安静状态，随后答案就出现了。

问题： 你是不是说这个过程不是思考？

克： 我们正试图搞清楚，不是吗？其中涉及了很多内容。思想不仅仅存在于心智的某个层面上，整个意识都要被考虑进去。我们在试图发现思想是什么。而我们发现我们的大部分思想都来自记忆、经验、知识以及诸如此类的背景。有一些时刻我们电光石火间看到了某些显然与过去无关的东西，我们看到的也许是虚假的，也许是真实的，那取决于我们如何诠释它、我们的背景以什么为基础。当浅层的心智安静下来，也许就会有某种新发明或新概念之类的发现，但是所有的新发现都具有相同的性质吗？因为我们必须考虑整个心灵，不是吗？——不只是浅层的心智，还有潜意识的心智。

我们大多数时候都在一个非常肤浅的层面上运转，不是吗？我们从事的活动非常肤浅，它们不需要我们的整个存在做出整体的反应。显然我们所有的教育和背景都适合这种表层的反应，我们生活在心智的表层。但是，还有深藏的、未被探索的潜意识，总是在提供暗示、隐喻、梦境等等，而这些又被有意识的心智依据它自身所受的制约进行了诠释。

难道整个意识不都是局限的吗？潜意识无疑是种族记忆的仓库——回想、印象、传统、记忆和人类积累起来的知识。而有意识的、表层的心智在这个现代世界中接受了科技方面的教育。所以潜意识和意识之间显然存在一种矛盾。有意识的心智也许接受的教育是不信上帝、做个无神论者、共产主义者或者无论什么主义者，而潜意识数个世纪以来是在信仰中接受的训练，于是当危机来临时，潜意识会比有意识的心智做出更快的反应。你知道这一切，不是吗？所以意识的整体，不光是浅层的，也包括潜意识，都深受制约，来自潜意识的任何反应都不是解放的因素。请务必好好思考这一点，并和我一起探讨——而不只是同意或不同意。如果一个数学家有一个问题，在探索它、研究它之后，不带思想地解决了它，那么这种解决是一种全新的、并非产生于或来自潜意识的东西吗？

问题：如果它来自潜意识，那实际上就是旧东西了。它并不真正是新的，对吗？

克：在这里你必须非常小心，不能只是猜测，如果我可以这么说的话。你说的话要么来自探究了整个问题之后直接的理解，要么你可能只是在重复别人说过的话或者你读到的东西。如果我们可以暂时甚至是永远抛开别人所说的话——那么我们自己就能够直接发现整个意识有没有可能摆脱制约。如果不可能，那么你所能做的就只有继续旧有的过程，把整个意识弄得好一点儿——更有价值、更善良、更高尚等等诸如此类。这就像住在监狱里再把监狱装饰一下一样。无论大脑是被共产主义、天主教、新教、圣公会还是别的教派清洗过了，都是一回事。究竟有没有可能超越有限的、被制约的意识，心灵究竟能不能获得最深层意义上的自由，这真的是一个值得深思熟虑的至关重要的问题。有些人说心灵是时间和环境的产物，必然始终是那些影响的奴隶，但我们在问究竟有没有可能超越心智、超越时间。

问题：这样的一颗心怎样才能出现呢？

克：我们正在探讨这整个问题，不是吗？心灵要么能够摆脱所有的影响，进而摆脱所有的环境——无论是过去、现在还是未来的环境——要么不能。共产主义者不相信那是可能的，天主教徒或者信仰任何一派宗教的人也不相信。他们谈论自由，但是并不相信它，因为你一旦退出那些宗教，你就会变成异端——他们会驱逐你、焚烧你、清算你，诸如此类。所以，并非产生于意识、局限和制约的领域之中的行动有没有可能发生？明白这个问题吗，先生们？

评论：我们大部分人的经验都说那是不可能的，然而我们也有些暗示说那也许可能，但是我们不知道如何实现。

评论：我觉得那是不可能的。

克：你们是在等我说点什么吗？你看，我不知道你们自己就这些问题探究得有多深入。

评论：我确信有意识的心智能够自由，但在我看来巨大的困难在于潜意识。

克：有没有可能凭借分析一步步地探究潜意识并揭开它，进而超越它？那可能吗？

你看，潜意识是一个肯定的过程，不是吗？而你能带着一个肯定的愿望来探究一个肯定的过程吗？意识和潜意识都处于同样的局限之下，不是吗？有意识的心智有它自己的动机，希望研究潜意识。动机就在那里，它想获得自由。动机是肯定的，而潜意识也不是某种模糊的东西，它也是肯定的。但是，尽管潜意识是肯定的——带着它所有的暗示、隐喻、梦境等等，你自己还是不知道它的内容，你不知道它实际上是什么。所以，有意识的心智能研究它不知道的东西吗？请不要把这个问题扫在一边；这个问题非常重要。无论是别人还是你自己所做的分析，能够揭开潜意识这件你完全没有意识到的东西的全部内容吗？

评论：我觉得潜意识太广大了。

克：不，不，不要只是说它太大了；那样你就没有面对实际的问题，你就离题了。你看，我不认为你曾经深入地探究过这整个思考的过程。有没有一种思考没有语言、意象、观念和符号——因为符号在潜意识和意识中都存在，不是吗？而我认为通过分析的手段来研究潜意识的过程是一个错误的过程。我想说的是存在一种即刻洞察的方式。

首先让我们来澄清一点，那就是所有的思想都是机械的。思想是记忆的反应，知识和经验的反应，来自这个背景的所有思想都是受限的。

所以思想永远无法自由，它始终是机械的。

评论：是的，我看到了这点。

克：当你说"我看到了"，那是什么意思呢？请注意，这非常重要。

评论：我内在的某种东西让我意识到了这一点。

克：然后你内心有某种东西让你意识到你必须做一个国家主义者，不是吗？它让你相信有上帝，你必须有宗教信仰。如果你依赖某种东西从内在告诉你，那么你也就擅长抱有幻想，不是吗？那么我们说的"我看到了"是什么意思呢？如果我说国家主义是一种毒药，你看到这个真相了吗？

评论：那很明显。

克：当我说抱有任何信仰、属于任何社团和组织化的宗教对领悟都是有害的，这点你也看到了吗？

评论：看得没有那么清楚，因为我属于一个为联合国（the United Nations）工作的组织，我认为那是一件好事儿。

评论：他说的是"分裂国"（the disunited nations）。

克：显然它们是四分五裂的，但我们离题了。你说你非常清楚地看到了国家主义是一种毒药。你们都同意。但潜意识里你们都是国家主义者，不是吗？你觉得自己是英国人、法国人或者无论什么人。它就在那里，根深蒂固，不是吗？你又说你没有同样清楚地看到信仰对于领悟是有破坏性的。但是，我们这样来看：我想发现有没有上帝。我真的想自己弄清楚有还是没有。所以我必须首先扫除关于上帝的一切概念，不只是意识里的，还有潜意识里的，不是吗？若要真正搞清楚，我就必须首先把我在其中成长和受教育的整个文化连根拔起；必须没有任何避风港和避难所让我觉得我在做着正确的工作。因为我想搞清楚，所以我必须毫不留情地扫除我所接受的一切，这样我才能没有任何物质上的、语言上的、智力上的或情感上的避风港；此时我才不从属于任何东西。

我们这次讨论是从"在这个疯狂的世界上该怎么办"这个问题开始的。一种全新的看待生活的方式，一颗崭新的心灵是必需的；这样一种全新的方式必然诞生于一场彻底的革命、一场与过去的彻底决裂。而过去既是潜意识也是意识。所以，属于任何一个特定的思想组织都是有害的。

而我们为实现焕然一新所做的任何努力也都是属于过去的，不是吗？因为现在的整个社会结构都基于贪婪，也就是以努力为基础。"我必须这样"或者"我不能那样"的整个过程都涉及努力和冲突；我看到了这一点。而当我说"我看到了"，我的意思是我从事实上看到了，而不是从情感上、情绪上、智力上或者语言上看到了。我看到了这一点，就像我看到了那个麦克风一样。而正是对那个事实的洞察彻底消除了制约。我想知道我有没有传达给你任何东西？请不要只是赞同我。这不是一场社交游戏。因为如果你同样看到了，那么你就立刻彻底地、完全地从中脱离了出来。

评论：我们认为我们是被自己对社会和家庭的责任制约了。

克：那位先生说得非常对，我们受制于自己对社会、家庭、工作、国家和宗教等等的责任，我们就是在那些环境中长大的。所以，当面临一颗全新心灵的必要性这个问题时，我们把家庭和社会放在了与事实对立的位置上。所以在事实和你认为你应负的职责之间就存在着一种冲突，不是吗？为了逃避这种冲突，你于是进入寺庙，成为僧侣或者从内心封闭自己；你在自己周围建立起一种习惯并固守其中。你看，先生们，当你使用"职责"或"责任"这些词，你就把自己放在了与自由对立的位置上。但是，如果你洞察了我们刚刚所讲的事实，那么你就会对你的家庭和社会有一种截然不同的行动。

你看我打算回到行动这个问题上去，也许我是在强力推进这个话题。毕竟，我们都想要对生活"有所行动"。我知道全世界都有无情地约束自己的人，因为他们想要发现做什么才是正确的。他们隔绝自己、弃世、遵守宗教条规，付出了巨大的努力，到头来他们变成了死气沉沉的、枯萎凋谢的人类。正是不停想要成为什么的努力变成了摧毁他们的东西。而当你把社会和家庭放在自由的对立面上，你所做的只会招来冲突的因素。而我说，完全不要引入冲突的因素。看到其中的真相，这看到本身就会把你的各种关系都照料好。你看，正如我所说，我们大部分人的行动都只是反应而已。我恭维你，你做出反应；我侮辱你，你也反应。我们的行动始终是反应。而我说的是另一种东西，是并非反应而是整体的行动。这并不是我自己的一些古怪、新奇、异想天开的想法。但是，如果你自己深入探究了这整件事情，如果你观察了这个世界，观察了人们，研究他们，真正看看他们——大人物、无足轻重的人、所谓的圣者和所谓的罪人——你就会发现他们的生活都建立在冲突、挣扎、压制和恐惧之上，你会看到这有多么恐怖。若要摆脱这一切，你就必须首先看到这一点。

评论：我们有太多意识不到的制约了。

克：请看看这一点。我们都生活在肤浅的意识层面，我要如何揭开潜意识的每一层、每一个细节而不遗漏任何一点呢？有意识的心智有可能进入某种无意识的隐藏的东西吗？无疑，我所能做的只有观察，一整天都保持高度清醒和警觉——在我工作的时候，休息的时候，走路的时候，说话的时候——这样我就能够拥有无梦的睡眠。

我们开始谈的是一场并非计算和思想产物的革命,因为思想是机械的,思想是一种反应。共产主义是对资本主义的反应;如果我放弃天主教成为别的什么,那依然是一种反应。但是,如果我看到了这个真理,即属于任何东西、相信任何东西都是抓取某种形式的保障,因而妨碍了对真实之物的切实洞察,那么就不会再有任何冲突和努力。

所以,我发现作为反应的行动根本就不是行动。我想弄清楚自由是什么。我看到了一颗崭新的心灵迫在眉睫的紧迫性和必要性,而我不知道该怎么办。所以我关心的是"怎么办",把重点放在了"怎么办"上面,而不是崭新的心灵上面。"我该怎么办"变得无比重要,于是我说:"请告诉我。"——这制造了权威,而权威是世界上最有害的东西。

所以,我们能不能从内在认识到、看到这个真切的事实,即我们所有的行动都是反应,我们所有的行动都产生于实现、成就、成为什么、到达哪里的动机?我能不能只是认识到这个事实,而不引入"我该怎么办""我的家庭、我的工作会怎么样"以及诸如此类的一切?因为如果心灵看到了这个事实而不依照过去进行诠释,那么就会有一种即刻的洞察,那么你就会懂得并非反应的行动,而那种领悟正是崭新的心灵具有的核心品质。

（伦敦第二次演说，1961 年 5 月 4 日）

心总是试图通过压抑和约束来逃避

我们之前探讨了拥有一颗崭新如初的心灵的必要性。无论你走到哪里，都会看到一片可怕的混乱和深重的苦难，不仅仅是身体上，内心也是如此，而且还有无尽的困惑。而在我看来，我们没有去解决痛苦和混乱的问题，而是企图逃避它们，要么逃到月亮上去，要么逃到各种消遣或者各种形式的妄想中去。但是，无论我们做什么，痛苦和混乱都在继续，而若要彻底打破这一切，我认为我们就需要一颗清新的、崭新的心灵。

所以，我想从上次结束的地方继续探讨，来思考一下究竟有没有可能毫无冲突地生活在这个世界上。因为在我看来，一颗被冲突占据的心是迟钝的心、平庸的心。我们都处于这种或那种冲突之中，冲突的层面和形式多种多样。我们要么忍受它，要么迫不及待地逃避到娱乐消遣、社会改革以及各种教会和宗派提供的仪式、古怪词句、信仰和教条中去，而那些不过是形式各异的罗曼蒂克的慰藉。而当我们日益年长，各种逃避之道变得越来越习惯和固定，心灵就变得越来越迟钝、沉重和愚蠢。我想这是我们大多数人的事实。也许偶尔有些时刻，尽管我们有这么多痛苦的冲突，但依然能够穿破乌云清晰地看到事物，产生一种宁静感、深邃感，但那样的时刻非常罕见。

我想我们应该深入探询这个问题，而这是一项艰苦的工作。这不是仅仅讨论几个观念的问题，而是意味着深入穿透我们自己的内心，看看有没有可能根除所有形式的冲突。这需要一颗热切、敏锐的心，一颗不允许自己困在词语之网中的心。恐怕我们的倾听都只是听到了一些只言片语和观念，那只不过像蜻蜓点水一样。这也许就是我们年复一年地来听这些讲话，到最后一切都变得荒唐愚蠢的原因，因为我们只不过是就观念争论不休，而从未亲自深入到问题中去，并从实际上根除冲突。

所以，我想今天早上我们应该管好自己，看看实际上有没有可能——而不是从理论上或语言上——真正理解冲突的本质，也许我们的心从而就能变得崭新、清新、年轻和纯真。一颗纯真的心从不会处于冲突中；它处于行动状态中。行动中的心始终在流动、在更新，从来不会身陷冲突。只有自相矛盾的心才会不停地挣扎。在我讲话的时候，请不要只是听取词语，因为语言本身只有一种非常普通的含义。而我确信，如果你检视自己，你会发现很多矛盾。所以请在我们探讨的过程中，自始至终都实实在在地紧跟我们的话题，实实在在地去体验，那么也许在这场讨论的末尾你就会拥有一种清晰感、一种从冲突的可怕重负中解脱出来的自由感。

我们从小就接受了冲突的存在。在我们的教育中，全世界所有的学校都在培育冲突的温床，鼓励我们不停地努力与更聪明的那些人竞争。而当我们长大以后，我们遵从典范、领袖、权威和理想；于是就产生了"应当如何"与"实际如何"之间的这种裂痕，矛盾因此而出现。世界上不仅仅有外在的、世俗的冲突，还有竞争、理想和获取成就的野心，现代社会始终有一种想要变得更聪明、更美丽的驱动力；不仅仅模仿邻居，还模仿耶稣和上帝；不仅仅复制时尚，还复制美德。这一切都造成了人与人之间、种族之间、国家之间和政治家之间外在的战争。如果你认为这一切都太过愚蠢并将其摒弃，就会转而向内，并再次产生想要实现安宁、平静、幸福、上帝、爱和天堂之类的问题。内在的寻找是对外在寻找的一种反应，因而依然是同样的活动，就像会落下去也会涨上来的潮汐一样。这些都是显而易见的心理事实，如果你觉察到了这一切，就不会对此有任何疑义，事实就是如此。你也许会争论有没有可能超越这一切，但是千真万确的事实就是内在和外在都存在冲突，而这确实滋生了一种惊人的残暴感，滋生了一种会导致冷酷无情的高效率。

外在的运动也许会带来某种进步和繁荣，但是你可以看到世界上正发生着什么：哪里有巨大的繁荣，哪里的自由就会越来越少。你可以在美国非常清楚地观察到这一点，那里有怎样一种巨大的繁荣，而那种先锋感、自由感又是如何逐渐消失的。内在也是如此，冲突越激烈，行为的冲动就越强烈，所以你们有行善者、热衷于改革的人、所谓的圣人和不停著书立说的知识分子等等。冲突中的紧张感越强烈，就会越多地通过各种能力表现出来。

这些我们都知道，我们都能感觉到来自各个方向的拉力。我们知道野心的驱动力。而有野心的地方，就不会有任何形式的爱，就不会有安宁、同情、怜悯或真情。而只要逃避冲突，无论是两个人之间的还是国家之间的冲突，无论逃避的途径是上帝、酒精、国家主义还是自己的银行账户，都会导致越来越深地陷入一种虚幻的安全感之中。我们的心活在杜撰出来的、揣测出来的观念里。

所以冲突在加剧，从那种状态中产生了行动，那种行动从而滋生了进一步的矛盾。于是我们被困在了这个挣扎的车轮之中。我只不过是把实际发生着的事情诉诸语言。这是我们每个人的命运。我们自己就可以发现，心总是试图通过压抑和约束来逃避——全世界的圣徒们都倡导这么做，而那实际上只不过是对一切的虚饰和抑制。如果我们没有逃避到约束那里，就会逃避到某种形式的活动中：社会改革、政治改革、参加各种课程、增进兄弟之爱——你知道所有这些活动，这些想针对什么有所行动的不安和冲动。

所以，我们只知道我们的行动造成了进一步的不幸、进一步的扭曲、进一步的幻觉和痛苦，内在和外在都是如此。每种关系，开始的时候都是如此清新、如此新鲜，后来都腐化成为某种丑陋、乏味或者有毒的东西。我们都必须觉察到爱恨这种二元过程。而我们总是不停地祈祷，希望能把这些掩盖起来，然后神明做出回应，但是结果很不幸，因为那些逃避之道总是唾手可得。

这就是那幅画面：有某个观念、某个理想的图景，然后产生朝向那个观念的行动。心智产生了某个想法，然后努力通过行动实现那个想法。所以两者之间存在一道裂缝，我们总是企图弥合那个裂缝。而我们从未成功过，因为观念是固定的；我们把它稳固地建立起来、固定下来，但行动必定是不同的、变化的，处于不停的运动中，因为这是生活的要求。所以冲突始终存在。

当我们觉察到所有这些巨大的紧张感、这些扭曲的需求，却从来没有问过自己有没有可能毫无冲突地生活在这个世界上。这可能吗？我认为只有毫无冲突运动的心才具有创造性。我说的不是诗人、画家、建筑师等人的创造性。他们也许拥有某些天赋、某种才能；他们也许偶尔灵光一闪，然后诉诸大理石雕塑、作一首诗或者设计一座建筑，但他们并非真正具有创造性，因为他们与自己、与世界依然处于交战状态；他们被自己的野心、嫉妒、愤怒和仇恨所驱使，就像我们其他人一样。然而，若要发现上帝——或者无论你称之为什么——若要找到、真正发现有没有这种东西，心灵就必须彻底摆脱冲突。这一切都需要艰巨的工作，也许我们之中上了年纪的一些人已经完蛋了、没戏了。我们也许是这样的，也许不是。

我不知道你们有没有见过法国多尔多涅洞穴里的那些已经有一万七千年历史的壁画。它们的颜色非常鲜艳，因为它们从未经受过风雨的侵蚀。它们描述了人类与马、与长着漂亮犄角的公牛战斗的场面，充满了非凡的动感。那种斗争与现在如出一辙。

所以，问题是：我们面对这一切该怎么办呢？你必须回答这个问题，因为受苦的是你，身陷冲突的是你。你不能只是坐等别人来回答。而这实际上与年龄毫无关系，你知道的；这不是一个你年老还是年轻的问题。

我换个方式来表达这个问题：活着就是行动。你不能活着而没有行动。每个动作、每个想法、思绪的每次涌动都是行动，而每个行动都会带来一种反应，从那种反应中又会产生进一步的行动。所以我们所有的行动都是反应，我们就困在其中。那么，有没有可能生活中有极其丰富的行动却丝毫没有冲突的根源？这就是问题，我希望我把自己的意思说清楚了。

评论：我认为这种情况偶尔会发生在我们身上；它来来去去，不由我们决定，就像林中吹过的风或者随风飞舞的落叶一样。

克：是的，它偶尔会发生，然后对它的记忆留存下来，进而产生了想要重复那个经验的欲望，于是冲突再度出现。你看到这点了吗？我有过一次愉快的经历：看着一片美丽的云、一棵漂亮的树、一抹甜美的微笑，它留下了一种快乐的、愉快的、喜悦的印象。而我希望它能够重复出现，于是冲突就开始了。请自始至终都紧跟这点，然后你自己就会发现某些事情。

评论：冲突来自欲求。

克：是吗？想得到美丽的东西有什么不对吗？

评论：我说的是，想让它再来一次。

克：等一下，先生。所有的欲求都是想要再次得到什么。如果以前从来没有体会过、没有以前的任何回忆，就根本不会有任何欲求。所有的欲求都是对曾经发生过的事情的进一步识别。

评论：那我们对上帝的追求呢？

克：那是一回事，不是吗？想得到某个女人、得到一个孩子，想看到一场美丽的日落，或者想得到上帝、想重复经验——那无疑都是一回事。我认为你没有抓住要点。

评论：是对欲求的抗拒制造了矛盾。

克：欲求滋生了冲突，任何形式的抗拒也会滋生冲突，但那是问题所在吗？毕竟，艺术家心底从未停止过呼唤：他曾偶尔得知那转瞬即逝的美，而他想要捕捉到它，所以他为此努力为此挣扎，开始沉迷于女人、酒精等等之中。而我们做着同样的事情，我们活在过去，那些"一去不复返的幸福时光"，那些记忆中的脸庞和回忆，我们想要再次抓住那一切。我们既有那种愿望，也有对那种愿望的抗拒，但那是问题所在吗？所有的圣人都说过："消除欲望"；他们告诉你摒弃它、扼杀它、控制它，不要被欲望支配。但那是我们探讨的问题吗？

评论：我认为我并没有了解欲望。

克：那是问题所在吗？你看，先生们，当你有了某个经验，你就想得到更多此类的经验，你想要延续它，那不就制造了一个问题吗？无论你抗拒还是服从，你不都制造了一个问题吗？是我们制造了这个如何保持某种状态的问题，不是吗？对不对？那么问题是什么呢？无疑，问题是我没有理解的事情。当我理解了某件事情，问题就消失了。对一个机械师来说，汽车出了毛病并不是一个真正的问题；他知道该怎么办。而我们并不知道怎么办，这种不知道就是一个问题。我们不能摧毁欲望，那就太可怕、太愚蠢了；那是圣徒的粗俗行为——如果我这么说让你感到震惊，很抱歉。而抗拒是一种压抑的形式，对吗？

那么，关于欲望，我们要了解什么呢？并不需要了解太多。你知道欲望是什么，它们是如何产生的，你也知道抗拒，抗拒是怎么产生的——是通过教育，通过我们的传统、我们的背景，通过"这是对的而那是错的"

这种态度，通过"我必须不惜一切代价受人尊重""我的可敬必须被社会所承认"这些感觉而产生的。这些你都知道。

现在我们能稍微再深入一点吗？问题是什么？是什么制造了问题呢？

评论：对经验的记忆。

克：你不能切断经验，对不对？那意味着死去、对生活视而不见以及变得不敏感。倾听这一切，看着窗外——这都是经验。但是对我们来说，每个经验都留下了记忆的残余、记忆的疤痕。这些你明白吗？所以，记忆是问题所在，而不是欲望或者抗拒。所以，心能不能活在一种不留一丝记忆残余的经历状态中？

你也许从语言上理解了这一点，但这真的是一件需要深入探究的无比非凡的事情；它需要巨大的活力和能量。心不能逃避经验，而我们都试图逃避某种重大的经验。我们接受事物的现状；我们加固信仰的围墙；我们拒绝看到世界是一个整体，地球既是你的也是我的；我们把它分裂成了英国、欧洲、印度和俄罗斯，我们待在那些围墙之内，身心麻痹。所以我们实际上是在拒绝经验，因为我们不想有任何改变；我们培养记忆，往记忆中添枝加叶而不是加以清除。

所以问题是：心能接收到一切却不留一丝痕迹吗？你不能说这是可能的或者这是不可能的。请务必想一想。因为只有一颗正在经历、看、观察和颤动的心才是鲜活的。当心灵被数百年的记忆、被我们所谓的知识和传统所负累时，它就不是鲜活的。但我们无法消除知识；它必须存在，否则你就不知道怎么回家。但是，我们能不能活着却不让过去插手呢？

评论：问题是，若要防止记忆在心中留下印记，我们就必须对我们的每一个经验都怀有巨大的兴趣。

克：先生，请看看你刚刚说了什么——"我们必须"。"必须"就已经种下了冲突的种子，不是吗？

问题：我想我打算说的是：如何才能产生这种兴趣呢？

克：若要找到正确的答案，你就必须提出正确的问题。你的问题是一个正确的问题吗？

问题：不如说：我为什么不感兴趣呢？

克：你知道，这就像在小提琴上拉出正确的曲调。只有琴弦具有合适的张力时，你才能拉出正确的曲调。你提出问题时是带着正确的张力吗？我说的不是一种冲突的状态，而是恰当的张力。如果你看看这个问题，你自己就能做出回答。也许正是你提出的问题妨碍了你自己去发现？你看到这一点了吗？我会换个方式来说。

我从实际上、从视觉上看到了这个世界上和我自己身上的冲突，内在和外在都有矛盾。而对此要做些什么的努力——要变得平静、要避免一切痛苦——引入了冲突。我的整个存在都被往各个不同的方向撕扯着，所以自我之中存在着矛盾。这是避无可避的事实。你明白吗？而想要对事实做些什么的愿望是企图逃避它、拒绝它、抵抗它、超越它的反应。对吗？所以对它做点什么的愿望、冲动和渴望就是问题所在。但是，如果事实就在那里，而你发现你对它什么也不能做，那么事实就会给出答案。此时还会有问题吗？

（伦敦第三次演说，1961 年 5 月 7 日）

尝试与恐惧共处

我们之前探讨了崭新的心灵，而我确定，借助任何形式的意志、任何渴望，通过任何意图或坚定的想法，都无法造就这样的心灵。但是，在我看来，如果我们能够了解妨碍这种状态出现的各种因素，那么也许我们就能亲自发现崭新的心灵具有怎样的品质。所以，我想和你们一起探讨一个也许相当复杂的问题，但是我希望我们能够充分地深入进去，如果有必要，下次还可以继续探讨这个话题。

我不知道你们是否曾经问过自己，为什么人会有那些强烈的渴望，想让自己坚守某种思维方式、行为方式，想让自己属于什么或者认同某种理念。我们假设一个人让自己投身于共产主义，完全认同那些观念、那些行为。你可以看出他为什么这么做，那是因为他希望乌托邦以及诸如此类的一切最终能够到来。但我认为那只是一个非常肤浅的解释。我认为，为什么我们每个人都想要从属于什么——属于某个人、某个团体、某些观念和理想，还有着更为深层的心理原因。也许我们可以审视一下这种渴望的本质。它究竟是什么呢？

我认为，首先，人们都有一种想要有所行动的愿望。我们想实现某种改革，想依照某个模式改变世界。我们有一种"必须一起做点什么、必须合作起来行动"这样的感觉。而在某些层面上——改善道路、改良卫生状况等方面——也许确实需要我们坚持自己的某些理念。但是我认为，如果你更深入地探询，就会开始发现，这种想让自己与某种东西相认同的渴望，是为了拥有一种确定感、一种安全感，不是吗？

我确信我们都知道，有很多人让自己投身于某个特定的政党、某种特定的行动方式，或者投身于抱持某些宗教思想的团体。过了一些时日之后，他们开始发现那些东西并不适合他们，于是他们摒弃那些，然后开始从事另外一些事情。

　　人为什么会有这种渴望，我认为弄清楚这一点很重要。我们为什么让自己投身于某些事情或者某个人呢？我认为，如果我们探询这个问题，我们就能开启通往整个恐惧问题的一扇门。

　　显然心灵始终在寻找安全和永恒。它在与妻子、丈夫、孩子的关系中寻找永恒，在某个观念中、在知识和经验中寻找永恒。而我们拥有的经验越多，我们积累的知识越多，安全感就越大。请允许我在这里说一句：听到这里所说的话是一回事，而体会到这些话里传达的内涵完全是另一码事。我只是在描述我们自己心灵的本质，而如果你没有觉察到自己的思想和行为，那么这种描述就会变成一件非常肤浅的事情。但是，如果通过这些话语，你开始了解自己，发现自己实际上是在寻求保障，看到这意味着什么，那么这些解释就具有了非凡的意义。仅仅满足于言辞和解释，就像我们大部分人那样，在我看来是毫无意义的。没有哪个饥饿的人会满足于"食物"这个词。

　　所以，我们能不能探究这整个恐惧的问题，而不是探讨我们应该对它做些什么？我们可以稍后再探讨第二个问题，也许那个问题根本无须探讨。恐惧为什么会产生？而心又为什么始终在寻求保障，不仅仅从身体上、从外在寻求保障，而且也寻找内在的安全？

　　我们谈到了"外在"和"内在"，但是对我来说，这完全是同一种运动，从外在和内在同时得以展现。这是一种既向外又向内的运动，就像潮汐一样。并不存在既有一个外在世界又有一个内在世界这码事，而把这两者分开就会造成分裂和冲突。但是，若要了解向内的潮汐、内在的运动，你同时也必须了解外在的运动。如果你觉察到外在的运动，对它却没有任何形式的抗拒、防御或逃避之类的反应，那么你就会发现，同一种运动在非常深刻的层面上也在向内进行着，但是只有不存在分裂的时候心灵才能懂得那种运动。

如果我们思考一下这个问题，我们就会发现大部分所谓的宗教人士都划分了内外；外在的行为被认为是非常肤浅的、没有必要的甚至是邪恶的，而内在被看得非常重要。所以存在着冲突——这个问题我们前几天非常详尽地探讨过了。我们现在探询的是恐惧的问题，不仅仅是外在的事件导致的恐惧，还包括内在的需求和冲动、对确定性的不断追求导致的恐惧。所有的经验显然都是对确定性的追求。一次快乐的经验让我们想要得到更多这样的快乐，而"更多"就是想让我们的快乐得到保证的一种渴望。如果我们爱着什么人，我们就希望能够非常确定这份爱会得到回报，我们寻求建立一份能够长久的关系，至少我们希望如此。我们的整个社会都建立在那种关系之上。但是，存在某种永久的东西吗？有吗？爱是永恒的吗？我们不停地渴望感情能够永恒，不是吗？而那种无法保证永恒的东西，也就是爱，却离我们而去。我想知道我把自己的意思说清楚了吗？以美德为例。对美德的培养，想让品德永远高尚的渴望，本质上是对安全的渴望。而美德是永恒的吗？拜托，先生们，请不要只是点头表示同意，而是你们心里要确实明白这一点。

比如说一个人很愤怒，或者感觉到自己缺乏善良、同情和爱。通过培养不愤怒、培养宽容，他希望实现一种品德高尚的状态，那么这种美德就只不过是一种为了方便起见的商品，一种为了实现另一些目标的手段。美德和善良无疑是根本无法培养的。善良，就像谦卑一样，只有当你全神贯注、不想从中得到任何东西的时候才能够出现。以被爱和爱这个问题为例。野心勃勃的心有可能去爱或者被爱吗？想成为经理的职员，想领悟上帝的所谓圣人——他们野心勃勃，内心被自己的成就满满占据，这样的一颗心显然无法懂得爱。心若能懂得我们称为"爱"的这个词的本质是什么，显然它必定彻底摆脱了所有的安全感——是安全感让我们变得极其脆弱。那么，究竟有没有可能真正摆脱恐惧呢？

我们想在这个世界上获得物质上的保障，我们也想凭借我们的名望、我们的理念获得安全；我们希望别人告诉我们死后会发生什么，我们的心永远不停地致力于——如果你愿意观察的话——获得确定性。只要心在寻求保障，我看不出心灵怎么能摆脱恐惧以及所有的挫败。显然物质上必须有某种程度的保障；我们必须知道下一顿饭在哪儿，我们得有睡觉的地方、有衣服穿，诸如此类，而一个很像样的社会会努力提供这一切。也许大约五十年后整个世界就会有某种形式的物质保障。我们希望如此，但这暂时是个无关的问题。我们从行动中、从内在都想获得保障，而这难道不就是恐惧的根源吗？

恐惧始终与我们同在，不是吗？怕黑，害怕自己的邻居，害怕公众舆论，害怕失去健康，害怕没有才能，害怕在这个可怕的、贪得无厌的、争强好胜的世界上一无是处，害怕无法达到、无法实现某种无比幸福、极乐、上帝或无论叫什么的状态。当然还有终极的恐惧——对死亡的恐惧。我们暂时先不讨论死亡，我们只是试图看清恐惧、揭开恐惧。显然，恐惧总是与某种东西有关，并不存在单纯的恐惧。有各种各样的恐惧，都与某种东西有关。那么，心有没有可能完全孑然独立呢？不隔绝自己、不在自己四周构筑围墙和象牙塔，心有没有可能完全独立呢？当心灵不再寻求保障，它就是孑然独立的。那么，它能让自身如此彻底地摆脱所有恐惧吗？

你看，恐惧中涉及了时间。我们可以稍稍探讨一下这个问题吗？作为昨天、今天和明天的时间是恐惧的一个因素。我越来越老，从现在开始到每一个明天，死亡无时无刻不在等候着我。想到死亡就会有恐惧的念头。如果不想到明天、不想到未来，还会有对死亡、对终结的恐惧吗？请不要赞同我。赞同一个解释毫无意义。如果你自己真正深入过恐惧这个问题，那么你必定已经发现了时间这个问题，时间不仅包括明天也包含过去——那意味着经验，不是吗？心能否如此独立、如此彻底地远离过去和未来，于是完全不再困在时间的领域之内？

心灵通过与某个观念、某个信仰、某种特定的行动方式相认同，通过属于某个团体，属于基督教、印度教、佛教、这个或那个，来寻求保障，不是吗？而这一切都与独立相悖。我们大部分人都极其害怕独自一人。于是从矛盾之中就产生了冲突，而这种矛盾的根源就是对成就的渴望。所以，这种想要成就、实现、成为某种永恒之物的渴望始终存在，这个时间的问题始终存在。这些都是恐惧的因素，我认为没有必要再详细讲这个问题了。

那么，看到了这整幅图景，对这个问题有了整体的感受，问题就出现了：心灵能消除所有恐惧吗？这实际上意味着——如果我可以这么说而不被误解的话——一个人能不能没有任何关系而孑然独立？能不能有一种单独，它并非只是关系带来的矛盾冲突的对立面？我认为在那种独立中有真正的关系，而不是相反。独立中没有恐惧。

毕竟，人类数个世纪以来一直试图解决恐惧这个问题，却依然没有摆脱它。恐惧各种极端的形式导致了各种各样的神经质，等等诸如此类。现在的问题是：你和我，看到了这一切，能不能即刻彻底摆脱恐惧？不是催眠我们自己然后说"我现在摆脱了恐惧"，因为那真是太愚蠢了。看到恐惧的整体，实际上意味着一种自我不复存在的状态（a state of non-being），不是吗？

评论： 对我来说，我害怕被迫进入周围的环境之中，比如说生活在某些大城市或者在工厂里工作，在那里没什么我能够去爱的或者感觉有价值的东西。

克： 那么你会怎么办呢，先生？比如说，我必须从早到晚都在伦敦的小办公室里工作，还有个令人不快的老板。每天坐巴士或者地铁去上班——例行公事，周围都是令人痛苦无比的无聊乏味的人们，所有这些恐怖的事情。我该怎么办呢？环境迫使我这么做。我有责任要负：妻子、孩子、母亲等等诸如此类。我不能跑掉，逃避到修道院里去——那是另一种可怕的生活：每天例行公事地两点钟就起床，每天对着同样老旧的神祇说着老一套的祈祷，等等诸如此类。在这个例行公事、无聊乏味、肮脏污秽的世界上，我们都想尽一切办法逃避；我们都问："我要怎么办才能脱离这一切？"

首先，我们受到了错误的教育——我们从来没有被教导去热爱我们所做的事情。所以我们被困住了，无处可逃，于是我们问："我该怎么办？"对吗，先生们？逃到浪漫主义、信仰、教会、组织、乌托邦的理念中去，显然是荒唐的。我发现了那些做法的荒谬，因而将它们全部抛弃。再也没有逃避的诱惑，我只剩下事实——残忍、冷酷的事实。我该怎么办？告诉我，先生们！

评论：当然，你什么也不能做。

克：先生们，我们可曾毫无抗拒地与什么东西共处？——那与接受它、只是继续它，不是一回事。与愤怒共处，知道它内在的整个本质；与嫉妒共处，不试图战胜它、压制它、转化它——你可曾这么尝试过？你可曾尝试过与某件真正美丽的事物共处，与一幅画面、美丽的风景、无比壮丽的山脉共处？如果你确实与之共处，会发生什么？你很快就会习惯它，不是吗？你第一次见到它，它带给你某种释放感和洞察，然后你习惯了它；几天之后那种感觉就消退了。看看世界各地的农民们，生活在绝佳的风景之中，他们已经习以为常。全世界的城市中都藏污纳垢，其中涉及的肮脏污秽、丑陋暴力、骇人的残酷——我们也已经习以为常。与美丽或者丑陋共处，而永不习以为常——这需要一种惊人的能量，不是吗？既不被丑陋淹没，也不被美丽惊呆，而是能够与它们共处，这需要非凡的敏感和能量。那么你能做到吗？先生们，请务必好好思考一下这个问题。

能量的问题相当复杂。食物并不能带来我说的这种能量。它能带来某种类型的能量，而若要与某种东西共处，与爱共处，需要一种截然不同的能量。我们要如何才能拥有这种能量，实际上也就是崭新的心灵所具有的能量和本质呢？无疑，只有当没有任何恐惧、没有任何冲突，当你不想成为什么，当你完整地、寂寂无名地活着的时候，你才能拥有它。

然而，我说的这些意味着什么呢？这意味着对追求外在和内在保障的活动有一种非凡的洞察。而我们大部分人都太疲惫、太陈腐了，沉湎于活在过去、活在我们的工作中，或者活在我们生命中另一些黑暗的地牢里。所以，我们该怎么办呢？

让我们回到我们的第一个问题上来。心灵能否即刻让自己从想得到保障的所有渴望和欲求中解放出来？人能不能活在一种彻底不确定的状态中——而丝毫不会失去理智？

问题：如果你有一份非常喜欢的工作，那里面也会有恐惧吗？

克：是的，先生，因为你也许会丧失你的才能。你知道，才能是一种可怕的东西；它能为你提供如此便捷的一条逃避之道。如果你是一名优秀的画家、一个雄辩的演讲者，如果你有能力组织语言、写作，如果你是一个聪明的工程师或者无论拥有什么天赋，它都能给你一种非同寻常的安全感，让你在这个争强好胜、贪得无厌的世界上对自己抱有一种信心。如果你对自己的能力没有信心，你就会感觉茫然不知所措。然而，若要找到上帝或者无论你谓之何名的那样东西，心无疑必须彻底空无，不是吗？它必须摆脱知识、摆脱经验、摆脱才能，因而摆脱恐惧，彻底纯真、新鲜和年轻。

评论：那似乎是我所认识的自己的彻底终结。

克：当然，先生，就是这样。我不知道你有没有尝试过如此完满地度过一整天，就好像没有昨天也没有明天。这需要对过去有充分的了解。过去不仅仅是文字、语言、思想，也包括对深深扎根于现在的昨天的回忆。彻底抛开过去——你过去做的错事，你说过的假话，你造成的破坏和伤害——抛开所有的快乐、痛苦和记忆。我不知道你究竟有没有这么尝试过——就这么从中走出来。如果回想起的事情中有着巨大的遗憾或者欢愉，你就无法走出来。偶尔这么试一试，不是因为我这么说过，也不是因为你希望从中得到某种回报，或拥有某种美妙的经验——那只不过是一种交换、一种交易。但是，完全不被时间所限，对于作为时间产物的心灵来说真的是一件非凡无比的事情。

问题：在你所谈的事情中，习惯显然占了相当大的一部分，是吗？

克：你看，我们得去弄清楚。我不是仅仅在回答问题；我们是在讨论。我们发现心灵总是被什么占据着，我们大多数人的情况都是如此。内心被教学、孩子、房子和工作所占据，装满了自己那些值得骄傲的事情和美德——你知道有无数事情占据着内心。而这种占据就意味着习惯。那么，心为什么需要被占据呢？无论是被性、被上帝还是被美德占据，都是一回事。占据并没有高尚或卑下之分。难道不是这样吗？我不知道你有没有真正看到这一点。仅仅用什么代替占据并不是从占据中解放。那么，心为什么需要被占据呢？

评论：那也许是一种逃避方式。

克：是的，先生，那是逃避，没错，但是你看，解释并不能带我们走多远。再走远一点儿，先生，深入进去。

问题：因为恐惧，不是吗？也因为贪婪，我认为。

克：你可以这样继续下去，没完没了地添加解释：逃避、恐惧、贪婪。然后呢？我不是讽刺挖苦、语出无礼或者尖酸刻薄。我们早就解释过了——但是心灵并没有摆脱占据。

评论：因为心灵就是占据。

克：你说心灵就是占据，也就是说，没有被占据的心，不活跃，不再思考、运作、探询、回应和质问的心——这些都是心的外在表现——就不是一颗心，是吗？"门"这个词并不是门本身，"心"这个词也不是心本身。心意识到自己就是占据了吗？或者，有没有一颗心会说"我被占据着"？

我想搞清楚为什么心要一直被占据。我们为什么说，如果心不被占据，不活跃、不寻找、不捍卫，没有焦虑、恐惧和愧疚，就不是一颗心？如果所有那些东西都没有，心是不是就不存在？

评论：那些东西是某个层面上的心灵，但并不是心的全部。

克：焦虑、愧疚、恐惧、反应——这就是我们所知道的一切，不是吗？而我们所知道的心的整体是什么呢？正如我们所知，心这个整体包含了潜意识和意识。让我们回过头去再说一下。心为什么被占据？如果心没有被占据，那会怎么样？

评论：如果心没有被占据，就会有深切的关注。

克：不是"如果"——那是猜测。你看，我们还没搞明白。

评论：心始终在对各种刺激做出反应。这就是被占据的过程。

克：好的，先生，好的。你有没有试过完全没有任何想法？因为每个想法都是占据，被这个或那个所占据。

评论： 不可能做这样的尝试，因为如果心空了，人就无法存在了。

克： 不，不是的，先生！重申一次，这不是一个"如果"的问题，我说的"尝试"不是那个意思。我们都被困在词语里。思想停止了，这样的事情在你身上发生过吗？并非仅仅结束了某一个想法，因为你出力置之于死地——我说的不是那个意思。而是，只要有思想，就会有占据。思想让习惯继续，而这就把我们带回到了"思想就是恐惧"这个事实面前。你可曾不带任何想法地看着什么东西？我说的不是空白状态。你整个人都在那儿，全神贯注，你的整个存在都在那儿。你可曾用那种没有思想的状态看着什么？你可曾看着一朵花而不给它命名，不说"多美啊，颜色真漂亮"之类的话？你知道心是如何喋喋不休的。你可曾看着什么而没有任何判断、任何评价？

你看，如果我们能够看着恐惧，不做任何抗拒，不接受、不谴责也不评判，而只是观察它在内心发生的过程并与之共处，那么，还会有恐惧吗？但是，与之共处需要巨大的能量，这样心才能付出它全部的注意力。

比如有人跟我说："你是个非常傲慢无礼的人。"有很多人告诉我——我这样或者我那样。他们说的每一句话，我都与之共处。如果你能原谅我花一分钟说说自己的话——我与之共处，我不抗拒那些话，我也不说那是对还是错。而与之共处就需要注意力来看清那个说法是不是真实的。关注就是能量。关注、能量，就是整个宇宙——但这个问题我们暂且不谈。你能不能与之共处，不扭曲它，也不说"以前别人那么告诉过我，我不喜欢"，或者"我喜欢那个说法，我必须改变"。你明白吗？跟愉快和不快共处，与痛苦共处——无论是牙疼还是其他形式的痛苦——与恐惧共处，而不会变得精神错乱，这不可能吗？你看，我们想与令人愉快的事物、我们有过的快乐经验共处。它们都过去了、消失了，但是我们还想跟它们待在一起；所以，我们只是活在死去的记忆里。我们不想与痛苦共处，我们想找到一条出路；但是，与两者都共处，不寻求解决办法，不寻找答案，也不忽视它们，这难道不可能吗？你看，这就是冥想。

（伦敦第四次演说，1961 年 5 月 9 日）

鲜活的心需要彻底清除恐惧

我们上次探讨的是恐惧，以及心灵究竟有没有可能彻底摆脱恐惧——不是局部摆脱，也不是逐渐摆脱，而是彻底抛开恐惧。今天晚上我想进一步深入探讨这个问题。

我们的心受到了各个方面的影响——被我们读的书、我们吃的食物所影响，被气候、传统和不计其数的挑战和反应所影响。所有这些影响形成了对心灵的制约。我们是各种影响的产物：所谓好的影响和坏的影响，浅层的影响和深刻的影响，未曾思考过的、未曾意识到的和未知的影响。我们大多数人都没有觉察到这个事实。当我使用"未知的影响"这个说法时，我说的不是什么神秘的事情。实际上，当我们坐巴士或者坐地铁的时候，我们并没有觉察到四周的噪声和广告，没有觉察到报纸和政客的演讲中进行的宣传，还有周围发生着的一切。然而，我们被这些东西所塑造，当你开始觉察到这一切，就会发现这件事情相当可怕、相当令人不安。

所以，问题是：心灵究竟能不能真正摆脱影响，包括有意识和无意识的影响。我们都知道，美国尝试过一种广告方法，就是在影院、电台和另一些地方飞快地播出一些内容，意识并不能接收这些内容，但潜意识可以；印记被留存了下来。这种方法叫作潜意识广告，幸运的是，政府已经勒令停止这种做法。但不幸的是，即使某一种广告形式被制止了，我们依然都是这种潜意识宣传的奴隶。我们把这种影响一代接一代地传递给我们的子孙，我们被困在了影响的藩篱之内。

我们在这里不是要进行宣传，这一点我们要非常清楚。在我看来，任何一种形式的影响对真实的东西都具有破坏性。如果心灵想要自由地探索那不可知者，发现那无法衡量的、并非由人类的头脑拼凑而成的东西，你就必须穿越所有这些影响。恐惧扎根于时间的印记当中，善无法在时间的领域中绽放。所以，你能不能探究影响——词语的影响，"共产主义者""信仰"和"无信仰"这些词语的影响——并亲自去发现心灵能否让自己摆脱语言、摆脱符号？

我认为探询这个问题很重要，我想知道我们所说的"探询"意味着什么。我们是如何探询的？你是如何深入探究某件事情的？探询意味着什么？你是不是有意识地探究恐惧，探究各种形式的影响，探究语言的催眠效果——你是不是有意识地、刻意地去看？当你这么看的时候，可曾揭示出任何东西来？抑或，还有另外一种形式的观察、看和探询？通过运用意志力，借助想要探询并有所发现的渴望、欲求和压力，你能把恐惧搞清楚吗？你能揭示出它所有的内涵吗？你会一点点、一页页、一章章地收集有关它的信息吗？抑或，你即刻彻底了解这件事情的整体，一蹴而就？显然有两种探询方式，不是吗？我不知道你究竟有没有想过这个问题。有一种方式叫作肯定式的过程，是通过观察每一步、每一句话，觉察每个思想活动，刻意地、主动地研究每一种形式的恐惧。这是一个极具破坏性的过程，是为了搞清楚而不停地把自己撕成碎片，不是吗？这是分析和内省的过程。

是不是还有另外一种方式的探询？请注意，我并不想让你朝着某个方向思考——传道者才会那么干。但是，我们能不能不受任何影响、不经任何言语的指引，自己看到什么是真实的、什么是虚假的？我们能不能从谬误中看到真理，如实地看到真实的东西？问题是：探询的分析过程能够让心灵摆脱各种形式的恐惧吗？究竟有没有可能摆脱恐惧？当你遇到一条蛇、一条疯狗或者一辆飞驰而来的巴士，身体上会有自我保护的恐惧。这种自我保护的恐惧无疑是理智的。但是，其他任何一种形式的自我保护反应都以恐惧为基础。而心灵，通过这种肯定式的探询过程，能够解开恐惧的所有谜题，揭示出恐惧所有的运作方式吗？

我认为，在进一步深入探讨之前，我们应该非常清楚这不是一个对我说的话你接受与否的问题。我们不是在用辩论的方式进行探讨，而是试图看到真正的事实究竟如何。如果你看到了一个事实，你就无须为之争论，也无须被说服相信什么。

所以，问题是：通过内省式的探究，凭借意志和努力，心灵能不能解放自己，揭开恐惧的根源并从中走出来？

我相信，你已经尝试过训练自己对抗恐惧——怕黑，害怕人们会说些什么，害怕一大堆事情——或者把它合理化。我们都尝试过修炼的方式，但恐惧还在那里，抗拒并不能把它消除。所以，如果肯定式的过程——请允许我用"肯定"这个词，因为"分析"已不足以说明问题——如果肯定式的过程对于解放心灵来说是无效的，那么还有别的方式吗？

我用"方式"这个词，并不是指一种渐进的活动——通向哪里，意味着由此及彼的一段距离。正是所谓肯定的方式中有一种渐进，有拖延的空间，有"在此期间"，有"我最终将会达成"，还有"迟早都会把它克服"等等诸如此类的东西。在那个过程中总是有一种间隔，阻挡在"现在如何"的事实和"应当如何"的想法之间。在我看来，那个过程根本不会解放心灵，因为那意味着时间，时间于是变得无比重要。在我看来，时间意味着恐惧。如果没有明天或昨天这回事，没有昨天借助今天对明天产生的所有影响——那不仅意味着物理时间，也意味着心理时间，也就是想要成就、实现和战胜的意志——那么就不会有恐惧，因为此时是唯一鲜活的时刻，时间在那个空隙中并不存在。

所以，所谓肯定的方式，肯定式的探询和行动，本质上是对恐惧的延长。我不知道我们有没有真正理解这一点——不是仅仅理解我说的话，这并不重要，而是了解真切的事实。

那么，如果肯定的过程并不是解放的因素，那什么才是呢？但是，我们首先必须了解，就"解放因素是什么"所进行的探询，并非只是对肯定过程做出的一种反应。这一点必须非常明确。请等一下，就等一下，来看看这一点。我在出声思考，这一切都不是我事先想好的。我们必须给对方时间，来真正地看看这个问题。

我们可以看到，我们叫作肯定过程的探询并不会让心灵摆脱恐惧，因为它维系了时间——时间就是明天，明天被过去借助现在产生的影响所塑造。请不要只是接受这个说法——要确实看到这一点。如果你看到这个说法的真实或者虚假，那么你进一步的探询就并非只是对肯定过程做出的反应。

你知道我说的"反应"是什么意思。我因为一大堆原因不喜欢基督教，所以我成为一个佛教徒。我不喜欢资本主义体制，因为我无法获取巨大的财富或者无论因为什么原因，所以，作为一种反应，我变成了一个法西斯主义者、共产主义者或者别的什么人。因为害怕，我于是努力培养勇气，但那依然是一种反应，因而依然在时间的领域内。

所以，从这里就浮现出一个事实，也就是：当你看到了某件事情的谬误，而这种看到不是一种反应，那么一个崭新的过程就会发生——不是过程，一颗新种子就会诞生。

我不知道是不是把自己的意思说清楚了。首先，若要看到某些事情是虚假的，或者看到某些事情是真实的，就需要一颗非常警觉的心：一颗彻底摆脱了所有动机的心。

现在我们理解了我们所说的分析过程是什么，如果你看到了它的虚假或者它的真实，或者从虚妄中看到了真相，那么你要如何解决恐惧这个问题呢？如果分析并非正确的方式，那么你就必须彻底抛弃这种方式，不是吗？你把它彻底抛弃，这并不是一种反应；其中没有动机，你只不过是看到了它的虚妄，因而抛弃了它。我不知道你有没有理解这一切。我认为理解这一点非常重要，因为这时你就能斩断努力和意志的所有根基。

那么，抛弃了分析过程以及这个过程所隐含的一切的心灵，处于怎样的状态中呢？请不要只是听我说了些什么，而是看看你自己的内心。

评论： 此时的心处于完全不确定的状态中。

克： 先生们，请不要回答！请暂且不要用语言来表达。请等一下。不要表达出来，即使对自己也不要，因为那是某种崭新的东西，你明白吗？所以你没有语言来形容它。如果你已经有了语言，你就还是没有真正在看。

你看，那种状态就是革命，不是吗？那是一种并非反应的反叛，对整个传统——如何获得自由、如何成就、如此达成的传统的反叛。我不知道你有没有领会这一点。让我们换个方式来说；让这个问题酝酿一会儿。

你知道，我们大部分人都知道感觉焦虑、感觉愧疚是怎么一回事——我们穿着干净的衣服，而同时有数百万人根本没有衣服穿；我们吃着饱饭，同时有千百万人正在忍饥挨饿。也许你们生活在一个繁荣的国度里，从摇篮到坟墓都有充分的保障，你并不知道那种感觉是什么。不仅仅有种族的集体愧疚，还有家庭和姓氏——众所周知的名字和默默无闻的名字的愧疚，有大人物和小人物的愧疚，还有个人的愧疚——我们做过的错事，我们说过和想过的事情，以及其中隐含的所有绝望。我肯定这些你们都知道。出于这种绝望，我们做出各种最不寻常的事情。我们四处团团转，加入这个加入那个，成为这个拒绝那个，一直希望消除内心的绝望。而绝望，同样也根植于恐惧。绝望催生了众多的哲学，人在绝望中世世代代地繁衍。我这么说，既不是激进也不是不切实际的空想。这是每个普通人都经历过的状态，无论感觉非常强烈还是非常肤浅。如果感觉没那么强烈，你就会打开收音机，拿起一本书读一读，去看场电影，去教堂做个礼拜，或者去观看一场游行。如果感受非常深刻，你就会走到另一个极端，变得神经质或者加入最新的、最时尚的知识分子的运动中去。

这就是全世界都在发生的事情。现在，我们已经摒弃了上帝，教会失去了它们的意义，牧师的权威也被排除了。你思考得越多，就会从心中越多地清除所有这些荒唐的东西。

所以，你必须解决恐惧这个问题，你需要了解恐惧。你明白吗？你得去弄清楚。因为你不仅仅怀有对死亡的恐惧，对你做过的事和没有做的事心存恐惧，还有恐惧产生的绝望、焦虑和愧疚。这些都是恐惧的表现形式。所以，如果心不想支离破碎，也不想腐化，如果它想要鲜活、生机勃勃、富饶丰足，它就必须清除恐惧。直到我们做到了这一点，我认为我们才能懂得爱是什么，和平是什么——不是政治和平以及诸如此类的一切，而是真正意义上的内心安宁，它未被时间所沾染，无法被腐蚀；它与人类的头脑拼凑出来的所谓和平毫无关系。

所以，心灵迫切需要摆脱恐惧，因为只有自由的心才能发现是否存在某种超越的东西。你可以把它叫作真理、上帝或者无论什么——那就是人类千百年来所寻找的东西。

（伦敦第五次演说，1961 年 5 月 11 日）

什么是美德

我们之前探讨了彻底摆脱恐惧的问题，显然确实有必要摆脱恐惧，因为恐惧会制造如此之多的幻觉，和形式如此多样的自欺。无论是有意识的还是下意识的，以任何方式被恐惧所限的心，永远无法发现什么是真实的，什么是虚假的。如果不能从恐惧中解脱，美德就毫无意义。我想和你们探讨一下美德是什么——究竟有没有这种东西，抑或它只不过是一种社会规范，与真相毫无关系。我认为，一个人必须了解心灵摆脱恐惧的必要性，并带着这份了解来着手探讨上面的问题。如果根本没有恐惧，还会有美德吗？道德、美德只是一种随时代变化的社会规范吗？对我们大多数人来说，美德是产生于抗拒和冲突的一种品质、一种道德，但是，我认为如果我们能揭开美德的含义，它也许有着另外一种截然不同的意义了。

我们可以把社会所有的道德观都弃置一旁，尽管它们也许或多或少是必要的——比如保持屋子的整洁，穿上干净的衣服——但除此之外，美德或者道德，对我们大多数人来说，是一层体面的外衣。仿效的心，服从的心，遵从权威和习俗的心，显然不是一颗自由的心；它是一颗渺小、狭隘、局限的心。所以，我们必须探问：心灵究竟能不能摆脱所有形式的仿效。而若要理解这个问题，你就必须真正地消除心中各种形式的恐惧。社会的道德观实际上是以权威和仿效为基础的。所以，如果可以，让我们先来考虑一下心灵能否了解对某种模式的仿效和遵从有着怎样的局限。心灵究竟有没有可能让自己摆脱制约呢？

在我看来，当心灵只顾及体面，遵从社会模式，遵从某种意识形态或宗教模式，无论那些模式是从外界强加的还是从内在培养出来的，善和善的绽放就永远不可能发生。所以，问题是：人为什么遵从呢？人为什么不仅遵从社会模式，而且也遵从他通过经验和不停地重复某些想法、某些行为方式而为自己设下的模式？有书本的权威，说自己知道的人的权威，教会的权威，法律的权威，而人要如何划出界限，来区分哪里无须遵从，哪里又必须遵从呢？

遵守法律显然是必要的，比如在马路上靠右还是靠左行驶，这取决于你在哪个国家，等等，但是，权威是何时变得有害，从事实上变得邪恶的呢？

在探究这一切的过程中，你可以发现我们大部分人都在寻求权力，不是吗？我们从社会上、政治上、经济上、宗教上寻求各种力量：知识带来的力量，某种技术带来的力量，当你能完全控制自己的身体时所感受到的非凡力量，禁欲主义带来的力量。那一切无疑都是一个模仿的过程——遵从某个模式，以获取某种权力、地位和活力。所以，在我看来，如果对权力以及对权力的渴望和追求没有清楚全面的了解，心就永远无法处于那种并非人类臆造出来的谦卑状态中。

所以，人究竟为什么要遵从呢？如果你追随我，追随讲话者，那你为什么要这么做呢？你是在追随呢，还是在倾听呢？这是两种完全不同的状态，不是吗？如果你想实现、达成、获得你认为讲话者能提供的某种东西，那么你就是在追随。但是，如果讲话者在提供什么，那么他实际上就是一个传道者，他就不是一个对真理的探索者。而如果你追随别人，那显然意味着你害怕，你不确定；你想得到鼓励，想让别人告诉你如何到达、如何成功。

然而，如果你真正去倾听——这与遵从权威或者寻求权力截然不同——那么通过倾听你就能发现什么是真实的、什么是虚假的，而这种发现并不依赖于观念和知识。那么，如果你在倾听，你是如何发现什么是虚假的、什么是真实的呢？显然，一颗与自己、与抱持某些观点的人争论不休的心，不会发现什么是真实的或什么是虚假的。如果听只会激起某种反应——依据一个人自己的知识、经验、观点和教育这些制约做出的反应——那么他就根本没有倾听。同样，当你努力想要弄清楚另一个人在说些什么时，你也没有倾听，因为此时你全部的注意力都花在了努力上。但是，如果能够摒弃所有这些状态，那么，倾听状态，也就是关注状态就会出现。

关注与专注完全不是一回事。专注通过排斥的过程把心智集中在一个特定的点上，而关注是全然的了解。当你不仅倾听讲话者，而且也倾听隔壁教堂传来的音乐声和外面车水马龙的声音，当心灵全神贯注，没有边界因而也没有一个中心时，关注就会出现。这样的一颗心在倾听，这样的一颗心能够即刻看到真实和虚假，而没有任何反应，没有任何形式的演绎、归纳或者心智的其他伎俩。它在实实在在地倾听，进而在那倾听的行动本身之中就有一场革命，就有一种根本的转变。

在我看来，这种关注就是美德；只有在这种关注中，纯朴的善才能盛放，那种善不是教育、社会和所有"智力修剪"（intellectual trimmings）之类影响的产物。也许，这样的关注就是爱。爱不是如我们所知的那种美德。而哪里有这种爱，哪里就没有罪恶；此时你就可以做你想做的任何事情；此时你就超越了社会的掌控，远离了体面导致的所有可怕之事。

所以，你必须自己搞清楚你为什么遵从，为什么接受权威的这种专制——牧师的权威，《圣经》、印度经文以及诸如此类文字的权威。你能彻底摒弃社会的权威吗？我说的不是当今世界上"垮掉的一代"进行的摒弃，那只不过是一种反应。但是，你能不能真正看到，这种从外在对模式的遵从是毫无意义的，而且对想要发现真理和真相的心来说是破坏性的？如果你摒弃了外在的权威，有没有可能也摒弃内在的、经验的权威呢？你能抛开经验吗？对我们大多数人来说，经验是知识的向导。我们说"我从经验中得知"，或者"经验告诉我必须这么做"，于是经验变成了人内在的权威。也许这远比外在的权威具有更大的破坏性，也更为邪恶。这是人自身所受制约的权威，它会导致各种形式的幻觉。基督教徒能看见基督的影像，印度教徒能看见他自己的神明，究其原因都是自身受到了某些制约。而正是因为看到了这些影像、体验到了这些幻觉，让他备受推崇，进而成为一个圣人。

那么，心能彻底消除若干个世纪以来的制约吗？毕竟，制约来自过去。千万个昨天的反应、知识、信仰和传统塑造了心灵。这一切能被全部消除吗？请务必认真考虑这个问题，不要只是说"这不可能"，或者"如果可能，我该怎么办呢？"然后把它弃置一旁。"怎样"并不存在。"怎样"意味着"在此期间"，惦记着"在此期间"的心，实际上是在拖延。你也许认为，尽管人可以被洗脑然后变成一个共产主义者、资本主义者或者无论什么——那只不过意味着另一种形式的制约——但是，摆脱所有制约是不可能的。你看，我不知道你有没有意识到自己所受的制约，它意味着什么，以及有没有可能从中解脱出来。你看，制约是恐惧的根源，哪里有恐惧，哪里就没有美德。

若要真正深入地探究这个问题，就需要大量的智慧——我说的智慧是懂得所有影响并从中解脱出来的智慧。影响是制约产生的根源。你是在对上帝、对基督的信仰中长大的，日复一日地重复做着某些事情，而在印度，他们把这些都扫在一边，因为他们成长的过程中有着自己的圣人和神明。所以，问题是：心已然被千百年来传统的重负所深深影响，它能毫不费力地抛开这一切吗？你能彻底从中走出来，完全脱离这个背景，就像离开这个会堂那样自由地走出去吗？而这个背景不就是心灵本身吗？心灵的故事就是心灵本身。我不知道有没有把自己的意思说清楚。

心就是背景，心就是传统，心就是时间的产物。当心灵发现了它自身活动的无望，到最后，它说它必须等待接受或接收上帝的恩泽——这是另一种形式的影响——这样的一颗心并不是一颗智慧的心。

那么，我们该怎么办呢？我确信你肯定经历过这一切。你肯定试验过：不接受，不依赖权威，不让自己被影响。你必定认识到了心本身什么也做不了。它是自身的奴隶，是它亲手缔造了对自己的制约，而对那制约的任何反应都只会进一步加深制约。内心的每次活动、每个想法、每个行动都依然处在它自身的价值观这个局限的领域内。如果你——不是从理论上、智力上、语言上，而是从实际上——如此深入地探究过这个问题，那么会发生什么呢？我希望你能明白这个问题。问题是：心如果想要发现什么是真实的，以及是不是存在一种不可衡量的、无法命名的东西，所有的权威都必须终止——法律的权威以及经验的权威。这并不是说我要在马路上错的那一边开车，而是意味着心灵摒弃了所有的经验，也就是摒弃了知识和语言的权威，摒弃了各种形式最为微妙的影响——"等待接收"和各种期待。此时的心灵就是一颗真正智慧的心。

如此深入、如此彻底地探究自己的内心，是相当艰巨的一项工作。若要亲自深入探究任何事情，都需要能量，而不是努力。如果你探索得那么深入，那么我们所了解的心还会有任何东西剩下吗？难道不需要达到那样的状态吗？因为，那无疑是唯一的创造性状态。写首诗、画幅画、盖栋楼以及诸如此类的一切——必定不能叫作真正意义上的创造性。

你看，我认为，创造，或者那个我们称之为上帝、真理或者无论什么名字的东西，并非只是为被选定的少数人准备的，并非为那些仅仅有某种才能或者天分的人，比如米开朗琪罗、贝多芬或者现代的建筑师、诗人或艺术家这些人准备的。我认为，对无限，对某种没有障碍、没有边界的东西的那种非同寻常的感受——那种东西头脑无法衡量，也无法诉诸语言——对每个人来说都是可能的。我觉得对每个人都是可能的。但那并不是一个结果。我认为，当心灵从最近的事情，也就是从自己开始——而不是当它追求最远大的、无法想象的或未知的事物时——那种东西才会出现。自我认识、对自己的了解就是开启它；深入去探索，看看它是什么，而不是追求某种外在的东西。心灵真的是一件非凡的事物。正如我们所知，它是时间的产物；而时间是权威——好和坏，必须做什么和不可以做什么，传统、影响和制约的权威。

所以，心灵能不能，你的心能不能——我不是针对某个人——你的心能不能彻底揭开自身所受的有意识和无意识的制约，并从中走出来？"走出来"只是一个语言表达。但是，当心灵发现自己受到了制约，了解了它的整个运作过程、整个机制，那么它一下子就能到达彼岸。

问题：人是通过生命中的刺激和挑战洞察到自身所受制约的吗？

克：在刺激之下，你真的能看到任何东西吗？如果你对某个刺激做出反应，你会把那种反应叫作看到吗？

评论：我认为你说的那种觉察或者高度的感知，偶尔能在目睹一场事故的时候体验到。

克：突然的惊呆、关注范围变窄，能让你看见吗——在我们所讨论的意义上的"看见"？我们谈的是制约和对那种制约的洞察。这种洞察意味着什么？只是因为我说"如果你的心受到了制约，你就看不到真相"，所以你才想看到自己所受的制约吗？你是不是希望看到了你所受的制约之后，就会有永恒的至福以及诸如此类的一切？你知道，经验是一种非同寻常的东西。要么你想经历是因为有人告诉了你些什么，要么是你自己在真正经历那件事情本身。你自己饿了、嫉妒了或者生气了，并不需要别人来告诉你。因为别人告诉你，你才发现了自己所受的制约，那并不是你自己的发现。我不知道你有没有明白这一点。举一个非常简单的例子:国家主义是一种形式的制约。抱持国家主义的心，是一颗狭隘的心，一颗平庸的心。你自己看到了这个真相、这个事实吗？还是你会说："也许是这样的。我必须搞清楚。他很可能是对的？"

我会换个方式来说。我非常清楚地看到，属于任何有组织的宗教，对于发现上帝或者无论你称之为什么，都是非常有破坏性的。心灵不能让自己信奉任何形式的组织化的思想、信仰或教条。我非常清楚地看到了这一点，不需要别人来告诉我。对我来说就是这样，于是我说了出来。然后，因为我有些名气等等之类，所以你对自己说："我必须放弃那些。"于是你就被困住了——你想有所归属，但是有人告诉你不要属于什么。所以，这不是你的体验。在直接的感知中是没有冲突的。如果一颗心看到了某件事情的真相，它是虚假的还是真实的，那么这颗心就能够直接感知，没有任何冲突，没有任何原因，也不追求任何结果。所以，这种品质的感知完全不同于复制和仿效之类的体验，那些行为另有动机。

所以，我们探讨了恐惧、权威、美德和制约。你看到自己身受制约的事实了吗？当你确实看到了这个事实，你是完全看到了呢，还是只看到了整体的一部分呢？你是看到了一整卷书，还是只看到了整卷书的一页呢？如果你没有看到整体而只是看到了其中一页，那么你内心就会有一场战斗、一场战争。

问题：一个人怎么才能知道他看到的是整卷书还是只看到其中一页呢？

克：你是想确定你看到的是整体而不是部分吗？如果你想得到确认，你不就是在寻找权威吗？这是一个错误的问题，如果你原谅我这么说的话。问题是：有没有可能看到整体？

评论：是不是可以这么说：为了找到正确的答案，你必须不提出任何问题，也不期待任何答案。

克：难道这不是在引用佛教禅宗的话吗？你看，先生，亲自找到答案远比读一本书重要多了、真实多了。

评论：我们都有一些时刻能够觉察一切，然后我们就会希望留住和延续这样的时刻。

克：你能捕获领悟吗？你能让它不停地持续下去吗？有延续性的东西并不是真东西，那只是一个习惯。我们都说："我必须一直拥有这种东西；我必须始终拥有你的爱、你的关怀。"我们对丈夫、对妻子这么说，我们对上帝也这么说。有持续性的东西并不是新东西，那不是创造性的状态。只有对每一分钟都死去，崭新的东西才会出现。

让我们回到问题上来。看到全部、看到整体的心，处于怎样的状态？请不要试图回答这个问题。你需要自己搞清楚。你可曾完整地看到任何东西？以树为例——我知道这是一种很普通、很常见的东西——但是，你有没有看到一棵树的整体、看到"树木"（the tree-ness）——如果我可以用这个词的话？当你看到一条河，它仅仅是"泰晤士河"呢，还是你看到了所有河流的整体、看到了"河流"（the river-ness）？

你看，先生们，在我离开这个会堂之前，现在，我就想弄清楚看到整体意味着什么，以及我可曾完整地看到任何东西。我们在谈论着某种东西，而我们也许都不知道它意味着什么。你可曾看着一朵花？——不只是给它一个名字然后从旁经过，而是看着它——那意味着用你的整个存在去看、去聆听、去感受。观察或者看到一朵花、一条河、一个人，看到树木、看到制约，意味着没有中心、没有语言的觉察，不是吗？

看——当你愤怒、当你欲火焚身的时候，那时候并没有一个中心，对吗？在愤怒的那一刻没有中心，不是吗？你完全就是愤怒本身。难道不是这样吗？瞬间之后那个中心才出现，并且说："我不应该生气。我真蠢。"

问题：那种愤怒不就是一种自我中心状态吗？

克： 拜托，我觉得你没有明白这一点。在实际的愤怒状态中，并没有把它叫作"自我中心"这样一种谴责性的反应；那个反应稍后才出现。我们谈的是，心能不能看到自身所受的制约这个整体——传统、价值观、信仰、教条、国家主义以及"英国人"这个词所产生的有意识和无意识的影响——这个整体？

评论： 我会说我们从来都没有看到过任何事情。

克： 你可能是完全正确的，先生。但是我们现在就在问这个问题。

评论： 我们只能全然地感受。

克： 当你确实全然感受时，会有一个中心说："我在全然感受"吗？请不要回答。请紧紧跟上。显然，摆脱这种制约非常重要，因为你看待事物的任何一种方式都极其愚蠢。被作为一个天主教徒、新教徒、印度教徒、共产主义者、这个或那个的身份制约着；被某个标签、某个词语以及那个标签和那个词语背后隐含的所有内容制约着——这真是太愚蠢了。那么，心能一举把这一切都清除吗？你看，美德就在那种洞察之中。只有品行高洁的人才能看到并清除他受到的所有制约。剩下的人根本不具有美德；他们只不过是在玩弄着叫作"文明"的各种玩具。

这实际上意味着：心能全神贯注吗？你能不能用你的所有感官、你的整个身体、你的整个心灵去全然觉知？哪怕你只能这样觉知一毫秒，你也就不会再问："我怎样才能全然觉知？"你看，当我们把自己围困在无数言辞、争吵、信仰、教条和诸如此类的事情之中，我觉得我们错过了太多的美和爱，以及如此深沉的一种无限感。我们没有把它们一脚踢开，所以我们成了时间的奴隶。

（伦敦第六次演说，1961 年 5 月 14 日）

让欲望顺其自然

我们上几次会面，探讨了恐惧的问题，也许我们还可以从另外一个角度来切入这个问题。恐惧会导致各种形式的幻觉和自欺，在我看来，除非你的心灵彻底摆脱了各种形式的恐惧，否则每个想法、每个行动都会被它沾染。尽管我们已经比较详尽地探讨了这个问题，但是我想，也许我们有必要用另一种方式来切入这个问题。我认为，如果你能够亲自发现如何深入探究恐惧这样的问题，如何解开它，不仅仅从意识层面，而且从更深的层面上揭开隐藏在自己意识深处的部分，那将会是一件非常有意义的事情。比如说，你是如何深入探究欲望这个问题的？因为欲望，连同它对自我成就的迫切渴望和不懈追求，会滋生恐惧，并导致自我矛盾。

那么，欲望有着怎样的含义呢？在揭开它的过程中，你能不能开始了解想要有所成就的渴望，以及它带来的挫败和痛苦？你能了解比较的过程吗？因为，在我看来，哪里有比较，哪里就会有对权力的渴望。所有这些事情都是联系在一起的，所以也许今天晚上我们可以相当深入地探讨这些问题。

你看，我认为有一种心灵状态是超越感情和思想的，但是，若要达到那种状态，就需要对感受过程以及思想过程有非常深入的了解。感受会被欲望提升，被欲求的渴望增强和维系，而欲望总是想要得到更多的快乐，同时避免痛苦和不幸。因此，欲望背后总是有恐惧的阴影。所以，在我看来，一颗想要精确地思考，没有任何扭曲、任何歪曲的心，必须探究这整个欲望的问题。

那么，我们要如何探究呢？你要如何开始着手揭开这件被称为欲望的微妙无比的事情，也就是所有心理动力的基础所在呢？想有所成就的渴望必然会导致挫折、恐惧和悲伤；因此，所谓的宗教人士都说：我们必须消除欲望，所以我们要努力控制它、压抑它、升华它，或者借助各种形式的认同来逃避它。欲望意味着冲突。我想成为什么，而就在努力成为什么的过程中，存在着冲突，进而会有逃避冲突的需要和努力。外在的欲望在社会中表现为贪得无厌、追求"更多"，而从内在则表现为向确定性进军。

然而，欲望可以被控制吗？它应该被控制吗？抑或，人应该让它充分流露、充分表达出来？这就是问题。如果你让它充分表达出来，就总是会不确定将有什么结果出现，因而会有一种挫败感和恐惧感。如果你约束它、控制它、塑造它，那也会引来"现在如何"与"应当如何"之间的冲突。当然，如果你借助各种方式的认同——与某个特定的团体，某套特定的观念、信仰等等相认同——来压抑它、升华它，还是依然会有冲突。欲望看起来会滋生冲突，我想我们大多数人都意识到了这一点。如果我们够聪明，就会找到一个安全的出口，不完全控制它，而我们的欲望会以智力上的自负、虚荣和目的等形式出现，求取知识，展现机巧。

而想要实现和成就的欲望，总是在进行比较。我不知道你有没有留意到人是怎样没完没了地进行比较的——把自己跟别人比，把自己的衣服、外表和经验跟别人比，比较观念、图画等等。通过比较，我们能真正理解任何东西吗？心能彻底停止比较吗？一个人可能开始理解欲望是什么而不企图压抑它吗？我认为，压抑显然是徒劳无益的，尽管这种做法在世界上极度盛行，尤其风行于那些想让自己的圣名载入史册的人之中。无论是稍做压抑还是彻底压制，欲望依然故在，只是采取了另一种表达形式而已。

而激情和情欲是两种不同的东西，尽管它们都是欲望的展现形式。你必须拥有激情。若要与美丽或丑陋的事物共处，必须有激情；否则，美丽会钝化心灵，而丑陋会扭曲心灵。激情是能量，而仅仅凭借压抑欲望并不能苟来这种非凡的热烈感、激情感。当然，如果欲望将自身与某个观念、某种符号或某套哲学相认同，确实会带来某种热情。你知道有些人奔走于全世界，做着各种漂亮的工作，试图告诉人们该如何、不该如何。我说的不是那种热情，因为，如果他们停止说教、停止做那些漂亮工作以及诸如此类的一切，就会发现他们困在了自己的痛苦和艰辛之中。但是，当你理解了欲望，当你看清了所有压抑、升华、替代和逃避活动的全部含义，就会有一种激情产生。

我希望你不只是听到了一些词语，同时也在觉察自己各种形式的欲望，并快速地、迅捷地洞察欲望所走的路径通往哪里，以及你是如何压制欲望，把它与什么相认同的。毕竟，这些讨论的目的并不是让你听我说，而是去倾听，以发现、以看到自己这整幅地图，自我那非同寻常的复杂性，其中的扭曲、冲动、信仰和教条。毕竟，如果你没有看到这一切，没有觉察到这一切，那么这些会面将毫无意义；它们只不过变成了另一种形式的娱乐，也许显得更聪明一些，但是到最后，你剩下的只有灰烬。语言是灰烬，而靠解释和语言为生，会导致空洞的生命和贫瘠的存在。

所以，如果我们能够在这些讨论的过程中，真正与自己做斗争，解开各种问题，也许就能超越感情和思想的过程之上，我想这将是非常有意义的。我希望我们今天晚上能够实现这一点，但是你无法实现这一点，除非你真正理解了——而不是仅仅从语言上或者智力上理解了——欲望的深广以及它所有的含义。

我认为，我们可以看到各种形式的戒律、控制、压抑、替代或升华都会扭曲欲望的美，进而让头脑和内心无法保持年轻和敏锐。我认为这一点必须被非常清楚地看到。然而，一个人有没有可能真正看到这一点呢？因为我们已经在社会里受到了训练，而这个社会有着贪得无厌的价值观，其宗教信仰和教条又导致了对欲望的各种扭曲和压抑。欲望显然意味着比较，而如果你更深入地探究下去，就会发现比较会导致对权力的渴望。

你看，我们对和平、爱以及诸如此类的事情高谈阔论。全世界的每个政客都一刻不停地谈论着他的上帝、他的和平、他的爱。然而，一颗不了解欲望的全部含义的心，能够懂得爱是什么吗？宗教人士认为欲望是邪恶的——除了对上帝、对耶稣或者什么人的欲望；修道院里挤满了这样的人。这样的心灵能够明白我们用"爱"这个词所涵盖的那件事物的无限吗？

所以，如果你发现了压抑的含义，因而不再有压抑、转化以及诸如此类的渴望，那么你要拿欲望怎么办呢？它就在那里，燃烧着，催促着我们去满足、去努力，去得到一辆汽车、一栋更大的房子，等等。它就在那里，那么你该怎么办呢？我想知道我们有没有问过自己这个问题？我们都太过习惯于控制它、塑造它、约束它、给它加码了，或者让它去接近别的东西——那就是比较。我们究竟能不能停止这个过程？你看，只有当那个过程彻底停止了，你才能问自己该拿欲望怎么办。我不知道你是不是已经来到了这一步。

那实际上意味着，我们能不能没有野心地生活在这个世界上？你能不能没有野心地去办公室上班？如果你是这么做的，难道你的竞争者不会把你淘汰吗？你难道不害怕如果没有野心，你就会渐渐衰弱吗？如果可以，我想请大家务必问问自己这个问题。你什么时候会问：我该拿欲望怎么办呢？你难道必须先经历各种形式的成就，以及随之而来的挫折、痛苦、恐惧、愧疚和焦虑吗？抑或，你也许从来都没有问过这个问题，而只是一直压抑着。也许，如果你在某个方向上没有找到幸福、地位和威望，你就会转投另一个方向；这些都是欲望外在和内在的表现形式。

如果你是这个分崩离析的世界上的一个无名小卒，你就会转而从内在求取成就。你始终被欲望牵着走，却从来不问这些问题，不是吗？

一颗心如果真正在探询，真正想要弄清楚上帝、真理以及超越所有语言的东西是不是存在，那么对于它来说，了解被称为欲望的这件事情无疑是非常重要的。无欲无求就是正确的吗？如果你扼杀了欲望，你难道不就同时扼杀了所有感受以及它所有敏感的品质吗？感受是欲望的一部分，不是吗？

所以，如果你深入探究过压抑的所有内涵，那么你是不是就再也不会压抑和寻找替代品了？这不是一个仅仅用语言催眠自己的问题；这是一项非常艰巨的工作——如果你已经如此深入地探索过的话。因为，欲望的一部分是不满——对我们现在的样子不满——而在这种不满的背后，有着对权力、对成为什么、对获得某种成就的渴望。我们大部分人都被困在这个成就与挫败同在的车轮中，而伴随着无休止的自怜自艾的斗争，我们最终走进了绝望的门口。

那么，我们能真正看清这一切，而不是花费经年累月的时间来研究它吗？我们能看到这种对成就无休止的追求吗——为什么我们知道它将会带来痛苦，却依然故我？我们能看到它就是我们生活的全部内容，并从最根本处将它斩断吗？如果你已经走了这么远——或者说，已经走到了这么近——那么这时你会如何处置欲望呢？此时还有必要对欲望做任何事情吗？你明白吗？

迄今为止，我们都一直对欲望做着些什么，给它适当的渠道、适当的倾斜、适当的目标、适当的结果。如果心——它受到了制约，总是从通过训练、通过教育等等取得成就的角度来思考——不再试图把欲望当作自身之外的某种东西进行塑造，如果心不再干涉欲望，如果我可以用"干涉"这个词的话，那么，欲望又有什么不对呢？此时，它还是我们一直以为的那个欲望吗？先生们，请跟上，和我一起思考。

你看，我们总是从成就、实现、得到、变得富有的角度来思考，无论是从内在还是从外在，都从避免、从"更多"的角度来考虑。当你看到了这一切，并把它摒弃，那么，这种我们至今仍称之为欲望的感受，就有了一种截然不同的意义，不是吗？于是你就可以看着一部漂亮的汽车、一栋美丽的房子、一件漂亮的衣服而没有任何想要得到或认同的反应。

你知道整个社会对待生活的态度，你从小就是在其中成长起来的、接受的教育——所有的观念，对成就的追求，你必须比旁边的人更优秀，等等。当你看到这种冲突的全部内容，当它从你的内心凋落、从你的手中滑脱，此时欲望还会和以前一样吗？

毕竟，感受就是思考，不是吗？这两者是分不开的。当我看到一个孩子在受苦、在挨饿，我就想废除社会、政客以及诸如此类的一切，想要做点儿什么。感受通常伴随着思想产生。而感受是感知、感觉、触觉等等。感受需要敏感，你越是敏感，你受的伤就越多，于是你开始建立防御和盾牌。这一切都是欲望的一种形式。而不再敏感，显然是内心已经变得麻痹和僵死。也许我们大部分人都是麻痹的；这就是我们身上所发生的事情，通过教育、通过社会关系、通过各种接触和知识得以发生——这一切都让我们变得迟钝、愚笨和不敏感。生活在坟墓里，我们还企图去感受。

如果我们意识到了这一切，那么还存在对欲望的限制吗？我不知道我们叫作欲望的那种东西还能用什么词语来表达。你看到发生了什么事情吗——如果你深入探究过这个问题的话？它就不再是思想或者感情了——它是某种截然不同的东西，思想和感情都包含在其中。请务必深入探究这一点。我们大部分人的生活都如此可怕地呆板沉闷、索然无味，充斥着例行公事——我们生活中那些令人憎恶的事情，以及生活的平庸，你知道得非常清楚——而如果我们不了解这些，我们就完全不懂得生活，哪怕连一天或者一分钟的了解都没有。而那也许就是我们都如此严重地"精神化"的原因，那实际上就是平庸！

所以，我们来到了这个问题上——如果你探究过这个问题，就会发现它真的非常有趣。我们叫作欲望的这件事情，连同它所有的腐败、艰辛、不幸、痛苦、无能、热情、兴趣等等——你看到了它全部的深度；你一眼就能看到。你知道你不用喝醉就能知道清醒是什么。同样，如果你彻底看清了这个获取成就的过程，它就结束了；每一种形式的成就，每一种形式的成为或者变成什么，都结束了。

评论：我认为人需要喝醉才知道喝醉是什么。

克：这无疑非常牵强附会，不是吗？——一个人想知道喝醉了是什么样，所以他就必须喝醉？一个人必须实施了谋杀才能知道谋杀是什么吗？先生们，我们不要自作聪明。让我们真正用心来探究所有这些问题。

评论：正是欲望本身的自相矛盾，使得我们几乎不可能拿它怎么样。

克：为什么会有那些矛盾呢，先生？请务必弄个明白。我想变得富有、举足轻重、有权有势，然而我发现这些东西毫无意义，因为我发现那些有着各种头衔之类的大人物，都不过是一些无足轻重的人。所以就会有一种矛盾。这是为什么呢？为什么会有这种朝着不同方向的拉力；为什么不都往同一个方向用力呢？你明白我的意思吗？如果我想做一个政客，为什么不去成为一个政客然后安之若素呢？为什么又想从中抽离？请允许我们花几分钟好好探讨一下这个问题。

评论：我们害怕如果我们把自己完全投入到一个愿望中去，也许会发生什么事情。

克：你可曾把自己完全地、彻底地交托给什么事情，哪怕只有一次？

评论：一两次吧，只有几分钟。

克：彻底投入其中吗？也许在性方面是这样的，但除此之外，你还知道你什么时候曾经把自己完全交托给什么事情吗？我质疑这一点。

评论：也许在听音乐的时候。

克：你看，先生。玩具会吸引孩子。你给孩子一个玩具，他非常开心；他不再躁动不安，被那件玩具完全吸引住了。但那是把你自己交付给什么事情吗？政客、宗教人士——他们把自己完全交付给某些事情。为什么？因为那意味着权力、地位和威望。想要成为某个人物的想法就像一个玩具一样吸引着他们。当你把自己与某种东西相认同，那是把自己完全交付给那件事情吗？人们与自己的国家、女王、国王等等相认同，那是另一种形式的吸引。那是把自己完全交付给什么事情吗？

问题：在始终有一种分裂存在的情况下，究竟有没有可能真正把自己如此彻底地交付给什么呢？

克：就是这样，先生。你说得非常对。你看，我们没法把自己完全交给什么事情。

问题：有没有可能把自己完全交给什么人呢？

克：我们想这样。我们想让自己与丈夫、妻子、孩子和姓氏相认同——但是会发生什么，你比我知道得更清楚，那为什么还要讨论这个呢？你看，我们偏离我们讨论的问题了。

评论：当欲望不会破坏其他任何事情时，它就是正确的、好的。

克：有错误的欲望和正确的欲望这回事儿吗？你看，你又回到了刚开始的地方；这些内容我们显然都已经探讨过了。你有没有发现我们是如何诠释这个问题的——好的和坏的，有价值的和没有价值的，高尚的和卑下的，有害的和有利的欲望？深入探究这一点。你已经把它划分了，不是吗？这种划分本身就是冲突的根源。冲突通过划分得以产生，于是你带来了另一个问题：如何消除冲突？

　　你看，先生们，我们今天晚上已经谈了五十分钟，想看看一个人能不能真正看清欲望的含义——好坏都包括在内的欲望，当你看到了这种冲突、这和划分的全部含义——不是仅仅从语言上理解，而是穷究到底、完全理解其含义——那么剩下的就只有欲望。但是，你看，我们坚持用好坏、有没有益处来评判它。开始的时候我以为我们能够消除这种划分，但是这一点没那么容易做到；这需要孜孜以求，需要感知和洞察。

　　问题：有没有可能摒弃欲望的对象，并与欲望的核心共处呢？

　　克：我为什么要摒弃欲望的对象呢？一辆漂亮的汽车有什么不好？你看，当你划分了对象和核心，你就为自己制造了冲突。核心一直在指向不同的对象，而这就是其不幸所在。你年轻的时候想拥有整个世界；但随着年纪渐长，你受够了这个世界。

　　你看，我们正试着了解欲望，进而让欲望枯萎、消逝。我们今天晚上涉及了如此之多的内容。对权力的渴望如此顽强、如此深刻地据守着我们所有人的内心，它还包括了对仆人、妻子和丈夫的掌控——你知道这一切。也许你们之中有一些人，在今晚讨论的过程中深入探究了这个问题，看到了只要心追求成就，就会有挫折，因而会带来不幸和冲突。看到这一点，本身就是对欲望的放弃。也许你们之中有一些人不仅仅明白了这些话字面上的意思，而且也理解了想要有所成就、想要成为什么的感觉所隐含的一切——其卑劣之处。政客寻求成就，牧师如此，每个人都如此，而你看到了它所有的粗鄙庸俗之处，如果我可以使用这个词的话。你能真正丢掉它吗？如果你看到它，就像看到一个有毒的东西，那么你的双肩就好像卸下了一副重担一样。你走了出来，手指轻弹，它就消失了。然后你就会来到真正具有非同寻常的重要性的那一点上，那完全不是这里的一切——这一切自有它的意义——而是另外一种东西，那就是一颗懂得了欲望、感情和思想，进而超越它们之上的心。你是否懂得了这样一颗心的本质——而不是对它的语言描述？此时这颗心是高度敏感的，能够毫无冲突地做出热烈的反应，对每一种欲求都非常敏感；这样的一颗心超越了所有的感情和思想，它的行动不再处于所谓欲望的领域之内。

恐怕对我们大多数人来说，这是一种空洞的理想，是一种需要追求或达到的状态。但是，以那种方式或者无论任何手段你都无法到达这个状态。当你真正理解了这一切，它就会出现，而你无须做任何事情。

你看——如果你不会误解我要说的话——如果你能够不干涉欲望，既不让它消失也不让它萎缩——而只是听其自然——那么这就是一颗没有冲突的心的精髓所在。

（伦敦第七次演说，1961 年 5 月 16 日）

能够发现万物之美的心才是有激情的心

在我看来，如果我们考虑恐惧的问题，我们就必须考虑它与冲突的关系。对我来说，任何形式的冲突，无论外在的还是内在的，都非常有破坏性，它会扭曲人的思维。当存在冲突时，每个问题都会在心灵上留下痕迹；心于是变成了问题生根的土壤。对我们大多数人来说，冲突看起来再自然不过了，似乎是不可避免的，于是我们毫不质疑地接受了它。我们出力抗拒冲突，我们说不可以处于冲突之中，但我们都无一例外地身陷冲突。所以，今天晚上也许我们可以深入探讨这个问题，看看我们活在这个相当疯狂的世界里，究竟有没有可能让心灵彻底摆脱所有冲突。

那么，在我们探讨这个问题之前，我想先谈一谈有没有一种并非肯定的思维方式。因为在我看来，我们所有肯定式的思维实际上都只是一种反应。我说的"肯定式"指的是，我们说"我必须、我不可以，我应该、我不应该"，而这种肯定式的思维会导致它自身的抗拒和否定之类的反应。我不知道我能不能很轻松地把这点说清楚；需要有深刻的领悟才能懂得我们所说的肯定式的问题处理方法隐含着什么。

肯定式的方法寻求对问题的解释，将问题合理化，试图逃避它，试图做些明确的事情，以免被困在问题当中。这就是我们在每天的生活中所做的事情。我称之为"肯定式思维"的这个过程，是对问题的一种反应。

问题就是冲突。我们似乎因为太多的事情——我们与丈夫、妻子、孩子和社会之间的关系，与观念、信仰和教条之间的关系——而处于无休止的冲突之中。我们处在对成就、对真理、对上帝的追求和因此导致的挫败之间的冲突之中，该做什么，该想什么，该如何为人处世，如何纠正错误的事情——内心始终有这种战争在发生。而我们应对所有冲突的方式，在我看来始终是肯定式的——也就是想要对它做点儿什么，逃避它，加入各种社团，寻找某种解药，无论是宗教解药、镇定剂还是别的什么。而这种肯定的方式实际上是对问题的反应，不是吗？

然而，我认为有一种否定的方式，它并非一种反应，也不是肯定方式的对立面。假设我现在有一个类似冲突的问题，我不知道如何解决它；所以我求助于各种各样的方式来逃避——借助回忆、思考，与自己做斗争，希望能够得到某种结果，希望某些事情会发生。在我看来，这样的方式不会帮助我们摆脱冲突。我认为有一种方式并非如我们所了解的肯定方式那样，而是一种否定式的了解过程——它不是一种反应。我想稍稍探讨一下这个问题。

你看，心必须完全清空才能发现崭新的东西，而崭新的状态无法通过对问题的研究和分析到来。如果你是一个数学家、科学家或者工程师等等，你有一个难题，你努力从各个角度分析它、观察它，直到绞尽脑汁、精疲力竭，暂且忽略它或者忘了它；而就在那个间隙当中，过了一个小时或者几天之后，答案也许就出现了。这些我们都知道。但是，那个答案并不是一颗崭新的、清新的和空无的心的产物。一颗崭新的心灵彻底免除了所有冲突，它没有问题。无论出现什么问题，无论遇到什么挑战，都不会留下痕迹，一秒钟都不会，因为那个痕迹哪怕只持续了一秒也会留下印记，因而会制约心灵。你看，只有空无的心，不是空白的心，而是完全活跃、充分应对每个挑战的心——不是作为一种反应，也不是把它当作一个问题，而是完全接纳那个挑战——才能即刻理解其真意并立即了结它。只有一颗具备了这种品质、这种性质的空无的心，才能摆脱冲突。只有这样的一颗心才有激情。在我看来，"激情"这个词所拥有的含义与通常所公认的含义截然不同。我认为人需要有激情，需要热烈的激情——但这种激情不是针对某个对象的。这种激情不同于热情，热情只是暂时的。冲突中的心灵永远无法饱含激情，只有发现了生命之美、万物之美的心才是一颗激情的心，而那种美是一种无比非凡的东西。

所以问题是：有没有可能摆脱冲突——不是从理论上、智力上、语言上，不是处于一种麻醉状态，催眠自己说这可能或者不可能，而是真正摆脱冲突？活在这个世界上，身处各种关系之中，上班、思考、感受、被社会变得残忍，那么究竟有可能摆脱冲突吗？我不知道你有没有问过自己这个问题，还是我在把问题强加给你？也许我们已经接受了冲突是不可避免的，把上帝变成了终极的和平、安宁的避风港以及诸如此类的一切。

但是，如果你问过自己心灵究竟能不能摆脱冲突，那么，我认为你就必须更为深入地探究这个问题——我希望我们今晚就能这么做。冲突为什么会产生？为什么我和我的妻子、丈夫、邻居之间，我和我的想法之间会产生冲突？我会用我的方式来回答，但是，如果你能自己发现你为什么身陷冲突，那么我想我的解释和你自己的感受就会契合。否则交流就是不可能的。我希望你能明白我的意思。

所以，我想知道我为什么身陷冲突——不是仅仅满足于表面的解释，而是真正深入地探究其根源。既存在有意识的冲突，也存在无意识的冲突，深深地隐藏在我内心的最深处，那些隐秘的冲突无人知晓；我想探究到它的最深处。那么，你是分析它、探究各种原因呢，还是一瞬间就把它看清呢？

你知道，即使是弗洛伊德学说、荣格学说的信奉者和分析师们都已经开始改变他们的观点了。他们发现他们并不需要花费经年累月的时间来揭开那个可怜的个体所有的历史。那太昂贵了，只有富人能负担得起，所以他们正试图找到一种更快捷的方式。他们中的一些人正尝试采用药物、化学品和一种直接的个人化的方式，而不是让病人日复一日、月复一月喋喋不休地讲下去。并不是说我读了这方面的书，而是我有些朋友是分析师，有些朋友不是分析师，他们会来跟我讲所有这些事情。在分析的过程中，除非你非常非常小心，谨慎地观察并且从不扭曲你观察到的东西，否则你就会错过某些东西、曲解某些东西，而下一次的研究会加强错误的认识。请务必跟上这一点，并认识到分析、分解、撕成碎片并不是正确的方式，控制和逃避也不是。

我想知道为什么会有冲突，为什么会有这些庞杂的矛盾。那么，你要怎样弄清楚这个问题的根源呢？因为，如果你发现了它的根源，那么那个发现本身就会带来一种否定的方法，它不会产生对所发现的事情采取肯定式的行动这样一种反应。你明白吗？我会深入探讨这一点。

我想知道是什么导致了冲突，所有的冲突——各种矛盾，朝不同方向拉扯的欲望，以及随之而来的恐惧。"知道"是一回事，而实际体验是另一回事，难道不是吗？"知道"意味着有个从旁审视的观察者，而体验是一种没有体验者的状态。也就是说，我可以用语言告诉你冲突的根本原因是什么，你也许赞同我也许不赞同我，或者接受了我的说法并把它添加到你日后的解释中去，抑或，还有另外一件截然不同的事情，那就是，恰恰在倾听这些描述的过程中，你同时就在体验制造冲突的核心问题。我说清楚了吗？

你看——"知道"是一回事，而体验是另一回事。知道上帝或真理是一回事，而真正体验到那种无限的东西，则完全是另一码事。我们大部分人都意识到我们是从一个中心进行活动的，那个中心变成了知识、经验，所有不由自主的渴望和抗拒都从那个中心产生，那个中心一直在寻求保障。请不要接受我说的话，而是切实体验那个你从那里出发去思考的中心，也就是自我。而只要有一个中心，就必然会有四周的边缘，就会奋力去到达那个边缘——"应当如何"。那个边缘始终是某种不同于"现在如何"的东西。难道不是这样吗？

我们知道这一切。我们知道，在有了那个经历之后，我们所有的行为、思想和感受都被那个中心塑造了、投射了、制约了；那个中心立刻会说："我必须除掉它。"所以，在那个中心和应该如何或已经如何之间存在着分裂。这种分裂始终存在，而冲突实际上就是"应当如何"与"现在如何"之间的战争。"现在如何"，也就是那个中心，总是企图把自己塑造成"应当如何"，进而从那种二元性之中就产生了冲突。

而那个中心就是积累起来的对经验的记忆，是与对立面、与"应当如何"之间的冲突产生的结果——我是个欲望强烈的人，但我觉得我不应该这样——这两者之间的冲突就产生了记忆，记忆进而形成了那个中心。难道不是吗？那个中心就是记忆。所以记忆没有真实性，它不是事实，它是某种僵死的、过去的、结束了的东西，尽管在必要的时候可以在某个层面上运用它。但它是僵死的，而我们的生活就被这个僵死的东西指导着，所以恐惧得以滋长，进而就出现了各种互相矛盾的欲望。

这一点我们暂且讲到这里，我们换个方式来看这个问题。

我想我们大多数人都知道孤独是什么。当所有的关系都被切断，当没有了未来感或者过去感，我们就会知道那种状态，那是一种彻底的隔绝感。你也许和一大群人待在一起，在一辆拥挤的巴士里，或者就坐在你的朋友、丈夫或妻子的身边，突然这种感觉就像潮水一样向你袭来，这种可怕的空虚感，一种空洞感、一种堕入深渊的感觉扑面而来。而我们本能的反应就是逃离它。所以你打开收音机、聊天，或者加入某些社团，或者宣讲上帝、真理和爱以及诸如此类的东西。你也许会借助上帝或者通过看电影来逃避，而所有的逃避都是一回事。这些反应就是对这种彻底的隔绝感的恐惧和逃避。你知道所有逃避的方法——借助国家主义、你的国家、你的孩子、你的姓氏、你的财产来逃避，你愿意为这一切去战斗、去争取、去献身。

那么，如果你意识到所有的逃避都是一回事，如果你真正明白了一种逃避方式的含义，那么你还能逃避吗？或者说，是不是就不再逃避了？而如果你不再逃避，那么还会有冲突吗？你明白吗？正是对"现在如何"的逃避，为达到"现在如何"之外的目标所做的努力，制造了冲突。所以，一颗想要超越这种孤独感的心——那孤独是一种对所有关系的所有记忆突然停止的感觉，那些关系里包含了嫉妒、羡慕、贪求、想要变得品德高尚等等——必须面对它、穿越它，进而各种形式的恐惧都会枯萎消失。所以，心能不能通过看清一种逃避而发现所有逃避的徒劳无益？于是就不再有任何冲突，对吗？因为，此时没有一个对孤独的观察者——只有对孤独的体验。你明白吗？这种孤独就是所有关系都停止，所有观念都不再重要，思想失去了它自身的意义。我在描述，但是请不要只是听听而已，因为那样的话，当你离开这个会堂时，你剩下的就只有灰烬。毕竟，这些讨论的意义在于让你自己切实从所有这些可怕的纠缠中解脱出来，让生命中拥有某种并非冲突、恐惧以及生活的疲倦和乏味的东西。

只要不存在恐惧，美就会出现——不是诗人所谈论的美和艺术家画出的美之类，而是某种截然不同的东西。而若要发现美，你就必须经历这种彻底的隔绝——或者不如说，你无须经历它，它就在那里。你一直在逃避它，但它就在那里，始终如影随形。它就在那里，在你的心里、你的头脑里，隐藏在你生命的最深处。你一直在掩盖它、逃离它、避开它，但它就在那里。心必须经历它，就像经历一次浴火的净化一样。那么，心能够经历它而不带任何反应、不说那是个可怕的状态吗？一旦你有反应，就会有冲突。如果你接受它，它还是会像重担一样压着你；如果你拒绝它，你依然会在街角与它偶遇。所以，心必须穿越它。这些你都明白了吗？此时心就是那孤独，心不必穿越它，心就是它。一旦你从穿越并到达别处的角度来思考，你就会再次陷入冲突。一旦你说："我如何才能穿越，我如何才能真正看着它？"你就又陷入了冲突中。

所以，存在着一种空虚，没有什么大师、什么古鲁、什么理念、什么行为能把这种极端的孤独消除。你尝试过、玩弄过所有那些东西，但它们无法填补这空虚——那是一个无底洞。但是，在你体验它的那一刻，它就不再是一个无底洞了。你明白吗？

你看，如果心能够彻底摆脱冲突——完全地、彻底地摆脱，没有担忧、恐惧和焦虑——就必然会体验到这种与一切都没有关系的非凡感觉，从这里就会产生一种单独感。请不要想象你拥有了它，拥有它是非常困难的一件事。只有处于那种没有恐惧的单独感之中，此时才会出现一种朝向那不可衡量者的运动，因为此时没有幻觉、没有幻觉的制造者、没有制造幻觉的力量。只要有冲突，就会有制造幻觉的力量；而随着冲突彻底停止，所有的恐惧就都停止了，因而不会再有进一步的追寻。

我想知道你们是不是明白了。毕竟你们来到这里，是因为你们都在追寻。然而，如果你审视这一点，那么你在追寻什么呢？你在寻找某种超越所有这些冲突、不幸、苦难、痛苦和焦虑的东西。你在寻找一条出路。但是，如果你懂得了我们所讲的东西，那么所有的追寻都会停止——那会是一种非同寻常的心灵状态。

你知道，生活是一个挑战和回应的过程，不是吗？外界有挑战——战争、死亡、各种不同的事情带来的挑战——而我们做出回应。挑战从来不是什么新鲜事，因为我们所有的反应都始终是陈旧的、局限的。我不知道这点是不是清楚了。为了应对挑战，我必须先认出它，不是吗？而如果我认出了它，它就是属于过去的，因而是陈旧的，显然如此。请务必看到这一点，因为我想探讨得更深入一些。

对于一个非常内向的人来说，外界的挑战则不再重要，但是他自身依然有内在的挑战和反应。而我说的是一颗不再追寻进而不再具有挑战和反应的心。但这不是一种心满意足的状态、一种奶牛般的状态。当你懂得了外在挑战和反应的含义，也懂得了人向自己提出的内在挑战及其反应的含义，并迅速穿越这一切——那么心就不会再被环境所塑造，也不会再受到影响。经历过这场惊人革命的心灵可以面对任何问题，而不让问题留下任何痕迹、任何根基。此时，所有的恐惧感已不复存在。

我不知道你在多大程度上懂得了这一切。你看，倾听不仅仅是听到；倾听是一门艺术。这一切都是自我了解的一部分，而如果你真正倾听并深入探索了自身，这就是一场净化。净化之后，就会接收到一种并非教堂祝福的至福。

（伦敦第八次演说，1961 年 5 月 18 日）

学习意味着从不积累的心灵状态

今天早上，如果可以，我想谈一下时间和死亡。由于这是一个相当复杂的话题，我想我们有必要了解一下学习的含义是什么。生活是一个庞大而复杂的综合体，包含着所有的混乱、痛苦、焦虑、爱、嫉妒和各种积累；而我们在艰辛痛苦中学习。这种学习是一个积累的过程；而只要有添加和积累，还会有学习吗？积累是学习吗？抑或，只有当心灵完全纯真的时候才能学习？我想我们应该稍微深入地探讨一下这个问题，因为若要了解时间和死亡，你就必须学习，你就必须体验，而体验从来不是一个累积的过程。

同样、爱也从来不是积累。它是一种始终新鲜的东西。爱不是记忆的产物，与壁炉上供奉的画像也毫无关系。所以，如果我们可以谨慎而智慧地去了解学习意味着什么，那么我们也许就可以探索时间和死亡的问题了，进而也许就会发现爱意味着什么。

对我来说，学习意味着一种从不积累、从不收集的心灵状态。如果你用一颗已经有所积攒的心去学习，那么这种学习就只不过是获取更多的知识，不是吗？积累知识并不是学习。电子机械正在实现这一点，它们正在获取越来越多的知识，但它们不能学习。获取知识是一个机械的过程，而学习从来不会是一件机械的事情。心必须始终新鲜、年轻和纯真，这样才能学习。而一颗在学习的心，必然始终处于一种谦卑的状态中——那并非僧侣、圣徒或博学之人培养出来的谦卑。一颗学习的心有它自身的庄严，因为它处于一种谦卑状态中。

我是在一个迥然不同的意义上使用"学习"这个词的，而不是指获取知识的过程。与某种东西共处，跟获取有关它的知识，是两种不同的状态。若要了解某种东西，你就必须与它共处，而如果你已经有了关于它的知识，你就无法与它共处，因为此时你只不过是在与自己的知识共处。若要亲自弄清时间和死亡这些异常复杂的问题，我们就必须学习，也就是与之共处；如果我们带着积累起来的已知、带着知识来切入这些问题，学习就完全受阻了。我会稍稍深入地探讨这一点，这样我们也许就能够相互沟通了。

我们前几天探讨了欲望的问题。就这个问题我们探讨得相当充分了，但是我认为我们漏掉了点儿什么——即欲望跟意志密切相关。毫无疑问，意志不仅仅隐含着欲望，也意味着选择。只要有选择，就必然有意志，进而就会产生时间的问题。

请从头到尾倾听这整场讲话，如果我可以这么提议的话。不要停滞在你赞同或不赞同的那一部分上，而是来看它的整体、它的全部内容。这是一个洞察的问题，是直接看到某种东西的问题，而当你非常直接地看到了什么，那么你就不会赞同或不赞同——事实就是如此。

所以，正如我所说，因为有外在和内在的冲突，我们培养出意志力。而意志力显然是一种抗拒的形式，无论是成功的意志还是存在的意志，是拒绝什么的冲动还是维系什么的决心。意志是欲望伸出的无数触角，我们就与它生活在一起。而当我们探究时间的问题，我们就需要有一种与意志力截然不同的洞察力才能获得了解。我不知道这点是不是说清楚了，但我会顺着这点说下去，也许你会明白的。这是一场非正式的讲话，不是事先准备好的；这或多或少是对你自己的一次探索，公开探讨这个问题是一回事，而完全由你自己去探索则完全是另外一回事。我们正试图做的是相互沟通——这是一场深入探索时间的旅程。探询也隐含着时间，组织语言隐含着时间，所有的沟通都以时间为基础。也许，不借助语言、不借助文字上或智力上的沟通，而是通过绕开这整个过程，就会对时间是什么和永恒是什么有一种领悟。但不幸的是，我们必须先从语言上、智力上来探索时间这个问题。而这种探索指的是了解它——不是记起你读过的书或仅仅听到我讲的话，而是你自己亲自洞察它、直接看清它。我想这也许具有无比重大的意义。

时间既有钟表上的也有心理上的，既有外在的也有内在的。而当时间作为"我会如何，我不会如何；我必须实现，我必须成功"进入我们的生活时，冲突就会产生。如果心能够消除这整个过程，那么我们也许就会发现心是无法衡量的，它没有边界，而同时又能带着它所有的感受完整地、全然地活在这个世界上。

对我们大多数人来说，今天、明天、昨天这样的钟表时间是必不可少的。学习一门技术、谋取一份生计都涉及时间。它就在那里，你无法回避，这是一个事实。你从别处来到这里需要时间；学习一门语言需要时间；还有从年轻到年老这样的时间。从这里登上月球需要时间，其中涉及距离和空间。这些都是事实，否认这点是非常荒唐和不理智的。

那么，作为事实存在的还有任何其他的时间吗？抑或，是心臆造出了心理时间，作为一种取得成就的手段、成为什么的手段？我心怀嫉妒、贪得无厌、残暴冷酷；但是，假以时日，我就会逐渐摆脱嫉妒，变得不暴力。这是一个现实、一个事实吗，就像从伦敦去巴黎的距离是一个事实那样？还有任何其他像空间和距离一样明确和真切的事实吗？换句话说，究竟存在心理时间吗？尽管我们发明了它，尽管我们和它生活在一起，尽管它在我们看来是一个事实，但是，究竟有这种东西存在吗？我们接受了物理时间，我们也接受了心理时间，而这两者，我们说都是事实。其中之一，物理时间，是一个事实；但我质疑另一个是不是事实。为了即刻看清某件事情，时间是必需的吗？若要看清贪欲、嫉妒等等所有这些事情，看到嫉妒中所包含的痛苦，看到其真相所在，需要时间吗？抑或，心发明心理时间，是为了享用嫉妒的果实而又要避免它的痛苦？所以，时间也许是怠惰的心的避难所。懒惰的心才会说"我无法立即看清这件事情，给我时间，让我多看一段时间；然后我就可以对它做点儿什么了"；或者"我知道我很暴力，然后渐渐地，当它不再取悦我，当它对我不再有利可图，当我不再享受它的时候，我就会放弃它"。于是理想就产生了："应当如何"的想法被放置在远处，远远离开"现在如何"的事实。所以，"事实"和"应当如何"之间有一道鸿沟。那么我问：那个理想，那个"应当如何"是事实吗？或者，那是心为了能够延续各种快乐和痛苦，能够继续懒惰地拖延下去，而做出的一项便利的发明？

而若要立即看到什么——嫉妒、竞争、社会道德的荒唐——立即看到其谬误，这需要时间吗？转变心灵，心灵从自身所受的制约中解放出来，这需要时间吗？你看，人们通常认为，一场革命意味着实施某套经济、社会、政治或其他模式，作为对之前状况的一种反应。在我看来，反应不是革命。革命是即刻发生的，与反应毫无关系。

毕竟，心灵是千万个昨天的产物，它自身就是时间的产物，始终从昨天、今天和明天这样的角度来思考。而若要发现永恒是否存在，真正去弄清楚、去了解这个问题，心灵本身就必须进行一场彻底的革命。我传达了什么东西吗？还是什么都没说明白？

你看，你是一个英国人、意大利人、法国人、印度人或者无论什么人，随之而来的是所有的国家主义——制约，对生活的那种分离的、割裂的态度。这种制约通过时间、通过教育、通过宣传得以形成；两千年来教会一直在给你洗脑，让你做一个基督教徒。而宗教、国家主义、分裂主义的这些制约显然必须被彻底打破，因为那些东西都是心灵的边界和局限。而完全打破这一切，是一个时间问题吗？

我们换个方式来看这个问题。时间会在什么地方存在？不仅是钟表上的时间，还有内在的时间，它们在哪里？请注意，这不是一个比喻性的问题，不是一个辩论性的问题，也不是仅仅为了刺激你的大脑而提出的问题——那都太愚蠢了。我这么问是因为，在一个根本没有时间的状态中，空间、时间和距离必然会出现。那个状态必须先出现，然后其他的一切再进入其中。如果没有那种永恒，就不会有空间和距离。请不要接受或拒绝这个说法；我们必须摸索着前进。我还没有把对它的感受传达给你，所以你不能说就是这么回事，或者不是这么回事，或者我说的话对你而言毫无意义。

你看，你存在于空间之中。如果没有空间，你就不可能存在。如果两个词语之间没有空间，这些词就没有意义。如果两个音符之间没有空间，就不会有音乐出现。空间是未知的东西，已知存在于其中。如果没有未知，已知就不存在。我不知道我有没有传达给你什么。请注意，这不是仅仅用来一笑了之或者寻求赞同的感性上的东西。我会继续探讨一些别的内容。如果无论我说什么都变得僵化，那就没有生活可言。

我们大部分人都想要一种有延续性的生活，而延续性就是时间和空间。所以，死亡对我们来说是一件可怕的事情，需要避免，而生命是某种需要借助药物、医生等等来延长的东西。要么，在避无可避的死亡面前，我们说："我会相信点儿什么：我会来生再续，你也会。"——这都落在了空间之中。

所以，在未知的子宫里，时间和空间得以存在，如果我可以这么说的话。佳是，如果没有亲自谨慎地探索未知，心就会成为时间和空间的奴隶。来到这里，我们需要花时间，但是，洞察、看到并非一个时间问题的某种东西需要花时间吗？看到某种东西是虚假的，需要花时间吗？看到国家主义的谬误和毒害，需要花时间吗？请稍等一下，不要同意。我说的不是智力上、语言上的看到，而是真实地看到、真切地感受到这一点，于是你再也不会碰它——毫无疑问，那并不需要花时间。只有当心灵无能而又懒惰的时候，才会依赖于时间。

而死亡——为什么人们会对死亡如此恐惧呢？不仅仅是那些上了年纪的人，每个人都心存这种恐惧。为什么？因为害怕，所以我们发明了各种各样动听的宽慰心怀的理论：转世、业、重生以及诸如此类的一切。需要了解的是恐惧，但我们不必再退回去探讨恐惧了。我们在试着了解死亡意味着什么。

我们大部分人都想要身体上的延续性——记得我们过去是怎样的，那些希望、满足和成就——我们大部分人都和记忆、联想、壁炉上供奉的画像和照片生活在一起。那一切在这个物质身体死去时都会被切断，而这是一件令人相当不安的事情。我活了这么久，活了五六十年，努力培养某些美德、获取知识，如果我要被切断这一切、在那一刻撒手人寰，那么生命的意义何在呢？于是，时间和空间就乘虚而入。你明白吗？时间，就是空间和距离。所以对我们来说，死亡是一个时间问题。然而，有延续性、从来不懂得结束的东西，永远无法自我更新，永远不会是年轻的、新鲜的、纯真的。只有死去的东西才有可能创造、新生、清新如初。所以，有没有可能在活着的时候死去，懂得死亡的活力和能量，同时所有的感觉又都全然清醒？死亡意味着什么？这里说的并不是因为年迈、疾病和意外导致的死亡，而是一颗充分活跃、体会过、经历过、获取过知识的心的死去，那实际上意味着昨天的死去。你明白吗？

我不知道你是否曾经尝试过这么做，哪怕只是为了好玩儿——对你已知的一切死去。然后你会说："如果我对我所有的记忆、我的经验、我的知识、我的照片、我的象征、我的依恋、我的野心都死去的话，那会剩下什么呢？"什么也剩不下。然而，若要了解死亡，心就必须处于一种空无的状态中，这点毫无疑问。我们拿一件事情来举个例子。你曾经尝试过不仅对痛苦，而且也对快乐死去吗？我们希望对痛苦、对不愉快的记忆死去，但是对快乐、喜悦、对带给你巨大活力的事情也死去——你可曾尝试过？如果你尝试过，你就会发现你可以对昨日死去。对一切都死去，这样，当你去办公室、去上班的时候，你的心就是崭新的——无疑，那就是爱，不是吗，而不是记忆中的东西。

所以，心灵经由时间造就出来，心灵就是时间。每个思想都在时间中塑造着心灵。而若要不被时间所塑造，思想就必须彻底终止。不是强迫之下的终止，不是机械的终止，也不是强行切断，而是看到"它必须终结"这个真相，这样的终止。

所以，如果你想了解死亡，你就必须与死亡共处。如果你想了解一个孩子，你就必须与那个孩子相处，而不被他吓坏。但是，我们大部分人在死亡真正来临之前都死过千万次了。与死亡共处就是对昨日死去，这样昨天就不会在今天留下任何印记。你试一试。当洞察了关于这个问题的真相，那么生活就会有一种截然不同的意义；此时生与死之间就没有了分割。但是，我们害怕生，也害怕死，我们既不懂得生也不懂得死。若要与什么共处，我们就必须热爱它，而爱就是对昨日死去——然后你才能生活。生活不是记忆的延续，不是回到过去然后说："当我是个小男孩的时候我过得多么开心啊！"

我们不了解死亡，我们也不了解生活。我们知道各种各样的混乱、焦虑、内疚、恐惧以及可怕的矛盾和冲突，但我们不知道生活是什么。我们只知道死亡是一件很可怕、很恐怖的事情；我们把它搁置一旁，不去谈论，我们还逃避到某种形式的信仰，比如飞碟、转世或者别的什么东西之中去。

所以，当时间、空间和距离在未知的意义上得到了理解，就会有一种死亡，因而就有一种新生。你看，我们的心总是依照已知来运作，我们从已知走向已知，我们不知道任何其他的事情，而当死亡切断了已知之间的这种连续性，我们就被吓坏了，找不到丝毫慰藉。我们想要的是慰藉，而不是了解我们不知道的东西并与之共处。

所以，已知就是昨天，那是我们所知道的一切。我们不知道明天是什么。我们把过去通过现在投射到将来，希望和绝望因此诞生。但是，若要真正领会这件被称为死亡的事情——死亡必定是某种非同寻常的、不可知的、无法思考、无法想象的东西——你就必须没有任何知识和恐惧地去面对它。而我说，对许许多多个昨日死去是可能的。毕竟，无数个昨日就是快乐和痛苦。当你对昨日死去，心就会变空，它害怕那种空虚，于是又开始从已知走向已知。但是，如果你能对快乐和痛苦死去——不是指某种特别的快乐或特别的痛苦——那么心就没有了时间和空间。而这样的一颗心接着就有了时间和空间，却没有时间和空间的冲突。我不知道你明白了没有。恐怕语言非常有限，但也许我们可以讨论一下这个问题。

问题：我一直以为只要有空间，就必然会有时间，而你的说法似乎很不一样。两个词语之间的空间不就是时间吗？

克：先生，我们既知道心理时间，也知道钟表上的时间。而受限于这两种时间的心——这两种时间也涉及了空间和距离——如何才能发现是不是存在一种没有空间和距离的时间呢？你明白吗？我想弄清楚是不是存在一种永恒，其中不存在时间和空间这样的量度。首先，有可能找到这样一种东西吗？也许不可能。如果不可能，那么心就永远是时间和空间的奴隶；那么事情就结束了。然后就只是一个调整的问题了，努力让痛苦少一点儿，等等。懂得了这一切，心能够不借助权威，自己去发现是不是存在某种永恒吗？而又如何去发现呢？只有通过摒弃心理时间才能发现——因为当心灵即刻看到了某种东西，那就意味着它把自己从自身活动所围绕的中心之下解放了出来，意味着对那个积攒快乐并排斥痛苦的中心死去，不是吗？而我认为这与我们的日常生活有着直接的关系。

问题： 物理时间和心理时间不是一样的吗？

克： 从某种意义上来说，它们都是一样的。

心难道没有一种处于某种永恒状态之中的渴望吗？对我们来说，永恒非常重要，不是吗？但是，并不存在永恒这回事，因为有战争、有死亡，我妻子跟别人跑了，等等。拥抱永恒的渴望是希望得到保障的愿望。然而，心排斥不安全，所以它发明了各种希望以及永恒的上帝这个概念。在时间和空间中臆造出来的永恒的神明不可能是上帝。所以，如果心能够立即看到"没有什么永恒的东西"这个真相、这个事实，那么我想，时间、死亡和爱就会拥有全然不同的意义。

问题： 心脏停止跳动之后，作为个人的思想还存在吗？

克： 噢，我们是多么迫切地想搞清楚这个问题啊！我们一下子就坐直了身子，打算注意听了！

我们来深入探讨一下。存在个人的思维和集体的思维吗？或者，思维都是集体的，只是我们把它个人化了？你们都是英国人：这是集体思维。你们都是基督教徒：这也是集体思维。只有当你从集体中脱离出来，当你不再受到束缚、局限和制约时，才会有个体的思维。所以毫无疑问的是，只有在"一个有机体与另一个有机体是分开的"这个意义上，在我们之间有一个空间和距离这个意义上，我们才是个体。难道我们的思维不都是集体的吗？——这是一个相当可怕的想法，但难道不就是这样吗？

问题： 如果有人告诉你明天你就会死，那不会对你本人产生任何影响吗？

克： 完全不会；我会一如既往地生活。但问题是：存在脱离集体的个人思维吗？我想说的是这个意思。我是作为一个印度教徒、基督教徒、佛教徒或者无论什么人被抚养长大的，相信社会所相信的一切并成为它的一部分。存在脱离这一切的思想吗？脱离那些的任何思想都只能是一种反应，难道不是这样吗？我可以突破集体的框架，然后说我脱离了出来，但实际上那只是框架之内的一种反应，不是吗？而我说的是彻底摒弃这整个框架。这可能吗？如果可能，那么就会有一种个体的思维，它并非只是对集体的反应。

毕竟，死亡就是从集体中脱离出来。死亡是脱离包含着集体思维以及对集体的反应的整个框架——我们称这种反应为个体的思维，但它依然是集体的一部分。对这一切都死去，也许是，也必然是某种截然不同的东西，某种无法用集体或个体来衡量的东西，某种不可知的、未知的东西。而我说，如果未知并不存在，如果已知并不存在于未知当中，那么我们就只能是已知的奴隶，没有任何出路可言。只有当你对已知死去时，那不可知者才能够成为可能。

（伦敦第九次演说，1961 年 5 月 21 日）

冥想是对爱的探索和发现

今晚我想谈一谈冥想的心具有怎样的品质。这个问题可能相当复杂和抽象，但是，如果你彻底地探究这个问题——不是要探讨得多么详细，而是发现它的本质、它的感觉、它的精髓——那么也许这场探讨就是有价值的；那样也许无须有意识的努力和刻意的目标，我们就能突破这颗浅薄的心——是它让我们的生活变得如此空洞、如此肤浅、如此受制于习惯。

首先我认为，如果我们能认识到自己是多么肤浅，那将是非常有意义的。在我看来，我们越是肤浅，我们就会变得越活跃、越集体化，就会越深地沉溺于社会改革。我们收藏艺术品，我们无休止地夸夸其谈，参加各种社会活动，去听音乐会、读书、看画展，没完没了地忙着工作和生意。这些事情让我们变得迟钝，而当我们意识到这种迟钝，我们就试图借助语言、智力以及头脑里的那些东西让自己变敏锐。因为肤浅，我们也试图借助宗教活动、祈祷、冥想、追求知识来逃避这种空虚；我们变成理想主义者，把蓝图挂在墙上，等等。如果我们神志清醒，我想我们非常了解自己有多么肤浅，知道遵照某个习惯或进行某种修炼以成为什么的一颗心，是如何被弄得越来越迟钝、越来越愚蠢的，进而失去了它自身的锐利和敏感。一颗肤浅的心很难粉碎它自身的狭隘、自身的局限、自身的渺小。我不知道你究竟有没有想过这个问题。

在我看来，如果不懂得冥想那非同寻常的美，一个人无论看起来多么有智慧、有天分、有能力、有见地，这样的一种生活都是非常肤浅的，而且意义甚微。而当我们意识到自己的生活没什么意义，我们就会寻找生活的意义；赋予生活的意义越伟大，我们认为我们付出的努力就越崇高。我认为寻找意义是一个完全错误的做法。意义并不存在，有的只是一种超越量度的生活。而若要发现那个超越量度的状态，就需要一颗非常灵敏、锐利、清晰而又精确的心，而不是一颗被习惯弄得迟钝的心。

我认为，我们的生活是空洞的、肤浅的，这点非常清楚。而一颗肤浅的心很容易满足。一旦它变得不满，它就会遵循一套狭隘的窠臼，建立某个理想，去追求"应当如何"。这样的一颗心，无论做什么——盘腿打坐，冥想脐轮或者心想着至高无上者——都依然是肤浅的，因为它最核心的本质就是肤浅。一颗愚蠢的心永远无法变成一颗伟大的心。它所能做的，就是意识到自己的愚蠢，而当它一旦意识到自己现在如何，却不想象着它应当如何，它就会突破这种愚蠢。当你意识到这一点，所有的追寻都会停止——那并不意味着心灵变得停滞，昏昏睡去。恰恰相反，它如实地面对"现在如何"——那不是一个追寻的过程，而是一个了解的过程。

毕竟，大多数人都追求幸福、上帝、真理、长久的爱，天堂里永恒的居所，永恒的美德、永恒的爱。而在我看来，一颗追寻的心是非常肤浅的心灵。我想我们应该清楚这一点，我们应该探究心灵，我们应该看看一颗肤浅的心及其行为的荒唐之处，因为如果我们还在从追寻、努力、想发现什么的角度来思考的话，我们就无法透彻地理解我们今晚探索的内容。正相反，我们需要一颗极其敏锐、安宁、寂然不动的心。一颗肤浅的心，当它努力变得安静，它依然会处于一池浅塘之中。一颗琐碎的心，因为想有所成就而变得无论多么博学，多么狡猾，多么营营役役地追随上帝、真理或某个圣人，它都依然是肤浅的，因为所有的努力都是肤浅的，是局限、狭隘心灵的产物。这样的一颗心永远不会敏感，而我认为，一个人必须面对这个真相。成为什么、变得如何，培养美德，拒绝、抗拒、压抑、升华——这一切实际上都是一颗肤浅的心的本质。也许大部分人都不同意这一点，但是没关系。在我看来这是一个显而易见的心理事实。

那么，当你认识到这一点，当你觉察到这一点，不是从语言上、智力上而是切实看到这个真相，同时不让头脑提出无数个如何改变、如何脱离这类肤浅的问题——那一切都意味着努力——那么心灵就会意识到它对自己什么也做不了。它所能做的，就只有毫不留情地、如实地感知、观察事物，没有扭曲，也不会把观点带入事实——而只是观察。然而，仅仅单纯地去观察，这极其困难，因为我们的心已经训练有素地习惯于谴责、比较、竞争和辩护了，或者与它看到的东西相认同。所以它从来没有完全如实地看到事物。如实地与某种感受共处——无论是嫉妒、羡慕、贪婪、野心还是别的什么——若要不扭曲它、对它没有任何观点或评判地与它共处，就需要心灵拥有能够跟随那个事实的所有运动的能量。事实从来不是静止的；它在运动，它是活生生的。但是我们想用一个观点、一个判断来捕捉它，让它静止下来。

所以，一颗醒觉、敏感的心能够看到所有努力都徒劳无益。即使在我们的教育领域，努力学习的孩子或学生从未真正在学习。他也许获得了知识，取得了学位，但学习是一种超越努力的东西。也许今晚我们能够一起毫不费力地学习，不被困在知识的领域中。

觉察事实，没有任何扭曲，不做任何渲染，也不带有任何偏见，如实地看待我们自己——以及我们所有的理论、希望、绝望、痛苦、失败和挫折——能让心灵惊人地敏锐。让心灵迟钝的是信仰、理想、习惯以及对自身扩展、成长、"成就什么"或"成为什么"的追求。正如我所说，跟随事实需要一颗精确、敏锐、活跃的心，因为事实从来不是静止的。

我不知道你是不是曾经观察过妒忌这个事实并跟随它。我们宗教上所有的约束都以妒忌为基础，上至大主教下至最底层的教士都是如此；我们所有的社会道德、我们的关系都建立在贪欲和比较的基础之上，那还是妒忌。而若要在我们的日常活动中从始至终地跟随它所有的运动，就需要一颗非常警觉的心。人很容易压抑妒忌，说"我明白我不可以妒忌"，或者"因为我被困在这个腐败的社会中，所以我必须接受它"。但是，若要跟随它的运动，跟随它的每条曲线、每条路径，跟随它的细微和精妙之处——跟随事实的这个过程本身就会让心灵变得敏锐、灵巧。

那么，如果你这么做，如果你跟随事实却不想改变它，那么就不会存在"事实"和"应当如何"之间的矛盾，因而也不会有任何努力。我不知道你有没有真正看到这一点——那就是，如果心跟随事实，那么它就不会困在想要改变事实、想让它有所不同的努力中。同样，这也是一个心理上的真相。而这种对事实的跟随需要一直都在进行，日日夜夜，即使在睡眠中也是一样。因为当身体入睡后，心智的活动还要更加蓄意，更加有目的性，那些活动已通过符号、暗示和梦境被意识所发现。

然而，如果心在整个白天都是警觉的，始终在留心观察每一句话，每个动作、思想的每个活动，那么晚上就不会做梦；此时心就可以超越自身的意识。我们暂时不会详细探讨这个问题，因为我们想引出的是一颗敏感的心的必要性。如果你想弄清关于真理、上帝或者无论你谓之何名的真相，那么就绝对需要拥有一颗优质的心灵——不是聪明机巧、智力高超、能言善辩的心，而是一颗为了发现真相而能够理性地探讨、质疑、发问和探询的心。有边界的、受制约的心是不敏感的；一个国家主义者、信仰者显然不会拥有一颗敏感的心，因为他的信仰、他的国家主义局限了他的心。所以，在跟随事实的过程中，心灵变得敏感。你无须让心灵敏感，事实就可以让心灵敏感。

如果这一点或多或少清楚了，那么这样的一颗心所发现的美具有怎样的品质呢？对于我们大多数人来说，美存在于我们客观看到的事物之中——一座建筑、一幅画、一棵树、一首诗、一条河、一座山，一张美丽的脸庞上绽放的笑容，或者街边的一个孩子。而对我们来说还有对美的否定和反应，那就是说："这很丑。"但是，一颗敏感的心对丑陋和美丽都是敏感的，因而不会追求被称为美的东西，也不会避开丑陋。而凭借这样的一颗心，我们就会发现有一种美完全不同于局限的心所评定的美。你知道，美需要简朴，而一颗能够如实看到事实的非常简朴的心就是一颗异常美丽的心。然而，如果没有摒弃，你就不可能简朴，如果没有简朴，你也不可能摒弃。我说的不是身缠腰布、蓄须明志的简朴，也不是僧侣的简朴、一日一餐的简朴，而是一颗如实看到自身并不懈跟随它之所见的心所具有的简朴。而这种跟随就是摒弃，因为心没有一个可以依附的停靠点。它必须彻底摒弃自我才能看到"事实"。

所以，对美的感知需要简朴的激情。我故意把"激情"和"简朴"这两个词用在一起。我解释了简朴，而显然你必须拥有激情才能发现美。必须有一种热烈，必须有一种敏锐。迟钝的心无法朴素、无法简单，因而它没有激情。在激情的火焰中你才能感知美，并与美同在。

也许对你来说，这些都是要记住、稍后再去回想和感受的言辞。没有什么"稍后"，也没有什么"在此期间"，它必须现在就发生，就在我们讨论、互相交流的时候。而这种对美的感知不仅仅存在于事物之中——花瓶里、雕塑中、天空上——而且你也开始发现冥想的美，以及冥想之心的热烈和激情。

现在我想探讨一下冥想，因为冥想是必要的，我们正在为它打下基础。你需要有一颗能够安静的心才能冥想——不是一颗被花招和戒律，通过哄骗和压抑变得安静的心，而是一颗彻底安静的心。这对于一颗处于冥想状态中的心来说是绝对必要的。因此心必须摆脱所有的符号和语言。心是语言的奴隶，不是吗？英国人是"女王"这个词的奴隶，宗教人士是"上帝"这个词的奴隶，等等。被符号、语言和观念塞满的心没有能力变得安宁、寂静。而一颗困在思想中的心也无法变得安静。这种安静不是停滞，不是一种空白或催眠状态，而是当你了解了思想的过程，没有任何意志和欲望地、意外地与它不期而遇。

毕竟，思想就是记忆的反应，记忆是经验的残渣，而经验的残渣就是那个中心，就是自我。因此那个中心、自我、"我"得以形成，这实际上就是过去和现在与集体和个人有关的经验的累积。思想从那个中心，也就是记忆的残渣中得以产生；而这个过程必须被彻底了解，这就是自我认识。所以，如果没有意识层面和下意识层面的自我了解，心就永远无法安静。它只能催眠自己安静下来——这太幼稚了，太不成熟了。

所以，自我了解是即刻发生的，它是必要的，而且非常紧迫，因为心了解了自己以及自身所有的花招、想象和活动，然后无须任何努力、任何请求、任何预谋地来到那个彻底安静的状态。对自己的了解，就是了解整个思想，它是如何把自己划分成更高的自我和低下的自我的。那就是看到经验、记忆、思想和那个中心的全部活动——那个中心变成了思想、记忆和经验；而经验又变成记忆，记忆又受到经验的进一步制约。

我希望你们明白了这一切，因为如果你密切地观察自己，你就会发现这一点。那个中心从来不是静止的。那个中心的内容变成经验，经验变成那个中心，中心又转变成记忆。这就像因果一样。因变成果，果又变成因。而这个过程不仅仅是有意识的，而且也在无意识地发生着。潜意识就是种族和人类的残留，无论是东方的还是西方的；这些继承下来的传统，与如今的时代相遇，再变成另一种传统。觉察到潜意识的众多层面和活动，需要一颗极其敏锐而活跃的心，它从来不会寻求安全和舒适。因为一旦你寻求安全和舒适，你就完蛋了，深陷泥沼之中，被困住了。一颗停泊在安全、舒适、信仰、模式和习惯中的心，不可能迅捷灵敏。

所以，这一切都是对自己的了解，而了解自己就是发现事实、跟随事实，而不渴望改变事实。而这需要关注。关注是一回事，专注则完全是另外一回事。多数想要冥想的人希望得到的是专注。学校里的每个男生都知道专注是什么。他想往窗外看，可老师说"看你的书"，于是内心就有了一场斗争——看窗外的愿望与促使他看书的恐惧和竞争的驱动力之间的斗争。所以专注是一种排除的形式，不是吗？在那个过程中，尽管你也许会变得敏锐，但你是在局限心灵。请跟上这一切，不要接受也不要拒绝，而只是去观察。

一颗仅仅专注的心知道分心是什么，而一颗全神贯注的心，没有被专注所困，它不知道分心是什么。此时万事万物都是一种鲜活的运动。请务必让这一点深入你的内心，你会发现你将扔掉强加在你身上的所有宗教条规的负担，全然不同地看待生活。生活于是就会变成一件令人惊奇的、无比重要的事情——那就是生活本身，而不是逃避。

你知道，当你给孩子一个玩具，他所有的躁动不安都会减退，他安静下来，被那个玩具所吸引。对我们来说也是一样；我们有我们的玩具，我们的大师、救主、画作；心专注于这些而变得安静，但这种专注对心灵来说就是死亡。

而关注并不是专注的反面，它与专注无关，所以它不是对专注的一种反应。当你的心对自身内外发生的每个活动都能觉察，那就是关注。那意味着不仅仅听到巴士、汽车发出的所有噪声，而且也能听到别人所说的话，毫无选择地觉察到你对这些话的反应，所以心没有任何边界。当心灵是如此全神贯注，那么专注就有了截然不同的含义；此时心也能专注，但是那种专注并不是努力，也不是排除，而是觉察的一部分。我不知道你有没有明白这点。

这样的关注就是善；这样的关注就是美德，这关注中有爱，所以，无论你做什么，都没有恶。只有存在冲突时邪恶才会产生。一颗全神贯注的心，一颗对自身以及自己内在的一切完全觉知的心——这样的一颗心才能够超越自己。

所以，冥想不是一个知道如何冥想、被教会如何冥想的过程——那些都极其幼稚；那样就会形成一个习惯，而习惯会让心灵迟钝。困在自身局限之中的心灵，也许会看到基督、印度神明或者无论什么的影像，但那依然是受制约的。一个基督教徒只会看到基督的影像，而印度人只会看到他自己钟爱的小神明。一颗冥想的心不是一颗想象力丰富的心，因此它不会看见那些影像。

所以，心灵之前一直在自身的活动中挣扎着，当它跟随自身思想的活动，它就会爱上自己的中心、活动和经验，此时它才能跟随，此时它才能安静。

现在请等一下。讲话者可以用语言告诉你这时会发生什么，但那没什么意义，因为你得自己去发现。当你亲自把门打开，你就会进入那个状态；如果别人为你把门打开或者试图这样做，那么这个人就会成为你的权威，而你会变成他的追随者。因此对于真理来说，那就是死亡，对于说他知道的人来说是死亡，对于说"告诉我"的人也是死亡。想要知道的渴望滋生了权威，所以领袖和追随者都被困在了同一个罗网之中。

而讲话者探讨这些，并不是要说服你、诱惑你、演示给你看，不是任何此类的东西，而是因为当你了解了这些，你就会发现时间和空间有着怎样的关系。

你知道，当心灵完全没有任何障碍和局限，它就是完满的；而因为完满，所以它是空无的；因为它空无，它就能包含时间——时间就是空间和距离；时间是昨天、今天和明天。但是，如果没有那空无，就没有时间、没有空间、没有距离。因为那空无，时间才存在，进而有了距离和空间。而当心灵发现了这一点、体验到了这一点——不是从语言上，不是作为一件记忆中的事情，而是切实地体会到——那么那颗心就会知道创造是什么——创造，而不是创造出来的事物。此时你就会发现，当你转过街角，当你走在林中或走在污秽的街道上，无论在哪里，你都会遇见永恒。

所以，心已经踏上了探索自身的旅程，深入探索了自身，没有任何保留。这不像是坐火箭去往月球的旅行，那相当容易，那是机械的；这是一场内在的旅程，一种内在的观察，并非只是对外在产生的反应。内在和外在是同一种运动。当有了这种深刻的内在观察、内在的跟随、内在的流动、内在的旅程，心就不会与那崇高者分离。因而所有的寻找、所有的追求、所有的渴望都止息了下来。

请不要被我说的话催眠和影响。如果你被影响了，你就无法亲自发现爱是什么。冥想就是对这件我们称之为爱的非凡事物的探索和发现。

（伦敦第十次演说，1961 年 5 月 23 日）

追求安全的心会变得迟钝

我们上次谈到了冥想和美，我想，如果我们可以回来对这个问题再稍加探讨，然后我们就可以继续进行这次我想讨论的内容了。

我们说存在着一种美，一种超越所有感官感受的美，一种并非由人类或自然造就的东西所激发的美感。它超越了所有这些，而如果你不懈地探究美是什么——它不单纯是主观的或客观的——你将体会到那种对美的强烈觉知，就像你通过冥想感受到的那样。我认为冥想和冥想的心是绝对必要的。我们非常详尽地探讨了这一点，并且发现一颗冥想的心就是一颗探询的心，它穿透了整个思想的过程，并且能够超越思想的局限。

也许对我们之中的一些人来说，冥想是一件极其困难的事情，那也许是因为我们从未思考过这个问题。但是，如果你曾经仔细地探究冥想这个问题——不是自我催眠、想象或激发出各种视觉影像以及所有此类幼稚的把戏——我想你就必然能体会同样的感受，体会同样的热烈，就像当心灵能够感知什么是未经激发、不期而遇的美之时的感受一样。而一颗寂静、安宁的心，在那种热烈中就会发现一种不被时间和空间所限的状态。

这次我想谈谈什么是宗教心灵。正如我们在这些非正式讲话一开始所说的那样，我们彼此是在相互沟通，我们是在一起踏上旅程。所以你们听我说话的时候没有心怀偏见、好感、喜欢或不喜欢；你们倾听，是为了让自己弄清真相。而当你被困在如此谬误、不成熟的思想、希望和绝望之中，若要发现真相是什么，你就不能接受讲话者所说的任何话。你得去寻查、探索；而那需要一颗自由的心——并非只是一颗怀揣偏见和成见的心做出的反应，而是一颗真正自由的心，它没有停泊在任何特定的信仰、教条或经验之中，而是能够非常清晰而准确地跟随事实。若要跟随事实，就需要一颗非常敏锐的心。正如我们前几天所说的那样，事实从来都不是静止的、停滞的；它一直在运动着——无论是你从自身之中观察到的事实，还是客观的事实。对事实的观察需要一颗有能力的、精确的、理性的心，而且最重要的是，它要有探究的自由。

在我看来，当今这个有着如此之多的困惑、不幸和混乱的世界，迫切需要科学心灵和宗教心灵。它们无疑是唯一的两种真实的心灵状态——不是怀有信仰的心灵，不是身受制约的心灵，无论是被基督教、印度教的信条，还是被别的什么信仰或宗教所制约。毕竟，我们的问题非常巨大，生活也变得越来越复杂。也许从外在讲，安全感多了一些，感觉可能不会再有核战争了，因为人类对此有着巨大的恐惧。你感觉也许会有一场遥远的战争，但不是在欧洲；所以你从身体上和内心都觉得安全一些了。但是在我看来，追求安全的心会变成一颗迟钝的心、平庸的心，而这样的一颗心没有能力解决它自身的问题。

所以，生活在这个世界上——这个世界有着它自身的常规和乏味之处，有着肤浅的中产阶级、上层社会或下层社会的生活——若要解决我们的问题，超越它们并进行深入的内在探索，就只有两条途径：科学的方式或宗教的方式。宗教方式包括了科学方式，但科学方式之中无法包含宗教方式。但我们需要科学精神，因为科学精神能够毫不留情地检视导致人类不幸的所有肇因；科学精神可以带来世界和平，从客观上讲，它可以填饱人类的肚子，为人们提供住所和衣服等等——不只是为英国人或者美国人，而是为整个世界。你不能在地球的一端生活富足，而在地球的另一端却有着腐化、疾病、饥饿和污浊。也许我们多数人对此一无所知，但是你应该知道。若要解决所有这些巨大的问题，打破所有愚蠢的国家主义、所有的政治交易、野心以及贪得无厌的权力，你需要科学精神。但不幸的是，正如你所见，科学精神最关心的是到达月球以及更远的地方，改善我们的舒适度——更好的冰箱、更好的汽车以及诸如此类的一切。科学精神所及的范围看似没有问题，但在我看来那是一个非常局限的视角。

我们知道科学精神是什么——探询的精神，永不满足于它已经发现的东西，它总是在改变，从不停滞不前。正是科学精神造就了工业世界，然而没有内在革命的工业世界带来了平庸的生活方式。如果没有内在的革命，文明生活中所有所谓的荣耀和美只会让心灵变得更加迟钝、更加心满意足、更加安全。某些方面的进步是必要的，但是进步也摧毁了自由。我不知道你有没有注意到，你拥有的东西越多，你就越不自由。所以东方的宗教人士说过："让我们抛弃物质上的东西，它们不重要。让我们追求另一种东西。"但是他们也没有找到那个。所以，我们或多或少地知道科学精神是什么——那是存在于实验室中的精神。我说的不是作为个体的科学家；他也许就跟你和我一样，厌倦了自己的日常生活，需索无度，寻求权力、地位和威望以及诸如此类的一切。

而弄清楚什么是宗教精神则要困难得多。当你想要发现某些真实的东西，你要如何入手呢？我们想要搞清楚什么是真正的宗教精神——不是有组织的宗教中盛行的那种奇怪的精神，而是真正的宗教精神。那么，你要怎么着手呢？

我认为，只有通过否定式的思考，你才能发现什么是真正的宗教精神，因为对我来说，否定式的思考是最高的思考形式。我说的否定式思考，指的是抛弃和粉碎虚假的事物，打破人类为了自身的保障、为了自己内在的安全拼凑出来那些东西，打破思想的机制以及思想建立起来的各种各样的防御。我认为人必须粉碎它们，快速地、迅捷地穿透它们，看看是不是存在某种超越的东西。而粉碎所有这些虚假的东西，并不是对现状的一种反应。无疑，若要发现宗教精神是什么并以否定的方式入手，你就必须看到你信仰什么，你为什么有信仰，你为什么接受了全世界组织化的宗教强加在人类身上的不计其数的制约。你为什么相信上帝？你为什么不相信上帝？你为什么抱有那么多教条和信仰？

那么，你也许会说，如果你穿透了心灵躲避于其下的所有那些所谓的肯定式结构，超越它们而不试图找到另外的东西，那么就会什么也剩不下，除了绝望。但我认为你必须连绝望也超越。只有当存在希望——得到保障、永远舒适、永远平庸、永远快乐的希望时，绝望才会存在。对我们大多数人来说，绝望是对希望的反应。但是，若要发现什么是宗教精神，在我看来，这种探询必须在没有任何诱因、没有任何反应的情况下进行。如果你的探索只是一种反应——因为你想找到内在的保障——那么你的探索就只不过是为了得到更多的慰藉，无论是在信仰中、观念中，还是在知识和经验中得到慰藉。在我看来，这样的想法产生于反应，只会导致进一步的反应，所以无法从妨碍探索和发现的反应过程中解放出来。不知道我有没有把自己的意思说清楚。

我认为必须用一种否定的方式，也就是说，心必须觉知社会加诸其上的关于道德的制约，觉知宗教施加的无数条规，同时也觉知在摒弃这些外界强加之物的同时，人是如何培养出某些内在的抗拒的，觉知各种有意识和无意识的信仰——它们以经验和知识为基础，然后再成为各种各样的指导原则。

所以，想发现什么是真正的宗教精神的心，必须处于一种革命状态中——那意味着摧毁所有加诸其上的虚假事物，无论是外界的压力还是它自身施加的，因为心始终在寻求保障。

因此，在我看来，宗教精神本身之中就有这样一种持续的心灵状态：这颗心从不会为了自己的安全建造什么或构筑什么。因为，如果心灵带着得到保障的强烈渴望去营造什么，那么它就会生活在自己的围墙之后，因而没有能力发现崭新的东西究竟是否存在。

所以，死亡、摧枯拉朽是必要的——摧毁传统，彻底摆脱过去的一切，除掉作为记忆累积了数个世纪的所有过去。那么，你也许会说："那还会剩下些什么呢？我的一切就是这个故事、这些历史和经验；如果那一切都消失、都被擦除，那么还会剩下些什么呢？"首先，有可能把那一切都擦除吗？我们可以谈论它，但是这究竟可能吗？我说这是可能的——不是借助影响，也不是通过强迫；那就太愚蠢、太不成熟了。但是我说，如果你非常深入地探究这个问题，抛开所有的权威，这一点就可以做到。而那个彻底清除的状态——那意味着每天都死去，一刻接一刻地对你积累的一切死去——需要巨大的能量和深刻的洞察；而这就是宗教精神的一部分。

宗教精神的另一部分则是囊括了亲切和爱的力量中所蕴含的精神。我在试图用语言来表达；请不要抱着词语不放。我说宗教精神的另一部分是来自爱的力量。而我说的"力量"（power）这个词，其含义完全不同于想要变得强有力的渴望、支配感和控制感——通过禁欲得到的力量，或者野心勃勃、贪婪嫉妒、想要成功的聪明头脑的力量——那样的力量是邪恶的。一个人对另一个人的支配、政客的权力、影响人们用某种方式思考的力量，无论是共产主义者、教会、牧师还是媒体所为——这样的力量，在我看来是极其邪恶的。我说的是某种截然不同的东西，不仅仅从程度上，而且从本质上也不同，那是一种与控制的力量完全无关的东西。有这样一种外在的力量，并非由我们的意志或者欲望所引发。就在那种力量中有爱这样非凡的事物，而这也是宗教精神的一部分。

爱不是肉体上的，它也与感情无关；爱不是对恐惧的反应，也不是母亲对孩子或者丈夫对妻子以及诸如此类的爱。

请跟上这一点，深入探索，不要接受或拒绝，因为我们是在一起踏上旅程。你也许会说："这样的爱，这样一种不基于回想、记忆、联想的心灵状态是不可能的。"但我认为你是能发现它的。当你开始探究思想的这整个过程和心灵的运作方式，你就会与它不期而遇。那是一种本身具足的力量，是一种毫无由来的能量。它完全不同于自我、"我"在追求自身欲望实现的过程中所产生的能量。当思想——也就是经验、知识、自我，产生自身能量和意志的那个中心、那个"我"以及它所有的悲伤、不幸等诸如此类的一切——全部消除，那种能量就会产生。当那个中心消散不在，就会有这种能量、这种力量，那就是爱。

宗教心灵还有另外一个层面，那是一种运动——一种未被划分为外在和内在的运动。请跟上这一点。我们知道外在的运动、客观的运动；从那里会产生一种对它的反应，我们称之为内在的运动，那是对外在的一种背离、一种摒弃，或者接受外在是不可避免的，进而抗拒它，并培养出一种内在的运动，以及各种信仰、经验等等。存在外在的、向外的运动，那就是野心勃勃、争强好胜等等；当这些活动失败了，就会转而向内。当心灵欢快的时候，我们从不会去寻找真理。当心灵愉快、喜悦时，它本身就是那么活力四射，它甚至都不愿意咕哝一声"上帝"的名字。只有当我们痛苦、当外在的事情失败、当我们不再成功的时候，当我们家里有了麻烦的时候，当出现了死亡、冲突等等的时候，你才会转向内在，就像上了年纪的人一样。我们从来不在年轻的时候投靠宗教，因为那时我们的各种腺体都以最快的速度工作着。我们满足于性、地位、权威、金钱、名声以及诸如此类的一切。当这些东西开始让我们失望，我们才转向内在。这一切都是一种反应，而革命并不是一种反应。

那么，如果你非常清楚地看到了这一切的真相，就会出现一种内外兼具的运动，其中没有分裂。那是这样一种运动：这种运动精确地、清晰地、客观地、如实地看到外在的事物，同时内在也进行着同一种运动——不是作为一种反应，而是就像潮水一样，落下的潮水和涨起的潮水都是同样的海水。向外的运动保持眼睛和各种感官等一切的开放和活跃。而内在的运动是闭上眼睛——我这么说，是要借这种方式来告诉你，你不用闭上眼睛。内在的运动是向内的观察。了解了外在之后，眼睛转而向内，但不是作为一种反应。而内在的观察、内在的了解是全然的寂静和安宁，因为再也没有什么要寻找和了解的东西了。

我不喜欢用"内在"这个词，但是我希望我们已经明白了。这种内在的状态就是创造。它与人类所拥有的发明和制造东西等等之类的能力毫不相干。这是创造的状态。只有当心灵懂得了摧毁和死亡，这种创造状态才会出现。而只有当心灵处于这样的能量状态也就是爱之中时，才会有那种创造状态。

然而，部分从来都不是整体。我们描述了各个部分，但是车轮的辐条并不是车轮，尽管车轮包含着辐条。你无法通过部分趋近整体。只有当你对刚刚所说的宗教心灵的各个部分拥有了一种完整的感受，你才能了解整体。当你有了完整感，那么这种完整感中就包含了死亡、毁灭和爱带来的力量感以及创造。而这就是宗教心灵。但是，若要触及宗教心灵，心就必须精准，必须清晰地、理性地思考，永远都不接受它为自己制造出来的外在和内在的那些东西——知识、经验、观点以及诸如此类的一切。

所以，宗教心灵本身之中包含了科学心灵，但科学心灵不包含宗教心灵。世人努力让两者结合在一起，但那是不可能的，所以他们就试图约束人们去接受这种分裂。而我们谈的是截然不同的事情。我们试着踏上探索发现的旅程，也就是说你必须自己去弄清楚。接受我所说的话，这毫无价值；你们是宣传、影响以及凡此种种的奴隶。

然而，如果你也踏上了这次旅程，如果你能够去探索，那么你就会发现你可以生活在这个世界上；于是这个世界的混乱就有了意义。因为，在这整体的内容之中，在这种完整感之中，秩序与失序并存。难道不是吗？你明白吗？你必须摧毁才能创造。但那并不是共产主义者的摧毁。存在于宗教心灵之中的失序——如果我可以用这个词的话——并不是秩序的反面。你知道我们有多么喜欢秩序。我们越是资产阶级化，越是局限和平庸，我们就越喜欢秩序。社会想要秩序；它越是腐化，就越想要秩序井然。这就是一些人所希望的———个有着完美秩序的世界。而我们其他人也想要这样；我们害怕失序。请注意，我并不是在提倡一个失序的世界；我用"失序"这个词根本没有任何反动的意味。创造就是失序，但这种失序因为是创造性的，它本身之中就有秩序。这点很难说清楚。你明白了吗？

所以，宗教心灵不是时间的奴隶。只要时间存在——也就是昨天带着所有的记忆穿过今天，进而塑造未来并制约心灵——这种创造性的失序就不存在。所以，宗教心灵是一颗既没有过去也没有未来的心，它也没有活在作为昨天和明天的对立面的此刻，因为时间并不包含在那颗宗教心灵之中。我不知道你是不是明白了。

所以说心灵可以来到那种宗教状态。而我用"宗教"这个词传达的是某种全新的内容——与世界上的各种宗教无关，它们都是僵化的、垂死的、腐败的。所以宗教心灵是一颗只能与死亡、与力量和爱的那种非凡能量共处的心。不要诠释它，不要问它是爱一个人还是爱很多人，那就太幼稚了。只有宗教心灵能够向内，而这种向内并不是基于时间和空间的。这种向内是无限的、无穷无尽的，是困在时间中的心所无法衡量的。宗教心灵是唯一能够解决我们各种问题的心灵，因为它没有问题。存在的任何问题都会在瞬间被消化和解决；所以它没有问题。它也是唯一没有问题的心，一颗真正的宗教之心可以解决所有的问题。因此，这样的一颗心与社会有着紧密的联系，但社会与它毫无关系。

所以，就"宗教"这个词在这个层面上的意义来说，我们每个人都需要进行一场革命———场彻底的革命，而不是局部的革命。所有的反应都是局部的，而我们所说的革命并不是局部的，它是一种完整的东西。而只有这样的一颗心能够与上帝——或者无论你谓之何名——友好相处。只有这样的一颗心能够与真相嬉戏。

问题：是这同一颗心创造了失序和秩序吗？

克：先生，恐怕你并没有踏上这段旅程。必须死去，崭新的事物才能出现。词句、短语、问题在智力上的表达方式——这些与我们刚才所讲的毫无关系。你知道，当你看到了非常美丽、广袤无垠的事物——山脉、河流——心就会安静下来，不是吗？眼前的美扫除了你心中的所有疑问、所有伤感和思想的所有低语；在那一瞬间，它们被一扫而空，因为眼前的事物太伟大了。但是，如果这种清除是由你之外的事物引发的，那么这就是一个反应；随后你就会退回到你的记忆中去。然而，如果你真的走过了这段旅程，那么你的心就会处于那样的状态中，此时它不会提出问题，此时它没有任何问题。先生，一颗垂死的、僵化的心才会有问题——而不是一颗鲜活的、充满生机的、热烈的、像河流一样流动的心。

问题：我认为你会同意这个说法，即人类社会的状态留下了很多需要解决的问题。一个宗教人士有可能抗衡其他所有做法不同的人，以一种有效的方式来应对这个社会吗？

克：我打算下次再谈这个问题。这一切对社会有什么价值呢？少数人或一两个人懂得了这一点，其意义何在呢？社会是什么？社会又想要什么呢？它想要地位、权威、金钱和性；它的结构正是以贪欲、竞争和成就为基础的。如果你说了什么反对那些的话，他们就不想要你。你爱莫能助。如果这些所谓的灵性人士、牧师等等之中有些人开始说不要野心勃勃、完全不要战争和暴力，你认为他们还会有追随者吗？没人愿意听。我确信你是不会听我说的这些话的，因为你还会继续自己的生活；

你还会沿着野心、挫败和安全的道路走下去，而这条路实际上就是死亡之路。你会从这些话里提取出一些片段，添加到你的已知中去。我们所谈的是完全不同的东西，它的美、它的深度真的无比非凡。然而若要接近它、了解它、与它共处，就需要艰苦的工作，向内的工作，揭开意识和潜意识以及你周围的整个世界。要么你可以瞬间就看到它的全部并把它清除。而这两者都需要惊人的能量。

（伦敦第十一次演说，1961 年 5 月 25 日）

没有思想者，只有思想

今天是这个系列的最后一次讲话，在我们一起参与的这些聚会的过程中，我们思考了需要哪种态度或行动，来面对这个彻底混乱而又颇具破坏性的世界提出的挑战。这个世界到处都在发生着一种破坏和堕落的过程，不仅仅在社会中，而且在个人的内心也是如此。似乎始终有一股腐化的潮流在影响着我们。人与人之间有着如此之多的划分，经济上如此，种族上、宗教上也是如此。整个东方世界有着可怕的苦难和污秽，不仅在物质层面，而且在感情上、心理上也是一样；到处都有着紧张、冲突和混乱。

考虑到这一切，在我看来就需要一颗全新的心灵——不是一颗重新受到制约的心，不是一个被洗过脑的心智，而是一颗全新的心灵。我们也思考了如何造就这颗崭新的心灵。

我们从内在和外在的各个视角都切实地探究了这个问题，我认为我们已经看到，我们越是努力从外在改变心灵——借助宣传，这是大多数宗教的做法，或者通过经济或社会压力——心灵就会变得越局限、越肤浅、越空虚、越迟钝、越不敏感。我想，对于任何一个曾经观察过这些事情的人来说，这一点都相当明显，即一颗有意识或无意识地受到制约的心，一颗受到影响的心，无论影响多么细微，都完全没有能力应对现代文明中出现的诸多问题。

我认为，我们大多数人从内在、从心理上都是如此狭隘和琐碎，被信息和知识所支配。我们有如此之多的问题——关系的问题，我们日常生活中出现的问题，该做什么、不该做什么，该相信什么、不该相信什么，永无休止地寻找舒适、安全并逃避痛苦——当你纵观这一切，希望似乎十分渺茫。因此，必要的、急需的、重要的显然是一种崭新的心灵品质，因为我们现在无论触及什么，都会带来新的问题。

所以，我们在这最后一次聚会上说，一颗宗教心灵是必要的。我们可以看到，宗教心灵是一颗清除了自身的所有信仰、所有教条的心；它能够具备一种内在的觉察、一种能够带来安宁和寂静的领悟。因为内在很安静，所以就能够对外在的一切有一种强烈的觉知。也就是说，因为它了解了自身所有的冲突、挫折、烦恼、混乱和痛苦，所以变得十分安静，进而它的外在变得十分活跃，也就是说，所有的感觉都极端清醒，能够毫无扭曲、毫无偏见地观察每个事实。

所以宗教心灵并不仅仅能够清晰地、理性地、精确地观察外在的事物，而且通过自我了解，它的内在也变得安宁，这种安宁有它自身的运动。而我们说过，这样的一颗宗教心灵因此会处于一种持续的革命状态中。我们说的不是任何一种形式的局部革命，不是共产主义、社会主义或资本主义革命。资本主义者总的来说并不想要任何一种革命，但其他人想要；而他们的那种革命始终是局部的——经济上的，等等。然而，一颗宗教心灵能够带来一场彻底的革命，不仅是内在的，也包括外在的革命；我认为正是宗教革命，而非其他革命，能够解决人类生活中的诸多问题。

而这样的一颗心能够做些什么呢？你和我，作为两个个体，在这个可怕而又疯狂的世界上能做些什么呢？我不知道你是不是曾经想过这个问题。一颗宗教心灵能做什么？

我们已经非常清楚地解释了，宗教心灵不是一颗基督教、印度教或佛教的心灵，不是一颗属于某个廉价派别的心，它也不属于某个有着花哨的信仰和理念的社团；一颗真正的宗教之心，从内在洞察了它自身的价值，毫无扭曲地看到了它所感知的一切的真相，因而能够逻辑地、理性地、清醒地思考出现的问题，从不让任何问题生根。一旦允许问题在心中生根，就会有冲突；而哪里有冲突，哪里就会发生腐败的过程，不仅仅外在的物质世界如此，而且在观念、感受和情绪这些内在世界中也是如此。

那么宗教心灵能做什么呢？也许能做的很少。因为，世界和社会由野心勃勃、贪得无厌的人，容易受到影响，想要有所归属、有所信仰的人，以及坚守某些思维和行为模式的人组成。你无法改变他们，除非借助影响、宣传并为他们提供新的制约形式。然而，宗教心灵会告诉他们从内在彻底地剥除自己的一切。因为，只有在自由中你才能发现什么是真实的，以及是否存在真理和上帝。一颗相信什么的心，永远无法发现什么是真实的，以及是否存在上帝；只有自由的心才能发现。而若要自由，你就必须穿越心灵加诸自身和社会在它周围设下的所有制约。这是一项艰苦的工作，它需要对外在和内在都有巨大的洞察力。

毕竟，我们大部分人都身陷痛苦之中。我们都以这样或那样的方式受着苦，从身体上、理智上或者心理上遭受着痛苦。我们被别人折磨，我们也折磨自己。我们知道绝望和希望以及各种形式的恐惧，而心灵就被困在这种冲突和矛盾、成就和挫折、渴望、嫉妒和仇恨旋涡之中。由于困在其中，它遭受着痛苦，而我们都知道痛苦是什么——死亡导致的痛苦，不敏感的心的痛苦，非常理性而又聪明的心的痛苦，它知道绝望是什么，因为它把一切都撕成了碎片，什么也没有剩下。痛苦的心灵催生了各种各样的绝望哲学，它逃避到各种各样的希望、保证、舒适的途径中去，逃避到爱国主义、政治、文字争论和观点中去。对于一颗痛苦的心来说，总是会有某个教堂、某个有组织的宗教准备好了等着接纳它，通过提供舒适的去处而让它变得更加迟钝。

我们知道这一切，而我们对此思考得越多，心里就会变得越紧张，却找不到任何出路。你可以从身体上对痛苦做些什么——吃颗药，去看医生，改善饮食——但是显然除了逃避之外没有任何出路。然而逃避让心变得非常迟钝。它也许在辩论和防御方面非常敏锐，但是一颗逃避的心始终是恐惧的，因为它需要保护它逃避的去处，而你保护和占有的任何东西，显然都会滋生恐惧。

所以痛苦在继续；我们可以有意识地把它搁置一旁，但它依然在潜意识里溃烂着、腐化着。那么人能完全地、彻底地摆脱它吗？我认为这是正确的问题，因为，如果我们问："如何摆脱痛苦？"那么"如何"就会产生一种"要做什么"和"不做什么"的模式，那意味着遁入逃避之道，而不是面对这整个问题，面对痛苦的原因和结果本身。所以，在我们开始讨论之前，我想考察一下这个问题。

痛苦会败坏和扭曲心灵。痛苦不是通往真理、真相、上帝或者无论你谓之何名的途径。我们曾试图把痛苦变得崇高，说它是不可避免的、必要的，它能带来领悟以及诸如此类的一切。但事实是，你的痛苦越强烈，你就越渴望逃避，就越是会制造幻觉、寻找出路。所以在我看来，一颗理智的、健全的心必须了解痛苦，并彻底将它摆脱。而这可能吗？

那么、一个人要如何了解痛苦的整体呢？我们并不只是在处理你我经历的某一种类型的痛苦；据我们所知，痛苦有很多种形式。我们要把痛苦作为一个整体来探讨，我们谈的是某件事情的整体，而一个人如何才能了解或感受整体呢？我希望我说清楚了。通过局部，你永远无法感受整体，但是，如果你懂得了整体，那么局部就可以和谐地融入，这样局部就具有了意义。

那么，你要如何感受整体呢？你明白我的意思吗？感受到自己并非仅仅是一个英国人，而且感受到整个人类；不仅仅感受到英国乡间的美，那里确实漂亮，而且感受到整个地球的美；感受到爱的整体，不仅仅是对我的妻子和孩子的爱，而是对爱有完整的感受；懂得对美完整的感受，不是镶在墙上画框里的图画的美，也不是一张漂亮面孔上的笑容或者一朵花儿、一首诗的美，而是超越所有感官、所有语言、所有表达的那种意义上的美——你要如何感受它？

我不知道你是否曾经问过自己这个问题。因为，你看，我们太容易满足于墙上的一幅画，满足于我们自己特别的花园，或者我们在田间选中的一棵树了。然而，我们要怎样才能体会大地和天空的这种整体感，以及人类的美呢？你明白我所说的那种深切的感受吗？

如果你们愿意听下去，我会探讨这一点，但是让我们暂且先把这个问题放在一边。我们会让问题慢慢沸腾、慢慢展现、爆发出来，我们会换个方式来着手。

一颗身陷冲突和斗争之中、内在征战不断的心，会变得迟钝；它不是一颗敏感的心。那么，是什么让心变得敏感，不仅仅对一两样东西敏感，而是从整体上敏感呢？它何时才能不仅仅对美敏感，而且也对丑敏感、对一切都敏感呢？无疑，只有当冲突不复存在时——也就是，当内心宁静，因而能够用全部感觉来观察外在的一切时，心才能够敏感。那么，是什么制造了冲突呢？而冲突不仅仅存在于意识之中、外显的心态之中——清楚地意识到自己的推理、知识和技术成就等等的心——而且也存在于内心、潜意识之中，如果你有所觉察的话，就会发现它始终在汹涌沸腾。所以，是什么制造了冲突？请不要回答，因为仅仅从理智上分析或者从心理上研究，并不能解决问题。文字上的分析也许可以从理智上找出痛苦的根源，但我们说的是彻底摆脱痛苦。所以在探讨的同时，我们必须去体验，而不是停留在文字层面上。

制造冲突的显然是来自不同方向的拉力。一个完全固守于某个事物的人通常是疯狂的、精神失衡的；他没有冲突；他就是那个东西。一个毫无质疑、毫无疑问地完全相信什么的人，完全认同他所相信的东西的人——他没有冲突、没有问题。这或多或少是一颗病态的心。而我们大多数人都希望自己能跟什么相认同，深深投入其中，这样就不会有进一步的问题了。由于我们大多数人都没有了解冲突的整个过程，所以只想避免冲突。但是正如我们指出的那样，逃避只会导致进一步的痛苦。

所以，意识到了这一切，我问自己这个问题，进而也向你提出这个问题：是什么制造了冲突？冲突不仅仅意味着互相矛盾的欲望，互相矛盾的意志、恐惧和希望，也意味着所有的矛盾。

那么为什么会存在矛盾呢？请注意，我希望你透过我的语言倾听你自己的头脑和内心。我希望你把我的话当作一道门，你通过它来观察和倾听自己。

冲突的主要原因之一，是存在一个中心、一个自我、一个我，它是所有记忆、所有经验、所有知识的残渣。而那个中心总是企图迎合现状，或者把现在纳入它自身之中——现在就是今天，是生活的每一刻，其中隐含着挑战和回应。它始终把遇到的一切依照它的已知进行诠释。它的已知是千万个昨天的所有内容，它试图用这些残渣去面对现在。因此它调整现在，就在这个调整的过程中它改变了现在，进而塑造了未来。过去诠释现在进而塑造未来，自我、"我"、那个中心就困在了这个过程当中。这就是我们真实的样子。

所以，冲突的根源在于经历者和他所经历的事情。难道不是吗？当你说"我爱你"或者"我恨你"，那么你和你爱或恨的那个东西之间就始终有一种分裂。只要存在思想者和思想之间、经历者和经历的事情之间、观察者和被观察者之间的分裂，就必然会有冲突。分裂就是冲突。那么，这种分裂如何才能被弥合，因而你就是你所见、你就是你所感呢？

让我们先来弄清楚一点，那就是，只要存在思想者和思想之间的分裂，就必然会有冲突，因为思想者永远都企图对思想动手动脚，想要改变它、修正它、控制它、支配它，试图变好、不变坏，等等诸如此类。只要存在这种会滋生冲突的分裂，人类生活中就必然会有这些内在和外在的混乱。

然而，思想者与思想是分开的吗？我把问题说清楚了吗？思想者是一个单独的实体，是某种独立的、永恒的、与思想分开的东西吗？抑或，有的只是思想，是它制造了思想者，因为这样它就可以赋予思想者以永久性？你明白吗？思想并不永恒；它处于不断的波动状态中，而心不喜欢处于波动状态中。它希望创造出一种永恒的东西，它可以从中获得保障。但是，如果没有思想就不会有思想者，对吗？我不知道你究竟有没有从这个思路审视过思想，或者考察过思想的整个过程，以及谁是思想者。思想说思想者是至高无上的，灵魂、高我是存在的，于是给了思想者一个永久的居所，然而这一切依然是思想的产物。所以，如果你看到了这个事实，如果你确实洞察到了这个事实，那么那个中心将不复存在。

请注意，用语言表述起来也许相当简单，但是若要深入进去，看到它、体会到它，是非常困难的。我认为冲突的根源在于思想者和思想之间的这种分裂。这种分裂制造了冲突，而一颗冲突中的心无法以"生活"这个词最高层面的含义活着；它无法完整地活着。

我不知道你是不是曾经注意到，当你有某种非常强烈的感受，无论是对美还是对丑的感受，无论是外界激发出来的还是从内心唤醒的感受，在那种强烈而直接的感受状态中，有那么一刻是不存在观察者、不存在分裂的。只有在那种感受减弱的时候观察者才会出现。然后整个记忆的过程就插手进来，于是我们说"我必须重复它"或者"我必须避免它"，冲突的过程就开始了。我们能看到这个真相吗？而我们说的"看到"又是什么意思呢？你是怎么看待坐在讲台上的这个人的？你不只是从视觉上看到了，你也从理智上看到了；你是透过你的记忆、你的好恶、你各种形式的局限来看这个人的，所以你并没有看到，对吗？当你真正看到了什么，你的看丝毫不会带有那些东西。难道不可能看着一朵花却不给它一个名字、一个标签吗？——只是看着它。当你听到某些美妙的东西——不只是谱写好的音乐，还有林中小鸟的鸣叫声中的音符——用你的全部存在去倾听，这难道不可能吗？同样，你能不能真正感知到什么呢？因为，如果心灵能够真正去洞察、去感受，那么就只有体验而没有体验者；然后你就会发现，冲突连同它所有的痛苦、希望、防御等等都终止了。

当你看到某件事情的整个真相，当你看到这个事实，即，只有当没有观察者和被观察者之间的分裂，不让记忆的所有力量、所有过去干涉进来时，冲突才会止息，当你看到了这一点，那么冲突就会停止。此时你就是在跟随事实，不会被困在心灵对观察者和事实所做的划分之中。

事实是：我很愚笨、很乏味，被限制在日常生活的无聊常规之中。这是一个事实，但我不喜欢这样，于是就有了一种分裂。我厌烦我所做的事情，于是冲突的机制就开始启动了，并且带来了它所有的防御、逃避和不幸。但事实是我的生活是一件丑陋的事情，它肤浅、空虚、残酷，被习惯所驱使。

那么，如果不制造这种分裂感进而不制造冲突，心灵能够简单地跟随事实、跟随所有的常规、习惯，跟随它们而不试图改变它们吗？这就是我们所说的"感知"这个词的意思。你会发现事实从来不是停滞的；它从来不是静止的。它是一件运动着的、活生生的东西，而心灵想让它静止下来，因此冲突就产生了。我爱你，我想依靠你、占有你，但你是一个活生生的人，你运动，你改变，你有自己的生活；所以就有了冲突，从中就产生了痛苦。而心灵能够看到这个事实并跟随它吗？那实际上意味着，心灵非常活跃、生机勃勃，向外迸发着热情，同时内在又非常安静。一颗内在没有彻底安静下来的心是无法跟随事实的——事实太快了。只有这样安静的一颗心才能够进行这个过程，才能始终在事实显现的时候跟随每一个事实，而不会说事实应该是这样或那样，也不会制造分裂、冲突和不幸——只有这样的一颗心才能斩断一切痛苦的根源。

此时你就会发现，如果你已经探索到这么深入的话——不是深入空间和时间之中，而是深入领会——那么心就会来到一个孑然独立的状态。

你知道，对我们大多数人来说，独自一人是一件可怕的事情。我现在说的不是孤独，那是另外一回事。独自散步，与某个人或者这个世界单独相处，与事实单独相处。独立的意思是一颗不受影响的心，一颗不再受困于昨天的心，一颗没有未来的心，一颗不再追求、不再恐惧的心——孑然独立。纯洁的事物是独立的；一颗独立的心懂得爱是什么，因为它不再受困于冲突、不幸和成就等问题之中。只有这样的一颗心是一颗崭新的心灵，是一颗宗教之心。也许只有这样的一颗心才能治愈这个混乱不堪的世界的累累伤痕。

问题：你可以给我们多讲讲爱是什么吗？

克：这里面涉及两件事情，不是吗？词典上有对这个词的文字定义，显然那不是爱。"爱"这个词并不是爱，就像"树"这个词不是树一样。这是一件事情，其中包含了关于爱的所有符号、词语和观念。另一件事情是，只有通过否定你才能找到爱，只有通过否定你才能发现它。而若要发现什么，心就必须首先从词语、观念和符号的奴役下解脱出来。也就是说，若要发现爱，心就必须首先擦除它对于爱所知道的一切。如果你想发现未知，难道你不需要清除一切已知吗？你需要清除你所有的观念，无论它们多么美妙，清除你所有的传统，无论它们多么高尚，这样才能发现上帝是什么，发现上帝是否存在，难道不是吗？上帝，那种无限，必定是不可知的，是头脑无法衡量的。所以，如果你想发现真相，那么衡量和比较的过程、识别的过程就必须被彻底斩除。

同样，若要了解、体验、感受爱是什么，心就必须自由地去发现。心必须自由地去感受它、与它共处，没有观察者和被观察者之间的分裂。心必须打破语言的局限；它必须看到语言所隐含的一切——有罪的爱和上帝般的爱，高尚的爱和不圣洁的爱——社会所有的条令、规定以及我们围绕这个词设下的诸般禁忌。而这么做是一项极其艰苦的工作，不是吗?——去爱一个共产主义者,去热爱死亡。而爱不是恨的反面,因为反面是它对立面的一部分。去爱、去了解这个世界上演的残酷,富人和权贵们的残忍,当你走在马路上看到一个穷人脸上的微笑,为他感到开心——你有时候去试一试,你会发现的。爱需要一颗始终在清除自己所知道的、经历的、收集的、积累的、依附的一切的心。所以没有对那个词的解释,只有对它的感受,对它整体的感受。

评论:换句话说,那一刻你就是爱。

克:恐怕不是,先生,因为没有哪个已知的时刻就是那一刻。并不存在一个"你就是爱"的识别过程。你生过气吗?你恨过什么人吗?在那一刻,你会说"我就是那个"吗?并没有一个可识别的时刻,对吗?你完全就是那个。

评论:基督有言教导我们如何去爱:"爱邻人如爱你自己。"

克:请注意,先生,我希望我说的话不会让你误解。若要发现什么是真实的,就不能有权威、不能有导师、不能有追随者。如果你想知道如何去爱你的邻人,书本、先知、救世主、古鲁的权威就必须完全地、彻底地结束。没有什么教导,如果有,然后你听从于它,那么教导就不存在了。独裁者跟掌握权力和权威的牧师又有什么区别呢?

评论:没区别。

克:就这么回答我并没有什么意义,先生。这不是一个比喻性的问题。毕竟,我们都有权威:知识渊博的教授的权威,医生的权威,警察的权威,牧师的权威,或者我们自身经验的权威。若要发现权威的邪恶之处,就需要一颗智慧的心,而驱散权威是非常困难的。那意味着看到权威的整体,看到它的全部,看到权力的邪恶,无论是政客的、牧师的、书本的还是你对妻子、丈夫的权威。而当你看到了这一点，真正地、彻底地感受到了这一点，你就不再是一个追随者了。只有这样的一颗心能够发现什么是真实的，因为一颗自由的心能够跟随事实。跟随你心怀仇恨这个事实，并不需要权威；你需要一颗摆脱了恐惧、摆脱了观点并且不会谴责的心。这一切都需要艰苦的工作。与美丽或丑陋的事物共处，需要强烈的能量。你有没有注意到那些村民和山民，他们与壮丽的山峰生活在一起，却几乎视而不见，他们已经习惯了。然而，若与某种东西共处却从不习以为常，你需要激情洋溢，需要这样的能量。而当心灵是自由的，没有恐惧、没有权威时，这种能量就会到来。

问题：涤清心灵的过程是一个思想过程吗？

克：思想可能洁净吗？难道不是所有的思想都是不洁的吗？因为思想产生于记忆，它就已经被污染了。无论多么有逻辑、多么理智，它依然是被污染的、机械的。所以，不存在纯洁的思想或"自由"的思想这回事。而若要看到这个真相，就需要探索整个记忆过程，也就是看到记忆是机械的，以无数个昨日为基础。思想永远无法让心灵纯净，而看到这个事实就是对心灵的净化。请不要赞同或者不赞同。深入探索，去追逐它，就像你追逐金钱、地位、威望和权力一样。穷究到底，从中就会出现一颗非凡的心，一颗洁净的、纯真的、清新的心灵，一件崭新的东西，因此处于一种创造状态中，进而处于革命状态中。

问题：你能不能告诉我们在看到"真相"的那一刻会发生什么呢？

克：我可以给你描述一下，但那有帮助吗？我们来看一看。事实是我们仇恨、嫉妒、羡慕。而你谴责这些，说"我不可以这样"，于是就有了一种分裂。那么是什么制造了分裂呢？首先，是语言。"嫉妒"这个词本身就是分裂性的、谴责性的。词语是心智的发明，心困在千百年来的知识里，因而没有能力不带词语地看着事实。但是，当心灵确实不带谴责也就是不带语言地看着事实，那么它的感受与文字描述就不是一回事了，那不是语言。拿"美"这个词为例。一提到这个词，你们看起来都很开心！对我们大多数人来说，美是一件感官感受上的事情。它也是描述性的——"他是个英俊的男人。那栋楼太难看了！"这里面有比较——"这个比那个漂亮。"词语始终用来描述我们通过感官感受到的事物，显露出来的事物，比如图画、树木、天空、星辰，或者一个人。

那么，有没有一种无须语言、超越语言、超越各种感受的美呢？如果你问艺术家，他会说，如果没有表达出来，美就不存在，然而是这样吗？若要发现美是什么，发现它的无限、它的完整，各种感觉就必须敏锐，就必须超越我们称之为美和丑的东西。我不知道你有没有明白这些。同样，若要跟随嫉妒这样的事实，也需要一颗全神贯注的心。当你看到这个事实，一旦你感知到它，就在你看到它的那一瞬间，嫉妒就消失了，消失得无影无踪。但是，我们不想让嫉妒完全消失。我们已经被训练得喜欢上了它，与它相安无事，我们以为如果没有嫉妒就没有爱。

所以，跟随事实需要关注和警觉。然后会发生什么呢？你真正在看的时候发生的事情，比最后的结果更重要。你明白吗？"看"本身比摆脱那个事实重要多了。

问题：如果没有记忆那还能思考吗？

克：换句话说，存在没有语言的思想吗？你知道，如果你探索这个问题，会发现它非常有趣。讲话者在使用思想吗？思想，也就是语言，对于沟通来说是必要的，不是吗？讲话者必须使用语言——英语——来和也懂英语的你沟通。而语言显然来自记忆。但是，语言背后的源头是什么呢？我换个方式来说。

有面鼓，它能发出某种音调。当鼓皮紧绷，有着恰到好处的张力，你敲打它，它就会发出你能识别的正确音调。那面鼓是空的，有着恰当的张力，就像你自己的心一样。当心有了恰当的张力，你问出恰当的问题，它就会给出正确的答案。那个答案也许并不体现为语言，也许无法识别出来，但从那种空无之中所出现的无疑就是创造。从知识当中产生的东西是机械的，而从空无、从未知当中产生的，是创造性的状态。

（伦敦第十二次演说，1961 年 5 月 28 日）

PART 04

瑞士萨能，1961 年

如实地看到事物，能够解放心灵

我想我们从一开始就要非常清楚我们为什么来到这里。对我来说，这些聚会是非常严肃认真的，我用"认真"这个词指的是一种特别的含义。认真，对我们大多数人来说，意味着采用某种思维模式、某种特定的生活方式，遵循某个选定的行为模式；渐渐地，那种生活模式和方式就变成了我们据以生活的规则。在我看来，那并不能构成认真，我认为，如果我们能够，如果我们每一个人都能够试着去发现我们认真对待的是什么，那也许是非常有益、非常值得的事情。

也许我们大部分人都有意无意地寻求这种或那种形式的保障——财产中、关系中、观念中的保障。我们非常认真地对待这些追求，但这在我看来也不是认真。

对我来说，"认真"这个词意味着心灵的某种净化。我是从整体的意义上而不是表层的含义上使用"心灵"这个词的，我们稍后会探讨这个词的含义。一颗认真的心始终是觉察的，因而一直在净化自己，其中就没有任何对安全的追求。它不追逐某个特定的幻想，不属于任何特定的思想派别，或者任何宗教、信条、国籍或国家；它不关心眼前的生活问题，尽管我们必须料理好日常事务。一颗真正认真的心必定是极其活跃而又敏锐的，所以它没有幻觉，也不会被困在看起来有利可图、有价值或令人愉快的经验中。

所以，如果我们能够从这些聚会的一开始，就非常清楚我们自己在多大的广度和深度上是认真的，这将是非常明智的。如果我们的心灵敏锐、智慧而又认真，那么我想我们就能够观察全世界人类生存的整个模式，从这种整体的了解中就可以来看局部和个体了。所以，让我们来看看世界上所发生的事情的整体，不仅仅是作为信息来看，不是研究任何一个特定的问题——某个国家、某个特定的派别或社团，无论是民主党、共产党还是自由党——而是让我们来看看这个世界实际上在发生着什么。从这里出发，在看到整体、把握了外在事件的意义之后——不是作为信息和观念来把握，而是看到实际上正在发生的事实——那么我们就能够来面对个体问题了。这就是我想做的事情。

你知道，观念、判断和评估在事实面前是毫无意义的。你怎么认为，你抱有什么观念，你属于什么宗教或派别，你有过什么经验——这些在事实面前根本毫无意义。事实远比你对事实的想法重要多了；它拥有的意义远大于你的观点——你的观点以你的教育、宗教、特定的文化和制约为基础。所以我们要打交道的不是观点、想法和判断；如果可以，我们来如实地看待事实。这需要一颗自由的心，一颗能够去看的心。

我想知道你有没有考虑过这个问题：去看、去观察意味着什么？它仅仅是一个视觉上感知的问题吗，抑或，观察、看，远比视觉上单纯的"看到"要深刻得多？对我们大多数人来说，"看到"意味着眼前的事情——今天发生着什么，明天将要发生什么——而明天将要发生的事情被昨天所沾染。所以，我们的"看"非常狭隘、非常短视、非常局限，我们看的能力非常有限。我认为，如果你想去看、想要看到什么——越过丘陵、越过山脉、越过河流和绿地、越过地平线——就必须有某种自由的品质。这需要一颗非常稳健的心，而不自由的时候，心就是不稳健的。在我看来，我们应该拥有这种看的能力，这非常重要，不是只看我们想看的东西，不是那些就我们狭隘的、有限的经验而言令人愉快的事物，而是如实地看到事物本身。如实地看到事物，能够解放心灵。直接地、简单地、完整地感知——这真是一件无比非凡的事情。

那么，带着这种整体性，我们接着来看世界上发生着的所有事情，而你也许知道得更多，因为你阅读报纸、杂志、文章，而这些都是依据作者、编辑和党派的偏见写出来的东西。印刷出来的文字对我们大部分人来说都非常重要。我碰巧不读报纸，但我去过很多地方，见过很多人。我去过非常穷苦的人们生活的窄巷，也跟一些政客和显赫的要人谈过话——至少他们认为自己很重要——你自己知道世界上发生着什么。东方世界有着饥荒、苦难、腐败和贫穷。他们为了能吃一顿饱饭而不惜一切，所以他们想打破思想、习俗和传统的界限。而世界上还有另一个极端，有些地方有着巨大的繁荣，那种繁荣世人从来都不了解，有些地方衣食丰足、居所整洁舒适，就像这个国家一样。我注意到这些舒适滋生了一种满足、一种平庸、一种接受现状、不想受到打扰的态度。

这个世界从政治上、宗教上、经济上、思想上和世界观上已经分崩离析。各派宗教和各国政府捕获人们的心灵，想要控制它们，把它们塑造成技工、士兵、工程师、物理学家、数学家，因为这样它们就可以为社会所用。而有组织的宗教或信仰正在扩散。你肯定对这一切都非常清楚。有组织的信仰在塑造着人类的心灵，无论这些有组织的信仰是民主制的、共产主义的、基督教的还是伊斯兰教的。请务必思考所有这些事情，不要说："老是重复这些，你是在浪费时间。"我没有浪费时间，因为我想首先看到实际上正在发生着什么，然后看看有没有可能摧毁我们自己身上的这一切——彻底摧毁。因为外在的运动，我们称之为世界，是转向内在的同一股潮流。外在世界与内在世界并无不同，如果不了解外在世界，转而向内则毫无意义。我认为，了解外在世界非常重要，残酷、无情、对成功的极端渴望——人们是多么渴望有所归属，让自己投身于抱有某些观念、思想和感情的团体之中去。如果我们能够理解所有外在的事件，不是了解细节，而是通过一双没有偏见，没有恐惧，不寻求保障，不躲避在自己喜欢的理论、希望和幻想背后的眼睛，看到它的全部，把握它的整体，此时内在的运动就有了一种截然不同的意义。懂得了外在世界的这种内在运动，就是我所说的"认真"。

所以，你看，全世界人类的心灵都被塑造和控制着——被宗教以上帝之名、以和平与永生等等之名控制着；同时也被政府通过无休止的宣传，通过经济制度，通过工作、银行账户、教育等等控制着。所以你最终只不过是一部机器，尽管在某些方面是连电脑都不如的一台机器。你塞满了信息——这就是我们的教育对我们的所作所为。所以我们逐渐变得越来越机械。你要么是个瑞士人、美国人、俄国人、英国人，要么是个德国人，等等。你们毕生都被烙刻在某种模式中，除了逃进某些奇特的宗教或古怪的信仰中之外，只有极少数人逃出了这可怕的境地。

所以说这就是生活，这就是我们身处其中的环境；也许偶尔会有些希望，有短暂的欢愉，但隐藏在背后的全都是恐惧、绝望和死亡。那么我们要如何面对生活呢？面对这种生活的心灵是怎样的呢？你明白这个问题吗？我们的心接受了这些事情是不可避免的；我们的心调整自己适应这种模式，我们的心灵缓慢但确定无疑地腐化下去。所以真正的问题是如何粉碎这一切——不是外在的世界，你办不到；历史的进程一直在继续。你无法阻止政客发动战争。也许不久会发生战争——我希望不会，但也许会有。也许不是这里或那里，而是在某个贫穷、遥远而不幸的国度。我们阻止不了。然而我认为，我们可以以粉碎社会在我们内心建立起来的所有愚蠢之处，而这种摧毁是创造性的。有创造性的东西始终具有毁灭性。我说的不是创造一种新模式、一个新社会、一种新秩序、一尊新神明或者一个新教会。我说的是创造状态就是摧毁。它并不会创造一种新的行为模式、一种新的生活方式。一颗创造性的心没有模式，它每一刻都在摧毁它所创造的东西。而只有这样的一颗心能够解决世界上的诸多问题，而不是狡猾的心、塞满信息的心、只想着自己国家的心，也不是在支离破碎中运作的心。

所以，我们关心的是旧有心灵的粉碎，这样崭新的事情才能发生。而这就是我们在所有这些聚会上要讨论的内容——如何带来一场心灵革命。必须进行一场革命，必须彻底摧毁所有昨日；否则，我们就无法迎接新生。而生活永远是崭新的，就像爱一样。爱没有昨天也没有明天，它时刻常新。然而，品尝过满意、得到过满足的心，把爱作为记忆储存起来并加以膜拜，或者把照片放在钢琴上或壁炉上，作为爱的象征。

　　所以，如果你愿意，我们将探究如何转变迟钝、疲惫、恐惧的心灵这个问题，这颗被忧伤驱使的心，遭遇了如此之多的挣扎、绝望和欢愉的心，已然变得如此老旧从来不知道年轻为何物的心。如果你愿意，我们将会深入探讨这个问题。至少我会深入探讨，无论你愿不愿意。门是打开的，你来去自由。你们不是被关押在这里的听众，所以，如果你不喜欢，最好就不要听，因为如果你不想听，你所听到的就会变成你的绝望、你的毒药。所以，你从一开始就要知道讲话者的意图是什么：我们会揭开一切，探索并暴露心灵所有隐秘的角落，摧毁其中的内容，而从这种摧毁中就会创造出某种新事物，某种完全不同于所有头脑造作之物的东西。

　　为此，你需要认真和热切。我们必须慢慢地、小心翼翼地但毫不留情地追究到底。也许到最后——或者在一开始，因为在摧毁的过程中没有开始也没有结束——你也许会发现那不可衡量之物，你也许突然开启了新的视野，开启了心灵的窗户，并接收到那无法命名之物。存在着这样一种超越时间、超越空间、超越量度的东西；它无法被描述或诉诸语言。如果不发现它，生命就是极度空虚、肤浅而愚蠢的，是时间的浪费。

　　所以，也许我们现在可以稍稍讨论一下，提些问题。但是，我们必须首先弄清楚讨论是什么意思，问题是什么意思。一个错误的问题会得到一个错误的答案。只有正确的问题才能得到正确的答案，而问出正确的问题是极其困难的。若要提出正确的问题——并非只向我提出，而且也要向你自己和我们所有人提出——需要一颗有穿透力的心，一颗敏锐、警醒、觉察、愿意去发现的心。所以请不要问与我们探讨的内容无关的问题。而且在探讨的过程中，我们也不要像学校里的男生那样讨论，你站一边而我站在另一边——这在大学里或者辩论社里没什么问题——但我们的探讨是要发现科学心灵的运作方式是怎样的，无所畏惧的心灵又是怎样运转的。那么这样的讨论就是有意义的；这样我们就可以前行并亲自去发现什么是真实的，什么是虚假的。因此，讲话者没有任何权威，因为探索发现之中没有权威。只有迟钝、懒惰的心才需要权威。但是一颗想去发现，想要完整地、彻底地经历什么的心，必须去探索，必须去穿越。我希望这些聚会将帮助我们每个人自己去看清——不是借助别人的眼睛——什么是有价值的，什么是真实的，什么是虚假的。

问题：为什么我们发现很难提出正确的问题呢？

克：你发现提出正确的问题很难吗？还是你想提出一个问题呢？你发现其中的区别了吗？我们自己并不关心提出正确的问题，对吗？是我说只有正确的问题才能得到正确的回答。你关心的无疑是提出一个你想问的问题，所以你根本不关心什么"正确的问题"。但是，如果你想弄明白你自己的问题，那么你就必须探询那个问题实际上是什么，而对"你的问题实际上是什么"的这种探询，本身就会带来正确的答案。你明白吗？并不是说你必须提出正确的问题。你办不到；你不知道。但是，如果那个问题很迫切，如果它被仔细研究过了，那么你就抑制不住会提出正确的问题来。我们通常不去研究问题，我们不去仔细地审视它。我们匆匆浏览它的表面，我们从表层提出问题，而肤浅的问题只会带来肤浅的答案。然而，我们只想知道肤浅的答案。如果我们害怕，我们就问："我怎样才能除掉恐惧呢？"如果我们没钱，我们就问："我怎么才能找到一份更好的工作、怎么才能取得成功呢？"但是，如果你开始探究每个人都在追求成功这整个问题，如果你深入探索，搞清楚它意味着什么，为什么会有这种渴望，为什么会有这种对不能成功的恐惧——我希望我们会探讨这个问题——那么就在探究的过程之中，你就必然会提出正确的问题。

问题：是什么阻止我们深入探索问题呢？

克：是什么阻止了我们？有很多事情，不是吗？你真的想非常深入地探讨恐惧的问题吗？你知道那意味着什么吗？那意味着探索心灵的每一个角落，拆除每一个庇护所，粉碎心灵躲藏其中的每一种逃避形式。而你们想这么做吗？你们想暴露自己吗？请不要那么轻易就说是的。那意味着放弃太多你们执着的东西了。也许是放弃你的家庭、你的工作、你的教会、你的神明，等等诸如此类的一切。很少有人愿意这么做。所以他们提出肤浅的问题，比如怎样除掉恐惧，然后以为他们解决了这个问题。或者他们问的是有没有上帝这回事——你想想问这样一个问题是多么愚蠢！若要发现上帝是否存在，无疑你必须放弃所有的神明。你必须彻底赤裸才能有所发现；人类就上帝所构建的所有愚蠢的事物必须被统统烧光。那意味着无所畏惧，独自上路，但是很少有人愿意这么做。

评论：深入探索问题是非常痛苦的。

克：不，不是的，女士。那很难，但并不痛苦。你看，我们用了"痛苦"这样的词，而这个词本身就妨碍了你去探究问题。所以，如果我们想探究某个问题，我们首先必须明白心灵是语言的奴隶。请务必听听这一点。我们是语言的奴隶。你知道，听到"瑞士"这个词，瑞士人就会激动，就像基督教徒听到"基督"这个词、英国人听到"英国"这个词一样。我们是语言、符号和观念的奴隶。而这样的一颗心如何能探索问题呢？在它能够探索之前，它必须首先懂得词语意味着什么。这不是一件容易的事情，它需要一颗从整体上理解、不进行碎片化思考的心。

你看，先生，问题很简单。世界上有饥荒——也许在瑞士或欧洲并不显著，但是在东方情况很严重；你完全想象不到那里的贫穷、饥馑、腐化和可怕。问题并没有得到解决，因为他们都想按照自己的模式来解决。他们采用的是支离破碎的方式，因此问题永远得不到解决。只有当我们从整体上入手，抛开国籍、党派政治以及诸如此类的一切，才能解决这些问题。

评论：所以若要解决世界上的这些麻烦，我们就需要秩序。

克：等一下，先生。我们想让世界有秩序吗？请务必想一想。毕竟，秩序正是共产主义者所提供的。先是制造一团混乱、困惑和不幸，然后再依照某种观念模式来树立秩序。你想让你的生活有秩序吗，先生？请务必想一想。

问题：为此我们要付出什么代价呢？

克：这不是问题。你可以通过军事独裁、通过降伏你的心灵、通过调整自己适应权威等等，来付出代价并拥有秩序。当你属于某个组织、某个宗教社团的时候，你就已经付出了代价，不是吗？有耶稣，有穆罕默德，印度还有些别的人，而你追随他们；于是就有了秩序——你已经付出了数个世纪的代价。那么，你想要秩序吗？请务必思考一下，发现其中隐含着什么。抑或，在生活的行动本身之中——而这种行动具有毁灭性——就有秩序？

问题：恐惧无疑是我们最大的绊脚石之一，阻挡着我们进步。但是我们无法从一开始就拆除所有的东西。我们难道不应该姑且满足于折中的措施吗？

克：你说为了摆脱恐惧而拆除一切，对于我们这样的普通人来说太难了，难道没有一种温和的、慢一些的做法吗？恐怕没有。你看，你用了"进步"和"恐惧"这样的词。外在的进步会制造恐惧，不是吗？你拥有的越多——更多的汽车、奢侈品、浴室等等——你就越害怕失去它们。然而，如果你关心的是了解恐惧，那么进步就不会让心灵变得迟钝和满足。而且，存在内心的进步吗？在我看来并不存在。存在的只有即刻看到，而若想即刻看到，心就不能懒惰。不，请不要赞同我，因为这很难。只是跟上我说的话。若要看清——看清总是即刻发生的——心就必须不再具有选择的能力。若要即刻如实地看到事物，心就必须停止谴责、评估和判断。这并不需要进步，也不需要时间。先生，当遇到危险的时候，你立刻就能看到——你直接做出反应，这里边没有进步。当你用你的整个存在去爱什么，感知就是即刻的。

评论：但是要想实现立即看到的可能性……

克：先生，你看，"实现"这个词同样意味着时间和距离。所以心是"实现"这个词的奴隶。如果心能摆脱"得到""实现""到达"这些词，那么也许它就能即刻看到了。

（萨能第一次演说，1961 年 7 月 25 日）

"完整地看到"是最重要的

我认为，发现如何倾听，特别是在这些讨论的过程中如何倾听，是非常重要的。我们很少有人倾听；我们多数情况下只是听见而已。我们从肤浅的层面上听到，就像我们听到外面街道上的嘈杂声一样，那种听到进入到我们脑子里的部分很少。我们仅仅肤浅地听到的东西，轻易就会被扔掉。然而，还有另外一种听，在那个过程中大脑警觉、认真，却无须任何努力，它保有浓厚的兴趣，想要发现什么是真实的，什么是虚假的，却不提出任何观点、任何判断，也不把它所听到的话依照自己的已知进行诠释或者比较。例如，现在最新潮的时尚是热衷于禅修；这是一种时髦。如果在这些讲话的过程中，你试图把我说的话跟你读过的东西进行比较，那么在这个过程中你根本就没有听，不是吗？你只是在比较，而这种比较是一种懒惰。然而，如果你不带着你学过的、听说的或者读过的内容来倾听，那么你就是在直接地听、直接地回应，而又没有任何先入之见。这样你就会发现我说的话是真实的还是虚假的，这比单纯去比较、评估和判断重要多了。

所以，如果我一直反复地说学习倾听的艺术非常困难，我希望你不要介意——它就像看一样难。而看和倾听都是必不可少的。

我们上次说到了这个世界混乱不堪。外在的世界中有贫穷、饥荒和腐败；而内在也有困惑、悲伤和贫乏的生活。这个世界矛盾重重。政客们主张和平，而同时又在备战；有人夸夸其谈人类的团结，可同时又在打破团结。由于这种混乱和失序，我们都想得到秩序。我们对秩序怀有巨大的热情。就像我们热衷于让自己的房间保持整洁有序一样，我们也热衷于在世界上建立秩序。我想知道我们究竟有没有深入思考过"秩序"这个词，它意味着什么。我们想要内在的秩序，我们希望没有冲突、没有争斗、没有困惑，进而没有不和谐和挣扎的感觉；所以，我们转而指望精神领袖能带给我们秩序，或者加入各种组织，遵循某套观念或戒律。于是我们树立起权威，我们想让别人告诉我们怎么办。我们试图借助遵从和模仿来实现秩序。

同样，我们也希望在政治上、在商界拥有外在的秩序。所以就有了那些承诺建立彻底的秩序的独裁者、暴君和极权主义的政府，而在那里根本不允许你思考。那里同样会有人告诉你想什么，就像当你属于相信某套观念的某个教会或者团体时，会有人告诉你要想些什么一样。教会的暴政跟政府的暴政一样残酷。但是我们喜欢它，因为我们不惜一切代价想要得到秩序。于是我们拥有了秩序。战争为国家带来了不同寻常的秩序。每个人都精诚合作，以期毁灭对方。

所以，这种对秩序的痴迷必须得到了解。让自己的困惑臣服于内在或外在的权威之下，能带来秩序吗？你明白这个问题吗？

我很困惑，我不知道该怎么办。我的生活狭隘、琐碎、混乱、不幸；我身处矛盾状态之中，我不知道该怎么办。所以我求助于某个人——某个老师、古鲁、圣人、救世主——也许你们之中有些人也是抱着这种态度来这里的。所以，你出于困惑选择了你的领袖，而当你的行动是出于困惑，你的选择就只会滋生进一步的困惑。你把自己交给权威——那意味着你根本不想思考，你不想自己去弄清楚什么是真实的、什么是虚假的。发现什么是真实的、什么是虚假的，是一项艰苦的工作；你得随时警醒，你必须警觉。但我们大多数人都很懒惰、很迟钝，并没有非常认真；我们宁愿别人告诉我们怎么办，所以我们就有了圣人、救世主和老师为我们设下内在的行为准则；而外在则有政府、独裁者、将军、政客和专家。

我们希望通过追随他们，我们所有的麻烦都会慢慢结束，进而拥有秩序。

无疑，"秩序"这个词意味着那一切，不是吗？那么，对秩序的需要能够带来秩序吗？请务必思考一下这一点，因为我想深入探讨这个问题。我认为任何一种权威和权力都是破坏性的。任何形式的权力都是邪恶的。而我们是如此急切地接受那种邪恶，因为我们困惑，因为我们不知所措，我们想让别人来告诉我们。

所以，我认为从这些讲话的一开始，我们就应该明白讲话者没有任何权威，你们也没有，你们是这些讲话的倾听者、跟随者。我们是在试着一起去探索、去发现。如果你是抱着让人告诉你怎么办的想法来的，那么你离开的时候就会两手空空。

对我来说，重要的是看到存在着内在和外在的失序，而对秩序的需要只不过是对安全、保障和确定性的需要。然而，不幸的是安全并不存在，无论是外在的还是内在的。银行可能会倒闭，战争可能会发生，死亡不可避免，证券市场可能会崩盘——任何事情都可能发生，而可怕的事情也正在发生着。所以对秩序的需要就是对安全和保障的需要；而这是我们所有人都想要的，无论年纪长幼。我们不那么关心内在的安全，因为我们不知道如何着手去获得它，但至少我们希望能通过好银行、好政府和无限期延续的传统来拥有外在的保障。所以心逐渐变得满足、迟钝、安逸，被传统所限，而这样的一颗心显然永远无法发现什么是真实的、什么是虚假的；它没有能力面对巨大的生存挑战。

我希望你没有被我说的话催眠，而是你在倾听，这样你就能够真正亲自去发现是不是存在安全这回事。生活在一个没有保障的外在世界上，同时生活在一个没有传统、没有昨天和明天的内在世界里，意味着你要么会精神错乱、完全疯掉，要么变得极其清醒而又活力四射。

这不是一个选择的问题。你无法在安全和不安全之间选择，但是你可以看到这个事实，即内在的、心理上的安全并不存在。没有什么关系是安全的，无论你多么恪守某个教条、某个信仰，随之而来的总是会有疑虑和怀疑，进而会有恐惧。当存在对秩序的某种热衷时，就需要有这样一种探询。

反过来的情况，即人必须生活在失序和混乱之中，也是不正确的。那只是一种反应。你知道我们通过反应来生活和行动。我们所有的行动都是反应。我不知道你有没有注意到这一点。如果我们认为秩序是不可能的，那么我们不可避免地会认为其反面必须存在——失序，秩序的反面。然而，如果你看到了这个真相，即对秩序的需要意味着我们刚刚所说的那一切，那么真正的秩序就会来临。我说清楚了吗？我会换个方式来说。

和平显然并不是没有战争的状态。和平与此不同，它不是两场战争之间的空隙。若要发现和平是什么，你就必须彻底摆脱暴力。摆脱暴力需要极其深入地探究暴力。这意味着切实看到暴力中隐含着竞争和野心，隐含着获得成功和极高效率的渴望，隐含着约束自己并遵循某些观念和理想。显然，强迫心灵去遵从——无论形式高尚与否都毫不相干——就意味着暴力。

我们说，如果我们不遵从，就会出现混乱，但这种说法只是一种反应，不是吗？暴力不是一件肤浅的事情，考察它需要大量的探询。愤怒、嫉妒、仇恨、羡慕都是暴力的表现形式。摆脱暴力是处于和平之中，而不是处于失序状态之中。为什么了解自己不仅仅是一件在某个早上随便看看然后其他时间都忘掉的事情，这就是原因所在。这是一件非常严肃的事情。

所以，了解秩序，比起说"如果没有秩序就会混乱"这样的反应重要多了，那种说法就好像说"如果没有混乱和不幸，我们所生活的世界该是多么美妙、多么可爱"一样！你只能去看看自己，看到自己的内心是多么贫乏。我们没有慈爱，没有同情，没有爱，丑陋不堪，我们是如此容易被说服；我们永远都在寻求陪伴，永远无法独处。

所以，重要的是看到秩序的整体，而不是只选取适合你的那些碎片。而看到某件事情的整体是非常困难的——就像你看到那一整棵树一样。关于秩序、权威和遵从，我已经谈了一些；如果你能看到这个整体，那么你就会看到大脑、心灵摆脱了这种对秩序的需要，进而摆脱了遵从——无论是追随一个民族英雄、一个传奇人物以及所有那些无稽之谈，还是追随你特定的老师、古鲁、圣人以及诸如此类的一切。

那么，"完整地看到"又是什么呢？首先，"看到"是什么呢？只是一个词吗？请小心地跟上这一点，如果你不介意的话。当你说"我看到了"，那是什么意思呢？不要回答我，拜托，而只是和我一起探索。我并没有把自己设定为你们的权威，你们也不是我的追随者。我没有任何追随者，感谢上帝！我们是在一起探询"看到"这个问题，因为这非常重要，你们要自己去发现。

当你说"我看到了那棵树"，你是真的看到它了呢，还是你只不过满足于"我看到了"这几个字呢？务必想一想。我们慢慢来。你是不是说了"那是一棵橡树、一棵松树、一棵榆树"，无论什么树之后，接着就从旁经过了？如果是这样，那就意味着你没有看到那棵树，因为你被困在了词语当中。只有当你懂得了词语并不重要，并把符号、术语、名称都放在一旁，这时你才能看。"看"是一件非常艰苦的事情，因为它意味着名称、词语以及与那个词联系在一起的所有回想和记忆必须被全部抛开。你并没有看着我，你对我抱有某些观念，我有某种名声等等诸如此类，而这妨碍了你看到我。如果你能剥除心灵中所有那些荒谬之处，那么你就能看到，而那种"看到"与透过词语的"看到"截然不同。

那么，你能看着你的神明、你最爱的欢愉、你的高贵感、你对灵性的感受以及所有那些把戏——同时把词语剥掉吗？这非常困难，很少有人愿意真正去看。这样的看是完整的，因为它不再与词语和记忆以及词语唤起的感受联系在一起。所以，完整地看到某样东西意味着没有分裂，没有对所见的反应——只有看到。而看到事实，本身就会带来一系列脱离了语言、记忆、观念和想法的行动。这不是一项智力上的技艺，尽管也许听起来很像。凭理智或凭感情用事都是相当愚蠢的。但是，完整地看到恐惧，会把心灵从恐惧中解放出来。

而我们没有完整地看到任何东西，那是因为我们总是通过大脑来看事情。这并不是说不应该使用大脑；正相反，我们必须发挥大脑最高的能力。但大脑的作用是打破事物；它受到的教育是片段地而不是整体地观察和学习。完整地认识这个世界、这个地球，意味着没有国籍感，没有传统，没有神明，没有教派，没有把土地瓜分，没有把地球分裂为五颜六色的地图。而把人类当作人来看待，意味着不划分成欧洲人、美国人、俄国人、中国人或印度人。但是大脑拒绝整体地看待地球以及地球上的人类，因为大脑被数个世纪以来的教育、传统和宣传所制约。所以，大脑带着它所有机械的习惯、它的动物本能、它待在安全和保障中的渴望，永远也无法完整地看到任何东西。然而正是大脑支配着我们，正是大脑一刻不停地在运作。

请不要跳到这个观点，即大脑之外必定有某种东西存在，我们身上必然存在一种精神，我们要去接触它，以及所有这些无稽之谈。我是在一步步地挝进，所以请跟上，如果你们愿意的话。

所以大脑受到了制约——被习惯、被宣传、被教育、被所有日常的影响、生活的琐碎和它自身无休止的喋喋不休所制约。我们就是用这颗大脑在看。这颗头脑，当它听到我说的话，当它看一棵树、一张画，当它读一首诗或者听一场音乐会时，它总是偏颇的；它总是在根据"我喜欢"和"我不喜欢"——什么有利可图、什么无利可图——做出反应。大脑的功能就是反应；否则你一夜之间就会被摧毁。所以，正是大脑带着它所有的反应、记忆、渴望和冲动——有意识的和无意识的——在看、在观察、在听、在感受。然而，由于大脑本身是偏颇的，它本身就是时间、空间和所有教育的产物——这些我们已经讲过了——所以它无法从整体上去看。它总是在比较、判断和评估。但是，由于大脑的功能就是反应和评估，所以，若要完整地看到事物，大脑就必须处于暂停和安静状态。我希望我把自己的意思说清楚了。

当你能够看到秩序的整体——连同它所有的内涵，这些我们已经或多或少探讨过了——那么你就会发现，从那种完整的了解中就会出现一种完全不同的秩序。无疑，只有当为了自身的满足和安全而渴望秩序的头脑被摧毁的时候，正确的秩序才能到来。当大脑粉碎了它自身的造作之物，摧毁了它滋生各种想象、幻觉、欲望和希望的土壤，那么从这种摧毁中就会出现一种会创造自身秩序的爱。

评论：我认为课堂上有更多创造性的活动将有助于解除心灵所受的制约。

克：我们必须了解我们说的创造性指的是什么。你看，我们太草率、太轻易地使用"创造性"这个词了。一个画家、一个诗人、一个发明家、一个课堂上的老师——他们都说他们有创造性。你知道你何时有创造性吗？你能在课堂上使用创造性吗？这就像——一个画家对他所见、所经历的事物有那么一刻的清晰，然后把它体现在画布上。请稍微跟上一点儿。在画布上表达的过程中，他开始发现那一刻的清晰已经逝去；当他无法捕捉那种清晰，他就借助酒精、女人、消遣和娱乐来追逐它，希望那种清晰能够重现。而当他舍弃了那一切，安静地走在一条小溪旁或者一条小巷中，他突然再次有了同样的感受，他立刻就把它表现在画布上。而后这种表达变成了一件可以在市场上售卖的东西；它被卖掉了。然后他变得野心勃勃，他想要生产出、创作出更多的作品。

而一个野心勃勃的人，一个想得到声望和名誉的人——无论是在教室里、在商界，还是借助发明或者艺术——他有创造性吗？很快，他就想用"创造性"做些事情，在运用它、用它帮助别人的过程中，他很快变得野心勃勃，等等；那一刻他不就已经破坏了所有的创造性吗？你看，我们想把创造性或者上帝，或者无论什么利用起来；我们想从中获利，但恐怕这办不到。你也许在某些方面拥有某种能力、某种天赋，但不要称之为创造性的行动、创造性的思想。没有什么思想是创造性的，因为思想只不过是一种反应，而创造可能是一种反应吗？

问题：一个人如何才能看到恐惧的整体呢？

克：恐怕我们现在不能讨论这个问题了，因为我们得打住了，但是我们将来可以在这些讲话的过程中再探讨这个问题。你看，重要的是了解"完整地看到"意味着什么，不仅仅是完整地看到某一件事情，比如恐惧、爱、恨、这个或那个。在希望完整地看到恐惧的过程之中，你就想要除掉恐惧，不是吗？而"除掉"或"得到"的愿望本身就妨碍了完整地看到。你知道，这一切都意味着无限的自我了解——了解关于你自己的一切，你自己的每个角落。当你从镜子里看到自己的脸，你对它非常了解——每条曲线，每个线条，每个角度——同样，你也必须非常深入地了解自己，不仅仅是有意识的自我，而且还有潜意识中隐藏的各个层面。

如果可以，今天早上我只想传达一件事情——不是观念，不是感受，不是某种非凡的"灵性"体验，而是"完整地看到"有多么重要。"完整地看到"意味着没有判断、没有谴责、没有评估。它也意味着大脑没有对它的所见做出反应，而只是观察，那种状态中不存在与被观察的事物分离的思想者。这极其困难，所以不要认为仅仅通过玩弄辞藻就可以做到。那意味着了解整个矛盾的问题，因为我们就处于矛盾状态之中。

萨能第二次演说，1961 年 7 月 27 日）

我们必须对冲突保持觉醒

正如我在这些讨论的开始所说的那样，我认为认真非常重要。我们在这里所谈的不是观念，但不幸的是，我们大部分人似乎都与观念而不是"现状"相联结。在我看来，追查"现状"、事实和你自己的实际生存状态，非常重要。而对事实穷究到底并发现事物的本质，实际上就是认真。我们喜欢探讨、争论，喜欢和观念打交道，但是在我看来，观念不通往任何地方；它们非常肤浅，它们不过是符号，而执着于符号将会导致非常肤浅的生活。抛开或者穿越观念并与"现状"相联结，与我们自身头脑和内心的实际状态紧密联结，是一项非常艰巨的工作；而在我看来，非常深入、全面而彻底地穿透这些，就构成了认真。通过穷究到底的过程，你就会发现本质，这样你就能够体验整体，进而我们的问题就会有一种截然不同的含义。

今天早上我想探讨冲突的问题，把这个问题追究到底，看看我们自己能不能切身体验心灵能否完全地、彻底地摆脱所有恐惧，而不是仅仅把这当作一个观念。若要自己真正发现这一点，你就不能停留在观念的层面上。

人们显然对外在世界中的冲突无能为力；这些冲突由全世界几个无法无天的人所造就，我们也许会被它们毁灭，我们也可能会存活下去。俄国、美国或者别的国家也许会把我们全都推入战火，而我们对此几乎束手无策。但是，我认为我们能够对自己内在的冲突做一些非常彻底的事情，而这就是我想探讨的问题。为什么在我们的内心、我们的体肤之下、我们的心理上有着这样的冲突？必须如此吗？有没有可能过一种根本没有冲突的生活，而不至于活得像行尸走肉、昏睡不醒呢？我不知道你有没有想过这一点，这对你来说是不是一个问题。对我来说，冲突会破坏各种形式的敏感性；它扭曲所有的思想，而只要有冲突，就没有爱。冲突本质上就是野心，是对成功的膜拜。而我们的内在处于冲突状态之中，不仅仅是在表面上，而且我们意识的最深处也是如此。我想知道我们有没有觉察到这一点，如果觉察到了，我们会怎么办呢？我们是不是借助教堂、书籍、广播，借助娱乐、消遣、性以及诸如此类的一切，包括我们膜拜的上帝，来逃避冲突呢？或者，我们知不知道如何应对它，如何解决这种冲突，如何把它探究到底，并弄清楚心灵能否彻底摆脱所有冲突？

冲突无疑意味着矛盾，感情、思想、行为之中的矛盾。当一个人想要做一件事情却被迫去做相反的事情时，矛盾就会产生。对我们大多数人来说，那里有爱，哪里就会有嫉妒和怨恨；而这也是一种矛盾。依恋之中有悲伤和痛苦，连同它所有的矛盾和冲突。在我看来，无论我们触碰什么，都会带来冲突，而这就是我们从早到晚的生活；即使当我们睡去的时候，我们的梦里依然是日常生活中那些令人不安的符号和象征。

所以，当我们考虑我们意识的总体状态，就会发现我们身处自我矛盾的冲突之中，永远试图变得善良、变得高尚，变成这样而不是那样。我想知道这是为什么。这难道是必须的吗？有没有可能生活中没有这些冲突呢？

正如我所说，我们不是从理念上而是从实际上探究这个问题，也就是明了我们的冲突状态，了解它的内涵，与它发生真正的联结——不是通过观念和语言，而是实际上联结在一起。这可能吗？你知道，一个人可以通过观念与冲突相联结，而实际上我们更多的是与冲突的概念，而不是与这个事实本身联结在一起的。而问题是心灵能不能抛开词语，和那种感受相联结。如果我们对思想的整个过程没有觉察——不是别人的思考过程，而是我们自己的——那么我们能发现这种冲突为什么存在吗？

思想者和思想之间无疑存在着一种分裂，思想者始终试图控制和塑造思想。我们知道这种情况正在发生，而只要这种分裂存在，就必然会有冲突。只要有经历者和经历作为两种不同的状态存在，就必然会有冲突。而冲突会破坏敏感性，它破坏激情和热烈；而如果没有激情和热烈，你就无法把任何感受、任何思想、任何行动探究到底。

若要穷究到底并发现事物的本质，你就需要激情和热烈，需要一颗高度敏感的心——而不是一颗学富五车、塞满知识的心。没有激情你就无法敏感，而激情，这股探索发现的动力，被我们内心无休止的斗争变得鲁钝不堪。不幸的是，我们接受了挣扎和冲突是不可避免的，进而一天天变得越来越不敏感、越来越迟钝。这种情况的极端形式会导致心理疾病，但我们通常会从教堂、观念和各种肤浅的事情中找到逃避的办法。那么，有没有可能活得没有冲突呢？抑或，我们是不是被社会、被我们自己的野心、贪婪、羡妒和对成功的追求所深深制约，以至于我们接受了冲突是件好事、是件高尚的事情，是有某种意义的？我认为，如果我们每个人都能弄清楚我们实际上是怎样看待冲突的，那么冲突也许就是有意义的。我们是接受了它呢，或者我们被困在其中，不知道如果摆脱它，还是我们满足于我们多种多样的逃避之道呢？

这实际上意味着深入探索自我实现和对立面之间的冲突这整个问题，看看始终渴望更多经验、更多感受、更宽视野的思想者、观察者有没有任何真实性可言。

是不是只有思想而没有思想者，只有一种体验状态而没有体验者？一旦体验者经由记忆产生，就必然存在冲突。如果你考虑过这个问题，我认为这点是非常简单明了的。就我们大多数人而言，思想者、体验者变得无比重要，而不是思想和体验的状态。

　　这实际上涉及前几天我们所探讨的"看到"意味着什么这个问题。我们是不是透过想法、观念和记忆看到生活、看到一个人、一棵树的呢？还是我们直接与生活、与那个人或那棵树联结在一起的呢？我认为我们是透过观念、记忆和评判在看的，所以我们从来都没有看。同样，我是按照"实际如何"看待自己的吗？抑或我是按照"应该如何"或"曾经如何"来看自己的吗？换句话说，意识是可分的吗？我们非常轻易地谈论潜意识和意识，以及它们两者之中各个不同的层面。我们必须一个个地研究所有这些层面并抛弃它们，或者努力去了解它们吗？——这种应对问题的方式令人非常疲惫，而且效率低下——抑或，有没有可能扫除所有的划分，抛开这整件事情并觉察到整个意识呢？

　　就像我那天所说的那样，若要完整地觉察到什么，就必须有一种感知、一种看到，是没有被任何观念所沾染的。如果存在动机和目的，那么彻底地、完整地看到什么，就是不可能的。如果我们在意的是我们必须与众不同，我们必须把我们看到的变得更好、更美，以及诸如此类的想法，那么我们就无法看到"现状"的整体。此时心灵关心的只是改变、变化、改进、改善。

　　所以，我能如实地看到自己，看到意识的整体，而不被困在意识中的各种划分、各个层面以及相互对立的观念中吗？我不知道你是不是曾经做过任何冥想——我现在并不讨论这个问题。但是如果你做过，你必定观察到了冥想之中的冲突，意志力想要控制思想，而思想总是溜走。这就是我们意识的一部分——有想要控制、塑造以及得到满足、成功和安全的渴望；同时又看到这一切的荒谬、无益和徒劳。我们大部分人都试图产生一种行动、一种观念、一种抵抗的意志，作为自己四周的一道围墙，我们希望在围墙之内能保持一种没有冲突的状态。

　　那么，有可能看到所有这些冲突的整体，并与这整体相联结吗？这并不意味着与冲突的整体这个概念相联结，或者让你自己认同我使用的这些词语，而是意味着联结人类生存的整体，以及它的悲伤、不幸、渴望和挣扎等等所有的冲突。那意味着面对事实，与之共处。

你知道，与某种东西共处是极其困难的。与周围这些山脉共处，与美丽的树林、投影、晨曦和白雪共处，真正与之共处，是非常困难的。我们完全接受了它们，不是吗？日复一日地看到它们，我们对它们都麻木了，就像农夫们一样，再也没有真正看上它们一眼。而若要与之共处，每天都带着新鲜、清晰、敏感、欣赏和爱去看它们——这需要巨大的能量。而若要与丑陋的事物共处，而不让它扭曲和腐化心灵——这同样需要巨大的能量。与美丽和丑陋共处——而人必须这样生活——需要惊人的能量；而当我们不断处于冲突状态之中时，这种能量就被否定了、被破坏了。

所以，心能不能看着冲突的整体，与它共处，既不接受也不拒绝，不让它扭曲我们的心灵，而是实际观察我们自身制造冲突的欲望在内心的所有活动呢？我认为这是可能的——不仅仅是可能的，而且当我们非常深入地探索这个问题，当心灵只是观察而不抵抗、不拒绝、不选择时，事情就会这样发生。那么，如果你已经走了这么远，不是从时间上和空间上，而是从对冲突这个整体的实际体验上已经走了这么远，你自己就会发现心灵能够更加热烈、更加激情四射、更加有活力地生活；这样的一颗心，对于那不可衡量之物的出现是至关重要的。冲突中的心永远无法发现什么是真理。它也许会不停地唠叨着上帝、良善、灵性等等诸如此类的一切，但是只有彻底懂得了冲突的本质进而从中解脱出来的心，才能够接收到那无名之物、那不可衡量者。

也许我们可以讨论一下，或者对此提些问题。提出正确的问题是很困难的，而我认为就在提出一个正确问题的过程当中，我们自己就会找到答案。提出正确的问题，意味着一个人必须与事实、与"现状"相联结，而不是与想法和观念相联结。

问题：创造的本质是什么？

克：先生，美的本质是什么呢？爱的本质是什么？一颗没有冲突的心的本质是什么？你想要一番解释吗？如果解释让你满足，然后你接受了它，那么你就只是在接受词句，你没有亲自实际去体验。你看，我们是如此容易满足于解释和智力上的观念，而这整个过程只不过是在玩弄辞藻，从中会产生错误的问题。先生，你难道不想自己去发现有没有可能没有冲突地活在这个世界上吗？

评论：我认为我们必须反抗外在的世界，而就在对抗世界的行为之中存在着冲突。

克：我想知道，我们究竟有没有做什么事情只是因为我们喜欢那么做。你明白我的意思吗？我热爱我所做的事情——并不是因为坐在讲台上跟很多人讲话能让我感觉兴奋或刺激；那不是我做这件事的原因。我这么做，是因为我喜欢，哪怕只有一个人或者根本就没有人听。如果这确实会制造冲突，那又有什么关系呢？毕竟，我们没有人愿意受到打扰。我们喜欢蜀建自己的一潭死水，与我们的想法，我们的丈夫、妻子、孩子和我们的神明一起舒适地生活在里面。然后有个人走过来或者有某件事情发生——生活，一场暴风雨，一次地震，一场战争——撼动了我们。然后我们做出反应，我们努力建造更坚固的围墙，我们进一步抵抗，为了不受打扰；而上帝是我们最后的避难所，我们希望在那里再也不会被打扰。如果我们受到打扰，从那种打扰中就产生了混乱，然而那又有什么不对呢？我没有强迫你听；门就在那里，大开着。我们在这里想做的是了解冲突。而反抗这个世界又有什么不对呢？毕竟，我们反抗的世界是体面虚荣的世界，有着不计其数的虚幻的神灵、教会和观念；我们反对的是仇恨、嫉妒、贪婪以及我们为了保护自己而发明出来的所有此类东西。如果你这么做，就会带来打扰，可那又有什么不对呢？

评论：我认为如果我们能一刻接一刻地生活，就没有冲突。

克：等一下。你有没有发现我们是如何偏离到观念中去的？"如果我们能一刻接一刻地生活"是条件，是一个观念——那意味着我们从未对任何事情死去过，对快乐和痛苦、对我们的要求和野心死去。你能真的对那一切都死去吗？

问题：我们怎么才能知道我们面对的是真正的事实呢，还是关于事实的想法呢？

克：那么，这是你的一个问题，对吗？那你打算怎么弄清楚呢？你有没有看过什么或者有某种感受却不抱有任何想法呢？比方说我有一种愤怒的感觉；我仅仅是通过词语知道这种感受的吗？我们是透过观念来感受的吗？通过说我是一个印度人——这是一个观念——我就有了某种民族感情，所以正是观念带来了感受，不是吗？因为我所受的教育就是认为自己是个印度人，并让自己与地球上特定的一小块儿地方、特定的一种颜色相认同，这给了我某些感受，而我满足于这些感受。但是，如果我受到的是不同的教育，仅仅是作为一个人，而不和某个特定的种族或团体相认同，我的感受就会截然不同，不是吗？所以，对我们来说，词语带着某些言外之意——一个共产主义者，一个信奉者，一个不信者，一个基督教徒——透过那些词语我们有了某些感情、某些感受。对我们大部分人来说，语言非常重要。我在试着弄清楚心灵究竟能不能摆脱词语，当它自由时，感受中的心灵会是怎样的状态？我说清楚了吗？

你看，先生，我们今天早上一直在谈冲突，我不想玩弄辞藻，而是想弄清楚心灵能不能摆脱冲突。我想弄清楚，想穷究到底，那意味着我必须切实地与冲突本身而不是观念相联结。对吗？所以我不能被观念转移视线；我必须摸索着进入冲突的整体，与痛苦、不幸、挫折这整个冲突相联结，不是寻找借口或者为之辩解，而是去深入探索。我是用语言、从文字上去做这件事的吗？你明白我的意思吗？这就是我今天早上为什么会问我们是如何看到事物的——是透过语言的屏障呢，还是发生真实的联系？有可能不带着词语去感受吗？毕竟，一个饥饿的人需要食物；他不会满足于对食物的描述。你是不是同样想搞清楚冲突，想要探究到底呢？还是你会满足于对没有冲突的心灵状态的文字描述？如果你想探究到底，你就必须体验冲突，了解关于它的一切。只要你能够和一个冲突共处，探究它，与它同眠，让它入梦，吃透它，那么你就能揭开所有冲突的整体。但是这需要激情和热烈。在表面浮光掠影地探讨不会有什么结果，而且会消耗掉你仅有的那一点能量。

问题：如果你自己彻底地探究冲突，那么你是不是就必须接受世界上的冲突？

克：你能把这个世界和你自己分得那么清楚、那么干净吗？世界和你有那么不同吗？你们看，先生们，如果我可以这么说的话，我认为有件事情我们还没有理解。在我看来，冲突是一件非常有破坏性的东西，从内到外都是如此，我想搞清楚有没有一种毫无冲突的生活方式。所以我不对自己说冲突是不可避免的，我也不会解释给自己听，说只要我贪婪，就必然存在冲突。我想了解它，探究它，看看我能不能粉碎它，看看生活中是不是可能没有它。我如饥似渴地这么做，没有什么描述和解释能够让我满足——那意味着我必须了解这整个意识的过程，也就是了解"我"，在了解它的过程中，我就是在了解世界。这两件事情并不是分开的。我的仇恨就是世界的仇恨；我的嫉妒、贪婪、对成功的渴望——这一切也是属于这个世界的。所以，我的心能粉碎这一切吗？如果我说"告诉我粉碎它的办法"，那么我就只不过是在用一个方法来战胜冲突，而这并不是了解冲突。

所以，我发现我必须对冲突保持清醒，觉察它，留意它在我的野心、贪婪和不由自主的渴望等等之中的一举一动。如果我只是看着它们，也许我就能搞清楚，但这无法保证。我认为我非常明白如果我想弄清楚，那么重要的是什么——那就是一种激情、一种热烈，一种对语言和解释的不屑一顾，这样心灵就能变得非常敏锐而警觉，关注着每一种形式的冲突。这无疑是唯一的途径，那就是将冲突探究到底。

（萨能第三次演说，1961 年 7 月 30 日）

寻找自由的心永远无法自由

　　上次我们见面的时候谈到，认真是将事情追究到底并发现其本质的那种热望和意愿；如果没有这种强烈的能量促使你去发现什么是真实的，那么恐怕这些讲话就没有什么意义。在一个美丽的清晨进行这样的讲话，似乎有点儿遗憾，但我还是想探讨一下谦卑和学习的问题。

　　当然，我说的谦卑不是藏身于谦卑的伪装之下矫揉造作的傲慢。谦卑并不是一项美德，因为任何从人的身上培养、抽取、约束和控制而来的品质，都是虚假的东西。谦卑不是一件可以播种然后收割的东西；它必须自己出现。谦卑不是压抑追求成功的欲望，也不是僧侣、圣徒、牧师等人宗教形式的谦卑，或者刻意的苦行带来的谦卑。它是某种截然不同的东西。若要真正地经历它，我认为你就必须探究到底，让自己心灵的每一个角落，让头脑和内心所有黑暗的、隐蔽的、潜藏的地方都暴露在这种谦卑之下，沉浸在其中。如果我们想揭开谦卑的本质，我想我们就必须思考学习是什么。

　　我们究竟有没有学习过什么呢？难道我们所有的学习不都是机械的吗？对我们来说，学习是一个添加的过程，不是吗？添加的过程会形成一个中心、一个"我"，这个中心去经历，然后经验会变成记忆，它本身就是记忆，而记忆会歪曲接下来的所有经验。那么，学习是一个积累的过程吗，就像知识一样？如果存在经验、知识、成为和变成什么这些积累的过程，那么还会有谦卑吗？如果头脑塞满了知识、经验和记忆，它就不可能接收新鲜的事物。所以，若要永恒出现，难道不需要彻底清空心灵吗？那难道不就意味着完整的、彻底的谦卑感，意味着一种没有成为什么、没有积累、不再追求或得知什么的状态吗？

我想知道你可曾学到过任何东西？你积攒了、拥有了很多经验；曾经有很多事情留下了印记，被作为记忆储存了起来。我可以学习一门新语言，学习一种探索太空的新方法，但这些都是积累的、机械的过程，我们称之为学习。而这个机械的学习过程会留下一个中心，不是吗？这个中心——它积累知识和经验——渴望获得自由，它抗拒、断定、接受、抛弃，始终处于斗争和冲突之中。正是这个中心总是在积累并清空自己；既有肯定式的获取过程，也有否定式的拒绝过程。我们把这个过程叫作学习。

我确信你们之中有些人希望从讲话者这里学到些什么，请原谅我这么说。但是你从我这里什么也学不到，因为你只能学到机械的东西，比如观念。我们与之打交道的不是观念，我们所探讨的并非对事物的描述；我们关心的是事实，是"现在如何"。而了解"现在如何"并不是一个机械的过程，不是一个为了收集而观察的过程，也不是一个你借以增强或削弱那个中心的手段。我们始终企图从这个中心去改变，而这个中心是若干个世纪积累起来的，被社会、宗教、经验和教育所制约。我们从这个中心出发去运转，试图改变我们的品质，改变我们的思维方式，植入一套新的理念并抛弃旧有的理念。所以这个中心总是在企图改变自己或者摧毁自己，以期得到更多的东西，而这就是我们一直在做的事情。

请务必听一下这点。我们称这个中心为自我、我，或者无论你给它什么称谓。名称并不重要，重要的是事实，是"现在如何"。而在这个改变的过程中，就存在着暴力。改变意味着暴力，经由暴力不可能出现任何新东西。当你说"我必须控制自己，我必须压抑自己"——那意味着遵照某个模式——其中就隐含着暴力。圣徒、领袖、老师和先知们——都在谈论改变和控制。而这个中心约束自己遵照某个模式的过程显然意味着暴力。当我们谈论非暴力的时候，也有着同样的意味。

所以改变意味着时间领域之内的暴力，不是吗？——"我是这样的，我要迫使自己变成那样。""那样"——理想、典范、标准——在远处。在这个努力把暴力变成和平的过程中，有对立面之间的所有冲突。所以，当我们说"我必须了解自己"，我们就依然困在只会强化那个中心的积累过程之中。所以，你能不能不仅仅从语言上、智力上看到，而且实际体验到这个事实，即只要存在一个想要改变的中心——其中隐含着暴力——就永远不可能有和平？

所以，在我看来，没有学习，只有看到。看到并不是积累性的，它不是一个积攒或拒绝的过程。 对"现在如何"的看到具有毁灭性，而就在那毁灭之中有和平，而不是暴力。暴力、革命或者改变，存在于积累和维系那个中心的过程之中。然而，当你用你的整个存在完整地、彻底地看到那整个过程，那么事实、那个"现在如何"就具有彻底的毁灭性，而毁灭就是创造。

所以，谦卑是彻底抛弃了所有积累过程及其对立面的心灵状态，它一刻接一刻地觉知"现在如何"。因此它没有观点、没有评判；这样的一颗心知道自由是什么。困在暴力中的心没有自由，寻找自由的心永远无法自由，因为对它来说自由是进一步的积累。

谦卑意味着彻底的毁灭——不是针对外在社会上的事物，而是彻底摧毁那个中心、那个自我以及你自己的观念、经验、知识和传统——彻底清空心中已知的一切。因此这样的一颗心不再从改变的角度去思考。如果你能感受到这一点，这真是一件无比非凡的事情。你看，这就是冥想的一部分。

所以，我们首先必须了解改变的过程，因为那是我们大多数人都想要的——改变。这个世界上外在的事物正在非常快速地改变着。人们正登上月球、发明火箭等等；价值观在改变；可口可乐已经遍及整个世界；

古老的文明正在倾覆。改变的迅捷程度超过了改变的事实本身。所有古老的神明、传统、救世主和大师——都在消失或者已经消失。有一小部分人紧紧抓住它们，在自己四周建造防御的围墙，然而一切都在逝去。而心不关注摧毁，不关注创造，只关注捍卫自己，始终在寻求另外的避难所和新的避风港。

所以，如果你非常深入而认真地探索谦卑这个问题，你就必然会质疑这整个学习的过程——这种妨碍你如实看到事物的文字层面的学习。一颗不再关注改变的心没有恐惧，因而是自由的。在我看来，一颗懂得了我们所说的这些内容的心——这样的一颗心是绝对必要的。于是它不再试图把自己变成另一个模式，不再把自己交给更多的经验，不再要求和渴望，因为这样的一颗心是自由的；所以它能够安宁、寂静；此时，也许那无名之物就能出现。所以谦卑是必要的，但不是人为的、培养出来的那种。你看，人必须没有任何能力、任何天赋；人必须从内心一无所是。我认为，如果你看到了这一点，而不试图学会如何做到一无所是——那就太荒唐、太愚蠢了——那么这看到就是对它的体验，此时也许另一样东西就出现了。

我们能不能谈谈这个问题——只谈这件事情——而不是我们要如何改变世界，或者某个政治要人接下来会做些什么？

问题：了解是一种能力吗？

克：了解是一项能力吗？是某种可以培养、慢慢培育的东西吗？能力意味着一个时间过程，而借由时间或假以时日我能了解什么吗？抑或我是立即了解到什么，即刻看到了它？我有没有了解，作为一个国家主义者，让自己和某个特定的团体、派别或信仰相认同，实际上是非常愚蠢的？我是不是彻底看清了属于什么、让自己效忠于什么的全部含义？你知道，我们都想属于某个特定的群体、社团、种族、家庭或姓氏；我们想让自己固守某种行动方式——共产主义的、社会主义的、宗教的或道德的行为方式。这是为什么呢？其中涉及几件事情，不是吗？我们喜欢"合作着"一起行动。这也许在某个层面上没问题，但是内心固守于什么无疑会妨碍你对觉悟的了解和探求。看到这一点需要时间吗？这需要时间，因为我懒惰，因为我把自己交付了出去，我害怕如果我从中抽离出来，会带来麻烦。所以我说："我要花时间慢慢想明白。"一颗懒惰的心阻止自己直接地、清晰地、真实地看到。显然，看到自己非常愚蠢并不需要时间。我能看到这一点；不必由别人来告诉我。但是，当我想改变这一点，当我想变得聪明，当我想更这样一些、更不那样一些，那当中就意味着时间，也意味着暴力。然而，若要看到我的愚蠢，真正看到这一点并完全身处其中，不仅需要了解，而且这看到本身就会摧毁我在自己身上和自己周围所建造的一切。而这正是我所害怕的。

所以，要看到我的愚蠢、狭隘、心胸狭窄和平庸，与之共处而不想改变它，也不想粉饰它并给它一个别样的名字、一个新称呼以及诸如此类的一切；看着它所有的活动、它的虚伪，看到试图变聪明的愚蠢之处——这一切都不需要时间，不需要能力，而是需要穷究到底的认真。

你知道，先生们，当危险出现的时候，我们确实会立即行动、立即感受到、立即看到。我们所有的直觉、我们的感官都完全清醒，我们不会谈论时间。

评论：人似乎能够看到欲望的愚蠢并摆脱它，但是随后它还会再回来。

克：我从没说过一颗自由的心没有欲望。毕竟，欲望又有什么不对呢？当欲望带来冲突，当我想要那辆我无法拥有的漂亮汽车时，问题才会出现。然而看到那辆车，看到它线条的美丽、它的颜色，看到它飞驰的速度，那又有什么不对呢？想要观察它、看着它的愿望有错吗？只有当我想要拥有那样东西的时候，欲望才会变得强烈，变得令人迫不及待。我们知道，成为任何东西的奴隶，成为烟草、酒精、一种特定的思维方式的奴隶，都意味着欲望，而想要突破这种模式的努力也意味着欲望，所以我们说我们必须实现一个无欲无求的状态。看看我们是如何用我们的狭隘渺小来塑造生活的！我们的生活因此变成了一件平庸的事情，充满了未知的恐惧和黑暗的角落。但是，如果我们通过如实看到这一点而懂得了我们所说的这些内容，那么我想欲望就有了截然不同的意义。

问题：与我们所看到的事物相认同和与之共处，有可能区分开这两者吗？

克：我们为什么想要和什么东西相认同呢？为了变得更伟大、更高尚、更有价值，不是吗？我们想赋予生活意义，因为生活对我们来说毫无意义。你为什么要让自己跟家庭、朋友、某个理念或国家相认同呢？为什么不把所有的认同都抛开，始终与恒久变动、从不静止的"现状"共处呢？

问题：如果一个人不让自己跟什么相认同，那么我想他是不是就能完全置身事外了？

克：事实是，我们生活在我们自己狭隘的圈子里，和我们琐碎的嫉妒、我们的虚荣和愚蠢生活在一起，不是吗？这就是我们的生活，我们得面对它，而不让自己跟神明、山岳等等相认同。与真实的事物共处，不想改变它，比与耶稣同在——那只是一种逃避——要困难多了，那需要更多的激情和智慧。

问题：在探索的过程中就有喜悦和快乐；而探索不是学习吗？

克：我们是探索我们的悲伤然后在喜悦和快乐中与它共处的吗？你可以发现地球的美并陶醉其中，或者发现政客们的愚蠢并把它们摒弃，但是发现悲伤的全部意义则完全是另外一回事，不是吗？那意味着我必须探索自己的悲伤和全世界的悲伤。研究悲伤的著述，学习它，意味着你想学到该做什么、不该做什么，这样你就可以保护自己了。请务必让我们探讨一下这个问题；我不是权威。我认为你无法学习悲伤，那样的学习会变得机械。然而，一颗发现了机械收集的危险之处的心就会停止学习；它观察，它看到，它感知，这与学习截然不同。与悲伤同在，与它共处，既不接受也不辩解，作为一样活生生的东西了解它的运动，需要巨大的能量和洞察力。

评论：在我看来，首要的事情之一是了解心灵的构成是什么。

克：心灵是由什么构成的？大脑、知觉、能力、判断、疑问、迷信、恐惧；有分裂自己、拒绝、渴望、满怀抱负、寻求安全和永恒的心；这整个继承来的意识，把现在以及教育、经验等等植入它自身之中——这一切无疑都是心灵。它是那个在看、在进化、在改变、在挣扎、在受苦的中心；它是思想者和思想，而思想者始终试图控制思想。

而心灵有可能清空自身的那一切吗？你不能说可能或不可能。你所能做的只有弄清楚有没有可能看到意识的边界和局限，有没有必要留有一个边界，以及有没有可能超越那一切。

一颗认真的心知道自身的局限，明了自身的平庸、愚蠢、愤怒、嫉妒和野心；懂得了这些，它保持安静，不追寻，不渴望，不再抓取任何东西。只有这样的一颗心才能带来自身的秩序，因而是安静的，只有这样的一颗心才可能接收到并非思想产物的东西。

评论：了解自己需要进行某种努力。

克：是吗！先生们，你们难道不是已经做出努力了吗？我们总是努力去成为什么，去获得、去做些什么。"看到"需要努力吗？我对看着那座山峰和翠绿的山坡感兴趣，只是看着它，这需要努力吗？当我不感兴趣的时候，当有人告诉我必须去看时，才需要努力。如果我不感兴趣，又没有被强迫去看，那为什么还要为此费心呢？

问题：人如何才能获得这一切所需的能量呢？

克：我说过与"现状"共处需要能量，而这里的问题是："人要如何拥有能量？"请探究一下。当你没有冲突，当你心中没有矛盾、没有挣扎、没有暴力时，当你没有被无数欲望朝着相反的方向撕扯时，你就会拥有能量。你因为膜拜成功、想成为什么、想要出名、想有所成就而耗散了那种能量——你知道你所做的无数带来矛盾的事情。我们把自己的能量浪费在看精神科医生、去教堂、寻求无数逃避之道的过程中。如果没有矛盾，如果没有对神明、对终极之物、对你邻居或者他人舆论的恐惧，那么你就会拥有能量，不是少量的，而是丰富的能量。而你必须拥有那种能量、那种激情才能将每个思想、每个感受、每个暗示、每个蛛丝马迹追究到底。

（萨能第四次演说，1961 年 8 月 1 日）

一颗嫉妒的心无法知道爱是什么

今天早上我想和你一起探讨一个相当复杂的话题，但是在我开始之前，正如我之前所说的那样，我认为这需要有某种程度的认真。并非那种拉长了脸或者古怪的认真，而是那种孜孜以求的追究到底的坚持，必要的时候可以让步，但无论如何都会继续探究下去。今天早上我想探讨的话题，需要你们所有人的认真和关注；东方称之为冥想，但我完全不确定西方世界是不是完全了解那个词是什么意思。我们既不代表东方，也不代表西方，而是我们试着发现冥想是什么，因为在我看来这非常重要。它涵盖着全部生活，而不只是其中的一个片段。它涉及心灵的整体，而不只是其中的一部分。不幸的是，我们大部分人都培养片段，并且在那个片段中变得非常有效率。深入到揭示和解开自己心灵深处的黑暗角落的整个过程之中，去探索而不带有任何目标、不寻求任何结果，达到对整个心灵的完全了解，甚或超越，对我来说就是冥想。

我想小心翼翼地探讨这个问题，因为每一步都能揭示出某些东西。我也希望我们所有人都不仅仅停留在语言层面或者智力分析层面，不是仅仅感情用事地、一时冲动地收集若干碎片，而是能够有某种认真，并穷究到底。而且也许下次讲话还需要继续保持这一点。

我们都在追求某些东西，不仅仅在身体层面，而且在智力层面和人自身意识中更深的层面上也是如此。我们总是在寻找快乐、舒适、安全、成功以及某些教条、信仰，让心灵可以舒适地安歇其中。如果观察自己的内心、自己的大脑，你就会发现它始终在追寻，从来不曾满足，始终在或多或少地希望能够得到长久的、永远的满足。我们追求身体上的安康，但不幸的是，我们大部分人都满足于保持身体上的舒适，满足于拥有一点成就、一点知识，拥有平庸的关系，等等。如果我们对物质上的事情感到不满，也许就像我们之中的一部分人那样，我们就会寻找心理上的、内在的舒适和安全，或者想在智力上有更宽的出口，想要更多的知识。而这种追求和寻找被全世界的所有宗教所利用。基督教、印度教和佛教都提供自己的神明、信仰和保证，心灵接受了它们，受到了它们的制约，于是不再追寻。所以我们的追求被诱导了、被利用了。如果我们极其痛苦，对这个世界和我们自己、对我们能力的欠缺都不满意，那么我们就会试图让自己跟某种更伟大、更广阔的东西相认同。当我们暂时找到了让我们满意的东西，我们很快就会发现自己想要从中脱离出来，只想追求更多的东西。

这个不满的过程，紧紧抓住什么直到被迫放手的过程，确实会滋生仿效的习惯、为我们自己树立权威的习惯——教会的权威，各种牧师、圣徒、条规等等的权威，它们的存在遍及全世界，不是吗？

一颗被权威残害的心——无论是宗教的权威，还是能力、经验或知识的权威——永远无法自由地去探索。无疑心灵必须自由才能探索，而首要的问题之一正是让心灵摆脱所有的权威。我说的并不是警察和法律的权威。走在马路上错的那一边显然会导致事故，如果你触犯法律，你就会进监狱。回避这个层面的权威，不交税等等，就太愚蠢、太荒唐了。我说的权威是由于我们渴望去追求、去发现，因而自己制造出来的或者社会、宗教、书本等等强加的权威。

所以，在我看来，最重要的事情之一，一件绝对必要的事情，就是心灵让自己摆脱所有的权威感。这非常非常困难，因为每个词语、每次经验、每个形象、每个符号都会留下知识的印记，而这将变成我们的权威。你也许能避开外在的权威，但是我们每个人都有自己隐秘的权威，那个权威说"我知道"。权威，遵照某个模式，会产生支离破碎的行动。而我们现在谈的是一种包含了部分的整体的行动。这种整体的行动涵盖了整个生活——身体上的、情感上的和智力上的生活。当你深入探索潜意识并揭开了自己内心所有黑暗的秘密，当心灵从中脱离出来并得到了净化，这种行动就会产生。这种整体的行动就是冥想。

所以，这需要大量艰苦的工作，需要一种内在的观察，来揭开权威所有的运作渠道和方式，这些权威是我们千百年来为自己设下的，我们时常逡巡其中。获得自由是最困难的事情之一——忘记你内心对昨天已知的一切；对你拥有的每个经验死去，无论那经验是快乐的还是痛苦的。而只有此时心灵才能够自由地生活、完整地行动。

做到这点，需要一种没有选择的觉察、一种被动的觉察，所有隐秘的渴望、冲动、希冀和欲望都被从中揭示出来；这时心灵不做选择而只是观察。一旦你选择，你就会暗自建立权威，因而心灵就不再自由。从内在觉知到思想的每个活动，每个词语的含义，每个欲望和希冀的意义，既不拒绝也不接受，只是毫无选择地跟随和观察——这确实会让心灵摆脱权威。只有当心灵自由的时候，它才能发现什么是真实的、什么是虚假的，而不是在自由到来之前；这种自由并不是最后才出现的，而是在最初。因此，冥想不是一个用欲望和知识来控制、约束和塑造心灵的过程。

我希望这些你们都跟上了。也许其中的一些内容对你们来说是陌生的，你也许会排斥。你知道，接受或者拒绝意味着没有能力自始至终都跟随别人所说的话，然而既然你不辞辛苦来到这里，我认为如果你仅仅说"他是对的"或"他错了"，那就太荒唐了。所以请注意，倾听不是要弄清楚你自己内心是怎么想的，而是讲话者所说的是真是假，并从真相中看到虚假，或者如实地看到真相。如果你读过一些冥想或心理学方面的书，并把我说的话跟你所知道的相比较，那么上述情形就不可能发生。这样你就走到了岔路上，你没有在倾听。然而，如果你倾听，不是努力去听，而是因为你想要搞清楚，那么你就会发现倾听中有一种喜悦。我认为倾听真相的行动本身就是钥匙。除了切实参与倾听中去——那不是认同——你什么都不必做。冥想中没有认同、没有想象。

所以，当心灵开始了解自身的整个思想过程，你就会发现思想是如何变成权威的；你会发现思想以记忆、知识和经验为基础，而指导思想的思想者变成了权威。所以心智必须觉察自己的思想、动机是从何处产生的，它们的由来是什么。当你探询得非常深入时，你会发现思想的权威彻底止息了下来。

所以，若要建造冥想的大厦，你就必须打下正确的基础。显然，任何形式的羡妒，其本质都是比较——你有某样美丽的东西，而我没有；你很聪明，而我不是；你有某种天赋，而我没有——这一切都必须摒弃。嫉妒的心——嫉妒财产，羡慕能力——无法走远，野心勃勃的心也是一样。我们大多数人都野心勃勃，而野心勃勃的心总是想要获得成功和成就，不光是世俗意义上的，而且也包括内心的成就。一颗成熟的心不知道成功，也不知道失败。

所以心必须完全自由，不是仅仅在某些片段的方面偶尔自由一下，而是彻底自由。这意味着涤净数个世纪以来所受的教育都是竞争和追求成功的心灵。

你知道，摆脱嫉妒并不是一个时间问题。这并不是一个逐渐去除嫉妒的过程，不是制造出对立面并让自己与那个对立面相认同的过程，也不是企图把对立面整合的过程，那一切都意味着一个渐进的过程。如果你野心勃勃并树立了没有野心的理想，那么要跨越这个距离并实现理想，你就需要时间。在我看来，这个过程是完全不成熟的。如果你清晰地看到什么，它就消失了。完全看清嫉妒及其所有的内涵——这无疑并不是太难——并不需要时间。如果你看，如果你觉察，它就会迅速向你敞开，而看到它就是摒弃它。

显然，一颗嫉妒、野心勃勃、自私自利的心无法发现完满的美，它无法知道爱是什么。你也许结婚了，也许有了孩子，也许有了房子和流传千古的美名，但是一颗嫉妒和野心勃勃的心无法懂得爱。它知道多愁善感、感情主义和依恋是什么，但依恋不是爱。

如果你已经走了这么远，但不是仅仅从智力上或语言上走了这么远，你就会发现激情的火焰。激情是必不可少的。有了这种激情的火焰，你就能够看到山脉以及布满绿树、绵延不绝的山坡；你就能够看到无处不在的苦难，看到人类因为自身对安全的渴望而制造的可怕分裂；你就能够拥有广阔的感受，而不是自我中心的感受。所以这就是基础，而打下了基础之后，心灵就自由了；它可以前行，又或许没有进一步的前行了。因此，所有的追寻、所有的冥想、所有对词句的追随，无论是谁说的，都只会导致幻觉和虚假的视像，除非心彻底看到了这个整体。一颗被基督教所制约的心显然会看到耶稣的影像，而这样的一颗心活在了基于权威的幻觉中，这样的一颗心是非常局限和狭隘的。

所以，如果你已经从内在走了这么远，那种看到就必然是即刻发生的——不是后天或者下个月，而实际上就在此刻。我使用的语言并不足以表达事实；语言并非事物本身。如果你只是跟随讲者的话，你就没有从内在跟随你自己。所以说冥想是必要的。冥想并不是盘腿打坐，按某种方式呼吸，重复词句或者遵循某个模式；那都是些伎俩，尽管你也许会得到那个体系所提供的东西。但你得到的也只会是一个碎片，因而毫无用处。无疑，你可以一眼看到戒律、追随和遵从的全过程，并瞬间将它丢掉，因为你彻底了解了它。但是，当心灵怠惰时，这种即刻的了解就被阻止了。而我们大多数人是懒惰的，这就是我们更喜欢告诉我们怎么办的方法和体系的原因。

有一种形式的懒惰非常好——那是某种被动。被动很好，因为这样你就能非常清晰而敏锐地看到事物。然而，身体上或者精神上的懒惰让心灵和身体变得迟钝，所以无法去看、去观察。

所以，在打下基础之后——那实际上就是否定社会以及社会的道德——你就会发现美德是一件无比非凡的事情，它是一件美丽而又纯净的东西。你无法培养它，就像你无法培养谦卑一样。只有傲慢的人才会培养谦卑，而努力变得谦逊是极其愚蠢的。然而，当心灵开始了解自己，了解自身意识中所有黑暗的、未经探索的角落，你就会轻松地、蹒跚地与谦卑相遇。你在自我了解中邂逅谦卑，而这样的谦卑正是你立足的大地、你的眼睛和你的呼吸，你就是通过它来观察、来说话、来沟通的。如果你谴责、判断和评估，你就无法了解自己；而毫无扭曲地观察、看到"现状"，就像你观察一朵花而不把它撕成碎片，这样去观察，就是自我了解。如果没有自我了解，所有的思想都会导致扭曲和幻觉。所以，在自我了解中，你开始为真正的美德打下基础，而这种美德无法被社会或别人所认可。一旦社会或别人认可了它，你就落入了他们的模式之中，因而你的美德只是体面的美德，所以就不再是美德了。

所以，自我了解是冥想的开端。关于冥想，可以说的还有很多；这只是一个引子，正如之前所说的，这只是第一章。而这本书从来不会结束，它没有完成，也没有达到。而这一切的惊人和美妙之处在于，当心灵——其中包括了大脑等一切——看到并清空了它自己所发现的一切，当它彻底摆脱了已知，而没有任何动机，那么那不可知者、无法衡量者也许就会出现。

评论：我不太理解必须在最开始就有自由而不是最后，因为开始的时候有着所有的过去，并没有自由。

克：你看，先生，这隐含了一个时间的问题。你能在最后获得自由吗？你数日之后、数个世纪之后会自由吗？拜托，这不是一个要和你争论的问题，也不是要让你接受我所说的话；我们必须看到这一点。作为一个印度教徒、一个基督教徒、一个共产主义者或者无论什么人，我受到了制约；我被社会、被各种事件、被无数影响所塑造。解除制约是一个时间问题吗？请务必想想清楚。如果你说这是一个时间问题，那么你同时就在添加越来越多的制约，不是吗？

先生，看看这一点。每个原因同时也是一个结果，不是吗？原因和结果并不是两个分开的、静止的东西，对吗？结果会再次变成原因；这是一个不断随时间而进行调整的链条，受到影响、变得成熟、减少或者增加等等。作为一个英国人、犹太人、瑞士人或者无论什么人，你受到了制约，你是想说需要时间来看清其中的荒谬之处吗？而如果看到了其中的荒谬，需要时间来丢掉这些吗？你看，我们不想看到国家主义有害的本质，因为我们喜欢它，我们就是这样被抚养长大的。旗帜对我们来说有某种意义，因为我们从中得到了好处。如果你说"我不再是一个瑞士人"，或者这类人、那类人，你也许就会丢掉工作，社会也许会把你驱逐，你也许就无法让自己的儿子或女儿体面地成婚。所以我们完全依附于它，而这就是妨碍我们立刻看到并丢掉这类东西的原因。

你看，先生。如果我倾尽一生都在追求成就、成名、成功，你认为我会放弃吗？你认为我会放弃它带来的利益、威望、名声和地位吗？如果你真正看到了其中所有的荒唐、残忍、无情，其中没有友善、没有爱，只有自我精心算计的行动，那么你立刻就能丢掉它。但你不想看到这一点，所以发明出了各种借口，说："我最后会这么做的，来得及，但是现在请不要打扰我。"恐怕这就是我们大多数人所说的话。不仅仅那些天赋异禀的人，而且我们普通人、平庸的人——我们都在这么做。割断绳子不需要时间，需要的是即刻的洞察、即刻的行动，就像你看到一个悬崖、一条蛇一样。

问题： 我们怎么才能如此清晰地看到并忘掉所有经验呢？

克： 若要看清任何东西，你难道不是必须具备一颗纯真的心吗？显然每个经验都会塑造心灵，增强心灵的制约；透过所有这些制约，我们试图发现新鲜的东西。我并没有说存在某种新东西，这不是重点。但是，如果心灵希望发现是否存在某种全新的、本身就是创造的东西，无疑必须拥有一颗纯真的心，一颗年轻的、新鲜的心灵。我并没有说我们必须忘掉每一个经验；显然你无法忘掉所有的经验。但是，你可以看到经验产生的累加过程让心灵变得机械，而一颗机械的心不是一颗有创造性的心。

（萨能第五次演说，1961年8月3日）

心灵的简朴以及痛苦

关于不带谴责或辩解地面对事实、观察事实，不带任何观点地接近事实，我们已经讲了很多。特别是在涉及心理事实的方面，我们习惯于引入我们的偏见、欲望和冲动，它们会扭曲"现状"，催生某种愧疚感、冲突感，以及对"现状"的否认。我们也谈到了彻底摧毁我们所建造的所有防御和避难所的重要性。生活对我们来说太过广大、太过迅捷了，我们迟钝的心灵，我们缓慢的思维方式，我们根深蒂固的习惯，无一例外都会在我们内心制造矛盾，而我们却企图对生活横加要求。渐渐地，随着矛盾和冲突的继续和升级，我们的心灵变得越来越迟钝。所以，如果可以，今天早上我想谈一谈心灵的简朴以及痛苦。

直接地思考，清晰地看到事物，并把我们所见到的逻辑地、理智地、清醒地追究到底，是非常困难的。我们很难做到清晰进而保持简单。我说的简单并不是外在衣着的简朴、拥有很少的财产，而是一种内在的简单。我认为用简单的方式来着手一个非常复杂的问题，比如痛苦，是非常重要的。所以，在我们探究悲伤之前，我们必须非常清楚我们所说的"简单"这个词意味着什么。

心灵，正如我们所知，是如此复杂、如此狡猾、如此微妙；它拥有如此之多的经验，它身上有着过去、种族的所有影响，有着所有时间的残渣。把这一切广袤无边的复杂性化繁为简，是非常困难的，但是我想这一点必须做到；否则，我们就无法超越冲突和悲伤。

所以问题是：已经有了所有这些复杂的知识、经验和记忆，那么究竟有没有可能看着悲伤并摆脱悲伤?

　　首先,我认为,在亲自发现如何简单而直接地思考的过程中,定义和解释真的非常有害。文字定义不会让心灵简单,解释也不会带来清晰的洞察。所以在我看来,我们必须对语言的奴役高度警觉,尽管我们也必须意识到沟通需要使用语言。但是,我们所交流的不只是语言;交流超越了语言;那是一种感受、一种看到,无法被诉诸语言。一颗真正简单的心并不意味着一颗无知的心。简单的心是一颗能够自由地跟随既有事实的微妙之处、细致差异以及运动的心。而若要做到这点,心无疑必须摆脱语言的奴役。这样的自由会带来一种简单的朴素。如果有了这种简单的做法,那么我想我们就能够直接去看并试着了解悲伤是什么了。

　　我认为心灵的简单和悲伤是相关联的。我们整天活在悲伤之中,即使用委婉的说法,无疑也是最愚蠢的事情。活在冲突之中、挫折之中,总是与恐惧和野心纠缠不清,困在取得成就和成功的渴望之中——整个一生都处于这样的状态中,在我看来是极其无益和不必要的。而若要摆脱悲伤,我认为我们必须以非常简单的方式着手这个复杂的问题。

　　身体上和心理上的痛苦多种多样,有疾病带来的身体上的痛苦,牙痛、肢体残缺、视力很差等等;当你失去某个心爱的人,当你没有能力却看到别人有能力,当你没有天赋却看到别人有天赋、有钱、有地位、有威望、有权力时,所产生的那种内在的悲伤。我们始终有取得成就的渴望,而在成就的阴影之下总是会有挫折,悲伤于是紧随其后。

　　所以存在着两种悲伤:身体上的和心理上的。一个人也许失去了一条胳膊,然后整个悲伤的问题就来了。心回首过去,想起它过去做过的事情,想到再也不能打网球了,很多事情再也做不了了;它比较,在这个过程中悲伤就产生了。我们都很熟悉这类的事情。事实是我失去了胳膊,再怎么讲道理、解释、比较、自怜自艾都无法把胳膊找回来。但是心沉浸在自怜和对过去的回忆里。所以此刻的事实与过去的样子相矛盾。

这种比较必然会导致冲突，从这种冲突中就会产生悲伤。这是一种悲伤。

然后还有心理上的痛苦。我的兄弟，我的儿子去世了，他不在了。多少道理、解释、信仰和希望都无法让他回来。无情的、无法挽回的事实是他不在了。我们曾是朋友，我们曾经一起谈笑风生，一起共度好时光，而现在这种陪伴结束了，剩下我孤零零一个人。孤独是事实，死亡也是事实。我被迫接受他故去的事实，但是我不接受孤独地活在世上这个事实。所以我开始发明各种理论、希望和解释，作为对事实的逃避，而正是逃避带来了悲伤，而不是我孤独的事实，也不是我兄弟故去的事实。事实永远不会带来悲伤，而我认为，如果心灵要真正地、完全地、彻底地摆脱悲伤，理解这一点是非常重要的。我认为，只有当心灵不再寻求解释和逃避，而是面对事实时，才有可能摆脱悲伤。我不知道你究竟有没有尝试过这么做。

我们知道死亡是什么，以及它能唤起多么惊人的恐惧。我们都会死去，这是事实，我们每一个人，无论乐意不乐意，都会死。于是，我们要么把死亡合理化，要么逃到各种信仰中去——业、转世、重生等等——因此我们维系了恐惧并逃避事实。而问题是心灵是不是真正愿意追究到底，并发现有没有可能完全地、彻底地摆脱悲伤，不是花时间慢慢来，而是此刻、现在就摆脱。

那么，我们每个人能够智慧地、清醒地面对事实吗？我能不能面对这个事实：我的儿子、兄弟、姐妹、丈夫或者妻子，或者无论是谁，去世了，我很孤独，却不从那种孤独逃到解释、机巧的信仰、理论等等之中去？我能不能看着那个事实，无论它是什么：那个事实是我没有才能，我是那种迟钝又愚笨的人，我很孤独，我的信仰、我的宗教体系、我精神层面的价值观都只不过是一堆自我防御。我能看着这些事实，却不寻找逃避的方法和手段吗？这可能吗？

我认为，只有当你不关心时间、不关心明天的时候，这才可能。我们心智怠惰，所以我们总是需要时间——克服的时间，改进的时间。时间并不能消除悲伤。我们也许能忘记某种特定的痛苦，但悲伤始终深藏在那里。而我认为，彻底消除悲伤，不是明天，不是假以时日，而是就在此刻看到并超越现实，这是可能的。

毕竟，我们为什么要受苦呢？痛苦是一种病。我们会去看医生并除掉病痛。我们为什么要承受任何一种悲伤呢？拜托，我不是在夸大其词——那就太愚蠢了。我们为什么，我们每个人为什么要心怀悲伤呢？有没有可能把它彻底去除呢？

你看，这个问题意味着：我们为什么要身处冲突之中？悲伤就是冲突。我们说冲突是必然的，是生活的一部分；自然界和我们周围的一切之中都有冲突，没有冲突是不可能的。所以我们接受了我们内心和外在世界中的冲突是不可避免的。

在我看来，任何一种冲突都是不必要的。你也许会说："这是你自己的一个特殊的想法，缺乏有效性。你单身一人，没有结婚，这对你来说很容易，但我们必然会与我们的邻居相冲突，在工作中也有冲突；我们所接触的一切都会滋生冲突。"

你知道，我认为正确的教育就涉及这一点，而我们的教育迄今为止都是不正确的；我们所受的教育就是从比较和竞争的角度来思考的。我想知道，通过比较你能明白、你能真正直接地看到什么吗？抑或，只有当比较停止了你才能清楚地、简单地看到？无疑，只有当心灵不再野心勃勃，不再试图成为或者变成什么的时候，你才能看清——这并不意味着你必须满足于自己的现状。我认为人可以没有比较地活着，不拿自己跟别人比，也不拿自己现在的样子跟应该如何比。始终直面"现状"，将消除一切比较性的评价，所以，我认为人可以消除悲伤。我认为，心灵摆脱悲伤非常重要，因为此时生活将会有一种全然不同的意义。

你看，我们所做的另一件不幸的事情，是寻求舒适——不仅仅是身体上的舒适，还有心理上的舒适。我们想栖身于某个观念之中，当那个观念失效，我们就会绝望，这也会带来悲伤。所以问题是：心能不能生活、运转而没有任何避难所和藏身之处？你能不能在每天的生活中，在每个事实出现时，面对它而不试图逃避，在一天中的每分每秒都始终面对"现状"？因为我想这样我们就不仅仅会发现悲伤能够终止，而且会发现心灵变得惊人地简单和清晰；它能够没有语言、没有符号地直接感知。

我不知道你可曾没有语言地思考过。存在不进行语言化的思考吗？或者所有的思想都只不过是语言、符号、画面和想象？你看，所有这些东西——语言、符号、想法——对于看清都是有害的。我认为，如果你想把悲伤追究到底，想弄清楚有没有可能自由——不是最后才自由，而是每天的生活都没有悲伤的阴影——你就必须非常深入地探索自己的内心，摒弃所有的解释、语言、观念和信仰，这样心灵才能真正得到清洗并有能力看到"现状"。

问题：只要有悲伤，无疑我们就会不可避免地想要对它做点儿什么，对吗？

克：先生，就像前几天我们说过的，我们想活得开心，不是吗？我们不想改变快乐；我们想让它日日夜夜永远继续下去。我们不想改变它，我们甚至不想碰它，大气都不敢对它喘，生怕它消失；我们想紧紧抓住它，不是吗？我们紧抓着让我们开心、给我们喜悦、快乐和享受的东西——比如去教堂、做弥撒等等之类的事情。这些事情给我们一种巨大的兴奋感、一种强烈的感受，我们不想改变这种感受；它让我觉得靠近了万物的源头，我们想要那样的感受，不是吗？我们为什么不想以同样的方式、用同样的热情跟悲伤共处，而不想对它做任何事情呢？你可曾这么尝试过？你可曾试过与身体上的痛苦相处？你可曾试过与噪声共处？

我们打个简单的比方。如果一天夜里有一条狗在叫，你想睡觉可它一直叫，你会怎么办？你会跟它对抗，不是吗？你朝它扔东西、咒骂它，竭尽所能地对抗它。然而，如果你跟随那些声音，毫无抗拒地倾听犬吠，那么还会有烦躁不安吗？我不知道你有没有这么尝试过。你应该偶尔试一试：不去抗拒。就像你不会推开快乐一样，你能不能同样与悲伤共处，没有任何抗拒和选择，从不试图逃避，从不沉溺于希望也不会进而招来绝望——而是与之共处？

你知道，与某事共处意味着热爱它。如果你爱某个人，你就会想要和他生活在一起，和他待在一起，不是吗？同样，你可以和悲伤共处，不是像受虐狂那样，而是看到它的整幅图景，从不试图逃避它，而是感受到它的力量和强度，也体会到它的极端肤浅——那意味着你无法对它做任何事。毕竟，对于带给你强烈快感的事情，你什么也不想做；你不想改变它，你想让它流淌下去。同样，与悲伤共处实际上意味着热爱悲伤，而这需要巨大的能量、大量的了解；这意味着始终在观察，看看心灵是不是在逃避事实。逃避实在是太容易了；你可以吃颗药，喝杯酒，打开收音机，捡起本书看看，聊聊天，等等。而若要完全地、彻底地与某种东西共处，无论是快乐还是痛苦，都需要一颗极度警觉的心。而当心灵是如此警觉，它自己就会产生行动——或者说，行动就来自事实，而心无须对事实做任何事情。

问题：在有身体疼痛的情况下，我们不应该去看医生吗？

克：当然要去，如果我牙疼，我就去看牙医。如果你有某种身体上的疾病，你不应该去看医生吗？当我们提出这样的一个问题，我们难道不是太肤浅了吗？我们谈的不仅仅是身体上的病痛，而且还包括人们因为某种观念、信仰或某个人而经历的心理痛苦、所有精神上的折磨；进而我们问自己有没有可能彻底摆脱内在的悲伤。先生，物质有机体是一台机器，它确实会出故障，所以你必须竭尽全力让它继续运转，但是你可以确保这个机械的有机体不干涉心灵，不败坏它、扭曲它，尽管有身体上的疾病，心灵却依然保持健康。因而我们的问题是，心灵，作为所有领悟以及所有冲突、不幸和悲伤的源头，能不能摆脱悲伤，不被身体疾病以及诸如此类的一切所污染。

毕竟，我们都在一天天变老，但毫无疑问的是，让心灵保持年轻、新鲜、纯真，不被经验、知识和痛苦的沉重负担所压倒，是可能的。我认为，如果你想发现什么是真理，是不是有上帝或者无论你称之为什么，一颗年轻的心、一颗纯真的心是绝对必要的。一颗陈旧的心，一颗受尽苦痛、历经折磨的心永远都无法找到它。而把悲伤当作某种必需的东西，能够最终带你到达天堂的东西，是荒唐可笑的。基督教把痛苦美化为到达觉悟的必经之路。你必须摆脱痛苦、摆脱黑暗；只有此时光明才会到来。

问题：当我看到自己周围有着如此深重的悲伤，我有可能摆脱悲伤吗？

克：你是怎么认为的呢？去到东方、印度、亚洲，你会发现那里有巨大的悲伤，有身体上的痛苦、饥饿、腐败、贫穷。这是一种悲伤。来到现代世界，每个人都在忙着点缀外面这个极其富裕、繁荣的牢笼，但他们的内在依旧非常贫乏、非常空虚；这里也有悲伤。对此你能做些什么？对我的悲伤你能做些什么？你能帮我吗？请务必想想清楚，先生们。

关于悲伤以及如何摆脱它，今天上午我已经讲了大约半小时了。我有没有帮助你，真正地帮到你，也就是说你已经去除了它，一天也不会继续背负着它，彻底摆脱了悲伤？我帮到你了吗？我认为没有。毫无疑问，你必须自己完成所有的工作。我只是在指出来。指示牌没有任何价值，也就是说，坐在那里没完没了地读路牌没有任何用处。你得面对孤独并探究到底，探究它的全部含义。我能帮助摆脱全世界的悲伤吗？我们不仅知道自己的痛苦和绝望，我们也能够从别人脸上发现悲伤。你可以指出走过即可通往自由的大门，但是大部分人都希望被载着穿过那道门。他们膜拜他们认为会载他们过去的人，把他变成一个救世主、一个大师——这一切都纯粹是无稽之谈。

问题： 如果一个自由了的人不能帮助别人，那他有什么用呢？

克： 我们是多么严重地实用主义啊，不是吗？我们想利用一切来为我们的利益或者他人的利益服务。路边的一朵花有什么用处呢？山那边的一片云有什么用处呢？爱有什么用处呢？你能利用爱吗？慈悲有任何用处吗？谦卑有什么用处吗？在一个充满了野心的世界上毫无野心地活着——这有什么用处吗？友善、温和、慷慨——这些东西对于一个并不慷慨的人来说毫无用处。一个自由的人对于一个被野心充斥的人来说毫无用处。而我们大部分人都被困在野心、困在想要成功的欲望之中，所以那个人的意义微乎其微。他也许谈的是自由，但我们关心的是成功。他只能告诉你：到河对岸来看看天空的美丽，体会一下简单的生活——去爱、友好、慷慨而毫无野心的美妙之处。很少有人愿意踏上彼岸，所以这个人没什么用处。你也许会把他放进教堂来膜拜他。事情仅此而已。

评论： 与悲伤共处意味着悲伤会延长，而我们对悲伤的延长十分畏缩。

克： 我说的当然不是那个意思。与某种东西共处，无论是丑陋的还是美丽的，你就必须非常有热情。日复一日地与这些山脉生活在一起——如果你没有以鲜活的心态面对它们，如果你不爱它们，如果你没有一直看到它们的美，它们变幻的色彩和阴影——就会变得像那些农民一样对一切都无动于衷。美丽同样会导致腐化，就像丑陋一样。与悲伤生活在一起就像与群山生活在一起一样，因为悲伤让心灵变得迟钝、愚笨。与悲伤共处意味着不停地观察，而那并不会延长悲伤。一旦你看到了这整件事情，它就消失了。当某件事情被彻底看清了，它就结束了。当我们看到悲伤的整个结构、它内部的构造，不把它理论化而是真正看到事实，看到它的整体，它就会消失。洞察的快速和迅捷取决于心灵。但是，如果心被信仰、希望、恐惧和绝望充斥着，总想改变事实、改变"现状"，它就不会简单、直接，那么你就会延长悲伤。

评论：我们的先入之见是拦路的障碍，我们得解决它们，而这也许就需要时间。

克：先生，看到自己很孤独，同时觉察到自己想要逃避孤独，这都是即刻发生的，不是吗？我很孤独和我想逃避，这两个事实，我立刻就能洞察，不是吗？我也能立即看到任何形式的逃避都是对孤独这个事实的躲闪，而我必须了解孤独，我不能把它搁在一边。

你看，我认为我们的困难在于，我们是如此依赖我们逃避的去处；它们对我们来说太重要了，它们受到了无上的尊重。我们觉得如果我们不再体面、天知道会发生什么。所以我们对体面的依赖变得无比重要，而不是这个事实，即我们需要去彻底了解孤独或其他任何一件事情。

问题：如果我们没有那种热烈，我们又能怎么办呢？

克：我想知道我们想要那种热烈吗？热烈意味着摧毁，不是吗？它意味着粉碎生活中我们认为如此重要的一切。所以，也许是恐惧阻碍着我们变得热烈。

你知道，我们都想变得极其体面，不是吗？——年轻人和年长者都是如此。体面意味着被社会所认可，而社会只认可那些成功的、重要的、有名的人，却忽视其他人。所以我们崇拜成功和体面。而当你不再关心社会是不是认为你很体面，当你不再追求成功，不再想成为什么人物，那么你就会拥有那种热烈——那意味着内心没有恐惧、没有冲突、没有矛盾，因此你就有充沛的能量把事实探究到底。

（萨能第六次演说，1961 年 8 月 6 日）

对自我的了解没有终点

如果可以，我们就接着前天的内容继续讲，来探讨冥想是什么这整个问题。在东方，对于那些非常深入地探究了这个问题的人来说，冥想是日常生活中非常重要的一件事情，而在西方，人们或许就没有那么紧迫或者认真了。但是，由于它牵涉生活的整个过程，我想我们应该思考一下其中涉及了哪些内容。

正如我曾经说过的，如果你仅仅跟随文字或者词句，并单纯停留在语言层面，那会是完全徒劳无益的，也会无比空洞。当你仅仅从智力上理解这个问题，那就像跟着一口棺材来到坟墓一样。然而，如果你非常深入地探究，就会揭示出生活中那些非凡无比的事情。正如我说过的，我们并不是在和一本完整的书的第一章打交道，因为生活的整个过程是没有终点的。我们必须在问题出现的时候就考虑它们。

你将看到，我们会更为深入而全面地探讨这个问题，但是我想我们首先有必要了解什么是否定式和肯定式的思考。我用"否定"和"肯定"这两个词，并没有把它们当作对立面。我们大部分人都以肯定的方式思考，我们积累、添加；或者在方便、有利可图的时候，我们再删减。肯定式的思考具有模仿性和遵从性，会调整自己适应社会的模式或者适应自身的欲望；而我们大多数人都满足于肯定的思维方式。在我看来，这种肯定式的思考毫无出路。

然而，否定式的思考并非肯定式思考的反面；它是一种截然不同的状态，是一个不同的过程，而我认为在继续深入之前，我们必须清楚地理解这一点。否定式的思考是让心灵彻底赤裸；否定式的思考是让作为反应仓库的头脑安静下来。

你必定已经注意到了头脑是非常活跃的，总是在进行着反应；头脑必须反应，否则它就会死掉。而在反应的过程中，它建立了肯定式的过程，它称为肯定式的思考，而这些都是防卫性的、机械的。如果你观察过自己的思维，你就会发现我说的事情非常简单，并不复杂。

在我看来，首要的事情是头脑要充分觉知、敏感而不做任何反应，所以我认为需要以否定的方式思考。我们也许可以稍后再进一步讨论这个问题，但是如果你领会了这一点，你就会发现否定式的思考意味着没有努力，而肯定式的思考确实意味着努力——努力就是冲突，其中涉及成就、压抑和拒绝。

请观察你自己内心的活动、你头脑的运作；不要单单听我讲话。语言并没有深刻的意义；它们只不过是用来交流和沟通的。如果你停留在文字层面上，你就无法走远。

那么，我们所有人——由于教育，由于文化，由于社会、宗教等等的影响——都有着一个非常活跃的大脑，但心灵的整体却非常迟钝。若要让头脑变得安静而又充分敏感和活跃，同时又不建立防御，是一项非常艰苦的工作，如果你曾经深入探究过这个问题，你就会发现确实如此。而头脑变得极其活跃而又彻底安静，并不需要任何努力。

对我们大多数人来说，努力似乎是我们存在的一部分；显然我们的生活中无法没有它——早上努力爬起床，努力去上学，努力去办公室上班，努力维持某个连续的行为，努力去爱某个人。我们的整个生活，从我们出生的那一刻到走进坟墓的那一刻，就是一系列的努力。努力意味着冲突，然而如果你如实地观察事物，如实地观察事实，就根本不会有努力。但是，我们从来没有如实地观察自己，无论是有意识的还是下意识的。我们总是在改变、取代、转化、压抑我们从自己身上所看到的东西。

所有那些都意味着冲突，而一颗冲突中的心灵或头脑从来不是安静的。若要深刻地思考，非常深入地探究，我们需要的不是一颗迟钝的、昏昏欲睡的头脑，也不是一颗被信仰和防御所麻醉的头脑，而是一颗极其活跃而又非常安静的头脑。

正是冲突让整个心灵变迟钝的，所以，如果我们要深入探讨冥想这个问题，如果我们要深深潜入生命，我们就必须从一开始就了解冲突和努力。如果你曾经留意过，你就会知道我们总是努力去实现什么，去成为什么，去获取成功；因此就会有冲突和挫折，以及随之而来的痛苦、希望和绝望。而一直处于冲突之中的东西会变得迟钝。我们难道不知道持续处于冲突中的人，他们有多么迟钝吗？所以，若要走得很远、很深入，你就必须彻底弄清冲突和努力的问题。当你采用的是肯定式的思考时，努力和冲突就会产生；当你采用否定式的思考，也就是最高形式的思考时，就不会有努力，也不会有冲突。

而一切思考都是机械的，因为所有的思想都是来自经验、记忆这个背景的一种反应。思想既然是机械的，就永远不可能是自由的。它可以非常有道理，符合逻辑和理性，那取决于它的背景、它的教育、它所受的制约，但思想永远不可能是自由的。

我不知道你究竟有没有尝试过去弄清楚思想是什么。我说的不是词典上对这个词的定义，或者哲学家的概念，而是你有没有观察过思想实际上是一种反应。

请跟上这一点，因为你必须深入探究这个问题。如果我问你一个熟悉的问题，你立刻就能回答，因为你对答案很熟悉。如果问你的是一个稍微复杂一些的问题，就会有一个时间间隔，这期间大脑在运转，从记忆里翻寻答案。如果问的是一个更加复杂的问题，大脑思考、搜寻、努力找到答案所需的时间间隔就会更长。而如果问你的是一个你根本不熟悉的问题，你就会说："我不知道。"但是"我不知道"的那个状态，是大脑等着发现答案的状态，无论是查阅书籍还是请教别人，但它依然在等待着答案。我认为，这整个思考过程，很容易就能看清；这是我们所有人都一直在做的事情；那是大脑从我们收集、存储的知识和经验中做出的反应。

而说"我不知道"并等待着答案的心所处的状态，跟说"我不知道"但并不等待答案的心所处的状态，是截然不同的。我希望你能明白这一点，因为如果这点不清楚，恐怕你就无法理解接下来的事情。我们谈的还是冥想，我们在探究这整个头脑和心灵的问题。如果你不了解所有思想的根源，超越思想是不可能的。

所以说存在着两种状态：一种是说"我不知道"同时在寻找答案的头脑，另一种是因为没有答案所以不知道的状态。如果这点你清楚了，那么我们就可以继续探究关注和专注的问题了。

每个人都知道专注是什么。当一个男生想往窗外看而老师说"看你的课本"时，他知道专注是什么。那个男生强迫自己把心思放在书本上，而实际上他此时想往窗外看，于是就有了冲突。我们大部分人都很熟悉这个强制头脑去专心的过程。而这个专注的过程是一个排外的过程，不是吗？你切断或者驱除任何扰乱专注的事情。所以，只要有专注，就会有分心。你明白吗？因为我们受到的训练是去专注，那是一个排除和切断的过程，所以就会存在分心，进而会有冲突。

而关注不是一个专注的过程，因而其中不存在分心。关注是某种截然不同的东西，我这就探讨这一点。

请注意，我们谈的是一件非常严肃的事情，来这里可不像去听音乐会，从中想要得到消遣。这需要你那一边做出艰巨的工作；这意味着向内探索、而没有丝毫想要什么或不想要什么的意味。如果你不能认真地去理解，那么就安静地听听罢了，听到一些词句然后就把它们忘了吧。然而，如果你深入去探究，那么其中涉及的内容非常多。因为随着我更加深入地探讨下去，你就会发现自由是必须的。当一颗心处于冲突中并做出努力时，它就没有自由；当你努力专注并对抗分心时，自由也不存在。但是，如果我们懂得了关注是什么，那么我们也就能开始懂得，所有的冲突都止息了，因而心灵——不仅仅是浅层的意识，也包括隐秘的思想和欲望所藏身的潜意识——是有可能彻底自由的。

现在，我们知道了专注是什么，那么关注是什么呢？我提出了这个问题，我们每个人本能的反应就是去找到一个答案，给出一个解释或定义；那个定义显得越聪明，我们就越满意。而我并不是在给出定义；我们是在探询，而且我们是在不着语言地探询，这是一件相当困难的事情；我们是在以否定的方式探询。如果你用肯定式的思维探询，那么你就永远也发现不了关注的美。然而，如果你领会了否定式的思考是什么——那是不带反应的思考，头脑不寻求答案——那么你就会发现关注是什么。我会稍微深入地探讨一下这个问题。

关注不是专注，其中没有分心；关注中没有冲突，没有对结果的追求；因此头脑是全神贯注的，那意味着它没有边界，它是安静的。关注是当所有知识都止歇，只存在探询的时候，心灵所处的状态。

有时候去试着做一件非常简单的事——在你出去散步的时候保持关注。这时你就会发现，你所能听到和看到的，比头脑专注的时候要多得多，因为关注是一种不知道因而在探询的状态。大脑在没有任何原因、没有任何动机地探询——那是纯粹的探索，是真正具有科学精神的心灵品质。它也许具备知识，但是那些知识不会干涉探询。因而一颗关注的心可以专注，而此时的专注不是一种抗拒、一种排斥。你们之中有一些人明白这点了吗？

那么，从这里继续探讨下去，这种关注状态就属于一颗没有被信息、知识和经验充塞的心；那是一种生活在不知之中的心灵状态。这意味着头脑、心灵已然彻底摒弃了各种影响、各种教条、各种律令；它了解了权威，消除了野心、嫉妒、贪婪，与社会及其所有道德观完全背道而驰。它不再追随任何东西，只有这样的一颗心才能出发去探询。

而若要深入地探询就需要寂静。如果我想眺望群山，聆听奔流而过的溪水，那么不只是我的大脑需要安静，而且整个有意识和无意识的心灵，都必须彻底安静，这样才能去看。如果大脑在喋喋不休，如果心试图抓住什么、抱守什么，那么它就看不到，它就无法聆听溪流声的美妙。所以探询意味着自由和寂静。

你知道，关于如何通过冥想和专注来得到一颗安静的心，人们曾经著书立说。这方面的著作卷轶浩繁——并不是说我读过其中的任何一部，而是人们来找我的时候说起过这些。训练心灵变得安静，纯粹是无稽之谈。如果你把心灵训练得安静，那么你就处在了一种腐朽状态，因为每一颗因关恐惧、贪婪、嫉妒或野心而遵从的心，都是一颗僵死的、迟钝的、愚蠢的心。一颗迟钝的、愚蠢的心可能是安静的，但它依然是狭隘的、琐碎的，任何新事物都不会发生在它身上。

所以，一颗关注的心是没有冲突的，进而是自由的，这样的一颗心是安然的、寂静的。我不知道你有没有探索到这个深度；如果有，那么你就会知道我们所谈的就是冥想。

在这个自我了解的过程中，你会发现寂静的心并不是一颗僵死的心，而是具有非凡活力的。那不是成就的活动，不是加加减减、来来去去或成为什么的活动，因为那种极度活跃的状态是在没有任何追求、没有任何努力的情况下出现的；它懂得了一切事物的始终，它自身存在的每一个阶段。其中没有任何类型的压抑，因而没有恐惧、没有仿效、没有遵从。而如果心没有完成所有这些事情，它就不可能安静。

那么，然后会发生什么呢？至此，我都是在用语言来沟通的，但词语并不是事物本身。"寂静"这个词并不是寂静。所以请明白这一点：若要寂静到来，心就必须摆脱词语。

那么，当心灵真正安静了下来，因而是活跃的、自由的，也不再关心沟通、表达或成就——那么创造就会发生。那种创造并不是一种视觉景象。基督教徒会看到基督的影像，而印度教徒则看到他们自己大大小小神明的影像。他们依照他们所受的制约做出反应；他们投射出自己的景象，他们所看到的脱胎于他们的背景；他们所看到的并非事实，而是从他们的愿望、欲望、渴望、希望等等之中投射出来的。而一颗关注并且安静的心看不到那些景象，因为它已经让自己摆脱了所有的制约。所以，这样的一颗心懂得创造是什么——它完全不同于音乐家、画家、诗人所谓的创造性。

那么，如果你已经走了这么远，你就会发现心灵处在一种没有时间、没有恐惧的状态中，因而能够看到或接收到那不可衡量之物；所见、所感以及体验的状态都是属于每时每刻的，而不会被储存起来。

所以，只有当心灵彻底自由、安静并且处于一种创造状态中时，那不可衡量、无法命名、不着语言的真相才会出现。这种创造状态不是麻醉状态，不是被激发出来的；而是当你懂得了、经历了这个自我了解的过程，并且摆脱了所有嫉妒、野心和贪婪的反应，此时你就会发现创造始终是崭新的，因而始终具有毁灭性。创造永远无法纳入社会的框架之内，纳入局限的个体性的框架之内。所以，用这种局限的个体性去寻找真相，将毫无意义。而当那种创造存在时，就会彻底摧毁你所积攒的一切，进而始终有新事物出现。而那新生者始终是真实的、无界的。

问题： 全然关注的状态和没有动机的欲望——它们是一回事吗？

克： 先生们，欲望是最为非凡的一件事情，不是吗？对我们来说，欲望之中充满了折磨和痛苦；我们知道欲望是冲突，所以我们对它加以限制。而我们的欲望是如此局限、如此狭隘、如此琐碎、如此平庸：想要一辆车，想变得更美丽，想获得成就。你瞧，这一切都是多么琐碎！

而我想知道没有任何折磨、任何希望和绝望的欲望究竟是不是存在！那是存在的。但是，当欲望滋生冲突时，你是无法理解这点的。然而，当彻底了解了你经历的欲望、动机、折磨、自我拒绝、戒律和痛苦时，当你懂得并消除了那一切，进而那一切都彻底消失时——此时也许欲望就是另外一回事了。那也许就是爱。而爱也许有它自己的表达。爱没有明天，它也不想着过去——那意味着头脑对爱不采取任何行动。我不知道你有没有观察过这一点——头脑是如何干预爱的，说它必须体面，把它划分成神圣的和罪恶的，头脑始终在塑造爱、控制爱、指导爱，让它符合社会或者自身经验的模式。

但是，有一种慈悲和爱的状态，其中没有头脑的干预，而或许这种爱是可以被找到的。但是为什么要比较呢？为什么说："它是这样的呢还是那样的呢？"

你看，先生们，我不知道你有没有观察过一颗从天空落下的雨滴。那滴雨具有所有江河、所有海洋、所有溪流以及你饮用的水的品质。但是那滴雨不会想着它要变成河流。它就那样落下，全然地、完整地落下。同样，当心亲历了这整个自我了解的过程，它就是完整的。那个状态中没有比较。创造并不是比较性的，而因为它具有毁灭性，它之中没有任何老旧的东西。

所以，你必须亲历整个自我了解的过程，从现在起永无止境地走下去，不是从文字上或智力上，而是实实在在地去经历，因为自我了解没有终点。因为没有终点，它也没有起点，所以它就是此刻。

我想谈的还有另外一件事情——那就是人为什么想要崇拜什么。你知道我们都想膜拜某个象征、基督或者佛陀。为什么？我可以给你一堆解释：你想让自己与更伟大的东西相认同；你想给自己提供某种你认为真实的东西；你想与某种神圣的东西同在；等等。但是一颗膜拜的心是一颗垂死的、腐化的心。无论你崇拜的是将要登月的英雄、过去或现在的英雄，还是此刻坐在讲台上的这个人，都是一回事；如果你崇拜，那么创造就永远不会发生，永远不会走近你。而一颗不知道那个非凡状态的心会永无止境地遭受痛苦。所以，当你理解了崇拜这个问题，那么它就会像秋天的一片落叶一样凋零。此时心灵就可以毫无障碍地前行了。

（萨能第七次演说，1961 年 8 月 8 日）

死亡会带来清新与纯真

我们昨天探讨了冥想之道，以及如果有自由，心灵如何才能非常深入地探索自身。如果可以，今天早上我想考虑几件事情：首先是恐惧，然后是时间和死亡。我认为它们是互相关联的，如果不了解其中一个，我们就不可能了解其他几个。如果不了解恐惧的整个过程，我们就无法领会时间是什么；而在了解时间的过程中，我们就能够深入探讨死亡这个非同寻常的问题了。死亡必定是一个非常奇特的事实。正如生命即是如此——连同它的富饶、它的丰足、它的多样和完满——死亡也必定如此。死亡，毫无疑问必然会带来一种新生、一种清新、一种纯真。而若要理解这个广阔的问题，心灵显然就必须摆脱恐惧。

我们每个人都有很多问题，不仅仅是外在的问题，内在也有，而且内在的问题比外在的那些更加重要。如果我们了解了内在，深入地探究它们，那么外在的问题就会变得相当简单、清晰。而外在的问题与内在的问题并无不同。那是同一种运动，就像海潮涨起又落下一样。如果我们仅仅跟随向外的运动并停留于此，那么我们就无法了解那潮水向内的运动。如果我们单纯逃避或者摒弃对外在的了解，我们也无法了解内在的运动。我们称之为外在和内在的，是同一个运动。

我们大部分人所受的训练都是去看外在的潮水，那个向外的运动，而依照那个方向，问题变得越来越多。如果不厘清这些问题，观察内在的运动、向内看是不可能的。

不幸的是，我们既有外在的问题——社会的、经济的、政治的、宗教的等等方面的问题——又有内心的问题：做什么，如何举手投足，如何应对生活中的各种挑战。无论是外在还是内在，无论我们触碰什么，似乎都会制造更多的问题、更多的痛苦、更多的困惑。我想，对于正在观察、正生活着的我们大多数人来说，这一点是相当明显的：即无论我们的双手、我们的头脑、我们的心灵触碰到什么，都会增加我们的问题；痛苦和困惑越来越多。而我认为，当我们懂得了恐惧，我们就能理解我们所有的问题了。

我用"理解"这个词并不是指智力上或者文字上的理解，而是说，当我们不仅仅从视觉上而且从内心洞察到、看到事实的时候，所产生的那种领悟的状态。看到事实意味着一种既没有辩解也没有谴责而只有观察的状态，是不做任何诠释地看到事物本身。当辩解、谴责或诠释都不存在时，理解就是即刻发生的。

这对于我们大多数人来说都很难，因为我们认为"理解"是一个时间的问题，一个比较的问题，一个积累更多信息和知识的问题。但是"理解"不需要其中的任何一个。它只需要一样东西，那就是直接感知、直接看到，而没有任何诠释或比较。所以，如果不理解恐惧，我们的问题就不可避免地会增加。

那么，恐惧是什么呢？每个人都有自己一系列的恐惧。你也许怕黑，害怕公众舆论，怕死，害怕一生中无法取得成功，害怕受挫、无法获得成就、没有能力，害怕感觉自己低人一等。内心的每个起承转合之处都有恐惧；思想或有意或无意的每次低语，都会滋生这件叫作恐惧的可怕事物。

那么什么是恐惧？请问问自己这个问题。它是不是某种孤立的、独立存在的、与外界无关的东西？抑或它总是与什么联系到一起的？我希望你明白了我的意思，因为我们并不是一头扎进心理分析之中。我们在试着搞清楚有没有可能让心灵彻底除掉恐惧——不是一点点地，而是完全地、彻底地清除。而若要搞清楚这个问题，我们就必须探究恐惧是什么，它是如何形成的；若要弄清楚，我们就必须深入探究思想，不仅仅是有意识的思考，还包括一个人自身生命深处那些无意识的层面。而深入探究无意识，无疑不是一个分析的过程，因为当你分析时，或者别人分析时，始终会有一个正在分析的观察者、分析者，因此就会存在分裂、存在区别，进而存在冲突。

我想搞清楚恐惧是如何形成的。我不知道我们有没有觉察到自己的恐惧，我们又是如何觉察到它们的。我们觉察到的只是一个词语呢，还是我们直接接触到了带来恐惧的那个东西？导致恐惧的那个东西是支离破碎的吗？抑或它是一个完整的东西，只是有着各种不同的表现恐惧的方式？我也许怕死；你也许害怕自己的邻居，害怕公众舆论；另一个人也许害怕被妻子或丈夫掌控；但根源必定都是同一个。毫无疑问，并非有几种不同的原因导致几种不同类型的恐惧。而发现恐惧的原因能够让心灵摆脱恐惧吗？比如说，我知道自己害怕公众舆论，那会让心灵除掉恐惧吗？发现恐惧的原因并不等同于从恐惧中解放了出来。

请务必稍稍理解一下这个问题；我们没有时间非常细致地探讨这个问题，因为我们今天早上要涵盖的问题非常广。

知道了导致恐惧的一个原因或者无数个原因，会清空心中的恐惧吗？抑或还需要另外一些因素？

在探究恐惧是什么的时候，我们必须不仅仅觉察外部的反应，而且也要觉察潜意识。我用"潜意识"这个词所指的意思非常简单，并不是从哲学、心理学或者分析学意义上讲的。潜意识是隐藏的动机，微妙的思绪，隐秘的欲望、冲动、渴望和需求。那么，一个人要如何检视或者观察潜意识呢？通过好恶、痛苦和快乐这些反应来观察潜意识，是相当简单的，然而你如何才能深入探究潜意识，而又无须他人的任何帮助呢？因为，如果你接受别人的帮助，那个人也许心存偏见、深受局限，因而他会扭曲他所诠释的东西。所以，你要如何探索这个被称为隐藏的意识的庞然大物，却不做任何诠释——去完整地观察、深入、了解它，而不是一点点地进行？因为，如果你片段化地研究它，每次研究都会留下自己的痕迹，带着这个痕迹你又去研究下一个碎片，因而会加剧扭曲。所以说分析不会带来清晰。我想知道你有没有明白我说的意思。

毫无疑问，我们可以看到，发现恐惧的原因并不能让心灵从恐惧中解脱，分析也不能带来摆脱恐惧的自由。我们必须完全地理解、彻底地揭开潜意识的整体，而我们又如何开始呢？你明白这个问题了吗？

潜意识无疑无法借助有意识的心智来看清。有意识的心智是一件新近才有的东西，"新近"的意思是，它是调节自己去适应环境进而受到制约的；它是后来因为要获取某些生存和谋生的技能，接受了教育才被塑造成形的；它培植了记忆，因而能够在一个本质上腐朽而愚蠢的社会中，肤浅地生活下去。有意识的心智可以调整自己，它的功能就是这个。当它没有能力调节自己适应环境时，就会出现一种神经质，一种矛盾状态，等等。但是，受过教育的、新近的这颗心不可能深入探究老旧的潜意识——潜意识属于时间的残余，承载着所有的种族经验。潜意识是一个仓库，存储着曾经存在的所有事物的无限知识。所以，一个有意识的心智怎么可能观察它呢？那是不可能的，因为那个心智被新近的知识，新近的事件、经验、教训、野心和各种调整所深深制约、深深局限。这样一个有意识的心智不可能观察潜意识，我认为理解这点很容易。请注意，这不是一个同意或者不同意的问题；一旦我们开始玩儿"你非常正确"或者"你错得离谱"这种把戏，那就毫无意义了；我们就迷失了。如果你即刻理解了这点所隐含的意义，那么就不会有同意不同意的问题，因为你在探究。

那么，一个人若要深入探究潜意识，暴露出所有的残留，彻底涤清潜意识，使它不再制造任何会导致冲突的矛盾，那需要些什么呢？知道了受过教育的心智无法检视潜意识，分析师也做不到，因为他的研究是支离破碎的，那么你要怎样着手探索潜意识呢？你要如何探究这颗非凡的心，它有着那么多的宝贝，是经验、种族和风土影响、传统、持续不断的印象的仓库，你要如何把它全部挖掘出来？你是用碎片化的方式把它挖掘出来呢，还是完整地把它挖掘出来？如果你没有把这个问题弄明白，那么进一步的探询就没有意义。我说的意思是，如果用支离破碎的方式来检视潜意识，那么这个过程就是永无止境的，因为你片段化地检视和诠释的这个事实，本身就会强化潜意识的各个层面。它必须被作为一幅完整的图景来审视。毫无疑问，爱并不是支离破碎的；它不能被割裂成神圣的和世俗的，也无法被划入各种体面的范畴。爱是一种完整的东西，而一颗将爱割裂开来的心永远无法知道爱是什么。若要感受爱、若要理解爱，就不能用片段化的方法来检视。

所以，如果这一点真的清楚了——即通过片段化是无法了解整体的——那么变化就已经发生了，不是吗？我不知道你有没有明白我的意思。

所以，潜意识必须以否定的方式来着手了解，因为你不知道它是什么。我们知道别人关于它说过什么，我们偶尔也会借助暗示和线索对它有所了解。但我们不知道潜意识所有的迂回曲折、所有非凡的品质及其他所有的根源。因此，若要了解某种我们不知道的东西，我们就必须以否定的方式入手，用一颗不寻找答案的心来探询。

我们前几天谈到了肯定式的思考和否定式的思考。我说过否定式的思考是最高形式的思考；而所有的思考，无论是肯定式的还是否定式的，都是局限的。肯定式的思考永远无法自由，而否定式的思考有可能是自由的。所以，当否定式的心智观察它不了解的潜意识，它们之间就发生了直接的关系。

请注意，这不是什么新奇的事情，不是一个新派别、一种新的思维方式；那些都是极其幼稚和不成熟的。但是，当你想要亲自把恐惧搞清楚并彻底除掉它，不是除去一部分而是完全清除，那么你就必须探索自己的心灵深处。而这种探询并不是一个肯定的过程。肤浅的心智是无法创造或生产出深入挖掘所需的工具的。肤浅的心智所能做的，只有安静下来，自愿地、轻松地摒弃它所有的知识、能力和天赋，不再依靠它的任何技巧。当它这么做的时候，它就处在了一种否定状态中。若要这么做，你就必须了解思想。

难道不正是思想，思想的整体——而不只是一两个想法——滋生了恐惧吗？如果没有明天或者下一分钟，那么还会有恐惧吗？让思想死去就是恐惧的终结，而所有的意识都是思想。

接下来，我们就说到了这个叫作时间的东西。时间是什么？时间存在吗？存在着钟表上的时间，我们认为还有内在的、心理上的时间。但是，除了物理时间还有别的时间吗？正是思想产生了时间，因为思想本身就是时间、无数个昨天的产物——"我过去是那样的；我现在这样，我要成为那样。"登上月球需要时间；组装火箭需要很多天、很多个月，获取如何装载火箭的知识也需要时间。但所有那些都是机械时间、钟表上的时间。到达月球涉及距离，而时间领域，小时、天和月这个范畴之内也涉及距离。然而，除了这种时间，究竟还有别的时间吗？无疑，是思想制造了时间。我们有这样的想法——我必须变得更有智慧，我必须搞清楚如何竞争，我必须努力取得成功；我如何才能受人尊敬，如何压抑我的野心、我的愤怒、我的残忍？这个连续不断的思考过程，是机械的大脑的一部分，它确实带来了时间。然而，如果思想停止了，还有时间吗？你明白这点吗？如果思想停止了，还有恐惧吗？比方说，我害怕公众舆论——关于我人们会说什么，他们会怎么看我。想着这些事情就会带来恐惧。如果没有思想，我压根儿不会在意公众舆论，因而也不会有恐惧。所以，我开始发现是思想导致了恐惧，思想是时间的产物。而思想作为无数个昨天的产物，被现在的所有经验修正之后，创造了未来——而这依然是思想。

所以，意识的全部内容都是一个思想的过程；因此，它被局限在了时间之内。我希望你们都跟上了这一点。

那么，心灵能摆脱时间吗？我说的不是摆脱钟表上的时间——那就太疯狂了，属于精神不正常了。我说的时间是成就、成功、明天成为什么，是成为什么或不成为什么，是满足与受挫，是克服什么以及得到别的什么。那意味着我们的问题是：思想——也就是意识的整体，包括显露的和隐藏的——能不能彻底消亡、停止存在？当它消亡时，你就理解了意识的整体。

所以，让思想死去——知道快乐的思想，受苦的思想，知道美德、知道关系的思想，始终在时间的领域内以各种方式成就自己、表达自己的思想——无疑就是彻底的死亡。我说的不是机械的、有机体的死亡，或者身体的死亡。医生也许会发明某种药物，可以把有机体的生命延长到一百五十年或者两百年——天知道那是为了什么！但那些都不重要，重要的是本身之中没有恐惧的死亡。

所以，心能让它已知的一切，也就是过去死去吗？那就是死亡。那是我们所有人都害怕的事情：死亡，突然终结，没有丝毫商量的余地。你不能跟死亡讨价还价；结束了。而终结就意味着让思想进而让时间死去。

我不知道你究竟有没有试验过这一点。让痛苦消亡是件相当简单的事情，每个人都想这么做。但是，让快乐消亡，让你珍视的东西，带给你刺激、幸福感的记忆消亡，让时间领域之内的一切消亡，那是不是就不可能呢？如果你深入探究过这个问题，如果你这么做过，那么你就会发现死亡具有一种与腐朽的死亡完全不同的意义。

你知道，我们并没有对这一切死去；相反，我们一刻不停地腐化、腐朽、退化、枯萎下去。死去意味着没有思想的延续性。你也许会说："这太难做到了，如果一个人做到了，那又有什么价值呢？"这并不难，但需要巨大的能量来探索，需要一颗年轻的、新鲜的、无惧的进而摆脱了时间的心。而这有什么价值呢？也许没有任何实用主义的价值；让思想进而让时间消亡，意味着发现创造是什么——创造是每分每秒都在摧毁一切并重新创造一切。这之中没有腐化，没有凋萎。凋零的只有思想——制造出"我"与"非我"这些中心的思想——只有它知道腐化。

所以，让心积累、聚集、经历的一切都死去，即刻止息，这就是创造，这之中没有延续性。有延续性的东西一直在腐化着。我不知道你有没有注意到这种对延续性的持久渴望，这点我们大部分人都有，渴望夫妻、父子等等诸如此类的特定关系能够延续。关系，只要有延续性，就一直在腐化，是僵死的、没有意义的。然而，当你让延续性消亡，就会有一种新生、一种清新。

所以，心可以直接体会死亡是什么，而这真的非同寻常。我们大多数人都不知道生活是什么，因而我们也不了解死亡。我们知道生活是什么吗？我们知道挣扎是什么，我们知道嫉妒是什么，我们知道生活的残酷之处，它所有的粗俗、仇恨、野心、腐败和冲突。我们知道这一切，这就是我们的生活。但我们不知道死亡，所以我们害怕它。如果我们知道了生活是什么，或许我们也会了解死亡是什么。生活，无疑是一场永恒的运动，心在这场运动中不再累积。一旦你积累，你就处在了腐化的状态中。因为无论是了不起的经历还是微不足道的经历，你都会在那周围建造安全的围墙。

那么，懂得生活是什么，就意味着让你得到的一切——内心的快乐、内心的痛苦——时时刻刻死去，不是在时间的过程中，而是在它们出现的时候就消亡。如果你已经走了这么远，那么你就会发现，死就是生。此时生与死就不再是分开的了，而这会带来一种意义非同寻常的美。这种美超越了思想和感情，它无法被拼凑起来用在绘画、写诗或者弹奏乐器上。那些事情与美毫不相干。当生与死合而为一，当生与死是同义词，就会产生一种美，因为此时生与死让心灵得以彻底丰富、圆满和完整。

问题： 我们可以就此提些问题吗？

克： 看起来有几个人非常急于提问，以至于我怀疑你们是不是听到讲话者的话了。你刚刚在听吗？还是你们就忙着构思自己的问题了？你明白吗？你已经设想出了自己的问题，所以没有听。我这么说并不是粗鲁无礼，请相信我。我只是在指出来。如果你真的听了这个讲话，你的问题就已经得到了解答。

问题： 在探究恐惧的过程中，会有精神紊乱的危险吗？

克： 难道还有比我们现在所处的精神状态更严重的精神错乱的危险吗？如果你允许我指出来的话，难道我们不都有一点儿精神错乱吗？我并不是要故意无礼；评判你并不是我的意图或者我的想法。然而我们确实需要格外关注精神疾病增加的危险。你知道是什么让我们心理上生病的吗？不是探索恐惧的问题。战争、共产主义、宗教偏执、野心、竞争、势利——这些东西都是有精神疾病的人的表现。毫无疑问，探究恐惧并使心灵彻底摆脱恐惧，是最高的理智。先生们，上面的问题说明，我们认为当今的社会是一件无比美妙的事物，不是吗？也许我们之中那些有着殷实的银行账户、优越富裕的人，会认为一切都没问题，他们不想受到打扰。但生活是一件非常令人不安的事情，一件极具破坏性的事情，而这就是我们所害怕的。我们对生活、对摆脱恐惧不感兴趣；但是我们希望找到一个让我们感觉安全舒适的角落，然后就待在那里腐朽殆尽。先生们，这不是一个比喻；这是我们内心隐秘的渴望。我们在每一种关系中寻找这种安全。人际关系里有多少嫉妒和羡慕啊！当妻子离开丈夫，或者丈夫与别人远走高飞时，那是怎样的仇恨！我们又是如何寻求社会的认可和教会的祝福的！毫无疑问，正是所有这些东西导致了理智的腐败和破坏。

评论：这些东西对我们来说很新鲜，我想我们必须让它们继续下去。

克：先生，你不能把它们保持下去。如果你让它们继续下去，它们就只不过是观念，而观念并不能创造出任何新事物。我讲过了要彻底摧毁内心建立的一切。你无法把摧毁保持下去；如果你这么做，那就只不过变成了建设，是再一次建立起必须被摧毁的东西。

我们需要一个崭新的心智，一颗清新的头脑，一颗崭新的心灵，一颗纯真的、年轻的、果断的心；而若要拥有这样的一颗心，就必须摧毁，必须进行时刻常新的创造。

（萨能第八次演说，1961 年 8 月 10 日）

什么是宗教心灵

这是此次聚会的最后一场讲话。在这些讲话的过程中，我们涵盖了很多主题，我想我们今天早上应该来探讨一下什么是宗教心灵。我希望能够相当深入地探究这个问题，因为我认为只有这样的一颗心才能够解决我们所有的问题，不只是政治和经济问题，还有人类生活中更为根本的那些问题。在开始探讨之前，我想我们应该重申一下我们以前说过的一点——一颗认真的心，是一颗愿意追究到事物的最根本处，并发现其中的真实和虚假所在的心，是一颗不会半途而废，也不允许自己被其他的思虑所分散的心。我希望这次聚会已经充分表明了，至少有一些人有足够的能力和热情去这么做。

我想我们对当今世界的局势都非常熟悉，我们不需要别人来告诉我们那些欺骗、腐败、社会和经济上的不公平、战争的威胁以及东方对西方的不断威胁等等。若要了解所有这些混乱并带来清晰，在我看来，心灵本身必须经历一场根本的转变，而不只是缝缝补补的改革或者仅仅稍做调整而已。若要跋涉过所有这些混乱——不仅仅是外在的还有我们内心的混乱——解决所有日益攀升的紧张局势和不断增加的需求，我们就需要在心灵之中进行一场彻底的革命，需要拥有一颗全然不同的心灵。

对我来说，革命是宗教的同义词。我用"革命"这个词，指的不是眼前的经济或社会变革，而是指意识本身的一场革命。所有其他形式的革命，无论是共产主义的还是资本主义的，或者无论什么革命，都是保守反动的。心灵革命，意味着彻底摧毁已有的一切，于是心灵能够毫无扭曲、毫无幻觉地看到什么是真实的——这就是宗教之道。我认为真正的宗教心灵确实存在，也能够存在。我认为，如果你非常深入地探究了这个问题，你自己就能发现这样的一颗心。一颗心若打破了、粉碎了社会、宗教、律条和信仰强加于它的所有障碍、所有谎言，并进一步超越去发现什么是真实的，那么它就是一颗真正的宗教之心。

所以，我们首先来探讨一下经验的问题。我们的大脑是数个世纪以来经验的产物；大脑是记忆的仓库。如果没有那些记忆，没有积累起来的经验和知识，我们就根本无法作为一个人来运转。经验和记忆显然在某个层面上是必要的。但是我认为，所有的经验都基于知识和记忆的制约，它们必定是局限的，这一点也是显而易见的。因此经验并不是解放的因素。我不知道你究竟有没有想过这个问题。

每个体验都被过去的经历所制约。所以根本不存在新鲜的经验；它始终被过去所渲染。经历的过程之中本身就存在着来自过去的扭曲——过去就是知识、记忆和积攒起来的各种经验，不仅仅是个人的经验，还包括种族的、集体的经验。那么，有可能否定所有的经验吗？

我不知道你有没有探究过否定这个问题，否定意味着什么。它意味着否定知识的权威，否定经验的权威，否定记忆的权威，否定牧师、教会，否定加诸心灵之上的一切。对我们大多数人来说，只有两种否定的方式——要么借助知识，要么通过反应。你否定牧师、教会、文字、书本的权威，要么是因为你学到了、获得了、积累了另一些知识，要么是因为你不喜欢它们，你对抗它们。而真正的否定意味着，你否定却不知道将会发生什么，对未来也不抱有任何希望，不是吗？说"我不知道真相是什么，但这是虚假的"，无疑才是唯一的真正的否定，因为这种否定并非脱胎于精于算计的知识或者反应。毕竟，如果你知道你的否定将通向哪里，那就只不过是一种交换，是一件市场上发生的事情，因而根本不是真正的否定。

我认为我们必须理解这一点，相当深入地探究这一点，因为我想通过否定弄清楚什么是宗教心灵。我认为通过否定你可以发现什么是真实的。通过肯定的断言你无法发现真相。你必须彻底扫清心田中的一切已知，然后才能发现真相。

所以我们将通过否定，也就是通过否定式的思考，来探询什么是宗教心灵。显然，如果否定以知识和反应为基础，那么就不存在否定式的探询了。我希望这一点已经非常清楚了。如果我否定牧师、书本或者传统的权威，是因为我不喜欢它们，那么这就只是一种反应，因为此时我用别的东西替代了我否定的东西；如果我否定是因为我拥有足够的知识、事实、信息等等，那么我的知识就变成了我的庇护所。然而，有一种否定不是反应或者知识的产物，而是来自观察，来自如实地看到一件事物、看到事实；那是真正的否定，因为它清空了心中所有的假设、所有的幻觉、权威和欲望。

那么有可能否定权威吗？我说的不是警察、国家的法律等等之类的权威；那就太愚蠢、太幼稚了，那会让我们进监狱的。我说的是否定社会加诸心灵、加诸深层意识之上的权威；否定所有经验、所有知识的权威，这样心灵就能处于这样一种状态之中——它不知道将会发生什么，而只知道什么是不真实的。

你知道，如果你已经探索得如此深入，你就会有一种惊人的完整感，没有被互相矛盾和冲突的欲望所撕扯；看到何为真、何为假，或者在虚假中看到真实，会给你一种真正的觉知感、清晰感。此时的心就处于这样一个位置——它摧毁了所有的保障、恐惧、野心、虚荣、幻觉、目的，摧毁了一切——处于一种彻底独立、未被影响的状态。

毫无疑问，若要找到真相、找到上帝，或者无论你给它何种名称，心灵就必须独立、不受影响，因为这样的一颗心是纯净的心，而一颗纯净的心才能前行。当彻底摧毁了内心为自己所制造的一切，诸如保障、希望以及对希望的抗拒，也就是绝望等等，无疑就会出现一种无惧的状态，其中没有死亡。一颗独立的心是完全鲜活的，在那种鲜活中它每一分钟都在死去，所以对那颗心来说死亡并不存在。如果你深入探究过这件事情，这真的是非同寻常；你自己就会发现没有死亡这回事，只有独立的心灵具有的那种纯粹的简朴状态。

这种独立不是隔绝，不是逃入某座象牙塔中，也不是孤独。所有那些都被留在了身后，被完全忘却、驱散和摧毁了。所以，这样的一颗心知道摧毁是什么，而我们必须懂得摧毁，否则我们就无法找到任何新事物。然而，我们是多么害怕摧毁我们所积攒的一切啊！

有一句梵文谚语说："观念乃不育妇女之子。"而我认为我们大多数人都沉溺于观念之中。你也许会把我们进行的这些讲话当作一种观念的交换，当作一个接受新观念、摒弃旧观念的过程，或者一个拒绝新观念、坚持旧观念的过程。而我们根本不是在和观念打交道，我们是在和事实打交道。而当你关心事实时，就不存在调整；你要么接受它，要么拒绝它。你要么说"我不喜欢那些观点，我喜欢旧的那些，我要生活在自己的想法里"，你要么跟随事实而动。你不能妥协，你也不能调整。摧毁没有调整可言。而调整，说"我必须变得不那么野心勃勃，不那么嫉妒"，这不是摧毁。而你毫无疑问必须看到这个真相，即野心、嫉妒是丑陋的、愚蠢的，你必须摧毁所有这些荒谬的事情。爱从来不调整，只有欲望、恐惧和希望才会调整。这就是为什么说爱是具有毁灭性的东西，因为它拒绝调整自己或者遵从某个模式。

于是我们开始发现，当摧毁了人类为得到内在的安全而为自己建立的所有权威，此时就会有创造。摧毁就是创造。

那么，如果你摒弃了观念，同时也不调整自己适应你既有的生存模式，或者你认为讲话者所创建的一个新模式——如果你已经走了这么远——那么你就会发现大脑能够也必定只针对外在的事物进行运转，只对外在的需要做出反应；因而大脑彻底地安静了下来。这意味着它的经验所具有的权威终结了，因而它再也无法产生幻觉。而若要发现什么是真实的，就需要彻底终止制造任何形式的幻觉的力量。而制造幻觉的力量就是欲望的力量、野心的力量，想要成为这个、不想成为那个的力量。

所以，头脑在这个世界上的运转必须带着理性、带着明智、带着清晰，而内在又必须完全安静。

生物学家告诉我们，大脑花了数百万年的时间才进化到现在的阶段，它还要花费数百万年的时间来进一步发展。而宗教心灵的发展并不依赖于时间。我希望你能理解这点。我想传达的是，当大脑——它必须响应外界的生活需要而进行运转——内在变得安静，那么它就不会再机械地积累经验和知识了，进而它的内在变得彻底安静而又充分活跃，此时它就可以一步跨越数百万年。

所以，对宗教心灵来说，时间并不存在。时间只存在于一种延续性走向进一步的延续性和成就这样的状态之中。当宗教心灵摧毁了过去、传统以及加诸其上的价值观的权威，此时它就能够脱离时间而存在了。这时它就得到了彻底的发展。因为，毕竟，当你否定了时间，你就否定了所有借助时间和空间进行的发展。请注意，这不是一个概念；这不是一件你可以玩弄的东西。如果我们穿越了这一切，你就会知道那是什么，你就处在了那个状态中；但是，如果你没有经历这一切，那么你不能只是捡起这些想法然后玩弄它们。

所以，你发现摧毁就是创造，而创造中没有时间。创造是这样的状态：大脑摧毁了所有过去，彻底安静了下来，进而处在了那个没有成长、表达和成为的时间或空间的状态之中。而这种创造状态并非少数天赋异禀的人——画家、音乐家、作家、建筑师的所谓创造。只有宗教心灵能够处于创造状态中。而宗教心灵并不是属于某个教会、某种信仰、某个教条的心——这些只会制约心灵。每天早上去教堂膜拜这个、膜拜那个，并不能让你成为一个宗教人士，尽管这个体面的社会也许会认可你正是如此。使一个人具有宗教精神的，是对已知的彻底摧毁。

在这种创造中有一种美感，一种并非人为拼凑出来的美，一种超越了思想和感情的美。毕竟，思想和感情都只不过是反应，而美不是一种反应。一颗宗教之心就拥有这种美——它不是对自然、对美丽的群山和奔腾的溪流的单纯欣赏，而是一种意义截然不同的美——与之相伴的是爱。你知道，对我们大多数人来说，爱是一件痛苦的事情，因为随之而来的总是有嫉妒、怨恨以及占有的本能。然而我们说的这种爱是一种无烟的火焰状态。

所以，宗教心灵知道这种完全的、彻底的摧毁，也知道处于创造状态意味着什么——那无法言传。随之而来的就有那种美和爱，这两者都是不可分割的。爱不能被分为神圣的爱和物质的爱。爱就是爱。与之相伴而来的是一种激情感，这再自然不过了，都无须多说。如果没有激情，你就无法走得很远——激情就是热烈。并非热切地渴望改变什么、成为什么，也不是那种有原因的热烈，当你拿掉原因的时候，那种热烈就会消失。那也不是一种热情状态。只有当存在一种朴素的激情时，美才会出现，而处在这个状态之中的宗教心灵，就拥有了一种奇特的力量感。

你知道，对我们来说，力量是意志的产物，是织入意志绳索的诸多欲望的产物。而意志对于我们大多数人来说是一种抗拒。抗拒某种东西或追求某个结果的过程，会培养出意志力，而这种意志力通常被称为力量。但我们所说的那种力量与意志力毫无关系。那是一种没有原因的力量。它无法被利用，然而如果没有它，一切都无法存在。

所以，如果你已经在亲自探索的过程中走得如此深入，就会发现宗教心灵确实存在，然而它又不属于任何个人。正是这颗心，正是宗教心灵脱离了人类所有的努力、需求、个人的渴望、冲动以及诸如此类的一切。我们只是在描述这个心灵的整体，也许使用各种各样的词语会让它显得有些破碎，但它是一个完整的东西，其中包含了所有这一切。因此，这样的一颗宗教之心能够接收到大脑所无法衡量的东西。那个东西无法命名；没有寺庙、没有牧师、没有教堂、没有律条能够把握它。否定那一切并生活在这个状态中，是真正的宗教心灵。

问题：宗教心灵可以通过冥想获得吗？

克：首先要了解的事情是你无法获取它，你不能得到它；它无法通过冥想得来。没有美德、没有牺牲、没有冥想——世上没有任何东西可以买到这个。这种取得、成就、获得、买到的感觉必须完全终止，那样东西才能出现。你不能利用冥想。我之前所说的就是冥想。冥想并不通往什么道路。在日常生活中的每一刻发现何为真、何为假，就是冥想。冥想并不是你逃避的去处，也不是你从中见到各种景象、体验各种刺激的工具——那是自我催眠，是不成熟的、幼稚的。但是，在一天中的每一刻观察、看到你的思想是如何运作的，看到防御机制的运转，看到恐惧、野心、贪婪和嫉妒——时时刻刻在观察这一切、探究这一切，这就是冥想，或者冥想的一部分。如果不打下正确的基础，就没有冥想可言，而打下正确的基础就是摆脱野心、贪婪、嫉妒以及我们为了自我防御所建立的一切。我们无须指望任何人来告诉我们冥想是什么，或者教给我们一个方法。通过观察自己，我是不是野心勃勃，我就能非常简单地弄清楚冥想是什么。我不用别人来告诉我；我自己知道。若要拔除野心的根、树干和果实，那么，看清它并彻底摧毁它，是绝对必要的。你看，我们想要走得很远，却不想迈出第一步。然而你会发现，如果你迈出了第一步，那就是最后一步；没有其他任何一步了。

问题：我们无法利用理性去发现什么是真实的，真的是这样吗？

克：先生，我们说的理性是什么意思呢？理性是组织起来的思想，就像逻辑是组织起来的概念一样，不是吗？而思想，无论多么聪明、多么宽广，无论它的知识多么渊博，都是有限的。所有的思想都是局限的。你可以自己去观察它；它不是什么新东西。思想永远都不可能是自由的。思想是一种反应，记忆的反应；它是一个机械的过程。它可以是合情合理的、理智的、符合逻辑的，但依然是局限的。它就像电脑一样。但是思想永远无法发现新东西。数个世纪以来，大脑获得了、积累了经验、反应和记忆；当这个东西思考时，由于它受到了制约，所以无法发现崭新的事物。但是，当大脑了解了理性、逻辑、研究和思考的整个过程时——不是否认它，而是了解它——它就会变得安静。此时这种安静的状态就能够发现什么是真实的。

先生，理智告诉你你们必须要有领袖。你们有过各种各样的领袖，政治上的或者宗教上的。他们没有带你到达任何地方，除了更多的苦难、更多的战争、更大的破坏和腐败。

问题： 我们看到了谴责外在和内在各种事物这种做法的荒唐，但却继续谴责着。那么我们该怎么办呢？

克： 当我们说，"我看到我不可以谴责"，我们说的"看到"这个词是什么意思呢？请慢慢跟上这一点。我在审视"看到"这个词。我们说的"看到"是什么意思？我们是如何看到一件事物的？我们是通过词语看到事实的吗？当我说，"我看到了谴责很荒唐"，我是真的看到了吗？还是我看的是"我不可以谴责"这些词？我并没有看到"谴责毫无益处"这个真切的事实，对不对？我不知道我有没有把自己的意思说清楚。"门"这个词并不是那扇门，对吗？词语并非那个事物本身，如果我们把词语和事物本身混为一谈，那么我们就看不到。但是，如果我们抛开词语，那么我们就可以去看事物本身了。如果我看到了天主教、印度教、共产主义的全部含义——看到事物本身，而不是词语——那么我就已经理解了它，我就终结了它。但是，如果我抓住词语不放，那么词语就变成了看到的障碍。

所以，若要看到，心就必须摆脱词语，看到事实。我必须看到"任何形式的谴责都会妨碍心灵真正去看某个事物"这个事实。如果我仅仅是谴责野心，我就没有看到野心的内部机制和构造。如果心想要理解野心，就必须停止谴责，就必须洞察事实，而没有任何抵抗、任何拒绝。那么对事实的看到就会产生它自身的行动。如果我看到了野心的整个结构，那么这个事实本身就向心灵揭示出了野心的荒唐、麻木不仁、具有无限破坏性的本质，因而野心就此消散；我无须对它做任何事情。

如果我从内心看到了权威的所有含义，研究它、观察它、探索它，从不拒绝，也从不接受，而是看清它，那么权威就消散了。

（萨能第九次演说，1961 年 8 月 13 日）

PART 05

法国巴黎，1961 年

倾听是一门艺术

　　与另一个人就某些严肃的事情进行沟通，我总认为是非常困难的，特别是在这样的会议上情况更是如此，因为你说法语，而我，很不幸必须讲英语。但是我想，如果我们不仅仅停留在语言层面上，那么我们就应该能够与彼此进行充分而清晰的沟通。语言是用来沟通、传达某些意思的工具，语言本身并不重要。然而，我们大多数人恐怕都停留在了语言层面上，因此沟通变得格外困难，因为我们想要探讨的内容，既是智力层面上的，也是情感层面上的。我们想从整体上全面地与彼此沟通，因此我们就需要采用一种整体的方式——语言上、情感上和智力上都包含在内的方式。所以让我们一起踏上旅程，一起前行，全面地看看我们的问题，尽管做到这点极其困难。

　　首先，讲话者并不是作为一个印度人在讲话，他也不代表东方——尽管他也许出生在某个地方，并且持有某种护照。我们的问题是人类的问题，因此它们没有什么界限；它们既不是印度的、法国的、俄国的，也不是美国的问题。我们在试着理解整个人类的问题，而我用"理解"这个词指的是一种非常明确的含义。仅仅使用词语并不能带来理解，理解也不是一个同意或不同意的问题。如果想要理解这里所说的话，我们就必须毫无偏见地思考，既不怀疑也不接受，而是实实在在地去倾听。

　　那么、在倾听中——倾听是一门了不起的艺术——大脑就必须有一种宁静感。对我们大多数人来说，大脑总是在不停地活动着，总是在响应一句话、一个观点或者一个形象带来的挑战，而这种不停响应挑战的过程并不能带来了解。能带来了解的，是拥有一颗非常安静的大脑。毕竟，大脑是思考和反应的工具；它是记忆的仓库，是经验和时间的产物，如果这个工具时时刻刻躁动不安，总是在反应，把这里所说的话和它以前储存起来的东西进行比较，那么了解就不可能发生。请允许我这么说，倾听并不是一个同意、谴责或者诠释的过程，而是一个完整地、全面地看待事实的过程。为此，大脑必须十分安静，同时又非常活跃，能够正确地、理性地跟随事实，既不感情用事也不多愁善感。只有此时我们才能从整体上而不是片段地着手探究人类生存面临的诸多问题。

正如我们大多数人所知，很不幸的是，这个世界上的政客们决定着我们的各项事务。也许我们的生活就取决于几个政客——法国的、英国的、俄国的、美国的或者印度的——而这是一件非常悲哀的事情。但这是一个事实。而政客们只关心眼前的事情——只关心他的国家、他的地位、他的政策、他民族主义的理想。而结果就是战争的问题迫在眉睫——东西方之间的冲突，共产主义对抗资本主义，社会主义对抗任何别种形式的独裁统治——于是眼前急迫的问题是战争与和平的问题，以及如何操控我们的生活，才不至于被这些巨大的历史进程碾得粉碎。

然而我认为，如果我们让自己仅仅关心眼前的事情——法国在阿尔及尔的地位，柏林将会发生什么，是不是会有战争，我们如何才能生存下来——那么，这将是一个巨大的遗憾。这些问题是报纸和宣传攻势强加在我们身上的，而我认为远远更为重要的，是考虑人类的头脑、人类的心灵将会发生什么事情。如果我们只关心当前的事件，不关心人类心灵和头脑整体的发展，那么我们的问题将只会成倍地增加。

大家可以看到，我们的心灵、我们的大脑已经变得非常机械，不是吗？我们受到了来自各个方向的影响。无论我们读过什么，都会留下印记，所有的宣传都会留下痕迹；思想永远在重复个不停，因而大脑和心灵变得非常机械，就像一部机器一样。我们在工作中机械地运转，我们相互之间的关系是机械的，我们的价值观也只是传统赋予的。电脑和人类的大脑很相似，我们只不过有稍微高超一点儿的发明能力而已，因为是我们发明了它们；但是它们的运转方式和我们是一样的，都是借助反应、重复和记忆来运转。而我们似乎只想知道如何让这种根植于习惯和传统的机械性更为顺畅、毫无干扰地运行，而也许这将会成为人类生命的结局。所有这些都意味着毫无自由，只有一种对保障的追求，不是吗？富裕的人群需要保障，亚洲每日难得一餐的穷人——他们也想得到保障。而人类的心灵对所有这些苦难的反应，都只不过是机械的、习惯性的、无动于衷的。

所以最紧迫的问题无疑是：如何解放头脑和心灵？因为，如果没有自由，就没有创造性。世界上有机械的发明，登月，发现新的驱动工具等等；但那不是创造，那是发明。有自由才会有创造。自由不单单是一个词；词语跟实际的状态截然不同。自由也无法被变成一个理想，因为理想只不过是一种拖延。所以我想在这些讲话中探讨的是，有没有可能解放心灵和头脑。单单说一句可能还是不可能，那毫无意义；我们所能做的是，通过试验、通过自我了解、通过探询、通过深入的研究，自己去弄清楚。而这需要具备理性思考、感受、打破传统以及粉碎自己建立起来的安全围墙的能力。如果你没有准备好从第一个讲话到最后一个讲话都这么做，那么我想你来这里就是浪费时间。我们面临的问题非常严肃；它们是恐惧、死亡、野心、权威、冥想等等这些问题。每个问题都必须实实在在地得到解决——而不是从感情上、智力上或者情绪上去解决。而这需要精确的思考、巨大的能量，这样才能将每个问题都探究到最深处，并发现事物的本质。这在我看来是非常必要的。

如果我们不仅仅观察这世上外在的事件，也观察我们内心发生的事情，我们就会发现我们是某些观念的奴隶、权威的奴隶，不是吗？数个世纪以来，我们被各种宣传塑造成了基督教徒、佛教徒、共产主义者或者无论什么人。然而，若要发现真理，毫无疑问我们就不能属于任何一派宗教。让自己完全不投入任何一种行为方式或思维模式之中，是一件非常困难的事情。我不知道你有没有尝试过不属于任何东西，你有没有彻底否定对上帝的那种传统的接受——这并不意味着变成一个无神论者，那就跟信奉上帝一样愚蠢，而是否定教会及其两千年来所有宣传的影响。

否定你是一个法国人、印度人、俄国人或者美国人，也同样不容易，甚至也许还要更难。如果你知道否定某个东西之后会怎么样，否定起来就很容易；但那只不过是从一座监牢走向另一座监牢。然而，如果你否定了所有的监狱，而不知道那将会把你带到哪里，那么你就独立了。在我看来，彻底独立、不被影响是绝对必要的，因为只有此时我们才能亲自发现何为真实——不仅仅发现我们日常生活的这个世界的真相，而且发现超越了这个世界的价值观，超越了思想和感情，超越了度量之后，真实的是什么。只有此时我们才会知道，是不是存在一种超越了空间和时间的真相，而这种发现就是创造。然而，若要发现什么是真实的，你就必须有这种独立感、自由感。如果你被束缚在什么东西上——你的国家、你的传统、你习惯的思维方式上，你就无法走远。那就像被钉在了一根桩子上。

所以，如果你想要发现什么是真实的，你就必须突破所有的束缚，不仅仅探询你与事物和他人的外在关系，而且也探索内在，也就是了解你自己——不仅仅了解清醒的表层意识，而且也探索潜意识，探索大脑和心灵之中隐藏的最深处。这需要不断观察，而如果你能够这样观察，你就会发现真正的区分并不存在——外在和内在之间的划分——因为思想就像潮水一样，既向外流动也向内流动。那都属于同一个自我了解的过程。你不能简单地摒弃外在的部分，因为你与世界并不是分开的。世界的问题就是你的问题，外在和内在是同一枚硬币的两面。弃世的隐士、僧侣以及所谓的宗教人士只不过是在逃避，借助他们所有的戒律、迷信逃避到他们自己的幻觉里去。

我们可以看到，从外在来讲，我们并不自由。在我们的工作、我们的宗教、我们的国家中，在我们与妻子、丈夫和孩子的关系中，在我们的观念、信仰和政治活动中，我们并不自由。内在亦如此，我们并不自由，因为我们不知道我们的动机、我们的渴望、我们的冲动、潜意识的欲求是什么。所以说内在和外在都没有自由，这是一个事实。而我们首先必须看到事实，但我们大多数人都拒绝看到这一点；我们粉饰它，用言辞、观念等等来掩盖它。事实是，我们从外在到心理上都希望得到保障。从外在来看，我们希望能够确保我们的工作、我们的职位、我们的威望、我们的关系；而我们内心想得到同样的保障；如果一个支撑垮掉了，我们就去寻找另一个。

所以，在意识到大脑和心灵的这种极为复杂的运转状态之后，究竟有没有可能把它彻底打破呢？我希望我把我们所处的这个僵局表达清楚了。问题就是：我们可曾真正面对过事实？事实是：大脑和心灵寻求各种形式的保障，而只要存在这种对保障的渴望，就会存在恐惧。我们从来没有真正面对这个事实；我们要么说那是不可避免的，要么就会问如何除掉恐惧。然而，如果我们能够直面事实，丝毫不想逃避、诠释或者转化它，那么事实本身就会行动。

我不知道你从心理上是不是已经走了这么远，已经探索了这么远，因为在我看来，我们大多数人并没有意识到我们的心灵、我们的大脑已经变得多么机械，我们也从来没有问过自己有没有可能满怀热情地彻底面对这个事实。

请大家清楚一点，那就是我并不是在试图让你相信什么；那就太幼稚了。我们并不是要在这里进行传道——我们可以把这种事情留给政客、教会以及其他那些贩卖东西的人去做。我们不是在兜售新观念，因为观念毫无意义；我们可以从智力上摆弄它们，但它们将不知所终。重要的、具有生命力的，是面对事实；而事实就是：千百年来，心灵、我们的整个生命已经变得无比机械。所有的思想都是机械的，而若要认识到这个事实并将其超越，你首先就必须看到事实确实如此。

那么，我们要怎样才能从感受上触及一个事实呢？我可以从理智上说，我知道我酗酒，酗酒非常不好——对身体上、情感上、心理上都不好——但我还是继续喝酒。然而，从感受上触及这个事实，则是完全不同的一件事。此时，与事实的情感联结就会产生它自身的行动。你知道下面的过程是如何发生的：如果你开车开了很长时间，你会开始打瞌睡，然后你说"我必须保持清醒"，但还是继续开着车。然后，当你经过另一辆车的时候距离近得吓人，这时突然就有了一种直接的感受上的联结，你立刻就醒了过来，然后会把车开到路边休息一会儿。你可曾用同样的方式突然看到一个事实，完全地、彻底地与它相联结？你究竟有没有真正看过一朵花？我怀疑这一点，因为我们并不真正去看一朵花；我们所做的，是立刻给它归类，给它一个名字，称之为"玫瑰"，闻一闻它，说"多美啊"，然后就把它当作早已熟知的东西放在了一边。命名、归类、意见、评判、选择——所有这些事情都妨碍你真正去看它。

同样，若要从情感上与事实发生联结，就必须没有命名、没有归类、没有评判，就必须停止所有思考、所有反应。只有此时你才能去看。请务必在有些时候试一试，去看看一朵花、一个孩子、一颗星星、一棵树或者无论什么，而没有任何思想过程，此时你所看到的就会多得多。此时你与事实之间就没有了语言的屏障，因此就能够直接触及它。评估、谴责、赞同、归类，是千百年来我们所受的训练，而觉察到这整个过程就是看到事实的开端。

如今，我们的整个生活都被时间和空间所局限，眼前有成堆的问题淹没了我们。我们的工作、我们的关系，嫉妒、恐惧、死亡、老去等等之类的问题——这些事情充满了我们的生活。心灵、头脑能突破所有这些问题吗？我说那是可能的，因为我检验过了，探究到了问题的最深处，并且突破了它们。但是你不能接受讲话者说的话，因为接受没有任何价值。唯一有价值的事情是，你也踏上这段旅程，但是为此从一开始就必须有自由，就必须有弄清楚的强烈意愿——不是接受，不是怀疑，而是去搞清楚。然后你就会发现，在你深入探究问题的过程中，心灵可以获得自由，而只有这样一颗自由的心才能发现什么是真实的。

也许你们之中有些人想就我们刚才所说的内容提些问题。你知道，探讨和提出问题是相当困难的事情。若要提出正确的问题，你就必须懂得你的问题。我们大部分人并不明白自己的问题；我们流于表面，并不致力于解决实际的问题，所以我们会提出错误的问题。如果我们能够正确地探讨，那么我想那将会非常有趣；和正确的问题嬉戏，比起像大多数人那样跟那些肤浅的事情死较真，你可以学到更多的东西。

问题：一个人要如何才能从情感上和事实相联结？

克：若要与什么发生直接的联结，就需要一个整体的着手方式，而不仅仅是智力上的、感受上的，或者情绪上的方式。那需要一种整体的领会。

问题：我们难道不需要关注我们身上始终在上演的二元化过程吗？这不就是自我了解吗？

克：我们用了"关注""二元性"和"自我了解"这些词。我们来看看这三个词，一个一个地看，因为如果我们不理解这三个词，我们彼此就无法沟通。

那么，"关注"是什么意思呢？请务必仔细听，因为我并不是在死抠细节；大家都理解我们使用的词语，我希望这一点明白无误。一个词对你来说也许是这个意思，而对我来说可能是另外一个意思。在我看来，当你付出充分的注意力，此时就不存在专注和排除。你知道，一个想看向窗外的男生被逼着看课本的时候，那是怎样一幅情景，那不是关注。关注是看到窗外发生了什么，同时也看到你眼前有什么。而没有排外性地观察，是很难做到的一件事。

接下来，你说的"二元化过程"是什么意思呢？我们知道确实存在二元化的过程，好的和坏的，恨和爱，等等；而关注这些事情是非常困难的，不是吗？我们又是为什么建立了这种二元化的过程呢？它实际上存在吗？还是说这是大脑为了逃避事实而进行的一种虚构？比如说，我很暴力或者我嫉妒，这让我很困扰；我不喜欢这样，于是我说我不可以嫉妒，不可以暴力——这就是在逃避事实，对吗？理想是大脑为了逃避"现状"进行的一种发明，二元性因而得以存在。但是，如果我彻底面对我嫉妒这个事实，那么二元性就不存在。面对事实意味着我深入探究这整个暴力和嫉妒的问题，要么我发现我喜欢它，这样冲突必然会继续，要么我看到了它的全部含义，进而摆脱了冲突。

然后，我们说的"自我了解"是什么意思呢？"了解自己"意味着什么？我了解自己吗？自我是一个静态的东西吗？还是一个始终在变化的东西？我能了解自己吗？我了解我的妻子、丈夫、孩子吗？还是我只知道我脑子里产生的画面？毕竟，我无法知道一个活生生的东西。我不能把一个鲜活的东西降低成一个公式；我所能做的只有跟随它，无论它通向何方；如果我跟随它，我就永远不能说我知道了它。所以，了解自我就是跟随自我，跟随所有的思想、感情和动机，而且从来不说："我知道了。"你只能知道静止的、僵死的东西。

所以，你就明白了这个问题中涉及的三个词——关注、二元性和了解自己——隐含的困难所在。如果你能理解所有这些词，能够走得更远并超越它们，那么你就会懂得面对事实的全部含义。

问题：有让心灵安静下来的方法吗？

克：首先，当你问这个问题的时候，你有没有意识到你的心正躁动不安？你有没有觉察到你的心从未安静，一直在喋喋不休？这是一个事实。心总是在说个不停，要么说某件事情，要么自言自语；它一直在活动着。你为什么会问这个问题呢？请和我一起想想清楚。如果是因为你局部地意识到了这种喋喋不休，然后想逃避它，那么你还不如吃颗药，让心沉睡。但是，如果你在探询，并且真的想搞清楚心为什么喋喋不休，那么问题就完全不同了。一个是逃避，另一个则是把那种喋喋不休跟随到底。

那么，心为什么会喋喋不休呢？我们说的"喋喋不休"意味着，心总是被什么占据着——被收音机，被自己的问题、自己的工作、自己的幻象、自己的感情、自己杜撰出来的事情占据着。那么它为什么要被占据呢？如果不被占据，又会怎么样呢？你有没有试过不被任何事情占据？如果你试过，那么你就会发现，一旦没有什么占据着大脑，恐惧就会出现。因为那意味着你独自一人。如果你发现自己没被占据，这种体验是非常痛苦的，不是吗？你可曾独自一人过？我怀疑这一点。你也许独自出去散步，独自坐在公共汽车上，或者一个人待在房间里，但是你的心始终被占据着，你的思绪始终跟随着你。占据一旦停止，你就会发现你是彻底独自一人、孤立无援了，而这是一件可怕的事情；所以心就这样继续喋喋不休，一直喋喋不休下去。

（巴黎第一次演说，1961年9月5日）

遵从的心才需要权威

我想和你一起探讨一下权威和自由的问题。我想非常深入地探讨这个问题，因为我认为了解权威的整个机制是非常重要的。

所以，首先我想指出，我并不是从学术上、表面上或口头上来讨论的；而是，如果我们真的非常认真，那么我想，通过"正确地倾听"这个行为本身，就不仅会带来了解，而且从权威中解脱的自由也立刻就会到来。毕竟，时间不能让心灵摆脱任何东西。只有当你能够直接洞察，能够毫不费力、毫无矛盾和冲突地获得彻底的了解时，自由才能成为可能。这样的了解能够立刻把心从重压着它的所有问题中解放出来。如果我们能够跟随问题，看看心能探索得多么深入、多么详尽、多么全面，那么我们就能摆脱这个负担。

我不知道你有没有非常深入地思考过权威这个问题。如果你思考过，你就会知道权威破坏了自由，损害了创造，滋生了恐惧，它实际上戕害了所有思想。权威意味着遵从、仿效，不是吗？世界上不仅有警察、法律这些外在的权威——这在某种程度上是可以理解的——内在还有知识、经验、传统的权威，包括追随社会、导师设下的模式，遵守一个人如何举手投足、为人处世等等的模式。

我们这就着手来彻底了解一下内在的、心理上的权威，了解一下为了自身安全建立起权威模式的心灵。

你可曾好奇过，为什么人类古往今来都十分依赖他人为自己设下行为的模式？我们希望别人告诉我们怎么办，如何为人处世，思考什么，在某些环境下如何行动，不是吗？寻找权威是不断发生的事情，因为我们大多数人都害怕走错，害怕失败。你崇拜成功，而权威就提供成功的样板。如果你遵循某种行为模式，如果你按照某些理念约束自己，他们就说你终将获得救赎、成就和自由。在我看来，约束、控制、压抑、仿效和遵从将会带来自由，这种说法真是无比荒唐。显然你无法在残害心灵、塑造心灵、扭曲心灵的过程中找到自由。这两者是互不相容的，它们彼此是互相否定的。

那么，人类的心灵和大脑又是为什么总在寻找要遵循的模式呢？请允许我这样说：如果你们每一个人对自己想要有所遵从的倾向——追随一个理念或者一个老师——毫无觉察的话，那么我的解释就没有任何价值。然而，如果这些解释确实唤起了你对自己心灵状态的洞察，那么这些词句就有了意义。那么，人们为什么会有这种遵从的渴望呢？难道那不是渴望确定、渴望安全的结果吗？毫无疑问，对安全感的需求，是这种遵从的渴望得以产生的动机和背景。这就意味着，人们觉得借助成功、通过遵从，就能避免所有的恐惧，不是吗？但是，究竟有内在的安全这回事吗？毫无疑问，寻求安全感，这本身就是恐惧。从外在来讲，也许你需要有一定程度的保障——有间屋子、一日三餐、有衣服穿等等——但是从内心来讲，存在安全这回事吗？你的家庭、你的关系中有保障可言吗？你不敢质疑这一点，不是吗？你接受了保障是存在的，这变成了一项传统、一个习惯；但是一旦你真正开始质疑你与丈夫、妻子、孩子、邻居的关系，这种质疑本身就变得十分危险。

我们所有人，都在以这种或那种形式寻求着保障，因此权威必定会存在。所以我们说存在着上帝，他打败了其他的一切，将会成为我们最终极的保障。我们紧紧抓住某些承诺今生和来世带给我们永恒的理想、希望和信仰。然而究竟存在安全这回事吗？我想我们每个人都必须去探索、去深究并且清楚地了解究竟有没有安全这回事。

从外在来讲，当今世界上鲜有任何安全可言。世事变化得如此迅速；在机械方面我们有各种新发明，有原子弹，社会方面有外在的革命，特别是亚洲，有着战争的威胁等。然而，对我们内心安全的威胁在我们身上产生了更为严重的抗拒。当你相信上帝或者某种形式的内在的永恒，那么打破那个信仰就几乎是不可能的。原子弹也摧毁不了你的信仰，因为你在那个希望里深深扎下了根。我们每个人都让自己固守于某种思维方式中，无论它正确与否，无论它有没有真实性或者理性，似乎并不重要；我们接受了它，并且紧抓着不放。

那么，打破这一切，发现整个问题的真相，就意味着一场比任何共产主义、社会主义或者资本主义的革命都伟大得多的革命。那意味着从权威中解脱的开端，意味着真正开始发现并不存在内在的永恒和安全这类事情。因此，这就意味着发现心必须始终处于不确定的状态中。而我们害怕不确定，不是吗？我们认为一颗处于不确定状态中的头脑必定会分崩离析，会得精神疾病。不幸的是，因为人们无法找到安全保障，所以出现了大量的精神病案例。他们精神上的安歇之处，他们的信念、理想、幻想、神话遭到了动摇，所以他们得了精神上的疾病。一颗真正不确定的心没有恐惧。只有恐惧的心——也就是遵从的心——才需要权威。那么，有可能看到这一切，并完全地、彻底地摒弃权威和恐惧吗？

而你说的"看到"又是什么意思呢？"看到"只是一个理性解释的问题吗？解释、推理、清晰的逻辑能帮你看清这个事实，即所有的权威、服从、接受和追随都会残害心灵吗？在我看来，这是一个非常重要的问题。"看到"与词句和解释没有任何关系。我认为你可以直接看到某件事情，而无须借助任何语言上的说服、辩论或者智力上的推导。如果你摒弃了说服或者影响——这些都是非常不成熟、非常幼稚的——那么，是什么在妨碍你看到，进而妨碍你即刻获得自由呢？在我看来，"看到"是一项即刻发生的行动；它不属于时间。因此从权威中解脱也与时间无关，它不是一个"我将会获得自由"的问题。然而，只要你从权威中获得快乐，发现遵从的过程很吸引人，那么你就没有让问题直接展现出它充分的紧迫性和生命力。

事实上，我们大多数人都喜欢权力——妻子凌驾于丈夫之上，或丈夫凌驾于妻子之上的权力，才能带来的力量，感觉自己很聪明，苦行和控制身体带来的力量。而任何形式的权力都是权威——无论是独裁者的权力、政治权力、宗教权力，还是一个人对另一人的掌控力。那是极其邪恶的，而我们为什么就不能简单、直接地看到这一点呢？我说的"看到"是指整体上的了解，其中没有犹疑，而只有一种完整的响应。是什么妨碍了这种完整的响应呢？

这就引出了经验和知识的权威这个问题，不是吗？毕竟，想要登月、造火箭，就必须具备科学知识，而知识的积累我们称之为经验。从外在来看，你必须具备知识。你必须知道你住在哪儿，你必须能够建造、拼接以及拆分东西。这类外在的知识是肤浅的、机械的，是单纯的累加性的，你也会发现越来越多的知识。然而发生的事情是，知识和经验变成了我们内在的权威。我们也许摒弃了那些幼稚的外在权威——比如属于某个特定的国家、组织、家庭，让自己依附于某个有着特别的行为方式、暗号等等愚蠢事物的特定社团——但是，摒弃一个人积累的经验，摒弃一个人积攒的知识带来的权威，是极其困难的。

我不知道你究竟有没有深入探究过这个问题，但是如果你探索过，你就会发现，一颗被知识和经验所沉重负累的心，不是一颗纯真的心，一颗年轻的心；它是一颗陈旧的心，一颗腐化的心，它永远无法自由地、充分地、全然地面对一件活生生的事物。而我们当今的世界，无论内在还是外在，都迫切需要一颗崭新的心灵，一颗新鲜的心灵，一颗年轻的心灵来解决我们所有的问题——不是科学、医学、政治等领域中某个特定的问题，而是整个人类的问题。老旧的心灵萎靡疲惫、深受残害，而年轻的心能够快速地看到事实，毫无扭曲、毫无幻觉。它是一颗热切的、果断的心，没有被围限在累积的知识制造的疆界中，也没有被过去的经验所束缚。

经验带给我们这样一种尊贵、智慧和卓越之感，那么它究竟是什么呢？毫无疑问，经验是我们的背景知识对于一个挑战做出的反应。反应受到了背景的制约，所以每次经验都在加强那个背景。如果你去教堂做礼拜，是某个教派、某种宗教的信奉者，那么你就会拥有来自那个背景的体验和幻象——这只会增强那个背景，不是吗？而这种制约、这种宗教宣传——无论有两千年的历史还是新近才有的——都在塑造着我们的心灵，影响着我们大脑的反应。你无法否认这些影响；它们就在那里。共产主义的、社会主义的、天主教的、新教的、印度教的，无数种影响无时无刻不在汹涌而至，有意识或无意识地塑造着心灵，控制着心灵。所以经验并不能解放心灵，无法让心变得年轻、新鲜和纯真。我们需要的正是摧毁这整个背景。

了解这一点，并不是一个时间问题。如果你出发分别去了解每一种影响，那么在你了解到所有的影响之前就已经入土了。但是，如果你能充分地、彻底地理解了一个影响，那么你就能粉碎各种形式的影响。然而，若要理解一个影响，你就必须彻底地、完全地探索它。仅仅说它是好是坏，是崇高还是卑下，是完全不相关的。若要彻底深入它，你就不能心怀恐惧。深入探究这整个权威的问题，是非常危险的，不是吗？摆脱权威就是在邀请危险，因为没人愿意生活在不确定性中。但是，确定的心是一颗僵死的心；只有不确定的心才是年轻的、新鲜的。

所以，了解权威，无论是内在的还是外在的权威，并不是一个时间问题。依赖于时间，是最严重的错误、最大的障碍之一。那意味着我们在享受着保障、仿效和遵从，这时我们只想说："请不要打扰我。我还没有准备好接受打扰。"我看不出人为什么不应该被打扰；被打扰又有什么不对呢？实际上，当你不想被打扰时，你就已经在邀请打扰了。然而，想要搞清楚的人——无论那会不会带来打扰——就摆脱了被打扰的恐惧。我知道你们之中有些人听到这里就笑了，但相对于你的笑来讲，这是太过严肃沉重的一件事情了。我们没有人希望受到打扰，这是事实。我们都陷入了窠臼、陷入了狭隘的陈规陋习之中，智力上、情感上和意识形态上都是如此，而我们并不想受到打扰。我们在关系中以及其他的一切方面想要的，只是过一种舒适的、不被打扰的、体面的、资产阶级式的生活。而想要过得不资产阶级、不体面，实际上也是同样一回事。

那么，如果你听的同时在检视自身，那么你就会发现摆脱权威并不是一件可怕的事情。那就像扔掉了一个极为沉重的负担一样。心灵立刻经历了一场巨大的革命。对于一个不寻求任何一种形式的保障的人来说，没有打扰可言；只有不断地了解这种运动在发生。如果这没有发生，那么你就没有听，你就没有看到；你只不过是沉浸在了对某一套解释的接受或者拒绝之中。所以，你自己去发现你实际的反应是什么，那将非常有趣。

问题：心本身之中是不是就具备自身获得领悟的因素呢？

克：我想是的，对吗？是什么妨碍了领悟？难道不是心本身建立起来的障碍吗？所以，领悟和障碍都是心灵的因素。

你看，先生，若要带着一种不确定感生活，而不至于变得精神错乱，就需要大量的了解。最主要的障碍之一，就是我坚持我必须得到内心的安全感，不是吗？我发现外在并无保障可言，所以心就借助信仰、神明或者理念，从内在树立起自己的安全感。而这妨碍了真正去发现究竟有没有内在的安全。所以，心灵建立起奴役自身的围墙，同时也具有解放自身的因素。

问题：为什么一个自由的人就不会受到打扰呢？

克：这是一个正确的问题吗？因为你对自由的人一无所知，所以这个问题只是一种揣测。如果你原谅我这么说的话，那么这个问题对我来说或者对你来说都没有意义。但是，如果你换个方式提出这个问题："我为什么感到不安呢？"那么这个问题就有了价值，就可以得到正确的回答了。那么，我为什么会感到不安呢，如果我的丈夫离我而去的话？我为什么会对某个人的去世、对失败感到不安，觉得我的人生没有取得成功而感到不安？如果你真的把这个问题追究到底，那么你就能够发现它的整个本质所在。

问题：对上帝的信仰都是基于恐惧吗？

克：你为什么相信上帝呢？有什么必要呢？当你很开心的时候，你会关心信仰上帝的问题吗？还是只有遇到麻烦的时候才会想起来？你相信上帝是因为你受到了这样的制约吗？毕竟，两千年来一直有人告诉我们上帝是存在的，而在共产主义世界中他们给心灵施加的制约是不信上帝。那都是一回事；在这两种情况下，心灵都受到了影响。"上帝"这个词并不是上帝，而自己实实在在地去发现有没有上帝这回事，比让自己依附于一个信仰或者不信的观念，要重要多了。而若要亲自去发现，就需要非凡的能量——打破所有信仰的能量——但这并不意味着一种无神论或者怀疑状态。然而信仰是一件令人非常舒适的东西，很少有人愿意从内心里动摇自己。信仰并不能将你引向上帝。没有寺庙、没有教堂、没有律条、没有仪式能带你到达真相。真相确实存在，但若要找到它，你就必须拥有一颗无界的心。一颗琐碎的、狭隘的心只能找到它自己狭隘的小神明。所以，我们必须愿意失去我们所有的体面、我们所有的信仰，这样才能发现什么是真实的。

我认为你们听不进去更多的东西了。如果你刚才是懒洋洋地听的，只听到了词句，那么毫无疑问你还能继续听上几小时。但是，如果你正确地、全神贯注地倾听了，带着一份深入探索之心，那么十分钟就够了，因为在那段时间里，你就已经粉碎了心为自己建立起来的所有障碍，并且已经发现了真理。

（巴黎第二次演说，1961 年 9 月 7 日）

如何获取真正的和平

在我看来，我们多数人都想拥有某种和平。政客们对此谈论得很多；在全世界范围内，"和平"都是他们最爱的术语、最爱的单词。我们每个人也同样想拥有和平。但是，在我看来，人类想要的那种和平，更像是一种逃避；我们想找到某种心灵可以退隐歇息的状态，我们从来没有思考过，有没有可能真正冲破我们的各种冲突，进而实现真正的和平。所以，我想谈谈冲突的问题，因为在我看来，如果冲突能够得到解决——从根本上、深层次上、从内在得以解决，并超越意识心的层面——那么也许我们就能拥有和平。

我所说的和平，并不是心灵和头脑所寻找的那种和平，而是某种截然不同的东西。我认为，这种和平将会是一个非常令人不安的因素，因为它非常具有创造性，因而非常具有破坏性。若要领会这种和平，在我看来，我们就需要了解冲突，因为如果不从根本上、从最基本的层面上彻底探究冲突的问题，我们就无法拥有和平，无论是外在的还是内在的和平，无论我们如何追寻它、多么渴望它。

我们若要和彼此就某个问题深入交谈——不是一个演讲者和听众之间的那种谈话，那是一种荒唐的关系——就需要你和我在同一个层面上思考和感受，并从同一个观点开始探索。如果你和我能够以巨大的热情和活力一起深入探讨冲突这个问题，那么也许我们就能遇到一种和平，它完全不同于我们大部分人试图寻找的那种和平。

当有问题存在时，冲突就会存在，不是吗？问题就意味着冲突——

调整、努力去理解、努力去除什么、努力找到答案，这些冲突。而我们大多数人都有各种各样的问题——社会的、经济的问题，关系问题，观念冲突等等问题。而那些问题始终没有得到解决，不是吗？我们从来没有真正把它们想清楚、追究到底，进而让自己摆脱它们，而是日复一日、月复一月地继续着原来的生活，让我们的头脑和心灵毕生都背负着各种各样的问题。我们似乎无法享受生活、保持简单，因为我们触碰的一切——爱、上帝、关系或者无论什么——最后都降低成了一个个丑陋的、令人不安的问题。如果我依恋某个人，连这也变成了一个问题，然后我就想知道如何让自己超脱出来。如果我恋爱了，然后我发现那种爱里有嫉妒、焦虑和恐惧。因为无法解决我们的问题，我们就背负着它们，觉得自己没有能力找到解决的办法。

然后还有竞争，这也催生了问题。竞争就是模仿，想努力变成别人那样。这世上有耶稣的模式，有英雄、圣徒或者富裕邻居的模式，还有你从内心为自己建立起来的模式，你努力遵循它，依照它来生活。所以竞争造成了诸多问题。

另外还有对成就的渴望。每个人都希望以这种或那种方式——通过家庭、妻子、丈夫或者孩子等各种渠道，来得到成就感。如果你走得更远一点儿，就会有一种在社会上取得成就的渴望，比如写本书，或者赚点儿名声。然而，当你有这种取得成就、成为什么的渴望时，挫折也会随之而来，紧随其后的是悲伤。然后就产生了如何避免悲伤但依然有所成就的问题。于是我们就被困在了这个恶性循环中，进而一切都变成了问题，变成了冲突。

而我们接受了冲突是不可避免的；它甚至得到了推崇，被认为对进化、对成长、对有所成就来说是必不可少的。我们觉得如果没有竞争、没有冲突，我们就会停滞、腐化；所以我们总是从精神上和感情上努力让自己变得更锋利，一直征战不休，与我们自己、与我们的邻居和这个世界处于无休止的冲突之中。这并不是夸大其词，这是一个事实。我想我们都知道这种冲突是一种多么沉重的负担。

所以在我看来，最紧迫的问题是，你有没有真正看到摆脱冲突的重要性——而摆脱冲突又不是为了得到别的什么东西。究竟有没有可能获得自由，独立存在的自由，于是心灵在任何情况下都不会再处于冲突之中？我们只知道我们身处冲突之中，我们知道它的痛苦，那种负罪感、绝望感，现代生活的无望和苦涩；这就是我们所知道的一切。

所以，一个人要如何弄清楚——不是从口头上、智力上或者单纯从感情上，而是真正去发现——有没有可能获得自由？你要怎么开始？毫无疑问，如果不从意识各个不同的层面上彻底了解这种冲突，我们就不可能从中解脱并懂得真理是什么。冲突中的心灵是一颗困惑的心。而冲突的紧张程度越高，行动的生产力就越显著。你肯定注意到了，作家、演说家，那些所谓的知识分子一直在制造着各种理论、哲学和解释。如果他们拥有某种才能，那么紧张感和挫折感越强烈，他们的产品就越多；而世人称他们为大文豪、大演说家、伟大的宗教领袖，等等诸如此类。

那么，如果你仔细观察，你无疑就会发现冲突会导致扭曲和歪曲；它的本质就是混乱，并且对心灵极具破坏性。如果你能真正看到这一点——而不说竞争的冲突是不可避免的，社会结构就是建立在这个基础之上的，冲突是你必定会有的，等等——那么我想我们对待问题的态度就会截然不同。我认为这是首要的事情，那就是：并非从智力上、文字上去看，而是真正触及这个事实。从我们出生的那一刻起，直到我们生命的尽头，内在和外在的这种斗争就从未停止过，那么我们能真正看到"这种冲突是非常不明智的"这个事实吗？什么能给人带来从情感上触及事实的能量和活力呢？

你看，数个世纪以来，我们所受的教育就是生活在冲突之中，接受它或者找到某些办法来逃避它。正如你所知，世上有无数种逃避的办法——喝酒，找女人，上教堂，找上帝，变得学富五车，装满知识，打开收音机，暴饮暴食，等等。我们也知道这些逃避的办法没有一个能解决冲突的问题；它们只会增加冲突。然而，我们愿意主动面对我们完全无处可逃这个事实吗？我认为我们主要的困难就在于我们建立起了太多逃避的渠道，以至我们使自己丧失了直接看到事实的能力。

所以，我们必须深入探究这些有意识和无意识的逃避渠道的问题。我想，发现有意识的逃避方式是相当容易的。当你打开收音机，或者当你一整个礼拜过的都是一种残酷的、野心勃勃的、心怀嫉妒的、丑陋的生活，然后周日去教堂时，你是有意识的，对吗？然而，要想发现那些隐藏的无意识的逃避方式，就困难多了。

我想稍微深入地探讨一下这整个意识的问题。意识的整体，是通过时间拼凑而来的，对吗？它是几千年经验的产物；它由过去种族的、文化的、社会的影响构成，并且通过教育等等传承给了家庭和个人。这个整体就是意识，而如果你探查自己的心智，你就会发现意识中总是有一种二元性，有观察者和被观察者。我希望这个问题不是太难。这不是一堂心理课程，也不是一场智力上的、分析性的消遣。我们谈的是实际的、生活中的经验，如果我们不想仅仅停留在语言层面上，那么你和我就必须深入探究这个问题。

只要意识中存在思想者和思想这种划分，意识这个整体之中就必然存在冲突。这种划分产生了矛盾，而哪里有矛盾，哪里就必然会有冲突。我们知道，我们的外在和内在都矛盾重重，不是吗？从外在讲，我们的行动中充满矛盾，想以某种方式生活却困在了另一种活动中；从内在讲，我们的思想、感情和欲望之中也矛盾重重。感情、思想、欲望、意志和语言构成了我们意识的整体，而这个整体中存在着矛盾，因为其中始终存在这种划分——总是在观察、等待、改变和压抑的审查者、观察者，以及他们所操控的感情和思想。

如果你自己深入探究过这个问题——不是借助书本、哲学以及阅读别人说过的东西，那些都是空洞的说辞，而是非常深入地、坚持不懈地探究，没有选择，也没有拒绝或者接受——那么你就必定会发现这个事实，即意识这个整体本身处于矛盾状态之中，因为总是有个思想者在对思想动手动脚，而这就导致了没完没了的问题。

所以问题就出现了：意识中的这种划分是不是不可避免的？究竟存在一个分离开来的思想者吗？抑或是思想制造出了"思想者"，以便有一个永久的中心，这样它就可以从那里去思考和感受了？

你看，如果你想要了解冲突，你就必须深入探究这一切。单单说一句"我想逃避冲突"，是不够的。如果那就是我们想要的全部，那我们还不如吃颗药，吃点儿镇定剂，这既简单又便宜。然而，如果你想真正深入地探究这个问题，并彻底根除冲突的所有来源，你就必须检视意识的整体——自身头脑和心灵之中所有黑暗的角落，矛盾出没的隐秘深处。而只有当你开始探询为什么会存在思想者和思想之间的这种划分，你才能获得深刻的领悟。你必须问一问，思想者究竟存在吗？还是只有思想而已？如果只有思想，那么为什么会有这个所有思想汹涌而出的中心呢？

你可以看到，思想为什么建立了"我"、自我、自己这个中心，不是吗？只要你意识到有一个所有思想得以产生的中心，那么给它起什么名字并不重要。思想渴望永恒，而在发现它自身的表现并不永恒之后，它就制造了"自我"这样一个中心出来。然后矛盾就产生了。

若要真正看到这一切，而不只是从字面上接受这一点，你首先必须彻底否定所有的逃避之道——切断一切形式的逃避，就像一个外科医生一样。这需要强烈的觉察，这样的觉察中没有选择，不紧抓住愉快的逃避之道，也不回避痛苦。这需要能量和不断的警觉，因为大脑已经如此习惯于逃避，以至逃避变得比它所逃避的事实还要重要。然而，只有当你彻底否定了所有形式的逃避，你才能够直面冲突。

那么，当你已经走了这么远，当你从身体上、情感上和智力上否定了各种形式的逃避，然后会发生什么？这时还会有问题吗？毫无疑问，正是逃避制造了问题。当你不再与邻居竞争，不再努力获取成就，不再试图把自己变成别的样子，这时还有冲突吗？于是你就能如实面对自己的事实了，无论那个事实是怎样的。这时也不会有是好是坏的评判，你就是你实际的样子。而事实本身会行动，并没有一个"你"在对事实采取行动。

如果你真的深入进去，就会发现所有这些事情都非常有趣。我们大部分人都嫉妒、羡慕，无论以强烈的方式还是懒散的方式。当你真正看到了自己的嫉妒，却不否定它、不谴责它，那么会发生什么？这时的嫉妒仅仅是一个词呢，还是一个事实？我希望你能跟上这一点，因为，你知道，词语对我们大多数人来说都具有极其重要的意义。"上帝"这个词，"共产主义者"这个词，"黑人"这个词，都具有一种无比情绪化的、神经质的内涵。同样，"嫉妒"这个词也早已负载沉重。那么，当词语被放在一旁，这时就只剩下一种感受。那就是事实，而非词语。而若要不带着词语去看感受，就需要有一种摆脱了所有谴责和辩护的自由。

偶尔，当你嫉妒、生气，或者特别是当你享受某件事情的时候，看看你能不能把词语和感受区分开来，看看最重要的是词语还是感受。此时你就会发现，在不带词语地看着事实的过程中，就有一种并非智力过程的行动：事实本身在运转，因此没有矛盾，没有冲突。

亲自去发现只有思想而没有思想者，这真是一件无比非凡的事情。此时你就会发现，人可以毫无冲突地活在这个世界上，因为这时你所需甚少。如果你需索无度——性上、情感上、心理上或者智力上——你就会依赖他人，而一旦有依赖，就会有矛盾和冲突。当心灵把自己从冲突中解放出来，从这种自由中就会产生一种截然不同的运动。我们所知道的"和平"这个词，用在这里并不合适，因为对我们来说，这个词有太多不同的含义了，那取决于什么样的人在使用这个词——是一个政客还是一个牧师，或者别的什么人。它不是承诺给你死后的天堂里的和平；它也无法从任何教堂、任何理念或者对任何神明的膜拜中找到。当你内心的所有冲突彻底止息，它就会出现，而只有当你无欲无求时，这才可能。此时没有任何需要，甚至是对上帝的需要；只有一种无法衡量的运动，它无法被任何行动所腐化。

问题：如何才能给欲望以自由，而无须摧毁它或压抑它？不带谴责地看着欲望，能让它消失吗？

克：首先，我们有个观念认为欲望是错的，因为它产生了各种各样的冲突和矛盾。人内心有很多欲望，往各个不同的方向互相撕扯着。这是事实；我们有欲望，它们也确实带来了冲突。这里的问题是：如何与欲望热烈地相处，而无须摧毁它？如果你屈服于欲望，当你满足了某个欲望，在那种屈服中就有着受挫的痛苦。我不想举例子，因为通过一个特定的例子来解释，会扭曲对欲望这个整体的了解。

你首先必须非常清楚地看到，对欲望每一种形式的谴责，都只不过是在逃避了解它。如果清楚地看到了这个事实，那么就有了如何处置欲望的问题。它在那里熊熊燃烧着。迄今为止，我们都在谴责它、接受它或者享受它，而正是在那个享受的过程中存在着痛苦。对它的压抑和控制中也有痛苦。然而，如果你既不谴责也不评判，它就在那里燃烧着，那么你会做什么呢？而你曾经到过这种状态吗？因为在这个状态中，你就是欲望；"你"和"欲望"不再作为两个分开的事物而存在。

然而事实上一直上演的是，我们想让令人痛苦的欲望消失，却守着那些带来快乐的欲望不放，不是吗？我说这是一种完全错误的做法。我说：你能看着欲望而不谴责、不评判、不在各个欲望之间选择吗？你曾经这么做过吗？我怀疑这一点。

若要了解欲望的含义，与它共处，理解它，实实在在地看着它，而不做任何评判——这就需要内心有无穷的耐心。我认为你没有这么做过。然而，如果你愿意试一试，你就会发现此时没有了矛盾，没有了冲突。于是欲望就有了一种全然不同的意义。这时欲望也许就是生命。

但是，只要我们说"欲望是错的"或者"欲望是对的"，"我应该屈服吗？"或者"我是不是不应该屈服？"——在这整个过程中，你就是在你自己和欲望之间制造一种分裂，因而必然会有冲突。带来了解的，是自己安静地探索，深入探索自己，探询、发现你为什么谴责，你在追寻什么。然后，从那种毫无选择的内在探询中，你就会发现你可以与欲望共处，于是它有了一种完全不同的意义。若要与任何东西共处，你都需要能量和活力；当你一直忙于谴责和评判时，能量是没有丝毫剩余的。与欲望共处，就是发现一种完全没有矛盾的状态。这意味着此时就有了爱，没有嫉妒，没有怨恨，没有任何形式的腐化；而这是一件你要亲自去发现的真正奇妙无比的事情。

问题： 前几天你说我们必须受到打扰，那是什么意思呢？

克： 请不要把我当成权威；那就太可怕了。而是，你自己就能看到，不希望受到打扰是我们一个主要的需求。这也许是因为，当心灵、大脑停止了自己的喋喋不休，就会发现内心有巨大的不安。你自己就能看到，你的心始终被占据着——被妻子、被丈夫占据，被性、被国家主义、被上帝占据，被下一顿饭吃什么等等所占据。你有没有尝试过去弄清楚它为什么要被占据？如果它不被占据，那会发生什么？此时你就会遇到某种你从未想过的东西，而那也许是一个令人极其不安的事实。确实如此。心灵不停被占据着，也许只是对巨大的孤独和空虚这个事实的一种逃避。然而，你必须面对并探究这种不安。

（巴黎第三次演说，1961 年 9 月 10 日）

需求、激情与爱

前几天我们谈到了欲望，以及从欲望中产生的冲突，今天我想继续这个话题，同时也谈一谈需求、激情和爱，因为我认为它们都是相互关联的。如果我们能从根本上非常深入地探讨所有这些问题，那么也许我们就能理解欲望的全部含义。但是，在我们能够了解欲望及其所有的冲突和折磨之前，我想我们应该先来理解"需求"这个问题。

毫无疑问，我们确实需要某些表面的、外在的东西，比如衣服、住所和食物。这些东西对所有人来说都是绝对必要的。然而，我想知道我们究竟是不是还需要任何别的东西。从心理上来讲，对性、对名声的需要，按捺不住的野心勃勃的渴望，内心里永远希望得到更多的欲求，这些需要实际上存在吗？我们从心理上需要什么呢？我们以为我们需要很多东西，从这里就产生了无数依赖的痛苦。然而，如果我们真正深入地探索和询问，那么，心理上、内在究竟有什么必不可少的需要吗？我认为，我们值得非常认真地向自己提出这个问题。在人际关系中，有对别人的心理依赖，需要与他人沟通，需要让自己抱守某种思维和行为模式，需要取得成就、获得美名——我们都知道这样的需要，我们也不停地屈服于它们。我想，如果我们每个人都能搞清楚我们实际上需要的是什么，我们又在多大程度上依赖它们，那将是非常有意义的事情。因为如果不了解需求，我们就无法了解欲望，也无法了解激情进而了解爱。无论一个人贫穷还是富有，显然他都需要食物、衣服和住所，尽管即使这些方面的需求可以非常有限、非常少，当然也有可能很膨胀。但是除此之外，究竟还有什么别的需要吗？我们的心理需要为什么变得如此重要，变成了一个如此强大的推动力呢？还是它们只不过是对某些更深层的东西的一种逃避？

在探询这一切的过程中，我们并不是以分析的方式来进行的。我们试着直面事实，准确地看到"现状"，这并不需要任何形式的分析、心理学或者迂回的、机巧的解释。我们试着做的，是看到我们自己的心理需要是什么，不借助解释把它们打发掉，不把它们合理化，也不说："要是没有它们我该怎么办？我必须有这些东西。"所有此类做法都会关闭进一步探索的大门。而当探询只是语言上的、智力上的或者情感上的，显然那扇门也被紧紧地关上了。当我们真的希望面对事实时，门就打开了，而这并不需要多么高超的智力。若要了解一个非常复杂的问题，你需要一颗清晰的、简单的心，而当你怀揣着一大堆理论并试图逃避面对问题时，这种简单和清晰就被否定了。

所以，我们的问题是：我们为什么有如此强烈的欲求需要得到满足，我们为什么如此冷酷地野心勃勃，性为什么在我们的生活中拥有如此重要的地位？这个问题无关一个人需求的质量或者数量，或者他的需求是最高限度的还是最低限度的，而是人们为什么会有这种需要满足的巨大渴望，借助家庭、借助名声、借助地位等等来加以实现，随之而来的是所有的焦虑、挫折和痛苦——而社会鼓励这些，教会也祝福这些。

那么，当你审视这个问题时，若能摒弃那些肤浅的反应，比如说"如果我此生不能获得成功，那我会怎么样呢？"那么，我想你就会发现其中有一个深刻得多的问题，那就是害怕一事无成，害怕彻底的孤立、空虚和寂寞。它就在那里，深深隐藏着——这种巨大的焦虑感，这种被切断了与一切的联系的恐惧感。那就是为什么会存在这种归属于什么的需要——属于一个派别、一个社团，参与某些活动，坚持某些信仰——因为借助这些我们就能逃避那些真实存在的、深深隐藏的现实。毫无疑问，正是恐惧迫使心灵、头脑和整个存在去固守某种信仰或者某份关系的，于是那些就成了需要、需求。

我不知道在这场探询中你是不是已经走了这么远，不是从语言上而是实际上走了这么远。那意味着你自己去发现并面对这个事实：你彻底地一无是处，你的内心就是一具空壳，被无数知识和经验的珠宝所掩饰，而那些东西实际上只不过是一堆说辞和解释。那么，若要面对这个事实，而不绝望，也不感觉这是多么可怕，而只是与之共处，那么首先就需要了解需求。如果我们理解了需求的意义，那么它就不会对我们的头脑和心灵产生如此之大的影响了。

我们稍后会再回来探讨这个问题，现在我们继续来考虑欲望的问题。我们知道自相矛盾的欲望，往各个不同的方向拉扯着，让人备受折磨——那种痛苦，那种混乱，那种欲望的煎熬，还有约束和控制，不是吗？在与它无休止的征战中，我们把它扭曲成各种各样的外貌和形式；但它依然在那里，始终虎视眈眈、伺机而动，驱使着我们。无论你做什么，升华它、逃避它、否认它或者接受它、放纵它——它都始终在那里。而我们知道，那些宗教导师以及另外一些人说过，我们应该无欲无求、培养出离、摆脱欲望——这真的十分荒唐，因为欲望必须得到了解，而不是摧毁。如果你摧毁了欲望，你也许就摧毁了生命本身。如果你扭曲欲望，塑造它、控制它、掌控它、压抑它，那么你也许就破坏了一件无比美丽的东西。

我们必须了解欲望，而了解一件如此重要、如此费力、如此紧迫的事情，是非常困难的，因为在欲望得到满足的过程中，激情就产生了，随之而来的还有快乐和痛苦。如果你要了解欲望，显然你就不能有任何选择。你不能评判欲望是好是坏，是高尚还是卑下，或者说："我要保留这个欲望，摒弃那个欲望。"如果我们想要发现欲望的真相——它的美丽，它的丑陋，或者它无论怎样——那一切都必须被弃置一旁。思考这件事情是非常有趣的，但是在这里，在西方世界，有很多欲望是可以得到满足的。你们拥有汽车、富裕繁荣、更好的健康以及读书的能力，能够获取知识，积累各种各样的经验，但是当你来到东方，那里的人们还在为食物、衣服和住所而挣扎，依然困在贫穷的痛苦和潦倒状况之中。但是无论在西方还是东方，欲望之火一直在各个方面熊熊燃烧着；无论是外在还是内心深处，它都在那里。弃世修行的人跟追求大富大贵的人一样被自己的欲望所残害，只不过他们的欲望是追寻上帝。所以，欲望始终在那里燃烧着，自相矛盾，制造着混乱、焦虑、愧疚和绝望。

我不知道你究竟有没有试验过这一点。但是，如果你不谴责欲望，不评判它是好是坏，而只是单纯地觉察它，那会怎么样呢？我想知道你是不是了解觉察到某件事情意味着什么？我们大部分人都没有觉察，因为我们早已习惯于谴责、评估、判断、认同和选择了。选择显然会妨碍觉察，因为做出选择始终是冲突导致的结果。当你进入一个房间时保持觉察，看到所有的家具，看到地毯或者没有地毯，等等——只是看到它，觉察到它，而没有任何评判的意味——是非常困难的。你可曾尝试过看着一个人、一朵花、一个想法、一种感情，而没有任何选择、任何评判？

如果你对欲望做同样的事情，如果你与它共处——既不否定它，也不说"我该拿这种欲望怎么办呢？它太丑陋、太猖狂、太暴烈了"，也不给它一个名字、一个符号或者用一个词把它掩盖起来——那么，它还能成为混乱的原因吗？此时的欲望还是一件要被摒弃、被摧毁的东西吗？我们想要摧毁它，是因为欲望之间互相撕扯，制造着冲突、痛苦和矛盾；你可以看到自己是如何努力逃避这种持续不断的冲突的。所以，你能觉察到欲望的整体吗？我说的整体并不是一个欲望或者很多欲望，而是欲望这个整体本身具有的品质。而只有当你对欲望没有看法、没有词语、没有评判、没有选择时，你才能觉察到欲望的整体。在每个欲望产生时觉知它，不让自己认同它或者贬低它，在这种警觉的状态中，此时它还是欲望吗？抑或那是一种必要的火焰或者激情？"激情"这个词通常只用在一件事情上——性上面。但是在我看来，激情不是性。你必须拥有激情和热烈才能真正与万事万物共处；若要完满地活着，完整地去看一座山、一棵树，真正去看一个人，你就必须拥有热烈的激情。然而，当你被各种各样的欲望、需求、矛盾和恐惧所缠绕时，那种激情、那团火焰就被否定了。当火焰被浓重的烟雾所窒息时，它怎么可能存活下来呢？我们的生命只不过是一团烟雾；我们寻找火焰，但我们通过压抑、控制、塑造我们叫作欲望的这样东西，熄灭了这团火焰。

如果没有激情，怎么可能有美呢？我说的不是图画、建筑、画中的女人等等诸如此类的美。它们有自己美的形式，但我们说的不是表面的美。人类所制造的东西，比如大教堂、寺庙、图画、诗歌或者雕塑，也许很美，也许不美。但是，有一种美超越了感情和思想，而如果没有激情的话，你就无法懂得它、理解它或者领会它。所以请不要误解"激情"这个词。它不是一个丑陋的词语；它不是一件你可以从市场上买来的东西，或者浪漫地谈论的东西。它和感情、感受毫无关系。它不是一件体面的东西，它是一团能够摧毁一切虚假事物的火焰。然而，我们总是害怕那团火焰吞噬掉那些我们珍爱的东西，那些我们认为重要的东西。

毕竟，我们如今所过的生活以需求、欲望为基础，而控制欲望的各种方式让我们变得比以往更加肤浅和空洞。我们也许非常聪明，非常有学问，能够重复我们积累的知识，但是电子机器正在做这件事情，并且在某些领域，机器已经比人类具有了更强的能力，计算起来也更为准确和迅速。所以我们总归会回到同一个问题上来——那就是，我们现在所过的生活是如此肤浅、狭隘、局促，全都是因为我们内心深处是空虚的、孤独的，并且总是试图把这种空虚掩盖起来或者填满；因此，需求和欲望变成了一件可怕的事情。没有什么能把内心那种深深的空虚填满——没有上帝、没有救世主、没有知识、没有关系、没有孩子、没有丈夫、没有妻子——没有什么东西能把它填满。然而，如果心灵，如果头脑，如果你的整个存在能够看着它，与它共处，那么你就会发现你从心理上、从内在没有了对任何东西的需求。这是真正的自由。

然而这需要非常深刻的洞察，深入的探询，以及不停的观察；由此我们也许就能知道爱是什么。当依附、嫉妒、羡慕、野心以及随着"爱"这个词而来的种种假装仍然大行其道，爱怎么可能存在呢？而如果我们穿越了那种空虚——那空虚是一个事实，而不是虚构出来的一个想法——我们就会发现爱、欲望和激情是同一件事情。如果你摧毁了其中一个，你就摧毁了其他几个；如果你败坏了其中一个，你就败坏了美。若要探索这一切，需要的不是一颗出离的心，也不是一颗奉献的心或者一颗虔诚的心，而是一颗探询的心，一颗从不满足、始终在看、在观察自己、了解自己的心。没有爱你就永远无法发现真理是什么。

问题： 一个人要怎样才能发现自己的主要问题呢？

克： 为什么要把问题划分成主要的和次要的呢？难道一切不都是问题吗？是什么让它们变成了小问题或者大问题、重要的或者不重要的问题的？如果我们能够理解一个问题，非常深入地探究它，无论它是一个多么小或者多么大的问题，那么我们就能揭开所有的问题了。这不是一个夸张的回答。拿任何一个问题开刀都可以：愤怒，嫉妒，羡慕，怨恨——这些问题我们都非常了解。如果你深入探究愤怒，而不是就那样把它扫在一边，那么其中涉及哪些东西呢？你为什么生气？因为你受伤了，有人说了不友善的话；而当有人说了一句恭维话时，你就开心了。你为什么受伤呢？是因为你的自我重要感，不是吗？而为什么会有这种自重感呢？因为你对自己抱有一个想法、一个标志、一个自我形象，你应该什么样，你现在什么样，或者你不应该怎样。你为什么要建立一个自我形象呢？因为你从来没有研究过自己实际上是什么样子。我们认为我们应该这样或者应该那样，我们有理想、英雄和典范。激起愤怒的，是我们的理想、我们对自己抱有的想法受到了攻击。而我们对自己的想法，是我们对自己实际如何这个事实的逃避。然而，当你观察你实际上如何的事实，没人能伤害你。如果你是一个骗子，有人跟你说你是个骗子，那并不意味着你会受伤；那是一个事实。但是，当你假装你不是一个骗子，然后有人告诉你你就是的时候，你就会生气，就会暴躁起来。所以，我们一直生活在一个想象中的世界、一个虚构出来的世界中，从来没有生活在现实世界中。若要观察"现状"，看到它并真正熟悉它，就必须没有任何评判、任何评估、任何意见、任何恐惧。

问题： 追随任何一派特定的宗教能够让人解放自己吗？

克： 当然不会。你知道，两千年来或者五千年来一直有教导在劝说你相信某些东西，那并不是宗教。那是宣传。多少个世纪以来，一直有人在你告诉你你是一个法国人、一个英国人，一个天主教徒、印度教徒、佛教徒或者穆斯林，然后你没完没了地重复这些话。你的意思是不是说，一颗受到了如此深重的制约和影响的心，成了宣传、仪式和宗教表演的奴隶，这颗心在这样的制约之中，能够获得解放吗？

问题： 你说过通过信仰上帝是无法找到上帝的，但是人能通过天启找到上帝吗？

克： 当你不了解自己的自我时，你为什么想要别人把事情揭示给你呢？今天晚上你的自我已经揭示给你了：你思考的方式、行动的方式，你的动机、野心、渴望，你与自己不停地征战。这些都揭示给你了，可你什么也没有了解。你只知道你的理论、你的幻象。而如果你不了解近在眼前、近在手边的事情，你又怎么能知道某种无限的东西呢？所以，最好从非常近的地方，也就是你自己开始。而当所有的欺骗和幻觉都被一扫而光，你自己就会发现真实的是什么。此时你无须相信上帝，你无须抱守任何教条；它就在那里，那至高无上的、无法命名的东西就在那里。

问题： 当我们意识到自己的空虚时，为什么恐惧就会袭来？

克： 只有当你逃避实际存在的事情时——当你逃避它、推开它的时候——恐惧才会来临。当你真正面对、直面那件事情时，还会有恐惧吗？是逃避、躲开事实，导致了恐惧。恐惧是思想的过程，而思想是属于时间的，如果不了解思想和时间的整个运作过程，你就无法理解恐惧。毫不逃避地看着事实就是恐惧的终结。

问题： 你说过我们基本的生存需要是食物、衣服和住所，而性属于心理欲望的范畴。你能进一步解释一下这点吗？

克： 我确信这是一个所有人都想搞清楚的问题！性是什么呢？它是一个事实呢，还是围绕着它的所有快乐的画面、思想和记忆呢？抑或它只是一个生理上的事实？而如果有爱，还会有记忆、画面和刺激吗？——如果我可以使用"爱"这个词而不至于破坏它的话。我想你必须了解这个身体上的、生理上的事实。这是一方面。所有的浪漫感受、兴奋刺激、把自己交付给对方的感觉，在那份关系中与对方相认同的感觉，那种延续感、满足感——所有这些是另一回事。当我们真正关注欲望和需求的问题时，性在这里面起到多大的作用呢？它是一种心理需要吗，就像它是一种生理需要一样？若要区分身体需要和心理需要，就需要有非常清晰、非常敏锐的心灵和头脑。性之中牵涉到很多事情，而不仅仅是性行为。希望在对方那里忘掉自己，延续一份关系，还有孩子，希望借助孩子、妻子和丈夫找到不朽，把自己奉献给对方的感觉，以及所有嫉妒、依恋和恐惧的问题——这之中所有的痛苦——这一切是爱吗？如果不从根本上、深层次上彻底了解一个人自己隐秘黑暗的需求，那么性、爱和欲望就会在我们的生活中造成巨大的破坏。

问题：每个人都可以实现解放吗？

克：当然。这并不是赋予少数人的特权。解放并不表现为势利的形式；它是为所有愿意探究它的人准备的。有了自我了解，它就会出现，带着它无比宽广、无比深邃的美和力量。而每个人都可以通过观察自己，就像你在镜子里观察自己那样，开始探索自己的真相。镜子不会说谎；它准确地显示出你的脸实际的样子。以同样的方式，你可以毫不扭曲地观察自己。然后你就开始发现自己的真相了。自我了解、自我认识是一件非凡无比的事情。通往真相、通往那未知的无限的路，并非经由教堂的一扇门或者借助任何一本书，而是循着自我了解的大门而来。

（巴黎第四次演说，1961 年 9 月 12 日）

彻底摆脱恐惧

如果我们能够切实地体验到我要讲的内容，那么我想那将是非常有意义的。对我们大多数人来说，经验是一种漫不经心的东西。我们半心半意地、疲惫地应对每一个挑战；内心有一种犹疑，担心会出现什么后果。我们从未完整地、用我们的整个存在去应对一个挑战。所以，当挑战来临的时候，我们总是缺乏全然的关注，因而我们的反应非常局限，受到了严重的制约；它们从来都不是自由的、完整的。你肯定已经注意到了这一点。而我认为仔细考虑这个问题非常重要，因为我们每天都有如此之多的经验，在我们身上产生了如此之多的影响，每一个影响都留下了印记。轻率随意的言语，一个手势、一个想法，瞬间滑过的一个短语或者无心的一瞥——这些都会留下自己的痕迹，而我们从来没有给予它们任何一个以全然的关注。若要完整地体验什么，就必须有全然的关注，而我们可以发现关注与专注非常不同。专注是一个排除、收窄、切断的过程，而关注则把一切都囊括了进来。

由于我将会讲到一些相当复杂的事情，我想你应该明白体验需要全然关注，不是仅仅听取词句，而是真正体会到我所说的事情。倾听很困难，我们几乎从来没有真正倾听过任何东西———一只小鸟、一副嗓音，倾听丈夫、妻子或者孩子；我们只是浮皮潦草地摄入几个词语，同时忽略其他的内容，总是在诠释、篡改、贬低和选择。倾听需要某种全神贯注的品质，于是上述那些情形一个都不会发生，此时你付出了你的整个存在去探索和发现。

所以，若要弄清恐惧的真相——我现在就要和你一起探讨这个问题——非常深入地探究这个问题，就需要持续关注，不是只听到几个说法然后就跑去思考你自己的那些观点和问题，而是真正参透这整个恐惧的问题，把它追究到底。抱有真正认真的态度，就是拥有将任何问题穷尽到底的能力，无论后果如何，无论最后会有怎样的结局。

我想谈谈恐惧，因为恐惧会扭曲我们所有的感情、思想和关系。是恐惧让我们很多人转投所谓灵性修为的；是恐惧驱使着我们接受了那么多人提供的智力上的解决办法；正是恐惧让我们去做各种各样稀奇古怪的事情的。我想知道我们究竟有没有体验过真正的恐惧，而不是在一个事件发生之前或之后出现的那种感觉。恐惧这件事情是独立存在的吗？抑或，只有当想着明天或者昨天，想着过去发生过什么或者将来会发生什么的时候，才会有恐惧？此刻活生生的现在之中究竟有恐惧存在吗？当你面对你说你害怕的那样东西时，在那一刻中有恐惧存在吗？

在我看来，这个恐惧的问题非常重要。因为，除非心灵完全地、彻底地、绝对地摆脱了所有形式的恐惧：对死亡、公众舆论、分离、不被爱的恐惧——你知道各种各样、各个类型的恐惧——除非整个意识摆脱了恐惧，否则你不可能走得很远。你也许可以在自己头脑狭隘的范围内，如热锅上的蚂蚁一般焦虑地四处走动，但是，若要非常非常深入地探究自己的内心，看看那里以及更远处有什么，你就必须没有任何形式的恐惧，既没有对死亡和贫穷的恐惧，也没有对无法获得什么的恐惧。

恐惧，由于它本身的性质，不可避免地会妨碍探询。而除非心灵，除非人的整个存在摆脱了恐惧，不仅仅是有意识的恐惧，还包括内心深处的、隐秘的、潜藏的那些几乎意识不到的恐惧，否则就不可能发现实际上有什么，真相是什么，什么是事实，以及究竟是不是存在人类千百年来所谈论的那种至高无上和无限的东西。

彻底摆脱恐惧，不是在某段时间内，也不是最终摆脱，而是真正地、彻底地摆脱它，我认为是可能的。体验那种完全无惧的状态，就是我想和你探讨的问题。

　　我想明确一点，那就是我并不是凭着记忆讲话的。我并不是预先把恐惧的问题想过一遍，然后再到这里来重复我排练的内容——那就太无聊了，对你我来说都是如此。我也在探询。这种探询必须每次都是崭新的。而我希望你能和我一起踏上这段旅程，不是只关心你自己特定形式的恐惧，无论是害怕黑暗、医生、地狱、疾病、上帝，还是害怕你父母、妻子或丈夫会说些什么，或者另外无数种形式的恐惧。我们在探询恐惧的本质，而不是恐惧的任何一种特定的表现形式。

　　那么，如果你认真审视，你就会发现，只有当思想栖身于昨天或明天、过去或未来的时候，恐惧才会存在。现在时的动词从来都不可怕，只有过去时或者将来时的动词之中才总是会有恐惧。活生生的现在之中没有恐惧可言，而这是一件需要你自己去发现的无比非凡的事情。只要有这实实在在的、活生生的一刻，有活脱脱的此时，就不会有任何一种恐惧。所以思想，对明天或者昨天的思考，是恐惧的起源。关注就处于活生生的现在。想着昨天发生过什么，或者明天会发生什么，是漫不经心，而漫不经心会滋生恐惧。难道不是吗？当我对任何一个问题付出我全部的注意力，毫无保留、毫无拒绝、毫无评估和判断，那么这个关注的状态之中就没有恐惧。但是，如果我说"明天会发生什么"，或者，如果我困在昨天发生的事情之中，那么就会产生恐惧。关注就是当下的此刻，而恐惧是困在时间之中的思想。当你面临某种真实的、实在的东西，当你身处危险，那一刻是没有思想的；你会行动。而那种行动也许是积极的也许是消极的。

　　所以思想就是时间——不是钟表上的时间，而是思想的心理时间。所以是思想滋生了恐惧——时间就是由此及彼的距离，是成为什么的过程；时间是我昨天说过和做过的事情，是我隐藏起来不想让别人知道的事情；时间是明天会发生什么，当我死去的时候我会成为什么。

所以思想就是时间。而活生生的此刻中有时间、有思想吗？你可以看到，只有当思想向前或向后投射自身的时候，恐惧才会存在，不是吗？而思想是时间的产物——时间是成为或者不成为什么，时间是成就和挫折。我们说的不是物理时间；试图消除这种时间显然是荒唐的、愚蠢的。我们说的是作为思想的时间。如果这一点清楚了，那么我们就必须探讨思想是什么、思考是什么的问题。而我希望你并不是仅仅听取词语，而且也切实倾听我所说的话之中包含的挑战，并倾听你自己做出的回应。我问："思想是什么？"除非你懂得了思想的机制，否则你无法回答这个问题，你的回应会是不恰当的。而如果你的回应不恰当，那么就会有冲突，而你在试图躲避冲突的过程中，也就避开了事实——那个你不了解的事实。而一旦你认识到你没有答案、你不知道，恐惧就会出现。我想知道你有没有跟上这些。

那么，思想是什么？显然，思想是介于挑战和应对之间的反应，不是吗？我问了你一件事情，在你回答之前有一个时间间隔；这个间隔中有思想在活动，在搜寻答案。仅仅听听这些解释很容易，然而，实际亲身体验思考的过程，深入探索大脑是如何回应挑战的，以及产生回应的过程是怎样的这些问题，就需要活跃的注意力，不是吗？请观察你自己对这个问题的反应：思想是什么？此时发生了什么？你无法回答；你从来没有尝试过通过观察去了解；你在等着来自记忆之中的某个回答。而在这个时间间隔中，在提问和回答的间隙中，就有个思考的过程，不是吗？如果我问你一个你很熟悉的问题，比如"你叫什么名字？"你立刻就能回答，因为你已经重复过很多次了，你非常熟悉答案是什么。如果有人问了一个稍微严肃一些的问题，就会有几秒钟的时间间隔，这期间大脑开动起来，从记忆中寻找答案，不是吗？如果问的是一个远远更为复杂的问题，需要的时间间隔就更长，而过程是同样的——查找记忆，搜寻正确的词句，找到它们，然后回答。请慢慢跟上这一点，因为观察这个过程的发生，真的非常好玩儿，非常有趣。这些都是自我了解的一部分。

我也可能问你类似这样的一个问题："这里到纽约的距离是多远？"对于这个问题，你从记忆中搜寻之后，就不得不说："我不知道，但我可以去查查清楚。"这需要更多的时间。我还可以问你一个问题，对此你不得不说"我不知道答案"，但同时你又在等待着答案，等着别人来告诉你答案。所以，既有熟悉的问题，可以即刻做出回答；也有不那么熟悉的问题，需要一点儿时间来作答；还有你不那么确定但是可以搞清楚的问题，这也需要时间；另外还有一些问题你不知道答案，但你认为只要等一等就会得到答案。

现在，如果我问你这个问题："上帝存在还是不存在？"那会怎么样？你从记忆里找不到答案，对吗？尽管你可能相信有上帝，尽管有人告诉你有上帝，但是你必须把所有那些无稽之谈全部抛开。搜寻记忆没有帮助；等着别人告诉你也没什么好处，因为没人能告诉你，那个时间间隔毫无意义。只有此刻活生生的事实，绝对确定的一件事，那就是：你不知道。这种不知道的状态，就是全然的关注，不是吗？而其他任何形式的知道或者不知道，都来自时间和思想，因而是漫不经心。

在了解这一切的过程中，你是不是同时就在学习？学习无疑意味着不知道。学习并不是累加性的；你无法积累它。在收集、累积的过程中，你只不过是在添加知识，静态的知识。而学习是在不断变化着、运动着的，它是鲜活的。

那么，如果你在了解恐惧，那么会发生什么？你在追逐恐惧，不是吗？你在追赶恐惧，而不是恐惧追赶着你。然后你会发现并没有"你"和"恐惧"这样的东西，没有这种划分。所以，关注就在活跃的当下，此时心灵、头脑说："我一无所知。"在这种状态中没有恐惧。但是当你说"我不知道，但我希望知道"的时候，就会有恐惧。我认为这是需要理解的非常关键的一点。让我们换个角度来看这个问题。

毕竟，当你寻求外在和内在的安全感时——当你希望在关系中，在世事中，在知识带来的确定感中，在情感经历中实现一种永恒的、持久的、长期的状态时——恐惧才会出现。而最后我们说存在绝对的、持久的、永恒的上帝——从那里我们可以找到一种和平、一种安全，永远不会受到打扰。每个人都以这种或那种形式在寻找着保障，你知道人们是怎么玩这些把戏的——借助爱、财产、美德，通过向自己发誓说要善良、要戒除性事，来寻求安全感。我们都知道或公开或秘密地寻求安全感的过程中涉及的那些可怕的事情。而那就是恐惧，因为你从来没有发现究竟有没有安全存在。你不知道。我说这些话的意思是指，你彻底地、完全地不知道，这是一个事实。你不知道上帝是不是存在。你不知道会不会有另一场战争。你不知道明天会发生什么。你不知道内在有没有什么永恒的东西。你不知道你与妻子、丈夫、孩子之间的关系会发生什么。你不知道，但是你得去搞清楚，不是吗？你得自己发现你一无所知。而那种不知道的状态，那种彻底不确定的状态，并不是恐惧；那是全然的关注，从中你就可以弄清真相。

所以你看到了意识这个整体，它的全部——其中包含了表面的、有意识的部分，隐藏的部分，还有最深处的种族残余和动机，作为思想的那一切——实际上就是恐惧。尽管它也许表现为快乐、痛苦、娱乐、喜悦等等诸如此类的形式，但你会发现那些都是时间的产物。意识就是时间；它是很多天、很多个月、很多年、很多个世纪的产物。你作为一个法国人的意识，受到了历史上世世代代宣传的影响。你是一个基督教徒、天主教徒或者无论什么，这个事实也是两千年来宣传的产物，在这期间你以某种你称为天主教徒的模式，被动地去相信、思考、运作和行动。而不抱有任何信仰，什么也不是，这看起来非常可怕。所以这整个意识就是恐惧。这是一个事实，而你不能简单地同意或者不同意某一个事实。

那么，当你面临一个事实的时候，会发生什么呢？你要么对那个事实抱有各种看法，你要么去单纯地观察那个事实。如果你对那个事实抱有观点、判断和评估的话，那么你就没有看到它。于是时间就介入了进来，因为你的观点是属于时间、属于昨天、属于你之前的已知的。真正的看到就是鲜活的现在，而那种看到中没有恐惧。我并不是通过说"没有恐惧"来催眠你。这是一个实实在在的事实。正是对真实事实的体验把整个意识从恐惧中解放出来的。我希望你不是太疲惫，我希望你正在体会这一点，因为你不能把它带回家去接着想。那就没有价值了。有价值的是直接面对它并探究它。然后你就会发现，我们的整个思考机制，连同它的知识、它的微妙之处、它的防御和拒绝——全部都是思想，是恐惧的真实起因。我们也会发现，全然关注的时候没有思想，只有洞察，只有看到。

有这种关注的时候，就有全然的寂静，因为这种关注中不存在排除。当大脑能够彻底安静下来，不是昏昏欲睡，而是活跃、敏感而又生机勃勃——这种全神贯注的安静状态中就不存在恐惧。此时就有一种运动的品质，它完全不是思想，也不是感受、感情或者情绪。它不是幻象或者错觉；它是一种截然不同的运动，通往那无法命名的、无法衡量的真理。

但不幸的是，你并没有在真正地倾听和体验，因为你没有真正深入地去探究。你探索得没有那么远。因此，不久之后，恐惧还会再次袭来，再次淹没你。所以你必须探究这个问题，而在你探究的过程中，这个问题就被解决了。这是基础，而当你打下了基础，你就再也不会追寻了，因为所有对真相的追寻都基于恐惧。当心灵、当头脑摆脱了恐惧，你就能够发现真相。

问题： 我读过你关于教育的一本书。既然你到巴黎来了，我们就不能成立那样的一所学校吗？

克： 首先，先生，我们刚刚谈的是恐惧，而不是成立学校。如果你想成立一所那样的学校，那取决于你而不是我，因为我下周末就要走了。而学校不是那么容易建立起来的。那背后必须有熊熊燃烧的火焰才行。这个问题在它自己的位置上是恰当的，但也许现在我们可以问一些更为相关的问题。

问题：孩子为什么会有恐惧呢？

克：那不就是这个问题吗：你为什么有恐惧呢？孩子为什么会有恐惧，这是显而易见的。他们被一个基于恐惧的社会所包围。父母恐惧，而孩子需要根本上的安全，当安全被剥夺时，他就会害怕。你看，你并没有面对你很恐惧这个事实。

问题：有可能始终处于将恐惧排除在外的全然关注的状态之中吗？

克：关注中不存在排除；那不是一个抗拒的过程。我们探讨了恐惧的问题，我们也发现了当你关注的时候就不存在恐惧。关注中并没有一个思想的排除过程。你可以运用思想，但没有排外性。我不知道你有没有明白这点。我在关注；此刻我整个人都在这里。但我在使用语言来沟通。语言的使用仅限于此，仅限于沟通，而不适用于对真实事实的体验。

然后还有一个关于是不是可以保持全然关注的问题。"保持"意味着时间。如果关注停止了，那就丢下它，然后让它再度出现。不要说"我必须保持它"，因为那就意味着努力、时间、思想以及诸如此类的一切。

问题：所有的记忆都和知识联系在一起吗？抑或，那种安静是另一种类型的记忆？

克：获取知识、收集经验的整个过程都会导致记忆，也就是时间。我们知道积累记忆的这个机械过程。每一次未被理解的、不完整的经验，都会留下印记，我们称之为记忆。

然而那种寂静是另一种品质的记忆吗？它与记忆没有任何关系。记忆意味着延续性：过去、现在和未来，不是吗？寂静没有延续性，理解这一点很重要。你可以引导、约束大脑变得安静，那种约束有一种延续性；但寂静若是戒律和记忆的产物，那么它就根本不是寂静。

我们所说的寂静，是当没有任何类型的恐惧，无论外显的还是隐秘的恐惧时，那种不邀而至的寂静。而当有那种寂静时——它是绝对必要的，它不属于记忆——就会有一种截然不同的运动。

（巴黎第五次演说，1961 年 9 月 14 日）

新生诞生于无边的空无

我想谈一谈在我看来很重要的一个问题，那就是突变和转变的问题。我们说的转变是什么意思呢？我们又是在什么层面上、什么深度上发生转变的？显然转变是非常必要的；不仅仅是个人必须转变，而且集体也必须转变。除了继承下来的种族本能和储存在潜意识中的知识，我不相信有什么集体精神，但显然集体行动是必要的。然而，若要让那种集体的行动是完整的、没有不和谐，个人就必须改变他与集体的关系。就在个人转变的行动之中，集体无疑也会发生转变。个人和集体，它们并非两个分开的互相对立的东西，尽管某些政治组织试图分裂两者，并强迫个人遵从所谓的集体。

如果我们能够一起解开这整个转变的问题——如何带来个人的转变，那种转变意味着什么——那么，也许在倾听和参与探询的行动之中，就会发生一场转变，而这场转变是不以你的意志为转移的。在我看来，一场刻意的转变，一场被动的、纪律性的、遵从性的转变，根本算不上转变。强力、影响、某种新发明、宣传攻势、恐惧和动机，驱使着你去改变——这根本不是改变。而尽管从理智上你也许很容易认同这一点，但我向你保证，毫无动机地探索转变真正的本质，是一件非同寻常的事情。

我们大部分人都有如此根深蒂固的思维习惯、观念以及身体上的瘾症，放弃它们看起来几乎是不可能的。我们建立起了某些特定的饮食方式，持续偏爱某一类食物，我们有各种各样的穿衣习惯、身体习惯、情绪习惯以及思维习惯等等；因而，要带来一场深刻的、根本的转变而无须某种强迫性的威胁，真的是非常困难。我们所知道的那种改变总是特别肤浅。一句话、一个手势、一个想法、一个发明就能让一个人打破一个习惯，并调整自己进入一个新模式，于是他认为自己已经改变了。离开一个教会然后加入另一个，不再自称为法国人而是自称欧洲人或者国际主义者，这种改变是非常肤浅的；那只不过是一种商业上的交易。改变生活方式，踏上环球之旅，改变自己的想法、态度和价值观——所有这些过程在我看来都非常肤浅，因为那是外在或内在某些强迫性力量的产物。

所以，我们可以非常清楚地看到，因为任何外在的影响——因为恐惧或者因为有想要取得某个结果的欲望——而进行的改变，并不是根本的转变。而我们确实需要一场彻底的转变，一场巨大的革命。我们需要的不是观念和模式的改变，而是打破并彻底摧毁所有的模式。我们可以看到，历史上的每一次革命，无论起初看起来多么有前景、多么暴烈，都无一例外地以重复旧有的模式而告终；而每次由于恐惧、奖赏或者利益的驱动而引发的改变，都只是另一次调整。然而世界必须发生一场转变，因为你不能继续带着这些琐碎、狭隘、局限的态度、信仰和教条生活。它们必须被粉碎，必须被打破。那么如何才能打破它们呢？完全打破习惯的形成是怎样一个过程呢？有没有可能根本没有任何模式——而不是丢掉一个习惯却建立起另一个习惯？

如果到这里我们已经理解了这整个问题，那么我们就可以继续探索有没有可能造就一种心灵或头脑的品质，它是永远新鲜、永远年轻、崭新如初的，从不会建立任何思维习惯，也不会抱守任何教条或者信仰。所以，在我看来，我们必须探究我们在其中运转的这整个意识的框架。我们的整个意识，无论是隐藏的还是表面的，都在一个框架、一个边界内运转着；而打破这个边界就是我们所面临的问题。这不是一个单纯改变思维方式的问题，就像最近的共产主义运动一样，也不是接纳一个新的信仰，那还是在意识和思想的框架之内——而思想始终是局限的。所以，思维方式的改变并不是意识局限的破除。

我们大部分人都对浅层的调整感到非常满意，我们认为学到一门新技术、习得一门新语言、得到一份新工作、找到一种新的赚钱方式，或者当旧有的关系变得讨厌时就建立一段新的关系，这些都是改善。对我们大多数人来说，生活就停留在这个层面上：调整、强迫，打破旧模式再落入新模式。但那根本不是转变，而当今人类的问题需要一次彻底的革命，一次完全的突变。所以我们必须更为深入地探究意识，来发现有没有可能带来一场根本的转变，这样思想的局限就可以被打破，进而意识能够得以解放。

也许从肤浅的意识层面上，你可以做些清扫心智表层的工作；但要涤清一个人自身内心和头脑深处那些潜藏的无意识部分，看起来几乎是不可能的，不是吗？因为你不知道那里有什么；浅层的心智无法洞穿记忆那座黑暗的仓库。但是这点又必须做到。

我希望你并非仅仅从语言上、智力上跟随这一切，因为那是一个愚蠢的游戏，就如同与灰烬嬉戏一般。然而，如果你以实验性的态度实实在在地领会这些——不是听懂讲话者，而是明白你自己在做的实验——那么我想那将具有非凡的价值。那么，我们要如何探究潜意识，探究自己的内心、意识和大脑潜藏的深处呢？心理学家和分析师们试图让你回溯到婴儿时期，或者做另一些诸如此类的事情，但那完全无法解决根本上的问题，因为其中有个诠释者、评估者，而你只不过是调整自己再次适应另一个模式而已。我们说的是彻底摧毁模式本身，因为模式只不过是几千年来通过重复被强行装进大脑的经验而已，而那个大脑极其敏感，并且具有极强的适应性。

那么，一个人要如何开始打破模式呢？首先，我们必须明确一点，那就是：如果我们关心的是完全的转变、彻底的突变，那么心理学家、分析师或者你自己所做的分析过程，都是毫无价值的。在使一个患有精神疾病的人更加适应如今这个病态的社会方面，那个过程也许有点儿价值，但我们谈的不是这个。在你能够继续前进之前，你必须彻底明确：分析并不能给意识带来一场全面的革命。分析中隐含着什么呢？无论是别人还是你自己所做的分析，其中总是有观察者和被观察者，不是吗？有个观察者在注视、批评、审查，同时他又依照自己已有的一套价值观对他观察到的事物进行诠释。所以始终存在观察者和被观察者之间的一种分裂、一种冲突；如果观察者观察得不够准确，就会产生歪曲；这种歪曲会被无限制地传递下去，进而导致越来越深的误解。所以分析之中的误判是没有尽头的。对于这一点，你必须明确无误——"明确"的意思是，你能看清楚那种做法并不是解放意识的正确途径。

那么，在不知道正确的途径是什么的情况下，如果你依然能够否定错误的途径，那么心灵就处在了一种否定状态中，不是吗？我想知道你可曾尝试过否定式的思考？我们大部分的思考都是肯定式的思考，虽然其中也包含了某种形式的否定。我们当前的思考是基于恐惧、利益、奖赏和权威的；我们依照某个模式进行思考，这就是肯定式的思考，尽管它自身也有某种否定。然而我们说的是：否定谬误的却不知道正确的是什么。你能不能对自己说："我知道分析是谬误的；它无法打破意识的局限或者带来突变，所以我不会沉湎于分析之中。"或者："我知道国家主义是毒药，无论是法国、俄国还是印度的国家主义，所以我否定了它。我不知道另外还有什么，但我能看出国家主义是错误的。"而看清人类发明的神祇、救世主和仪式，无论它们有一万年、两千年的历史，还是近四十年才有的，看清它们的毫无意义并彻底否定它们——这需要非常清晰的心灵和头脑，它们的否定之中没有任何恐惧。那么，通过否定虚假的东西，你就已经开始发现什么是真实的了，不是吗？要发现真理，首先必须进行否定，否定虚假的东西。我想知道你有没有跟上这些！

若要发现什么是美，你就必须否定人类制造出来所有所谓的美。若要体会美的本质，就必须首先摧毁人类迄今为止造作的一切，因为无论那些表达有多么奇妙，都不是美。若要发现美德是什么——那是一种非同寻常的东西——就必须彻底撕毁体面的社会道德，以及它所有愚蠢的禁忌：你必须做什么，你不可以做什么。当你看到并否定了虚假的东西，事先又不知道真实的是什么，那么就会有一种真正的否定状态。只有清空了一切虚妄的心灵和头脑才能发现什么是真实的。

所以，如果分析过程并不能打破意识运作的框架，如果你已经否定了那个过程，那么你就必须问问自己还有什么其他虚假的东西必须被否定掉。我希望这些你都跟上了。

需要否定的下一件事情，无疑是想要改变的欲求。你为什么想要改变呢？如果当前的状况适合你、让你满意，你就从来不会想要改变。如果你有一百万美元，你不会想要一场革命。如果你过得很安逸，和你的妻子、丈夫和孩子在社会中安定了下来，过着资产阶级的生活，你就不会想要一场革命。这时你会说："看在上帝的分上，让一切保持原样吧。"只有当你感到不安、不满，当你希望有更多的钱、更好的房子时，你才会想要某种改变。所以，如果你非常深入地探究这个问题，你就会发现，我们对改变的需求是为了拥有更加舒适、更加有利可图的生活。它以某个动机为基础，目的是获取某种能带来舒适和安全的新模式。那么，如果你看到了这个过程的虚假——因为如果要发现什么是真实的，你就必须看到这点——那么你还会寻求改变吗？这时还有任何一种追寻吗？

毕竟你们到这里来，都想弄清楚真相，不是吗？你在寻找什么？你又是为什么要寻找呢？如果深入探究，你就会发现，你对事情现在的样子感到不满，你想要某种新东西。而那个新东西必须始终令你感到满意、舒适、稳妥和安全。所谓的宗教人士在寻找上帝。至少他们自己是这么说的。但寻找无疑意味着有某种你失去了的东西，或者某种你已经知道的东西，你想把它找回来。除了别人告诉你的那些东西——也就是除了那些宣传之外，对于上帝你一无所知。教会致力于宣传攻势，共产主义者也是一样。但你对上帝一无所知，而若要搞清楚，你就必须首先彻底否定和摒弃一切形式的宣传，以及教会等等玩的所有那些把戏。

所以，若要意识发生彻底的突变，你就必须否定分析和追寻，并且不再处于任何影响之下——而这无比困难。心看到了虚假，把假的彻底抛在了一边，同时又不知道真实的是什么。如果你已经知道了什么是真的，那么你就只不过是把你认为假的东西，替换成了你想象之中真的东西。如果你知道你会得到什么回报，那就不是放弃。只有当你丢掉什么东西的时候不知道将会发生什么，那才是真正的放弃。这种否定状态是绝对必要的。请认真地理解这一点，因为如果你已经探索了这么远，那么你就会发现，在这个否定状态中你能发现什么是真实的；因为否定就是清空意识中的已知。

毕竟，意识是以知识、经验、种族遗传、记忆以及人所经历的一切为基础的。经验总是属于过去，它操控现在，同时又被现在所修改，进而延续到未来。这一切都是意识，是千百年来形成的巨大仓库。它只在机械的生活中有些用处。否定在漫长的过去中获得的所有科学知识，那很荒唐。但若要带来意识的突变，为这整个结构带来一场革命，就必须有彻底的空无。而只有当你发现了、真正看清了虚假时，那种空无才能成为可能。如果你已经走了这么远的话，此时你就会发现，那空无本身就为意识带来了一场彻底的革命——革命已然发生了。

你知道，我们太多人害怕独自一人了，怕得要死。我们总希望有双手可以握紧，有个观点可以抱持，有个上帝可以膜拜。我们从来未曾独自一个人。在我们的房间里，在巴士上，我们有思绪和我们做着的事情与自己为伍；和别人在一起的时候，我们就调整自己去适应集体和伙伴。我们实际上从来没有独自一个人过，因为对大多数人来说，哪怕是想到独自一人都会让他们感到害怕。但是，只有完全独立的心灵和头脑，清除了各种欲求、各种形式的调整和各种影响，彻底清空了一切——只有这样的一颗心才能发现，那空无本身就是突变。

我向你保证，一切都诞生于空无；新生的一切都来自这种广阔无边的、无法衡量的空无感。这不是浪漫主义，这不是一个观念、一个意象，也不是一个幻觉。当你彻底否定了虚假，而不知何为真实，那么意识中就会出现一种突变、一场革命、一场彻底的转变。也许此时我们所知道的意识已不复存在，而是出现了某种截然不同的东西；那个意识，那种状态，依然可以生活在这个世界上，因为我们并没有否定机械知识。所以，如果你深入探索了这个问题，那种状态就会出现。

然而我们大多数人想要的改变，只是一种稍加调整的延续性。那里面没有新东西，那里面没有一颗新鲜的、年轻的心。而只有一颗新鲜的、纯真的、年轻的心才能发现真理，那不可名状之物、那不可知者，只会来到这样一颗摆脱了已知的心面前。

问题：如果一个人直观地、如实地看到了虚假并丢掉了它，那是否定吗？抑或还有更多的东西？

克：我认为需要否定的东西比那些要多。是什么让你否定的，其中的原因和动机是什么呢？促使你否定某样东西的，要么是恐惧要么是利益。如果你在自己的教会中再也找不到安慰，你就会加入另一个教会或者其他某个愚蠢的派别。但是，如果你否定了所有形式的教会，否定了能带给你安慰的一切依附，而不知道你将去往何方，那么在这种不确定的状态中，在这种危险的状态中，就存在着否定。这需要非常清晰地洞察到：任何宗教组织都是有害的，都是丑陋的东西，它们把人类关进了牢笼；而当你否定了这一点，你就否定了所有精神方面的组织。这就意味着你必须孑然独立，不是吗？然而你们都想属于这个、属于那个，把自己称为法国人、英国人、德国人、天主教徒、新教徒以及诸如此类的身份。彻底成为这一切的局外人，就是否定。

问题：当一个人有了这种空无感，他又怎么能实际地生活在这个世界上呢？

克：首先，你有了这种感觉吗？其次，我们也没有否定机械知识，对吗？你必须拥有机械知识才能生活在这个世界上，去办公室上班，以一个工程师、电气专家、小提琴演奏家或者无论什么身份来运转。我们说的是发生在意识、心灵和整个存在中的一场革命。日常工作运转过程中浅层的技术知识、机械知识，你必须得具备。然而，如果运用这些技术知识的心灵不是完全自由的，没有处于一种突变状态中，那么这种浅层的机制就会变得有破坏性、有害，变得丑陋以及残忍——而这就是世界上正在发生的事情。

问题：你能不能再跟我们讲一下为什么分析是错的？我不太明白这点。

克：我们换个方式来看这个问题。梦是什么呢？我们为什么要做梦？我并没有偏离问题。你做梦，是因为你的大脑白天被满满地占据着，以致它无法安静地深入探索，而只有在那种宁静中它才能深入探索。你知道大脑是如何被占据的——被工作、被竞争、被一千件事情占据着。于是当你入睡后，就有来自潜意识的暗示和线索，它们变成了符号和梦境；你醒了之后，想起了它们并试图解释它们，或者让别人来诠释。你知道这整个过程。那么，你究竟为什么做梦呢？你为什么要做梦？做梦难道不是错误的吗？——如果我可以用这个词的话。因为如果你醒着的所有时间都在观察，对你周围和你内心发生的一切都觉知，那么当你经历这些事情的时候，那份观察就会揭示出一切；潜意识中所有的动机、渴望和冲动都会浮现到意识之中，并且能够被了解清楚。那么，当你入睡后，就不可能有梦。此时的睡眠就有了完全不同的意义。分析的情形也是一样的。如果你一眼就能洞察整个分析过程——而你确实可以——那么你就会非常清楚地看到，只要有个观察者、审视者在诠释，那么分析就必然始终是错误的，因为审查者的谴责或赞同都建立在他自身所受制约的基础之上。

问题：你说过从所有影响中解脱的自由，可这些集会不就在影响着我们吗？

克：如果你被讲话者所影响，那么你还不如去看电影、去教堂或者去做弥撒。如果你被讲话者所影响，那么你就是在制造权威，而任何形式的权威都会妨碍你了解什么是真实的，真理是什么。如果你被讲话者所影响，那么你就没有理解上一小时或者过去三十年间他所讲的东西。摆脱所有的影响——你读过的书籍、报纸，你看过的电影，你受过的教育，你所属的社会、教会的影响——觉知所有的影响，不被其中任何一个困住，就是智慧。这需要对内在发生的一切、对每个反应都警觉、警醒和觉知——这意味着绝不会放过任何一个对其内容、背景和动机不了解的想法。

（巴黎第六次演说，1961 年 9 月 17 日）

与死亡共处

　　如果可以，我想和你们一起深入探讨一个相当复杂的问题，那就是死亡。但是在我们开始之前，我想提个建议：那些记笔记的人请不要这么做。讲话者并不是在做讲座，不需要你记笔记然后你或者别的什么人再来诠释他说的话。诠释者就是剥削者，无论他们是善意的，还是只想为自己赚取名声。所以，我想诚恳地建议你们去聆听、去体验，而不是随后再来思考之前听到的话，或者听取别人对此的评论——那些都毫无意义。

　　我还想指出一点，那就是：语言本身没什么意义，它们只是用来沟通的符号。我必须使用某些词语，但使用它们只是为了交流，而你必须透过它们深入感知那些语言无法解释的东西。其中存在着一种危险，因为我们十分倾向于依据自己的好恶来诠释词句，进而错失了别人所说的这些话里实际表达的含义。我们尝试发现何为真实、何为虚假，而若要这么做，我们就必须超越语言。而在理解语言背后含义的过程中，存在着一种危险，那就是我们自己会对那些词句进行个人化的诠释。所以，如果我们希望真正深入地探究死亡这个问题，就像我打算做的那样，我们就必须弄懂词句以及它们的含义，并且当心我们依据自己的好恶所做的诠释。如果我们的心智摆脱了词语和符号，那么我们就能与彼此交流语言背后的东西了。

　　体会并深入探究死亡，真的是一个相当复杂的问题。我们要么把它合理化，用理智上的解释把它打发掉，然后舒舒服服地安顿下来；我们要么抱有各种信仰、教条和理念，迫不及待地奔向它们。但是教条、信仰跟合理化并不能解决这个问题。死亡就在那里；它始终在那里。即使医生和科学家能够把身体这部机器的寿命再延长五十年或者更久，死亡还是在那里等着你。而若要了解死亡，我们就必须探究它，不是从语言上、智力上或者感情上去探讨，而是真正面对这个事实，并且深入进去。这需要巨大的能量和无比清晰的洞察；而当你心存恐惧时，能量和清晰就被否定了。

我们大多数人，无论是年轻还是年老，都害怕死亡。尽管我们每天都能看到灵车经过，但我们还是害怕死亡；而只要恐惧存在，领悟就无法存在。所以，若要深入探究死亡的问题，首先就必须摆脱恐惧。而我说的"探究它"，指的是与死亡共处——不是从口头上、智力上，而是真正明白与某种如此激烈、如此终极的东西共处意味着什么，你无法与之争辩，你也不能跟它讨价还价。然而要这么做，你就必须首先摆脱恐惧，而做到这点是极其困难的。

我不知道你究竟有没有尝试过摆脱对任何一种东西的恐惧：对公众舆论、对失业、对丧失信仰的恐惧。如果你试过，你就会知道彻底丢掉恐惧是多么困难的事情。而我们实际上了解恐惧吗？或者，是不是思想过程和事实之间始终有个间隔？如果我害怕公众舆论，害怕人们会说些什么，那种恐惧就只不过是一个思想过程，不是吗？但是当你真正面对人们说什么这个事实的时候，那一刻是没有恐惧的。在全然的觉知中是没有体验者的。我不知道你有没有尝试过毫无选择地充分觉知，注意力没有任何疆界，你完全敏锐地洞察。如果你如此警觉，你就会发现自己总是在逃离那些害怕的东西，始终在逃避。而正是这种逃离，对思想叫作恐惧的事物的逃离，产生了恐惧，那就是恐惧——也就是说，那种恐惧实际上是由时间和思想导致的。

那么时间又是什么呢？除去钟表上的物理时间，像明天和昨天这样的时间，内在、心理上有时间存在吗？抑或，是思想发明了时间，作为获取什么、得到什么的一种手段，为了掩盖"现在如何"与"应当如何"之间的距离？"应当如何"只不过是一种理想化的主张；它没有任何意义，它只是一个理论。而实际的、事实是"现在如何"。与"现在如何"面对面时，恐惧并不存在。人害怕知道自己实际的样子，然而在真正面对"现在如何"时，是没有恐惧的。正是对"现在如何"的想法和思考产生了恐惧。而思想是一个机械的过程，是记忆的机械反应，所以问题就来了：思想能让自己死去吗？你能对你收集的所有记忆、经验、价值观和评判死去吗？

你可曾尝试过对某种东西死去？毫无争辩、毫无选择地对一次痛苦，或者特别是对一种快乐死去？人在死去时是无法进行任何争辩的；你不能跟死亡讨价还价；它是最终的、绝对的事实。同样，你必须对某个记忆、某个想法，对你积累和收集的所有东西和观念都死去。如果你曾经这么尝试过，你就会知道这有多么难——心灵、大脑是如何紧紧抓住记忆不放的。若要完全地、彻底地放弃什么，而不希望得到任何回报，就需要清晰的洞察力，不是吗？

只要作为时间、快乐和痛苦的思想具有延续性，就必然会有恐惧，而只要有恐惧，就不可能有领悟。我认为这一点是相当简单、相当清楚的。你害怕如此之多的事情，然而，如果你从中拿出一个并彻底对它死去，那么你就会发现死亡并不是你之前想象的那个样子；它是某种截然不同的东西。但我们想要延续性。我们拥有各种经验，收集了各种知识，积累了各种形式的美德，塑造了品格，等等，我们害怕那些东西会结束，于是我们问："死亡来临的时候我会怎么样？"而这是真正的问题所在。知道死亡不可避免，我们于是寄希望于转世、重生的信仰，以及信仰中涉及的所有那些幻想——那实际上是你的现状的一种延续。然而你实际上是什么呢？不过是受限于时间的痛苦、希望、绝望以及各种形式的快乐和悲伤。我们偶尔拥有一些喜悦的时刻，但我们生命的其余部分是空洞的、肤浅的，是一场无尽的战争，充满了艰辛和苦难。这就是我们所知道的生活的全部，我们想要延续的就是这些。我们的生活是已知的延续；我们的活动和行为都是从已知走向已知，而当已知受到了破坏，恐惧感，害怕面对未知的恐惧感，就会席卷而来。而死亡就是未知。所以，你能对已知死去并面对死亡吗？这就是问题所在。

我并不是在讲理论，也不是在兜售观念。我们正试着搞清楚生活意味着什么。毫无恐惧地活着也许就是不朽，就是不灭。对记忆死去，对昨天和明天死去，无疑就是与死亡共处，这个状态中没有对死亡的恐惧，也没有恐惧催生的所有那些荒唐的发明。而从内在死去意味着什么呢？思想就是昨天延续到明天，不是吗？思想是记忆的反应，记忆是经验的产物，而经验是挑战和应对的过程。你可以看出，思想总是在已知的领域中运作，而只要思想机制在运作，就必然会有恐惧，因为正是思想妨碍了对未知的探询。

请注意，我们是在试着一起想清楚这件事情。我跟你讲话，并不是作为一个发现了什么新东西的人，只是在告诉你那是怎么回事，只是为了让你能从语言上理解——并不是这样。你必须跟随这些话语一起前行，并彻底探索自己的头脑和内心。你必须具备对自我的了解，因为了解自己就是摆脱恐惧的开端。

我们在问，有没有可能与死亡共处，不是在这颗心疾病缠身、老迈不堪或者遭遇事故之时的最后一刻，而是现在就真正搞清楚这个问题。与死亡共处必定是一种无比非凡的体验，是某种全新的、你从未想过的东西，思想不可能发现它是什么。而若要发现与死亡共处意味着什么，你就必须拥有无尽的能量，不是吗？与你的妻子、丈夫、孩子和邻居共处，与树木和自然共处，不扭曲、不歪曲，你就需要能量来面对这一切。与一件丑陋的东西共处，你必须拥有能量；否则，那个丑陋的东西就会扭曲你，要么你就会对它习以为常，变得机械，而这种情形同样也适用于美。在这样一个充斥着各种形式的宣传、影响、压力、控制和错误价值观的世界上，除非你热烈地、完全地、充分地活着，否则你就会对它的一切习以为常，而这会让心灵和精神变得迟钝。而若要拥有能量，你就必须无所畏惧，这就意味着必须对生活完全没有任何要求。我不知道你能不能走到这么远：对生活不做任何要求。

我们前几天讨论过"需求"这个问题。我们确实需要某种身体上的舒适——食物和住所——但是从心理上对生活做出要求，就意味着你在乞求，意味着你害怕。孑然独立需要强大的能量。理解这一点，并不是一个要冥思苦想的问题。只有当你没有选择、没有评判、只有观察的时候，才能领会这一点。每天都死去，意味着不把你所有的野心和悲伤，你对成就的回忆，你的牢骚、你的仇恨从昨天带到现在。我们大部分人都在慢慢枯萎，但那不是死去。死去就是知道爱是什么。爱没有延续性，没有明天。墙上某个人的照片，你心里的那个形象——那不是爱，那只是记忆。而爱是未知，所以死亡也是未知。若要进入未知，也就是死亡和爱，你就必须首先对已知死去。只有此时心才是新鲜的、年轻的、纯真的，这里面没有死亡。

你知道，如果你像照镜子那样观察自己，你就会发现自己除了一堆记忆以外什么都不是，对吗？而所有那些记忆都属于过去，它们都已经完结了，不是吗？所以，你就不能一举把它扫清、对它彻底死去吗？这一点是可以做到的，只是需要大量的自我探询，以及对每个想法、每个动作、每一句话的觉察，这样就没有了任何积累。毫无疑问，你可以做到这一点。这时你就会知道每天都死去意味着什么，也许此时我们也会知道每天去爱意味着什么，而不是仅仅知道像回忆这样的爱。我们现在所知道的一切，只有依恋的烟雾，嫉妒、羡慕、野心、贪婪以及所有诸如此类的烟雾。我们不知道烟雾背后的火焰。然而，如果我们能够彻底驱除烟雾，那么我们就会发现生与死是同一件事，这不是夸张的说法，而是实际上就是如此。毕竟，延续的事物、没有终结的事物，并不是创造性的。有延续性的东西永远不可能是崭新的。只有摧毁了延续性才能有新生。我说的不是社会上或经济上的摧毁；那是非常肤浅的。如果你非常深入地探究了这个问题，不仅仅从意识层面，而且深入到思想的领域之外，超越了所有意识——意识依然在思想的框架之内——那么你就会发现死去是一件非凡的事情。此时死亡就是创造。不是写诗、绘画或者发明新工具——那不是创造。只有当你对所有技术、所有知识、所有言辞统统死去时，创造才能发生。

所以说我们所认为的死亡，就是恐惧。然而，当你每一分钟都在邀请死亡，因而丝毫没有恐惧，那么每一分钟都是崭新的；它之所以是崭新的，是因为内心陈旧的东西被摧毁了。若要摧毁，就必须没有恐惧，而只有彻底的独自感——能够完全孑然独立，没有上帝，没有家庭，没有名字，没有时间。而那并不是绝望。死亡不是绝望。正相反，它是每一分钟都充分地、完全地活着，没有思想的局限。此时你就会发现生就是死，而死亡就是创造和爱。作为毁灭的死亡就是创造和爱；它们始终并肩而行，这三者是不可分割的。艺术家只关心他的表达，那非常肤浅，因而他并没有创造性。创造不是表达——它超越了思想和感情，摆脱了技巧、词语和色彩的局限。而那种创造就是爱。

问题：如果人每一分钟都在死去，那么后代还怎么生存呢？

克：我想你完全误解了，如果我可以这么说的话。你真的关心子孙后代将会怎样吗？爱与生儿育女难道是不相容的吗？你知道去爱一个人真正意味着什么吗？我说的不是性欲。我说的不是两个人彼此之间那种完全的认同感，以致让你觉得忘了自己。当你被强烈的感情驱使时，那种状态相对来说很容易出现。我说的不是那个。我说的是当你或另一个人彻底不在时，出现的那种火焰的品质。但恐怕很少有人知道那个；很少有谁的自我止息过，哪怕只有那么一刻。如果你真的知道那意味着什么，那么就不会提出子孙后代的问题。毕竟，如果你真的关心后代子孙，你就会建立不同的学校，你就会拥有一种截然不同的教育，没有竞争以及其他一切有害的东西，不是吗？

问题：如果一个人活着的时候不知道真理是什么，那么他死的时候会知道吗？

克：先生，真理是什么呢？真理不是教会、牧师、邻居或者书本告诉你的某种东西；它也不是一个概念或者一个信仰。它是某种鲜活的、崭新的东西，你必须去发现它，它就在那里等你去发现。而若要发现，你就必须对你已知的一切死去。若要非常清晰地看到什么，看到玫瑰、花朵，不带诠释地看到另一个人，你就必须对词语死去，让自己对那个人的记忆死去。此时你就会知道真理是什么。真理并不是某种遥远的东西、某种神秘的东西，不是只有当你死去或者身处天堂或地狱时才能发现的东西。如果你真的非常饥饿，你就不会满足于对食物的解释。你想要的是食物，而不是"食物"这个词。同样，如果你想弄清楚什么是真理，那么词语、符号和解释就只不过是灰烬，它们毫无意义。

问题：我明白人必须摆脱恐惧才能拥有这种能量，但是对我来说，恐惧在某些方面是必需的。那么我们该如何摆脱这个恶性循环呢？

克：毫无疑问，一定量的恐惧是必需的；否则你就可能发现自己置身于巴士车轮之下了。自我开导、自我保护在某种程度上是必需的。但除此之外必须没有任何形式的恐惧。我用"必须"这个词，指的不是一种命令，而是说不得不如此。我认为我们没有看到内心彻底摆脱恐惧的重要性和必要性。一颗恐惧的心无法从任何方向上出发去探索和发现。

而我们没有发现这一点的原因是，我们在自己周围建立起了如此之多安全的围墙，我们害怕如果那些保障、那些抵抗和防御被摧毁了将会发生什么。我们所知道的只有抵抗和防御。我们说："如果我不抵抗我的妻子、丈夫、邻居和老板，那么我身上会发生什么呢？"什么也不会发生，或者一切都可能发生。若要发现真相，你就必须摆脱抵抗、摆脱恐惧。

问题：也许我们在听你讲话的时候能处在那个状态中，可是为什么我们不能一直处在那个状态中呢？

克：你听我讲话，是因为我相当坚持，因为我充满活力，并且我热爱我所讲的内容，不是吗？并不是说我只是喜欢跟一群人讲话——那对我来说毫无意义。发现与死亡共处意味着什么，就是热爱死亡，是去了解它，是一天中的每一分钟都充分地、彻底地探究它。所以，你听我讲话是因为我把你逼到了一个角落里让你观察自己。但是随后你就会忘掉这一切。你会重返原来的窠臼，然后你会说："我怎样才能摆脱这个窠臼呢？"所以，跟产生"如何持续另一个状态"这个问题比起来，完全不来听这些讲话，真的要好很多。你的问题已经够多了——战争，你的邻居，你的丈夫、妻子、孩子，还有你的野心。不要再额外增加问题了。要么彻底死去，知道死去的必要性、重要性和紧迫性，要么继续以前的生活。不要再制造另一个矛盾、另一个问题了。

问题：那身体上的死亡是怎么回事？

克：所有的机器不都会磨损坏掉吗？一部机器，无论制造得多么精密，多么精心地润滑，最终都必然会用坏。合理饮食，锻炼身体，找到正确的药品，这样你也许能再活150年，但这部机器最终还是会崩溃，然后你就会遇到死亡的问题。你一开始就有这个问题，最后你还是会有这个问题。所以，现在就解决这个问题、了结这个问题，是更加明智、理智以及合理的。

问题：孩子要是问死亡的问题，我们该如何回答呢？

克：只有当你自己知道了死亡是什么，你才能回答孩子的这个问题。你可以告诉孩子火会烧伤，因为你烧到过自己。但是你无法告诉孩子爱是什么，或者死亡是什么，不是吗？你也不能告诉他上帝是什么。如果你是一个抱有信仰和教条的天主教徒或者基督教徒，你就会做出相应的回答，但那只不过是你所受的制约。如果你自己的内心踏入了死神的房间，那么你就会真正知道该对孩子说些什么。但是，如果你从来没有从内心深处实际品尝过死亡的滋味，那么无论你给孩子什么回答，都将毫无意义；那只不过是一堆说辞。

（巴黎第七次演说，1961 年 9 月 19 日）

对自我的了解便是冥想

在这次讲话中，我们需要涵盖相当多的内容，这也许很难，或者恰当的说法也许是：这很"奇怪"。我会用到一些词语，它们也许对你来说是一个意思，而对我来说则完全是另外一个意思。若要在所有层面上都实现彼此之间真正的沟通，我们就必须对我们使用的词语及其含义有一个共同的理解。冥想，这个我希望与你一起探究的问题，对我来说具有非同寻常的意义，但是它对你来说也许只是一个相当随意地使用的词。也许对你来说，它只是为了实现某个结果、为了到达某处的一个方法；它也许意味着反复诵念某些词句，以使内心安静下来，意味着一种祈祷的姿态。但是对我来说，"冥想"这个词具有一种非同寻常的意义；若要充分探究它——而我建议我们这么做——我认为你就必须首先了解制造幻觉的那种能力。

我们大多数人都生活在一个盲信的世界里。我们所有的信仰都是幻觉；它们根本没有任何价值。让心灵剥除各种形式的幻觉，去除制造幻觉的能力，就需要真正清晰而敏锐的洞察，需要良好的推理能力，没有任何逃避、任何偏离。一颗无所畏惧的头脑，一颗不躲藏在隐秘的欲望背后的头脑，一颗非常安静、没有任何冲突的头脑——这样的一个头脑能够发现真实的是什么，能够发现上帝是否存在。我说的不是"上帝"这个词，而是这个词所代表的内容，某种无法用言语或时间来衡量的东西——如果有这种东西的话。若要去探索和发现，任何一种形式的幻觉和产生幻觉的能力，无疑都必须终止。而让心灵剥除所有的幻觉，在我看来就是冥想之道。我认为通过冥想可以发现一片无限广阔的领域——不是发明，不是幻象，而是某种截然不同的东西，它真正超越了时间，超越了人类的心灵在千百年来不停追寻的过程中所制造的一切。如果你真的想亲自搞清楚这点，你就必须打下正确的基础，而打下正确的基础就是冥想。拷贝某个模式，追随某个体系，遵循某种冥想方法——那一切都太幼稚、太不成熟了；那只不过是模仿，会让你不知所终，即使那会让你见到各种视觉景象。

超越宣传强加在所有人心灵之上的信仰之外，是否存在某种真相，为发现这一点打下正确的基础，只能通过自我了解来实现。对自我的了解本身就是冥想。了解自己并不是了解自己应当如何；那没有任何价值，没有真实性；那只不过是一个观念、一个理想。而了解"现状"，一刻接一刻地了解一个人现在如何的事实——这需要让心灵摆脱所有的制约。我说的"制约"这个词，指的是社会强加在我们身上的一切，宗教利用宣传、利用信仰、利用对天堂和地狱的恐惧坚持不懈地强加在我们身上的一切。它包括了诸如法国人、印度人、俄国人之类的国籍、风气、习俗、传统和文化，以及不计其数的信仰、迷信和经验的制约，它们构成了意识所处的整个背景，它们是每个人出于自己对安全的渴求建立起来的。只有探索这个背景并解除这个背景，才能为冥想打下正确的基础。

如果没有自由，你就无法走远；你只会迷失并进入幻觉之中，而那毫无意义。如果你想发现真相是否存在，如果你真的想穷尽到发现之旅的尽头——而不是仅仅玩弄理念，无论它们有多么令人愉悦，看起来多么有学问、多么合理或者多么明智——你就必须首先拥有自由，从冲突中解脱的自由。而那极为困难。逃避冲突是相当容易的事情；你可以遵循某个方法，吃颗药，吃片儿镇定剂，喝杯酒，这样你就意识不到冲突了。但深入探究这整个冲突的问题，就需要"关注"。

关注和专注是两件不同的事情。专注是排除，是把心灵或大脑收窄，以把注意力集中于它想学习、想观察的对象上。理解这一点很容易。而专注的这种排除过程就导致了分心，不是吗？当我希望专心致志但心思却跑到别的事情上去时，那件事情就是让我分心的事情，因而就出现了一种冲突。所有的专注都意味着分心、冲突和努力。请不要只是跟随我的言语、我的解释，而是切实去跟随你自己的各种冲突、分心和努力。努力就意味着冲突，不是吗？而只有当你想要得到、获取、避免、追求或者拒绝什么的时候，努力才会存在。

如果可以，我想说，理解这一点真的非常重要——那就是，专注是排除，是一种抗拒，是思考能力的一种窄化。而关注根本不是同一个过程。关注包含了一切。只有当心灵没有疆界时，你才能够关注。也就是说，此刻我可以看到面前的许多张脸庞，听到外界的声音，听到电扇有没有工作，看到微笑以及表示赞同的点头示意——关注包括了这一切以及更多。然而，如果你只是专注，那么你就无法囊括这一切；然后那就变成了分心。关注中没有分心。关注中可以有专注，此时的那种专注中就没有排除。然而专注是排斥关注的。也许这对你来说是某种新鲜的东西，但是，如果你自己来检验这一点，你就会发现有一种关注的品质，它可以倾听、看和观察，却没有任何认同感；只有全然的看见和观察，因而没有排除。

我讲这些，是因为我觉得理解这一点很重要，那就是：一颗处于任何冲突之中的心——有关自己、自己的问题、邻居以及涉及安全问题的冲突——这样的一颗心，这样的一颗大脑，永远无法自由。所以，你必须自己去发现有没有可能生活在这个世界上——不得不谋生，过着一种家庭生活，忍受着所有那些枯燥乏味的每日常规、焦虑以及负疚感——同时又能非常深刻地穿透和超越意识，并且内心毫无冲突地活着。

毫无疑问，当你想成为什么的时候，冲突就会存在。当你有野心、贪婪、嫉妒的时候，冲突就会存在。有可能没有野心、没有贪婪地生活在这个世界上吗？还是说，人类最终的命运就是永远贪婪、野心勃勃，追求成功然后受挫、焦虑和愧疚以及诸如此类的一切？有可能把这一切都消除吗？——因为如果不消除这一切，你就无法走远，那些东西会束缚思想。而从意识中清除这整个野心、嫉妒和贪婪的过程，就是冥想。一颗野心勃勃的心不可能知道爱是什么；一颗被世俗的欲望所残害的心，永远不会是自由的。并不是说你不能有住处、食物和衣服，身体拥有一定程度的舒适，而是一颗被嫉妒、仇恨和贪婪占据的心——无论贪求的是知识、上帝还是衣服——这样的一颗心陷入冲突之中，永远无法自由。而只有自由的心才能走远。

所以，自我了解是冥想的开端。如果没有自我了解，反复诵念《圣经》《薄伽梵歌》，或者任何一本所谓圣书里的一大堆词句，都根本没有任何意义。那也许能让你的心平静下来，但是你吃片儿药也能做到这一点。一遍又一遍地重复一句话，你的大脑自然会变得安静、困倦、迟钝；从这种不敏感和迟钝状态中，你也许会有某种体验，或者得到某些结果。但你依旧野心勃勃、嫉妒、贪婪，满怀敌意。所以，认识自己，了解自己实际如何，就是冥想的开始。这里我说的了解，用的是"学习"这个词，因为当你开始在我说的那个意义上去学习时，就不存在积累。你所谓的学习是向你的已知中添加更多东西的过程。但是对我来说，一旦你获得或者积累了什么，那种积累就会变成知识，而知识并不是学习。学习从来不是累积性的，而获得知识是一个产生制约的过程。

如果我想了解自己，发现自己实际上是怎样的，我就必须一直观察，一天里的每一分钟都在观察我是如何表现自己的。观察不是谴责或者赞赏，而是一刻接一刻地看到自己实际的样子。因为我实际的样子一直在变化着，不是吗？它从来不是静止的。知识是静止的，而对野心的活动进行了解的过程从来不是静止的；它是鲜活的、流动的。我希望把自己的意思解释清楚了。所以说学习和获取知识是两件不同的事情。学习是无止境的，是一种自由之中的活动；而知识有一个进行积累的中心，它唯一知道的活动就是进一步的积累，进一步的约束。

若要跟随这个叫作"自我"的东西，跟上它所有的细微差异，它的表达、它的偏差、它的微妙、它的狡猾之处，心就必须非常清晰、非常警觉，因为我的样子一直在不停地变化着、调整着，不是吗？我与昨天是不同的，甚至与上一分钟都是不同的，因为每个思想和感受都在改变着、塑造着心灵。如果你只关心依照你积累的知识、你所受的制约来谴责或者评判，那么你就没有跟随事物，没有随它而动并观察它。所以"了解自己"所具有的意义，远远大于获取关于自己的知识。对于一个活生生的东西，你不能只抱有静态的知识。你可以拥有过去的某样东西的知识，因为所有的知识都属于过去；它是静态的，已经僵死了。但是一个活生生的东西始终在变化着，在经历着改变；它每一分钟都是不同的，你必须跟随它、了解它。如果你一直在谴责、维护或者认同一个孩子，你就无法了解他；你必须在他睡着的时候，哭泣的时候，玩耍的时候，在所有时候都毫无评判地观察他。

所以说自我了解就是冥想的开端，你在了解自己的过程中，就在消除所有的幻觉。而这是绝对必要的，因为若要发现真理——如果确实存在真理，存在某种无法衡量的东西——就必须没有任何欺骗。而当你心怀对快乐、舒适和满足的渴望时，欺骗就会存在。毫无疑问这个过程是显而易见的。在对满足的渴望之中你就产生了幻觉，从此余生就困在其中。你在那里得到了满足，而大多数人在相信上帝的时候都觉得很满足。他们害怕生活，害怕生活中的不安全、混乱、痛苦、愧疚、焦虑、苦难和悲伤，于是建立起某种终极的东西，他们称之为上帝，并投奔它而去。在投身于自己的信仰之后，他们看到了某些景象并变成了圣人，以及诸如此类的一切。但那并不是对真相是否存在的探索。真相也许存在，也许不存在；你得去搞清楚。而若要搞清楚，一开始就必须拥有自由，而不是最后——摆脱所有诸如野心、贪婪、嫉妒、名声、想变得重要之类幼稚把戏的自由。

所以，当你开始了解自己，你要深深进入自己的内心，不仅仅是意识层面，还有深藏的无意识层面，挖掘出所有隐秘的欲望、隐秘的追求、渴望和冲动。此时制造幻觉的能力就被摧毁了，因为你已经打下了正确的基础。当心灵、头脑在生活的过程中检视自身、观察自身，从不让任何一个想法或感受未经观察和了解就溜过去，此时所有的这一切就是觉察。那就是完全地觉知自己，没有谴责，没有辩解，没有选择——就像你在镜子里看着自己的脸一样。你不能说："我希望我有另一张面孔"；它就是那个样子。

通过这种自我了解，大脑——机械的、一直在喋喋不休的大脑，对每一个影响、每一个挑战都做出反应的大脑——变得非常安静，却又敏锐而活跃。那不是一颗僵死的大脑，而是一颗活跃、警觉、生机勃勃的大脑，但又非常安宁、非常寂静，因为它抛开了、理解了它为自己制造的所有问题。毕竟，只有当你不理解事情的时候，问题才会出现。当大脑彻底了解了、检视了野心，那么就不会再有野心的问题了，它就此了结，因而大脑是安静的。

那么，从这一点出发我们可以继续一起前进，要么从口头上，要么真正地一起踏上旅程去体验，那就意味着彻底抛开野心。你知道你无法一点点地去除野心或者贪婪；没有"后来"或者"在此期间"之类的事情。你要么必须彻底抛开它，要么根本就没有把它抛开。但是，如果你已经走了这么远，已经没有了贪婪、嫉妒和野心，那么大脑就会出奇地安静、敏感进而自由——那一切都是冥想——然后，而不是之前，你就能走得更远了。如果你没有走到这里，那么走得更远就只不过是一种揣测，因而毫无意义。若要走得更远，就必须打下这个基础，而这实际上就是美德。它不是体面的美德、社会的道德，而是一种非同寻常的东西，一种洁净而真实的东西，它毫不费力地产生，它本身就是谦卑。谦卑是必不可少的，但你无法培养它、发展它、练习它。对自己说"我要谦卑"，那就太愚蠢了；那是披着"谦卑"这件辞藻外衣的虚荣。然而有一种谦卑是自然而然、未经追寻、不期而遇的，其中没有冲突，因为谦卑从来不会想要什么或者想爬到哪里。

那么，当你已经走了这么远，当你有了全然的寂静，当大脑完全安静下来进而有了自由，那么就会有一种截然不同的运动。

然而，请意识到这种状态对你来说只是一种揣测。我说的是一件你不知道的事情，所以它对你来说没什么意义。但我把它说了出来，那是因为就生命的整体、整个存在而言，它有着非常重要的意义。因为，如果不发现何为真、何为假，真理是否存在，那么生命就会变得无比浅陋。无论你称自己为基督教徒、佛教徒、印度教徒还是别的什么，我们大多数人的生命都是非常浅薄、空洞、乏味和机械的。而我们试图用这颗迟钝的心去发现某种无法被诉诸语言的东西。一颗狭隘的心即使寻找无限，它也依旧是狭隘的。所以，我讲的东西你也许见过，也许没见过，但是了解它很重要，因为那个真相包含了所有意识的整体；它包含了我们整个生命的活动。若要发现这些，心就必须彻底安静下来，但不是借助催眠自己，借助纪律、压抑和遵从；所有那些做法都只不过是用一个欲望取代另一个欲望而已。

我不知道这种情形是不是曾经发生在你身上——那就是拥有一颗非常安静的心。不是你在教堂里得到的那种安宁，也不是你沿着街道或者在树林里散步时，或者被收音机、被烹调占据时那种肤浅的感受。这些外在的事物可以吸引你，它们也确实让你专心致志，但那只是一种暂时的安宁。那就像是一个玩儿着玩具的小男孩儿一样；玩具太有趣了，以至吸引了他所有的精力、所有的思绪，但那不是寂静。我说的寂静，出现于整个意识得到了解之时，此时不再有寻找、追求、欲望和探求，因而意识是全然安静的。这种寂静中有一种截然不同的运动，那种运动没有时间。不要企图抓住这些词句，因为那样的话它们就毫无意义了。我们的大脑，我们的思想是时间的产物，所以对永恒的思考毫无意义。只有当大脑安静下来，当它不再追求、寻找、回避和抗拒，而是彻底地安静了下来，因为它懂得了这整个机制，只有此时，在那种寂静中才会出现一种不同的生活，一种超越了时间的运动。

问题：难道不存在一种正确的努力吗？

克：在我看来，并不存在正确的努力和错误的努力之分。所有的努力都意味着冲突，不是吗？如果你热爱什么，其中就没有努力、没有冲突，对吗？我发现这个世界必须发生一场巨大的变革。对于世界各地所有的政治领袖、共产主义者、资本主义者、极权主义者来说，这个世界从内在发生一场根本的转变是必须的。必须发生一场突变，而我想搞清楚那场转变究竟意味着什么。转变可以通过努力来实现吗？当你用"努力"这个词，那就意味着有一个中心，你从那里做出努力去改变别的什么东西，不是吗？我想改变我的野心，想摧毁它。然而，那个想摧毁野心的实体是谁呢？野心与那个实体是分开的吗？观察着野心并且想要改变它的那个实体，想把它转化成其他东西，因而依然是野心勃勃的，所以那根本不是改变。带来突变的是单纯的观察和看到——不评估、不判断而只是观察。然而那种看到、那种观察受到了阻碍，因为我们深受制约——我们习惯于去谴责、辩护和比较。正是对大脑制约的解除带来了突变。

你必须看到被制约、被影响——被父母、教育、社会、教堂以及一万年或者两千年来的宣传所影响——其所有的荒唐之处。内在有一个中心，那个中心围绕着所有那些影响得以建立；那个中心就是那些影响。而当那个中心发现某种东西无利可图时，接着它就想成为别的某种它认为更加有利可图的东西。但是我们对这一点的了解受到了阻碍，因为我们作为基督教徒、法国人、英国人、德国人受到了相应的制约，因为我们受到了其他人、受到了我们自己的选择以及典范、英雄等等之类的影响。这一切都阻碍了突变。然而，意识到你受到了制约，看到这个事实，而没有狡猾的意图，没有获益的欲求——只是看到，不是从语言上、智力上，而是从情感上实实在在地与那种制约相联结——那就是倾听我现在所说的这些话。如果你正在倾听，当这些事情被说出来时，你就能从情感上与事实发生联结，此时就没有选择；那是一个事实，就像一次电击一样。但你没有受到那种情感上的冲击，因为你防卫着自己，你从语言上保护着自己，你说："如果我从心理上失去一切，那么会有什么事情发生在我身上呢？"但是一个真正想搞清楚的人，一个渴望知道真相的人，必须让心灵摆脱所有的宣传和影响。

你知道宣传在我们的生活中变得有多么重要，这真是一件非常奇怪的事情。它已经存在了千百年，而现在正变得越来越猖獗——花言巧语，贩卖兜售；你被人求着去买东买西；各派教会一遍又一遍地重复着他们的那些空话。而摆脱那一切就是在每一条思绪、每一个感受出现的时候一刻接一刻地观察它们。这时你就会发现，当你彻底观察的时候，就不存在一个刻意延长制约解除时间的过程；制约的解除是即刻发生的，因而无须任何努力。

问题：人们，包括我自己，如何才能拥有这种对真相的热爱呢？

克：你无法拥有它，先生；你无法买到它。对于那些不懂得爱的人，任何牺牲、任何交换都无法带来爱。你如何拥有爱呢？通过练习，通过努力，让别人日复一日、年复一年地告诉你去爱吗？单纯的友好并不是爱，而爱包含了友好、温柔以及对他人的关怀。你看，爱并不是一个最终的结果，爱里也没有依附。只有当无所畏惧时爱才会到来。你可以结婚，可以生活在家庭里同时爱得没有依附。但那极其困难；那需要始终不停观察。

问题：搞清楚死亡所需要的能量，与冥想所需要的能量，是不同的吗？

克：我那天解释过，与死亡共处或者与任何事物共处——与你的妻子、丈夫、孩子或者邻居共处——你都需要能量。与一件美丽的事物或者一件丑陋的事物共处，你都需要能量。如果你没有与美共处的能量，你就会对美习以为常。而如果你没有能量与丑陋的东西共处，那种丑陋就会腐化你、腐蚀你。同样，与死亡共处，也就是每一天、每一分钟都对一切死去，这需要能量。此时没有对死亡的恐惧——这些我们前几天讲过了。了解自己也需要同样的能量。如果你没有能量，你怎么可能了解自己呢？而当你没有恐惧，对你的财产、丈夫、妻子、孩子、国家、神明和信仰没有依附时，这种能量就会产生。这种能量不是某种可以被一点点衡量的东西；你必须完全拥有它才能探究这个问题。能量之间没有任何不同——有的只是能量。

问题：专注和关注有什么不同？

克：这位先生想知道专注和关注有什么不同。我会非常简要地说一下这个问题。专注的时候有一个思想者，这个思想者把他自己跟思想分离开来，所以他必须专心致志于思想，以期带来思想的改变。但思想者本身就是思想的产物。思想者与思想并无不同。如果没有思想，就不存在思想者。

而关注中没有思想者，没有观察者；关注并非来自某个中心。试验一下这一点；倾听你周围的一切；聆听我说话的时候人们的各种声音、各种活动，拿出手帕，看书等等——关注正在发生的一切。这种关注中没有思想者，因而没有冲突，没有矛盾，没有努力。观察外界相当容易，然而关注内心的每个想法、每个活动、每个词语和每个感受，这需要能量。

当你如此全神贯注时，你就穿透了思想的整个机制，只有此时才有可能
超越意识。

（巴黎第八次演说，1961 年 9 月 21 日）

只有宗教心灵可以彻底终结悲伤

这是最后一次讲话。今天早上我想谈一谈悲伤和宗教心灵。外在和内在的悲伤遍及整个世界。在高层和底层的世界中我们都随处可见它的身影。它已然存在了数千年；人们围绕它编织了各种理论，所有的宗教都对它夸夸其谈，但悲伤依然继续着。有可能真正从内在彻底地终结悲伤、摆脱悲伤吗？世上的悲伤不仅仅是年迈、死亡的悲伤，还有失败、焦虑、愧疚、恐惧这些悲伤，以及人与人之间持续不断的暴行和无情导致的悲伤。把这悲伤的肇因连根拔起——不是从别人身上，而是从自己的内心根除悲伤——这究竟可能吗？毫无疑问，若要让任何转变发生，必须从我们自己开始。毕竟，我们自己和社会是分不开的。我们就是社会，我们就是集体。作为一个法国人、俄国人、英国人、印度人，我们都是集体的反应、回应、挑战和影响的产物。而在转变这个中心、这个个体的过程中，也许我们就能改变集体的意识。

我认为，外在世界的危机，并没有意识、思想和人的整个存在之中的危机那么严重。而我认为只有宗教心灵能够解除这种悲伤，能够完全地、彻底地消除思想的整个过程，以及思想导致的结果——悲伤、恐惧、焦虑和愧疚。

我们尝试过太多去除悲伤的方法了：去教堂，逃到信仰、教条中去，让自己投身于各种社会和政治活动，另外还有无数种办法来逃避恐惧和悲伤的不停噬咬。我认为只有真正的宗教心灵能够解决这个问题。而我说的宗教心灵，与信仰宗教的头脑和心灵截然不同。哪里有信仰，哪里就没有宗教。哪里有教条，哪里有喋喋不休地诵念、诵念、诵念，无论是用拉丁语、梵文还是其他任何一种语言，哪里就没有宗教。去做弥撒只不过是另一种形式的娱乐；那不是宗教。宗教不是宣传。无论你是被教会里的那些人，还是被共产主义者洗了脑，都是一回事。宗教是和信与不信截然不同的事情，而我想深入地探讨什么是宗教心灵这整个问题。那么，我们要非常清楚一点，那就是宗教不是你相信的信仰，那太不成熟了。而只要有这种不成熟，悲伤就必然会存在。发现真正的宗教心灵是什么，需要巨大的成熟度。宗教心灵显然不是一颗相信的心，不是追随任何一种权威的心，无论追随的是最伟大的导师还是某个派系的首脑。所以，一颗宗教之心显然从一切追随中解脱了出来，进而摆脱了所有的权威。

在这里我可以稍微岔开一下话题，说点儿别的吗？在过去的三周里，你们之中有些人非常完整地听了这九次讲话。如果你离开的时候带着一堆结论，带着一套新的理念和说法，那么你就会两手空空地离开，或者你的双手之中将满是灰烬。任何一种结论或理念都无法解决悲伤的问题。所以我诚挚地希望你不要抓住词句不放，而是和我一起踏上旅程，这样我们就可以超越语言，并通过自我了解亲自去发现真实的是什么，然后从那里就可以开始更远的旅程了。发现自己内在真实的、实际的样子，将会带来一种截然不同的反应和行动。所以我希望你离开时带走的不是词句和记忆的灰烬。

正如我所说的那样，宗教心灵摆脱了所有权威。而摆脱权威是极端困难的事情——不仅仅是别人施加的权威，还有自己收集的经验，也就是过去和传统的权威。而宗教心灵没有信仰，没有教条；它从事实走向事实，因此宗教心灵也是科学心灵。但科学心灵不是宗教心灵。宗教心灵包括了科学心灵，但在科学知识中接受训练的心灵不是一颗宗教心灵。

宗教心灵关心的是整体——不是某个特定的职能，而是人类的生存这个整体的运转。大脑关心的是某个特定的职能，它以专业化的方式运转。它作为一个科学家、医生、工程师、音乐家、艺术家和作家，在专业化的领域中运转。正是这些专门化的、狭隘的技术制造了分裂，不仅仅是内在的，还有外在的分裂。如今，也许科学家被认为是社会所需的最重要的人，就像医生一样。所以职能变得无比重要，随之而来是身份，而身份就是权威。所以，哪里有专业化，哪里就必然会有矛盾和窄化，而这就是大脑的功能。

显然我们每个人都在一个狭隘的自我保护反应的窠臼中运转着。正是在那里，在有着各种防御、攻击性、野心、挫折和悲伤的大脑中，"我""自我"得以形成。

所以大脑和心灵之间存在着一种不同。大脑是分裂性的、功能性的；它无法看到整体；它在某种模式中运转。而心灵是一个能够看到全部的整体。大脑包含在心灵之内，但大脑不能包含心灵。无论思想如何净化、提纯和控制它自己，它都不可能想象、勾勒或者了解什么是整体。是心灵具备看到整体的能力，而不是大脑。

但我们已经把大脑发展到了令人惊叹的程度。我们所有的教育都在培育大脑，因为培养一门技术、获取知识，是有利可图的。看到生命的整体和全部的能力——这种洞察没有利益的驱动；因而我们忽略了它。对我们来说，职能的运转远远比了解重要多了。而只有当洞察了整体之时才会有了解。无论大脑对事物的原因、结果和因果关系研究得多么深入，悲伤也无法由思想解决。只有当心灵洞察了原因、结果以及这整个过程并将其超越，悲伤才能终结。

对我们大多数人来说，职能的运转变得非常重要，因为随之而来的是身份、地位和级别。而当身份经由职能形成时，就产生了矛盾和冲突。我们是多么尊重科学家而鄙视厨子啊！我们是如何仰视首相、将军而瞧不起士兵啊！所以，当身份与职能联系在一起时，就会有矛盾，就会出现阶级分别和阶级斗争。某些社会也许试图根除阶级，然而只要存在伴随着职能而生的身份，就必然会有阶级。而那是我们都想要的，我们都想要身份，也就是权力。

你知道，权力是一种非同小可的东西。每个人都追逐它：隐士、将军、科学家、家庭主妇、丈夫都追求权力。我们都想要权力：金钱带来的权力，掌控的权力，知识和才能带来的权力。它带给我们一种身份、一种威望，而那正是我们想要的。但权力是恶魔，无论是独裁者的权力，还是妻子凌驾于丈夫或丈夫凌驾于妻子的权力。它是邪恶的，因为它迫使别人去遵从和适应，在那个过程中没有自由。但我们想得到它，只是方式要么非常委婉要么非常粗暴，而那就是我们追求知识的原因。知识对我们大部分人来说都非常重要，我们仰视具备智力技巧的学者们，因为伴随知识而来的是权力。

请不要单单听我讲话，而是要同时倾听你自己的心灵、头脑和内心。观察那里，你就会发现我们大多数人是多么渴望这种权力。而哪里有对权力的追求，哪里就没有学习。只有一颗纯真的心可以学习；只有一颗年轻的、清新的心才能愉悦地学习，而不是被知识和经验所负累的心灵和头脑。所以，宗教心灵总是在学习，学习是没有止境的。学习不是积累知识。紧抓住知识并添加知识，你就停止了学习。请务必彻底明白这一点。

当你观察这一切，你就会发觉有一种非同寻常的孤独感、寂寞感，一种与世隔绝感。我们大多数人都偶尔体会过这种彻底孤立和封闭的感觉，与任何人或事都毫无关系的感觉。意识到这一点之后，你会感到恐惧；而只要有恐惧，就立刻会有逃避它的渴望和需求。请用心理解所有这些，因为这不是一场讲座；我们实际上是在一起踏上旅程。如果你能走过这段旅程，那么当你离开这里的时候就会拥有一颗截然不同的心，一颗拥有完全不同品质的大脑。

这种寂寞感必须被穿透，而如果你心存恐惧，你就无法穿透它。实际上这种寂寞感，是心灵通过它自我保护的反应和自我中心的活动建立起来的。如果你观察自己的大脑和自己的生活，你就会发现，你是如何通过所做和所想的一切孤立你自己的。"我的名字，我的家庭，我的地位，我的品德，我的能力，我的财产，我的工作"——所有这些把戏都在孤立你。因此孤独感得以存在，而你无法逃避它。你必须穿越它，就像你穿过那道门一样真实。而若要穿越它，你就必须与它共处。与孤独共处并穿越它，就会邂逅一件更为伟大的东西、一种更为深刻的状态，那就是孑然独立——完全独立，没有知识。我这么说，并不是指不要浅层的那些机械知识，那对我们日常生活来说是必不可少的；大脑不需要被完全清洗。我的意思是，你获得和储存起来的知识，并不应用于自己的心理扩张和心理安全。我说的独立是一种任何影响都无法沾染的状态。它不再是一种隔绝状态，因为它理解了隔绝，理解了思想、经验、挑战和反应的整个机械过程。

我不知道你有没有思考过这个挑战和反应的问题。大脑一直在回应着各种形式的挑战，无论是意识中的还是潜意识中的。每一种影响都在大脑上留下印记，然后大脑做出反应。你很容易就能理解外界的挑战，它们非常有限；而如果你非常深入地探究下去，你也能看穿内在的挑战和反应。请跟上这一点，因为当你更深入地探究下去，就会发现既不存在挑战也不存在反应——那并不意味着心灵昏昏欲睡。正相反，它完全清醒，它如此警醒，以至不需要任何挑战，也不需要做出任何反应。当心灵既没有挑战也没有反应，因为它了解了这整个过程，这种状态就是孑然独立。所以宗教心灵理解并且穿越了这一切，并不是在时间的过程中，而是在即刻的洞察中穿越了它。

而时间能带来了解吗？你明天会获得领悟吗？抑或，了解只存在于活生生的现在、此时？了解是完整地、即刻地看到某件事情。但这份了解被各种形式的评判所阻碍。所有的语言化、谴责和辩解等等都阻碍了觉察。你说："了解需要时间。我需要很多天才能了解。"而当你花费许多时日去了解时，问题在心中就越来越深地扎下根来，想要除掉它就变得愈加困难，无论那个问题是什么。所以了解就在眼下的现在，而不是假以时间。当我即刻非常清晰地看到了什么，我就有了了解。重要的是立刻，而不是拖延。如果我非常清楚地看到我愤怒、嫉妒、野心勃勃等等的事实，没有任何观点、评估和判断，那么这个事实本身就会立刻开始发挥作用。

所以，你会发现这种孑然独立的品质，是一颗完全觉醒的心灵具有的状态。它不在时间的进程中思考。如果你深入探索，就会发现它真的是非同寻常。因此，宗教心灵并不是一颗进化中的心，因为真相超越了时间。如果你在探索的路上已经走了这么远的话，那么理解这一点真的很重要。

你看，物理时间和心理时间是两件不同的事情。我们说的是心理时间，是内心需要更多时日以达成什么的愿望——那意味着理想、英雄，意味着你现在如何和应当如何之间的差距。你说克服和弥合这种差距需要时间，但那种态度是一种懒惰的表现，因为如果你对它付出你全部的注意力，你立刻就可以看清这件事情。

所以宗教心灵不关心进步和时间；它处于一种不停的行动状态中，但那不是"变成什么"或者"成为什么"。你现在就可以深入这个问题，尽管将来你也许永远不会再深入这个问题。因为当你深入其中时，你就会看到，宗教心灵是一颗具有毁灭性的心，因为没有摧毁就没有创造。摧毁不是一个时间问题。当心灵的整体全神贯注于"现在如何"时，摧毁就会发生。彻底看清虚假者为假，就是对虚假的摧毁。那不是共产主义者、资本主义者的毁灭性，以及诸如此类的幼稚把戏。宗教心灵是毁灭性的心灵，因为它具有毁灭性，所以宗教心灵也具有创造性。创造就是毁灭。

若没有爱，就没有创造。你知道，对我们来说，爱是一件奇怪的东西。我们把它分成了激情和性欲，分成了世俗的和神圣的、肉体的和精神的爱，分成了对家庭、对国家等等的爱，不停地划分它、划分它。而在划分之中就有矛盾、冲突和悲伤。

爱对于我们大多数人来说，是激情和性欲；就在与另一个人相认同的过程中，存在着矛盾、冲突和悲伤的开端。而且对我们来说，爱会离去。它的烟雾——它的嫉妒、憎恨、羡慕和贪婪——会让火焰熄灭。然而哪里有爱，哪里就有美和激情。你必须拥有激情，但是不要马上把这个词诠释成性欲的激情。我说的"激情"指的是热烈的激情，是那种即刻看清事物的熊熊燃烧的能量。没有激情就没有朴素。朴素并非仅仅是拒绝享受，只拥有很少几件东西，控制你自己——那些都太狭隘、太琐碎了。朴素来自自我摒弃，伴随自我摒弃而来的是激情，进而是美。那不是人类造作出来的美，不是艺术家创造出来的美——尽管我并不是说其中就没有美，而是我说的那种美，超越了思想和感情。只有当大脑以及身体和心灵都高度敏感时，那种美才会到来。如果没有完全的自我摒弃，如果大脑没有彻底把自己交付给心灵所看到的整体，就不可能有那种性质和品质的敏感。只有那时才会有激情。

所以说宗教心灵是具有毁灭性的心灵。而宗教心灵恰恰就是具有创造性的心灵，因为它关心的是生命的整体。那不是艺术家的创造性，因为他只关心生命的某一个片段，他试图借助艺术来表达自己的感受，就像俗世之人试图在生意场上表达自己一样——尽管艺术家认为自己高于其他人。所以，只有当彻底了解了生命的整体，而不是生命的一部分时，创造才能发生。

那么，如果大脑已经走了这么远，并且理解了生命的整个过程，摒弃了人类制造的所有神明——他的救世主，他的符号，他的地狱和天堂——那么，当他彻底孑然独立时，就可以踏上一段截然不同的旅程了。然而，在你能够否定或确认是否存在上帝之前，你必须首先走到这里。从此以后，就可以开始真正的探索之旅了，因为大脑和心灵彻底摧毁了它已知的一切。只有此时才有可能进入未知；此时才有那不可知者。那不是教堂、寺庙和清真寺中的神明，也不是你害怕和信仰的神祇。此时有一种真相，只有当你完全了解了生命的整个过程，而不是其中的一部分，你才能发现它。

然后你就会发现，心变得极其安静，寂然不动，大脑也是如此。我想知道你是不是曾经留意到你自己大脑的运转，大脑究竟是不是曾经觉察到自己的活动！如果你曾经如此觉知，毫无选择，以否定的方式觉知，你就会发现它在一刻不停地喋喋不休、自言自语，或者说着什么事情，积累着知识并把它储存起来。它一直在不停地活动着，在有意识的表层上活动着，也在睡梦、观念的线索和暗示等等更深的层面上活动着。它在不停地运动、变化、活动着，从来没有一刻是安静的。而心灵和头脑有必要完全地、彻底地安宁和静止下来，没有矛盾，没有冲突，否则就必然会投射出各种幻觉。然而，当心灵和大脑完全安静下来，没有任何活动——各种形式的视像、影响和幻觉都被彻底消除了——此时，在那种寂静中，这个整体就会更进一步地踏上旅程，去接收那时间无法衡量的、无名的、持久的永恒之物。

问题：这整个问题不就是一个消除某种不真实的东西，以接收某种真实的东西的问题吗？

克：请允许我这么说：寻求确认无疑是相当荒唐的做法。我们所谈的东西不需要任何确认。事实要么就是如此，那很好，要么不是如此，那也没什么问题。但你无法从别人那里寻求确认，你得自己去弄清楚。

问题：没有挑战也没有反应的心灵状态，是不是和冥想是一样的？

克：我非常仔细地讲过，如果没有自我了解，就没有冥想。打下正确的基础，也就是冥想，就是切实摆脱野心、嫉妒、贪婪以及对成功的崇拜。如果在打下正确的基础之后，你能走得更远、更深入，那么挑战和反应都将不复存在。但那是一段漫长的征程，它不是按时间、按天数和年头来衡量的，而是毫不留情的自我了解。

问题：难道不存在一种并非思想产物的恐惧吗？

克：我们说过存在本能的、身体上的恐惧。当你遇到一条蛇或者一辆向你疾驰而来的巴士，你会后退——那是自然的、健康的、理性的自我保护。但是任何一种心理上的自我保护都会导致精神疾病。

问题：死去之中不就有一种新生吗？

克：正如我们探讨过的，死去之中没有成为什么，没有变成什么。那完全是另外一种状态。

问题：我们为什么不能始终处于那种奇妙的状态中呢？

克：事实是你没有处于那个状态。你的一切都是你所受制约的产物。历经彻底了解你现在如何的过程，就是为进一步的发现打下正确的基础。

你看，恐怕发生的情况是，你根本没有倾听我们之前所讲的一切。这是最后一次讲话，如果你只选取适合你的部分，并试图把那些灰烬带回家，那真的很遗憾。从第一场讲话到最后一场，讲的都是同一件事情。这个过程中不能有选择或者偏好。你要么领会全部，要么一点儿都没领会。但是，如果你打下了正确的基础，你就能走得很远——就像我说的那样，那种"远"不是用时间来衡量的，而是领悟那种永远无法诉诸语言、图画或大理石雕塑的无限，是这个意义上的"远"。如果没有这个发现，我们的生活就是空洞的、浅陋的，毫无意义可言。

（巴黎第九次演说，1961 年 9 月 24 日）

PART 06

印度马德拉斯，1961 年

冥想是认识自己的开端

若要在讲话者和你自己之间建立一种正确的联系，并在恰当的基础上进行沟通，我们就必须理解词语的意义。我们通常会把词语诠释成对我们方便或者适合我们的含义，或者依照特定的传统来解释它们。词语帮助我们推理，我们大部分人也会依照语言去行动。词语已经变得格外重要。"民族主义""共产主义""神""兄弟之爱"等等这些词，具有某种特定的含义；如果我们想充分理解它们，我们就必须超越那些词语的含义之外。我们不仅要看到通常的用法下那些词语的含义，而且也要确保心灵不会成为它们的奴隶。做到这点，是非常困难的事情。"印度教徒"这个词或者其他任何一个词，都有着极其广泛的含义。诸如"转世""业报""民族主义"之类的词语，对心灵具有非同寻常的影响。基督教徒、佛教徒以及各种各样属于各个阶层的人们，都有他们自己的术语，有着他们各自借助词语看待事物的方式和方法。所以说，人变成了词语的奴隶。我认为你必须意识到我们已被词语所奴役，意识到如果你只是听取词语而不超越词语的含义之外，那么你就不可能与讲话者建立正确的关系。

在我看来，语言有着十分有限的意义，非常有限——无论是佛陀、基督还是别的什么人使用的语言。《奥义书》《薄伽梵歌》或者《圣经》中使用的语言，其意义非常非常有限，而在那些传统中依照那些词句行动的心，不可能走得很远。当今世界发生着巨大的危机，在我看来，在如今的情势下非常重要的一点正在于，我们应该打破语言的障碍，无论是我还是别人使用的语言，同时，要非常清楚、准确而明晰地审视世界局势，也审视我们是如何应对危机的，因为生活中始终危机四伏。每时每刻都存在危机、需要和问题；而我们根据我们的背景，参照我们习以为常的说法，来应对那些挑战、需要和问题。恐怕当前的危机无法参照《奥义书》《圣经》《薄伽梵歌》或其他任何一本书来诠释或者理解。你必须以全新的方式来应对它，因为当前的环境是全新的。生活不仅仅是每天发生着各种事件和意外的那种生活，它还有着更广阔、更深入的内涵。若要了解这一切，并正确地、充分地、毫无冲突地应对它们，在我看来就非常需要拥有一颗崭新的心灵，一颗全新的心灵——而不是依照过去来诠释现在的心，也不是依照商羯罗、佛陀或者所属的各个宗教、派别，来应对这不断变化的挑战的心。那一切都必须被完全抛在一边，才能不仅仅了解现在，而且也了解世界上所发生的这些惊人的事情——这些悲伤、焦虑、不安以及没完没了的愧疚感。

　　让我们在这一点上彼此达成谅解，那就是：讲话者唯一关心的是造就一颗崭新的、全新的心灵，他完全不关心如何解释《薄伽梵歌》或者你读过的任何一本书。在传统中行动、在知识中行动的心，无论多么宽广、多么重要——这样的一颗心没有能力领会或者了解一颗崭新的心灵所具有的品质。正如我所说，若要造就这颗崭新的心灵，就必须有一场彻底的革命。而我说的"革命"这个词——它在词典里的含义——指的是一场彻底的革命，不是单纯接受，不是遵从，也不是仿效。我们需要一颗崭新的心，而仅仅说我们正在探询崭新的心灵，这并不能创造出一颗崭新的心灵——那就变成了一套新的术语。然而，如果你开始非常仔细、非常贴切、非常明确而又精准地审视这颗我们现在所拥有的心灵，我们轻而易举就接受了的心灵，我们借以运转的心灵，那么你就能够发现那颗崭新的心灵，以及它具有怎样的品质。

　　所以，我想从一开始就明确这一点：我们关心的是革命，关心的是一种崭新的方式，而不仅仅是适合这个现代社会的方式——不是改革，不是对旧有的一切缝缝补补，因为那些都已经在苦难、冲突和混乱中以彻底的失败而告终。那些典籍，无论如何神圣，都没有解决这些问题。相反，出现了更多的分裂，更多的正统观念，更多偏狭的信仰，更多的权威和暴政，更多的古鲁和更多的弟子，以及更少的自由。所以你看到了这一切——进步否定了自由；你越是富有，你就越希望一切保持原样。这种情况正在美国发生：他们不想受到任何打扰；所有的冒险精神和对新事物的感受都消失不见了。他们登上了月球，但是那种探索全新事物的意味——如果有安全感，那种意味就无法存在——正在失去。这个国家也是一样，尽管这里有着巨大的贫穷、腐败，曾经还有过严重的暴政，但心灵也在腐化中。人们正变成在技术方面非常聪明的专家；出现了新型的工作，聪明的工程师、电气专家以及聪明的律师。但是这些人解决不了我们人类的任何一个问题，他们也从来没有解决过。古代的商羯罗师和现代的商羯罗师都解决不了你的问题。你可以剃光头发或者披上别样的袍子，但你的头脑和你的内心并未改变。而面对当前的危机需要一种深刻的领悟。你需要一种真正的反叛，不是反应，不是回归过去，不是复兴宗教，而是彻底摧毁你奉若神明的一切。你必须质疑一切并弄清真相。而我认为我们没有质疑，我认为我们不知道质疑意味着什么。我想知道你有没有质问过任何事情，以期真正搞清楚何为真实，这样你的质问就不仅仅是为了找到答案。

质疑有两种方式。一种质疑是为了找到一个合适的、便利的、令人满意的答案——那根本不是质疑。另一种质疑是为了撕碎一切以弄清真相，是为了扰动身陷安逸、昏昏入睡的心灵，突破所有的障碍，以发现何为真实。存在两种质疑的方式：一种仅仅是为了找到一个令人满意、令人开心的便捷的答案，另一个则是摧毁围墙，破坏掉我们自身牢笼的围墙。前者根本没有任何意义；受过教育的人和没受过教育的人都在那么做。但是摧毁——我是说真的，真正去摧毁——摧毁的不是外在的事物，不仅仅是表面的习俗，不仅仅是方便和不方便的传统，而是摧毁一个人在自己内心建立的安身其中的围墙，摧毁所有的神明、所有的大师、所有的导师，探询并发现何为真、何为假——这是真正的质疑，而这需要非同寻常的能量。你需要深究自己的思想和自己的恐惧，以发现什么是虚假的，而这就是我们建议在接下来的这些讨论或讲话中去做的，这样在这些讲话结束之时或之前，当你被心中的质疑、询问和要求弄得不适，也许那时你就会以截然不同的方式来看待生活了。

我们过着一种非常平庸的生活。我们的生活由诸多恐惧构成。我们生活在一个封闭的空间里，我们的生活里有着无尽的信仰和互相冲突的理论，我们从未亲自去发现什么，总是在依赖，总是在模仿，总是在追随。当今世界正面临着全面的破坏，外在上的彻底破坏；这个世界探问的，不是如何登月——那很简单；任何一个有点儿头脑的技师都可以做到这点，他们也正在这么做——而是，这一切究竟是怎么回事，我们又将去向何方，而不是生活的目标是什么，生活的意义是什么，也不是创立任何理论并遵照它们生活。所以，在我看来，真正重要的是，你必须作为一个人，而不是一名技师，亲自去发现活着意味着什么。

这个国家已经很久没有战争了，我认为我们并不了解世界的其他地方正在发生着什么。我们也许从报纸上读到过，也许跟游客或者来访者聊起过这些事情。但是我认为，作为生活在这个不幸国家中的一群人，我们并不知道人类能做什么。我说的不是登上月球的能力，或者发明一部新机器或者一台电脑的能力，而是向内探索的能力。

与为了发现自己内心的真相需要跋涉的距离相比，到达月球的距离就显得近多了。我认为我们未曾踏上内在的征程。我们被教授过此类的事情；本身没什么价值的圣书典籍说过我们需要这么做。我们接受了——或者应该说，你们接受了——它们的解释。但你并没有踏上旅程。只有当你能够摒弃外在的一切时，你才能踏上内在的征程。就我们大多数人的情况而言，心灵在日常生活的过程中变得不敏感，对于这些人来说，展开旅程、打破既有的生存模式要更加困难。而这个国家的年轻人只关心找到一份好工作、赚钱等等之类的事情。很少有人真正愿意踏上一段内在的征程，一段心路历程，那段旅程对一颗非常清明的心大有助益——一颗能够关注、能够看到真相的心。看到什么是真实的——不是终极真相，终极真相并不存在；真相只能一刻接一刻地发生——首先你就必须抛弃虚假的东西。若要发现什么是虚假的，你就必须不停地、孜孜不倦地去看、去探问、去追究、去质疑。然而如果心存恐惧，你就无法亲自去看、去观察。

我们都心存恐惧。我们生活中一个主要的问题就是恐惧——害怕各种各样的事情，害怕妻子、害怕丈夫、害怕失业，害怕公众舆论，害怕不安全，害怕不成功，害怕没有成就，害怕在这个腐朽的世界上没有成为什么重要人物、没有成名成家。如果没有真正理解这种恐惧进而把它完全地、彻底地摒弃，那么纯粹的看见、彻底的转化和突变就是不可能的。

请注意听我正在说的这些话。恐惧是一种可怕的东西，它正给这个世界制造着越来越多的麻烦——而不是更少。而这种恐惧，尽管你意识不到，一直在那里，通过顺从呈现着它自己。哪里有恐惧，哪里就会有困惑，进而就产生了对专制的需要。它通过政客的专制，带来了共产主义、社会主义和资本主义。哪里有恐惧，哪里就需要秩序——无论在怎样的情境下建立起来的秩序。而这就是世界上正在发生的事情。我们必须拥有秩序；我们害怕。那就是会有古鲁的权威、政客的权威、书本的权威、传统的权威的原因，而摒弃权威是非常困难的事情。我想知道你有没有觉察到权威并将它摒弃——不是更大的权威，而是，比如说，妻子的权威。我知道你们会笑；那就说明这个问题对你们来说没什么意义，因为你们已经把妻子的权威或丈夫的权威当成理所当然的了。但权威就是从那里开始的。那意味着父母对孩子的权威，然后这种权威渐渐被植入国家的权威、古鲁的权威、政客的权威、各种大师的权威，或者上帝代言人的权威。

我想知道你能不能摒弃所有类型的权威，彻底抛开它、去除它，因为你已经了解了它。如果你有意识地、慎重地、理性地去这么做，那么你就会发现此时自由开始出现，其中所有的强迫感、模仿感都彻底停止了。于是，你开始嗅到、品尝到、领会到什么是真正的自由。

可是，当你看到权威时，你说："反抗。"对我们大多数人来说，这种反抗不过是一种反应。你知道我是什么意思。如果我不喜欢某件事情，我就反抗。如果我喜欢什么，我就坚持。反抗社会的模式不是革命，不是转变。反抗资本主义的共产主义是没有能力实现革命的。他们也许谈论革命，但共产主义本质上是一种反应，它没有能力去实施正确的行动。你明白我的意思吗？只要我们在反应，行动就是不可能的。这样的反应必然会导致不行动（inaction）——不行动是旧有模式的重复，只是稍做调整而已，而这种调整就是不行动，因为它会导致更多的不幸、更多的混乱。而没有反应的行动，是当你理解了所有反抗的过程之时产生的行动。这种行动并非反应，它能够摧毁虚假的一切，因为它是纯粹的、干净的行动，它没有任何根源。我想知道你有没有听懂我说的话。先是作为一个印度教徒然后变成一个佛教徒，那是反应。在这个反应的过程中你可以做各种各样的事情，但你依然是作为同一个人在行动。共产主义是对资本主义的反应，是重蹈覆辙。共产主义者有他们自己的特权阶级，有富人和穷人等等他们自己划分的阶级；他们有陆军、海军以及诸如此类的一切——那跟资本主义是一样的，只是重复的方式略有不同。而我们说的是某种截然不同的东西。反抗现代社会很容易，因为它非常愚蠢。现代社会——每天早上去办公室，谋生，然后厌倦，挣到越来越多的钱，变得越来越疲惫，毫无思想、毫无感情，没有真正的生活——

反抗这些是相当简单的事情。但这种反抗只会建立另一个模式，而模式中的行动就是不行动，因为那依然延续着悲伤、混乱和苦难。

如果我们清楚地理解了这一点，那么转变和革命就具有了一种截然不同的含义，因为此时你看清了什么是谬误的，而对谬误的否定就是正确行动的开端。发现权威的谬误是一件非常难以做到的事情。审视权威的内在结构需要大量的智慧，大量的观察、探究和质询。警察的权威、法律的权威和政府的权威在现代社会中也许是必需的。但你必须否定其他任何一种形式的权威，因为你探究并了解了它；只有此时你才能发现权威的真相，进而能够摒弃权威。此时的这种做法就不是反应，也不是反抗——反抗也是一种反应。在探究权威的整个结构的过程中，心灵的转变就开始了。只有崭新的心灵能够应对当前生命中的挑战——不是后退，不是回到过去，也不是复兴过去。

你必须好好考虑当今的世界局势。机器和电脑正在取代人脑的功能。它们更聪明，它们学习的速度要快得多，它们能在几秒之内给你最为复杂的数学答案；它们做着人类做的事情——这是一方面。另一方面，全世界所有的统治者、掌权者都在试图控制人们的心灵，让它适应各种生存模式。这是实际发生着的事情，这不是我臆造出来的。不仅欧洲和美国的社会是繁荣的，这里也有繁荣的趋势——快速的工业化，随之而来的是每个人都想过上更有保障的生活；因此竞争空前激烈。我不知道你有没有关注俄国发生的事情，在那里，打败自己同志的竞争，就跟打败资本主义一样迫切。而这里也是一样，因为工业化而产生了制造更多产品以及获取地位和权力的竞争。哪里有混乱，哪里的权威和专制就会加强。还有些人试图复兴古老的宗教，希望借此拯救社会这艘轮船免于沉没的命运。

当你目睹这一切每天都真实地发生在你的周围和你的内心，显然你就会发现，我们需要另一种不同品质的心灵，需要另一种看待生活的方式，以及不同的价值观。然而，在旧有的模式之内，一种不同的生活是不可能发生的，所以摧毁旧有的模式是绝对必要的——那并不意味着向州长、国王和统治者扔炸弹，而是打破你在自己内心建立起来的心理上的模式；必须发生改变的是那里。

这就是你必须了解恐惧的原因。你无法掩盖恐惧，你不能通过去寺庙里膜拜或者倚仗古鲁来逃避它。无论你做什么，你都无法逃开它；它会紧紧跟随着你。你必须观察恐惧这整个现象并理解它。而深入探询恐惧就意味着自我了解，了解你自己，了解你的现状，一天中的每一刻你实际上是怎样的——不是你以为自己怎样，不是书本上说你怎样，也不是你臆造出来的自己怎样。你必须知道自己实际上是怎样的，而做到这点非常困难，需要巨大的关注、品质非凡的觉察才能看到实际上发生着什么——你坐下的样子，你说话的样子，你走路的样子，你仰望天空的样子，你与妻子和孩子讲话的样子，孩子和你讲话的样子。觉察到所有这些事情就是开始；这是了解的基础。

如果不了解自己，你就无法走远，如果你以为自己可以走得很远，你就是在蒙骗你自己。如果你想蒙骗自己，那就完全是另外一回事了；继续下去吧——你很快就会幻灭的。然而，如果你想发现什么是真理，神是否存在，真理是否存在，超越时间之物是否存在，如果你想了解什么是创造，什么是生命以及此类的事情，你就必须一天接一天、一刻接一刻地了解自己。如果你不能做到这点，你就无法走远，你根本就动不了，你身陷牢笼之中；你只能玩弄辞藻。而没有一刻接一刻地了解自己的人，是无法学习的。

你知道学习和了解是两件不同的事情。积累知识的心永远无法学习。生活中的学习意味着不停探询，而如果你只是在积累，你就无法探询。如果我积累知识，知识只不过是信息；如果我从积累起来的那些知识和信息开始探询，那么这种探询就只是进一步的添加，只不过被累加到了已经积累起来的东西之上。而学习意味着一种不停的探询，意味着从获取中解脱了出来。如果我想学习一门语言，那么接下来发生的事情就是，我必须阅读、查找、提问、请教、重复；我慢慢也能学会。掌握一门语言并不是学习。只有年轻的心能够学习。只有明净的心才能够学习，而不是积累的心，不是说"我知道"的心。只有说"我不知道，我会去看"的心，只有谦卑的心才能够学习。而一颗获取了知识的心永远无法谦卑，因此它停止了学习。

所以，若要探索你自己，以发现自己每天实际的样子，你就不能接受别人告诉你的任何事情，而这真的非常危险，因为那样的话你就完全独自一人了。当你否定了你妻子或丈夫的权威，你就会被孤立，因而你自然就会害怕独自一人。所以，我们必须不停地觉察我们在做着什么。因为，如果没有自我了解，无论你想什么，无论你做什么，无论你是什么人——都只会走向挫折和不幸。如果你理解了这一点，那么冥想就是一件美妙非凡的事情。

而冥想并非反复诵念词句、理解各种术语或者看着一幅图画。冥想是自我了解、认识自己的开端，而这就是智慧。但这种智慧任何人都无法教给你；它不在任何一本书里；没有老师、没有古鲁、没有人能把这智慧交到你手上。这种智慧别人无法交给你；它是通过一刻接一刻地了解自己找到的。你应该一刻接一刻地对自己的已知死去，这样你的心就是新鲜和年轻的。纯粹的看见，本身就是一个奇迹。正是它会带来转变，进而造就崭新的心灵。

你必须从你自己开始，但那并不是与集体对立。也许你就是集体，所以你的想法就是社会的想法；你感受到的，就是你的邻居以及千万个邻人的感受。你被社会所制约；你属于集体。你必须从心理上面对并理解集体，同时觉察到心灵的一举一动。只有此时，你才能发现神是否存在；你自己就会发现什么是真正的活着。你会生机勃勃、活力四射——

你生命的每一个部分，都会充分地、完全地活跃起来，身体上、感情上都会有无尽的活力。此时死亡将不复存在，此时你每一分钟都在对自己已知的一切死去。于是你就可以在一天中的每一分钟都觉知你实际的样子，没有分析而只有观察，那就是纯粹的看到，而这种行动会把能量全部释放出来。正是这种能量能带你走得更远、更深入，因而你自己就会发现真理。

（马德拉斯第一次演说，1961 年 11 月 22 日）

只有在自由中才能发现爱是什么

我们上次在这里会面的时候说过，不仅意识中、外在的世界中有一场深重的危机，而且潜意识中、人们自己的内心深处也危机四伏。面对危机，我们大多数人都赞同必须发生某种深刻而根本的改变。那些意识到当今世界局势的人在深思熟虑之后，或多或少地走到了一起，说必须进行某种革命，某种立即的改变，需要并非仅仅是某种智力或情感产物的突变，而是发生在整个意识中的一场突变。单单在意识的某一个特定方向上的改变，通常意味着依照某种特定的模式进行改变——那些模式是由环境、由非常聪明而又博学的人们建立起来的，他们研究了过去的改变以及那些改变是如何发生的，是什么样的影响、环境、压力和拉力带来了人类心灵的某种改变。这些人对这些事实进行了大量的研究。

你看到了由共产主义者按照他们的意愿带来的改变。你也看到了按照所谓的宗教人士的愿望带来的改变——要么是复兴，要么是回归传统。还有那些借助宣传强迫心灵遵从某种特定的思维模式的人。带来改变的方式多种多样，而在我们开始探询真正的改变是什么之前，我们必须来看一看现实存在的制约，并且不做回避。面对事实很重要，因为正是事实本身——如果它能够得到了解——而非我们加诸事实之上的想法带来了危机；那个危机带来了一项你必须彻底面对的挑战。今天晚上我想谈谈这个问题。

你可以看到，遍及整个世界，自由都在离我们越来越远。政客们也许会谈论自由。你能看到富裕繁荣、工业化、教育、家庭、宗教——所有这一切都在慢慢地，也许是处心积虑地抹杀着对自由的需要。这是一个事实。无论你喜欢与否，这是一个无可争辩的事实，那就是：教育、宣传、工业化、繁荣富裕以及所谓的宗教——那其实就是宣传，是不停地重复传统——这一切都在如此沉重、如此深刻地制约着心灵，以至于自由实际上已经消失不见。这就是你我必须面对的事实，而在面对它的过程中，也许我们就会发现如何打破它。

我们必须打破它；否则，我们就算不上人类，我们就只不过是记录某些压力和拉力的机器。所以，我们必须面对这个事实，即通过处心积虑的宣传，因为各种各样的压力，人类的自由被否定了。这整个宣传机制无所不在——宗教宣传、政治宣传，某些政党进行的宣传，等等。不停地重复口号和词句，就意味着按照宣传者的说法，不停地向心灵之中灌输某些破坏心灵、控制心灵和塑造心灵的观念。这是事实。因为，当你称自己为印度教徒、佛教徒、中国人或者无论什么人，那是千百年来别人反反复复这么告诉你的结果：你是一个印度教徒，你有了不起的传统——这一直在塑造着心灵——它使你遵照某些既定的传统惯例，作为一个印度教徒来做出反应。请看到这一点。不要接受或者拒绝，因为我并不是在做任何宣传，也并不想说服你任何事情，而是我真的认为，如果我们能够走到一起，明智地、理性地观察某些事实，那么也许从那种对事实的观察中，改变就会发生，而那种改变并不是由一颗身受制约的心灵预设出来的。

单纯地看到事实，而不试图依照一个人自幼所处的模式或传统来改变事实，真的非常重要，因为那种改变是预设的，会建立另一个奴役心灵的模式。所以，非常重要的是如实看到事实，而不把观点、想法、评估和判断加诸事实之上，因为评估、判断和观点是局限的——它是过去的产物，是你自幼所处的文化和社会的产物。所以，如果你透过你的文化、社会、信仰等背景来看待事实，那么你就没有在看事实。你只不过是把你的信仰、你的经历、你的背景投射在事实之上，因此那并非事实。请把这一点清楚地记在心里。这种纯粹的观察行动，非常清晰地、毫无扭曲地看到某件事情，会带来一种你必须完整应对的挑战，而完整的应对就能把心灵从制约中解放出来。

你和我，讲话者和你，应该明白我们想一起了解什么，这点很重要。首先，这不是一场讲座。你来这里不是只为了听到一些观点，这些观点你也许喜欢也许不喜欢，也许会抱着同意或不同意的态度离开。你也许就是抱着你想听到的观点来的，而并没有实际参与我说的话里来。但我们是要一起参与进来的，所以这不是一场讲座。我们是在一起分享这段我们将要踏上的旅程，所以这并非仅仅是讲话者的工作。你要和我一起工作，来发现什么是真实的，所以你是在参与或者分享，而不只是听听而已。

其次，理解什么是肯定式的思维和否定式的思维，也非常重要，因为看到事实，是否定式的思维。然而，如果你带着某个观点、判断或者评估来接近事实，那就是将会破坏事实的肯定式思维。如果我想理解什么，我就必须看着它而对它没有任何观点。这是一个非常简单的事实。如果我想理解你说的话，我就必须全神贯注地听你讲。最后我也许同意也许不同意，但是我必须得去听。我必须从头到尾收听你所说的一切，而不是随处零星地收集一些碎片。你必须倾听我所说内容的整体，然后你就可以下决定了，如果需要做出决定的话；此时你就不会选择，而只是单纯地看到事实。

所以，我们必须从一开始就非常清楚，这不是一场宣讲会，我也不是要说服你任何事情。我真的是这个意思；我不在意你们是接受还是拒绝。这是一个事实。若要了解事实，你就必须心存疑问地靠近它，而不是以肯定的方式。肯定的心灵、肯定的态度，抱有某种坚定的意见——那是一种局限的视野，带着既定的传统视角，你自动地做出反应。我们大多数人正是沉溺于肯定式的思维之中。你看重国家自由，或者你查阅《薄伽梵歌》《奥义书》或者别的什么书，然后做出反应；你依照别人替你想出的原则，或者别人说你应当如何看待事实，你据此做出反应。书本、教授、古鲁、上师以及古代的智慧人士或群体——他们做了所有思考的工作，然后写了下来，当你遇到一个事实的时候，你就只是依样照搬重复；你用传统的视野、局限的反应来面对事实，这就叫作肯定式的思维——而那根本不是思考。每台电子机器都能这么做，如果它已经被设定好如何思考的话；当某些问题被丢给它，它就会自动作答。电脑就是以人类大脑的工作方式为基础的。

所以，当事实被赋予了某个观点，那就根本不是思考。那只是反应，而反应受到了先前经验的制约。请弄明白我说的话。它与你习惯的说法完全不同。因为，你和我现在是不带观点地来看事实。我会展示给你看一些东西。有一种观察花朵的方式，是植物学的方式。你知道植物学的方式——以一种科学的方式观察花朵的整个结构。还有一种观察花朵的方式，是不参考任何知识——单纯地、直接地看着一朵花，而没有我们已知的干扰和屏障。我想知道这点我有没有说清楚。如果不清楚，我就必须把它说清楚，因为如果不理解这个本质问题，我们就不能继续往前走。若要了解作为人类一员的你，我就不能说"你是个印度教徒；你是那个，你是这个"；我必须研究你，我必须观察你，而不带有任何观点和评判，就像一个科学家那样。

所以你必须去看，看是最重要的，而不是观点。请务必注意听这一点，因为你是如此习惯于所谓的肯定式思考。《薄伽梵歌》或者《奥义书》这么说，你的古鲁这么说，你传统的家庭教育也是这么告诉你的；你运用机械的记忆机制和积累起来的那些知识，来看待某个事物，然后对你的所见做出反应——这就是你所谓的思考。我认为那根本算不上思考。那只不过是记忆的重复和记忆的反应。它被过去、被文化、被社会、被宗教经验、被教育和书本所制约；当你遇到一个事实的时候，那个机制就开始运作，开始做出反应，所以那些说法纯粹是无稽之谈。然而，如果你能够以否定的方式靠近一个事实——也就是看着它而不引入你的观点或知识，不谴责它也不限制它——你就能够始终单纯地看待事实。我希望这点清楚了。如果这点清楚了，那么，当你能够单纯地看待任何一个事实——记忆的事实，嫉妒的事实，国家主义的事实，仇恨的事实，对权力、地位和威望的欲望这些事实——那么事实就会展现出巨大无比的力量。此时，事实就会绽放，事实的绽放之中不仅有对事实的了解，而且还有事实所产生的行动。

所以，我们关心很多事实：这个世界极度混乱的事实，人类的苦难在不断增加的事实，悲伤不是在减少而是在增加的事实，还有，在共产主义者、所谓的民主政治家以及我们自己身上都存在着一种巨大的挫败感、困惑感和挣扎感。事实上，所有的宗教都失败了，它们不再具有任何意义，属于这些组织化宗教的人们重复着一套套的词句，觉得非常开心，就像吸了毒的人一样——这些都是你必须面对的众多事实。只有从这个单纯地看到事实的行为中，行动才会产生，人类意识的突变才会发生。而这是世界所需要的，而不是反过来回归过去——倡导复兴主义或者发明一套新的理论，因为它们不会解决如今的危机。我们知道当今的危机——少数所谓的政治领袖，依照他们的理论和观念，极有可能彻底地摧毁这个世界。那些领袖根本不关心人类，不关心你和你的邻居；他们只关心理念和他们自己的权力和地位。宗教领袖不关心人类的改善；他们关心的是宗教理论。人类身上有着广泛而又深刻的挫败感，这是事实。我确信你们都知道这点——那些焦虑感、愧疚感、绝望感。而你观察得越多，你就会发现愈加深重的悲伤。你所过的这种无法化解的生活，五十年里日复一日去上班的乏味，破坏着每一项才能、每一种敏感性，赚取生计以养活越来越庞大的家庭，还有文化方面的压力——你跟我一样清楚地知道这些。我不去办公室上班，但是你去；你有家庭。你此生五十年来每天都去上班，其间偶尔去寻找神；然后你通过执行某些愚蠢的仪式而变成了所谓的宗教人士。更为年青的一代日后也会变得如出一辙。不要笑。这是一次严肃的聚会，不是娱乐。我只是在描述事实。

另一个巨大的事实，是我们已不再自由。从外在来看我们是自由的。我们在这里演讲，但也许在俄国就不能这么做了——但这不是自由。自由是某种截然不同的东西，那是从野心、贪婪、嫉妒和恐惧中解脱的自由。心灵可以非常深入地探究自己，超越时间和空间的局限。但是，如果你的心被捆绑在残酷的野心、残忍的贪婪以及嫉妒导致的破坏之上，你就无法踏上一段广阔的、漫长的、无尽的旅程。你并没有内在的自由；从外在讲，你可以说你拥有自由。在这个国家，在西欧或者美国，你可以说你喜欢或者不喜欢政府什么，但在俄国或者中国你也许就不能这么说了——但那并不能构成自由。你若作为一个印度教徒，就无法去追寻超越你所受教育之外的东西，拥有自己的救世主的基督教徒也不行。那么，知道了所有这些事实，我们怎样才能改变呢？突变要如何才能发生？

改变和突变是完全不同的。改变意味着朝向某种东西的改变，变成你已经知道或者预先设想出来、设计出来、思考出来、定好模式的东西。因此这样的改变有个动机，有个目的；它是通过强迫、遵从、恐惧和虚构得来的。这样的改变背后有个目的，而那个目的始终被过去所制约。所以那种改变是已然如何的延续，只是稍做调整而已，不是吗？因此那根本不是突变。那就像一个从一派宗教转投另一派宗教的人一样——他在改变。一个人离开一个社团，然后加入另一个别的社团，离开一个俱乐部然后加入另一个，因为那很方便；他据此认为自己改变了。人为什么需要这种改变，也许有不计其数的原因，但这种改变是对事实的逃避。如果改变背后有个动机、有个目的，那么那个改变并不是真正的改变。目的被模式、被传统、被希望和绝望所制约，被你的焦虑、愧疚、野心、嫉妒和羡慕所制约。那种改变是已然如何的延续，只是稍做调整而已，所以那不是突变。因此，从这样一种改变中产生的反应根本不会改变世界。它只会改变模式，但不会带来意识的根本转变。

我们谈的是意识的彻底转变。而这是唯一能够造就一个新世界、一种新文明、一种崭新的生活方式，以及人与人之间崭新关系的事情。这不是一个理论，因为突变是可能的——而突变根本没有任何目的。你知道我们非常轻易地使用"爱"这个词。如果你的爱有个动机，那就不再是爱；那是交易。如果你的爱有个动机，那就意味着败坏。爱没有目的。同样，突变也来得毫无目的、毫无动机。请看到这一点，请看到有目的的改变——借助强迫、调整、压力、必要性、恐惧、野心和工业化带来的改变，那些都有动机——和毫无目的的突变是完全不同的。"看清"这个行动本身就能带来那种突变。也就是说，当你看到了什么，你立刻就理解了它；关于它的真相就带来了你对生活所持态度的全面转变。

听到和倾听是两件不同的事情。听到什么，听到我所讲的话，是一回事，而倾听我说的话，是另外一回事。我们大部分人只是听到而已；我们听到之言，要么接受要么拒绝。如果喜欢，我们就接受；如果不喜欢，我们就拒绝；这种听到是非常肤浅的——它没有深远的影响。然而，倾听是一件截然不同的事情。我想知道你有没有倾听过什么，于是你能够理解、感受并爱上你所倾听的事物，无论它令人愉快与否。请务必非常用心地、毫不费力地倾听；于是，在倾听的行动中，你就会发现何为真、何为假，而不受任何干扰，因而这种听不是机械的。你必须用你的整个存在去倾听，才能发现、才能看到本身就正确的东西——而不是就你的观点、你的经验或你的知识而言是正确的东西。

我们来举个非常简单的例子。信仰神明者和不信神明者都是一样的。若要找到神——如果有个神的话——你就必须去弄清真相，你就必须非常深入地挖掘，丢掉一切信仰、一切观念，因为也许存在某种惊人的东西，某种你从未想过的东西——而事实也必定如此。若要弄清楚什么，各种形式的知识、信仰和制约都必须被全部抛开。这是一个事实，不是吗？若要发现什么，你就必须带着一颗无比新鲜的心而来，而不是一颗传统的心，也不是一颗被哀伤、痛苦、焦虑和欲望所残害的心。心灵必须是年轻的、新鲜的、崭新的，只有此时你才能有所发现。同样，搞清楚突变是什么以及突变如何发生，这非常重要，因为改变会让人类不知所终。改变，比如任何一种经济或社会革命，都只不过是对已然如何的一种反应，就像共产主义是对资本主义的反应一样——它们显然属于同一种模式，只是方向不同，掌权的人不同而已。但是，我们必须关注突变的问题，因为此刻的挑战不是一个你如何选择的问题，而是一件截然不同的事情。挑战总是崭新的，但不幸的是，我们用旧有的一套、用我们的记忆来应对它，所以我们的反应从来都不充分不恰当；悲伤和不幸因此而生。

所以，我们关心的问题是：能带来意识中的这种突变的行动是什么？而我不知道你是不是认真。我说的"认真"，是把一个想法、一个观点、一个感受追究到底的能力，无论发生了什么，也无论你或你的家庭、你的国家或者其他的一切将会发生什么，无论结果怎样都追究到底，直至发现真理是什么为止。这样的一个人是认真的人；其他的人则实际上是在玩弄生命，因此他们没能过上一种丰饶的生活。所以，我希望你是带着一种认真的态度来到这里的——也就是一起追究到底，去发现这种突变意味着什么；无论你的家庭、你的工作、你眼前的社会或者其他的一切将会如何，都追究到底，把一切都放在一边。因为，若要有所发现，你就必须抽离出来，若要有所发现，你就必须抛开一切。

我们，无论是上了年纪的人还是年轻人，都从未质疑过。总是有专家的权威——宗教专家、教育专家、政治专家——还有《薄伽梵歌》《奥义书》和古鲁的权威；它们从未被质疑过。总是有人告诉你："他知道而你不知道。所以不要质疑，而是要服从。"服从和接受的心是迟钝的心；

那是一颗昏睡的心，因而没有创造性；那是一颗僵死的心，对一切真实的事物都具有破坏性；它机械地反对它无法理解、无法参透的东西。它没有能力亲切温和地、心地单纯地去弄清真相。这就是你我聚在这里的原因——去质疑。我不是你的古鲁。我不相信任何一种权威，除了政府的这种权威——规定你必须持有一本护照才能出境旅行，你必须纳税，你必须买了邮票才能寄信。但是，古鲁、《奥义书》的权威，一个人自身经验的权威，传统的权威——它们必须被彻底摧毁，才能发现什么是真实的。而这就是我们一起要去的地方——通过质疑去发现真理。你自己开始质疑的那一刻，你也许就会发现自己错了。那又有什么不好呢？一颗年轻的心，一颗纯真的心会犯错，并且会持续地犯错；而在犯错的过程中就会有发现，而那个发现就是真理。真理并不是老一代、年长的人们告诉你的那些，而是你自己发现的东西。所以你必须日日夜夜不停地质疑，直到发现真相。你必须不断质疑，纯真地看待事实，抛开你在质疑过程中可能会出现的各种恐惧，永不追随任何人。然后从那种纯真之中，从那种探询之中，你就会发现真理是什么。同样，你我就会发现这种突变要如何、要怎样、以何种方式才能发生。

你知道，"如何"这个词意味着模式。当你和我说"如何"时，这个词本身就意味着寻找一种模式或者练习的方法——那意味着你会告诉我，而我会据此行事。我用这个词指的完全不是这个意思；"如何"只不过是一个问号。并不是由我来告诉你，而是你自己来提出这个问题，却不落入社会强加于你的模式的陷阱，这样你的心，虽然被千百年来的权威和传统变得迟钝，却依然能够觉醒，能够变得鲜活，带着热情去质疑。那么，有可能在我们每个人身上都实现这种突变吗？不要说可能还是不可能。如果你说可能，那么你就无法知道。如果你说不可能，那么你也无法知道；你已然妨碍了自己去审视、去质疑。所以，要让你的心自由、纯净无染，这样你自己就能发现真相。

突变可能吗？当你从"改变"的视角开始考虑时，那就是不可能的。当你从"改变"的视角开始考虑，"改变"就意味着阶段，意味着时间，意味着从这儿到那儿。然而突变是一个即刻发生的过程。你必须看到"改变"和"突变"这两者的真相——"看到"的意思不仅仅指从理智上看到，因为那只不过是语言上的沟通。语言上的沟通并不是事实本身；"树"这个词并不是那棵树。但我们大多数人，特别是那些所谓的知识分子，都被语言所困，他们只是在跟词语打交道。生活并不是词语。生活是活着，生活是痛苦，生活是折磨，生活是绝望——而不是词语和解释。你必须看到这个事实，那就是必须发生一场突变而不是改变——一场彻底的革命，而不是适应和调整。

"改变"意味着那是一个渐进的过程。你听人们说过，你必须怀抱理想，当你有了非暴力的理想，你就会渐渐朝着那个理想改变。我说那是荒唐和幼稚的想法。因为事实上你是暴力的，你的心可以和它打交道，而不是和只不过是一个理论发明的理想打交道。事实是你嫉妒，你野心勃勃、残忍、粗暴。和事实，而不是假设出来的理想打交道，理想只不过是为了拖延行动所做的一项发明。现在我们不是在和理想打交道，我们不是在和假设打交道；我们是在跟事实打交道。你看到了这个事实，即那种改变意味着时间，意味着一个本质上是拖延的渐进过程。请理解这一点。一个拖延的人，在摧毁他自己的心；当他拖延去面对问题，那个问题就会把他的头脑和心灵蚕食殆尽，因此他的心不再年轻、新鲜和纯真。你所面对的是这个事实，即依据我们自己的传统，依据教授、老师、古鲁和别人所说的话而做出的所有改变，根本不是改变，而是堕落和破坏。如果你看到了这个事实，那么你就会发觉突变的行动发生了。你明白这些了吗？

你知道，意识就是时间，所以，说"我明天或者一年后会改变"，这也是时间。那只不过是变成了时间的奴隶，因而根本不是改变。突变意味着对"已然如何"的彻底反转，是将过去的一切统统连根拔起——你知道，广岛和长崎在原子弹爆炸之后发生了基因突变，出现了另一种不同的人类。而我们身上必须发生一种突变，于是被破坏，被压垮，被变得丑陋、残忍、愚蠢和迟钝的心，一夜之间就能变成一颗清新的、年轻的心。而我说，只有当你用否定而不是肯定的方式去着手问题时，才能做到这一点。否定的方式是完全否定所有的改变、所有的改革，因为你理解了它们。这不是一种反应，因为你看到了改变中隐含着什么。当你否定了改变，因为你理解了它，而不是因为别人告诉了你，那么你就会发生真正的改变。当你让"改变"充分绽放，你就会看到它的本质；然后你就可以摧毁它，彻底把它抛开，再也不会从改变、理想等诸如此类的角度来思考了。在你否定了改变的那一刻，你的心就处于一种不同的状态了。它已然具备了一种崭新的品质。你明白吗？当你否定了什么，而不是作为一种反应，那么心就已然是清新的了。但我们从不去否定，因为那很不方便；那也许会带来恐惧，所以我们仿效，我们适应，我们依照我们所处的社会提出的要求来调整自己。你否定，是因为你理解了你所否定的东西。

我们拿人们准备为之献身的国家主义来举个例子。我否定了国家主义，所以我不再属于任何一个国家，国家主义对我来说毫无意义。因此，当我否定了什么，那真的是非同小可。当你否定的时候，你的心就已经变得焕然一新了，因为你深入探究了国家主义的问题，寻找并发现了真理。当你否定了什么，当你否定了谬误，真理就会出现。然而若要否定谬误，你就必须以否定的方式审视它——也就是说，你必须毫无偏见，毫无观点、评价和判断地去看它。你试试去这么做，不是因为我这么说了，而是因为你的生命要求你这么做，因为你的生命需要你这么做。

看看你的社会，那些冲突、不幸和权力，对某些东西的奋力追求，无休止地聚敛金钱，还有反复不停地诵念词句；看看你自己空虚、污浊的生活，充满了恐惧、焦虑和愧疚——这样的生活根本算不上生活，而你无法改变这样的一颗心；你只能摧毁那颗心并创造一颗崭新的心灵。

而摧毁旧有的一切，绝对是迫在眉睫的——旧有的一切，就是恐惧、野心、贪婪、嫉妒以及对安全感的追求；正是这些把心灵变得迟钝，它从不质疑，总是接受，并被权威所限，因而从来都没有自由。只有在自由中你才能发现真理是否存在。只有在自由中你才能发现爱是什么。

（马德拉斯第二次演说，1961 年 11 月 26 日）

重要的是事实的绽放，而不是词语

我们前几天谈到了突变。如果可以，我想再多谈谈这个问题，也谈得更加深入一些。所有的改变，无论经过了怎样的深思熟虑，预先进行了多么精心的构想，无论是多么为人们所需要，都必定依然处于时间和制约的局限之内。所以我们需要一场真正的革命——而非一种仅仅从表面上涂涂抹抹的所谓改变。我们确实需要对我们的思想、感情、行为以及我们的生活方式进行一场深刻而根本的革命。我认为，一个人越多地观察自己和这个世界，这点就越明显。肤浅的改革，无论多么有必要，都不是问题所在，都无法解决我们的困难，因为改革依然是一种局限的反应，而非整体的行动。我用"整体的行动"指的是一种摆脱了时间的行动——它不在时间的局限之内。所以，只有一种可能性，那就是一场彻底的革命，一场彻底的突变。

个人有没有可能发生这种突变呢？显然，突变不是身体上的，不是表面上的，也不是外在的——那是不可能的——而是意识中的突变。我想知道意识对我们每个人来说意味着什么。先生们，我可否满怀敬意地提醒一下：请不要只是接受一堆词语、靠词语为生。我们已经这么做了——或者起码你已经这么做了千百年，看看你到了哪里！相反，你能不能审视每一个具有某种含义的词语，比如"意识"，然后自己搞清楚它意味着什么，而不是依照某个老师说过的话去诠释它？你得自己去充分感受它，亲自审视并发现意识的边界，你思想的边界、感情的边界，传统的影响有多么深远，经验是多么严重地塑造了你的行为。一个人或一个家庭具有的这整个框架和模式——行为、思想、感情、传统、记忆、种族遗传以及不计其数的经验，家庭的传统、种族的传统——这一切都是意识。

有可能打破这个框架并带来一场突变吗？这是真正的问题，这对我们大部分人来说应当是既紧迫又重要的，因为世界已经混乱不堪——不仅外在世界如此，我们自己的生活也是如此。如果单纯进行改革就让你满足了，那也没关系；但是，如果你想探索得更加深入，你就必须探究改变和突变的问题，并看到思考、劝说、强迫、逐渐的调整过程以及宣传的影响带来的改变，毫无疑问根本算不上改变。因此，除非有了毫无动机的行动、毫无动机的突变，否则根本就没有任何改变可言。我认为在这一点上我们要非常清楚。那么，也许我们就有必要来探讨一下这个问题：除了劝说带来的改变，知识的扩展带来的改变，恐惧带来的改变以及榜样带来的改变，此外是不是可能还有其他的改变。除非你理解了心理上的、内在的改变的性质，否则赞同与否就显得毫无意义。然而，在探究过这个问题之后，你就会发现，劝说带来的改变根本就算不上改变。但是，你的书本、你的古鲁都教给你说，文化和文明这类事情就是通过逐渐的影响、逐渐的压力、模仿或者榜样带来改变的。如果你有意识地接受了这一点，不是从传统上不假思索地接受了，而是如果你真的接受了这一点，那么你就必须审视"接受"这个事实，你为什么会接受；而如果可以的话，我想深入探讨一下这个问题。

为什么嫉妒、野心等等之类的事情会被立刻搁置一旁呢？为什么会有这种拖延、这种逐渐的改变以及对理想主义权威的接受呢？先生们，我希望你们和我一起来思考这些问题，而不是仅仅听我讲。我们接受了这个逐渐改变的过程，因为这要更加容易，拖延也让人觉得更愉快。眼前刻不容缓的事实会让你非常不安，发现它的价值要更加困难，需要更多的关注和能量。我不知道你有没有意识到，在面对事实的过程中有一种能量的释放，能量正是从对事实的面对中产生出来的，这种能量就具有一种能够带来突变的品质。然而，如果我们坚信通过渐进的过程、因为恐惧、借助影响和强迫发生的改变，才是唯一的出路，那么我们就无法面对事实。在面对事实的行动本身中，你就会发现心理上有一种能量的释放。

我们的大部分生命都浪费在了冲突之中。我们没有面对事实，而是逃避事实，寻求各种各样的逃避方式。这是能量的耗费，这种耗费的结果就是混乱。如果你不逃避，如果你不依据自己的快乐和痛苦对事实进行诠释，而是单纯地观察，那么这单纯的观察行为之中就不会有任何抵抗，就会释放出能量。

请注意听。如果我可以指出来的话，理解这一点真的非常重要。野心勃勃的人想要取得成功，爬上顶峰；他想要功成名就。其中就有能量的耗费，就有挫败、冲突和痛苦。他也许会取得成功，但总是会有恐惧的阴影尾随其后，这些我们都知道。然而，你不仅要观察这整个野心的事实——其中涉及什么，其中的残忍和无情——还要观察这个事实，那就是，当一个人以国家之名、以家庭之名、以民族和善意等等之名采取行动时，他实际上主要关心的是去实现、去成就。其中涉及几个心理因素，比如残忍、无情，而这些心理因素会带走他的能量。这当中始终矛盾重重。哪里有矛盾，哪里就有能量，就像在一个精神病人身上发生的情况那样。一个有精神病的人没有冲突，因而他有巨大的能量。我不知道你是不是认识一些有点儿精神失衡、精神上不太健康的人。他们自己与某些观念相认同，这种完全的认同带给他们巨大的能量感，因为根本不存在抗拒。但病态的心灵无法如实地看待事物。

当你毫无抗拒地观察事实，既不接受也不拒绝、不评判，既不谴责，自己也不与观察到的事物相认同，那么在这个纯粹的观察行为、纯粹去看的行为中，就丝毫没有抗拒、没有矛盾。因此，对事实的看到就把能量全部释放了出来，而这完全不像精神病人有的那种能量感。清晰而非病态的心，能够如实地看到事物本身。仅仅是改变，并不能带来这种能量，这种能量是单纯看到事实的行为释放出来的——因为改变意味着拖延，意味着抗拒，意味着耗散、矛盾和控制，进而"现在如何"与"应当如何"之间的矛盾会加剧。我不知道你有没有明白这点。就像我说过的，我们关心的是立刻的突变，而不是逐渐的改变。在我看来，在我们能够理解突变意味着什么之前，理解改变之中涉及了些什么，这点非常重要。

当你说"我必须改变"，这种改变之中隐含着什么呢？隐含着运用意志力——而那实际上就是抗拒。你越是运用意志力，矛盾就越尖锐，控制就越强，进而因为摩擦和矛盾造成的能量耗费就越大。如果你非常清楚地看到了这个事实，看到了所有改变的过程都涉及能量的耗费，因为任何改变都意味着抗拒，那么显然你就必然会否定它；你就不会再从随时间而改变的角度进行思考了。

接下来就是敏感性和保持敏感的问题了。敏感就意味着爱。没有敏感性——对自然、对人们、对想法的敏感——就没有爱。我们的心根本就不敏感；它可以谈论爱，它可以谈论深情，但它不知道如何去爱。心有可能即刻敏感起来而不是去培养敏感性吗？你发现这两者之间的区别了吗？我完全不确定我所说的敏感性的含义有没有传达给你。你知道，若要欣赏美——一个人的美，自然、树木或者一条清丽河流的美——你的各个感官都必须充分活跃和警觉。但是数个世纪以来，别人都告诉你说不要成为感官的奴隶，于是僧侣和遁世修行者都拒绝美。当你拒绝了美，哪里还会有爱呢？敏感性就是敏感地觉察你的孩子、树木和家庭，敏感地觉察一张可爱的脸庞，以及觉察到敏感性的美。敏感地觉察那一切，就是爱。如果你拒绝了这些，你就没有了爱，尽管你也许会谈论爱，尽管你也许一头扎进了所谓的善行之中。

现在，你必须看到这个事实。我说的"看到"，不是解释，也不是说"我必须拥有敏感性",或者"具有敏感性很好"。积累敏感性的过程是非常荒唐的。通过积累,你也许会从表面上变得聪明,但你依然很迟钝。如果你能够看到敏感性的含义是什么,那么这个看到的行为本身就能让心灵变得惊人地敏感。同样,你必须敏感地觉察到改变中隐含着什么。那就像你换了套衣服一样,但你的内在还是保持原样。如果你看清了它,就像看到坐在这把椅子上的讲话者一样,那么这个看到的行为本身就终结了改变,于是你就是在直接面对事实了。

你们对理想是如此习以为常——而我不是。我没有理想。你们如此习惯于膜拜理想,比如说非暴力的理想,但它无论对你来说还是对我来说,都毫无意义,真的。千真万确的事实就在那里,而非暴力的理想只不过是对事实的拖延,是在掩盖事实。对理想的追求是能量的耗费,而我们需要那些能量去应对事实。在理想中、在拖延中长大的心会说:"最终我将会变得不暴力。"而在此期间,它是暴力的。对于这样的一颗心来说,立刻面对事实的想法是不可能实现的。说"我很愤怒"的同时与那个事实共处,不试图改变,也不想用解释把它打发掉,是非常困难的事情。我不知道你有没有注意到,与一件丑陋的东西共处却不让它腐蚀你,是非常困难的。与一幅丑陋的画面共处,却不让它败坏你的敏感性,那非常困难,因为与丑陋的事物共处会释放出巨大的能量,就像与一件美丽的事物共处一样。你看到自己的花园里有一棵美丽的树,你为它感到骄傲,或者你已经对它习以为常。或者,你看到一条污秽的街道,你也对它习以为常。与那条肮脏的街道共处而不让它腐蚀你,或者与某种非常美丽的东西共处而不对它习以为常,你都需要巨大的能量,你需要大量敏锐的觉察,不是吗?否则你就会对它们都习以为常;你对美丽和丑陋都会变得迟钝。所以,一颗习惯了理想的心已然变得迟钝;它接受了拖延,而拖延是一个方便而无益的习惯。如果你否定了观念,如果你否定了理想,那么你就能够自由地面对事实了。我们必须理解所有这些问题。

我们也必须理解时间的问题——时间，就是明天或者无数个明天。时间会带来改变吗？时间会带来根本的改变吗，还是只能带来某种调整？你们一万年来或者五千年来都是印度教徒；对西方文明的追求正改变着你们的习惯或者你们的生活方式。这是一种根本的改变吗，抑或只是一种对环境的适应，进而变成了环境的奴隶？你瞧，你也许称自己为共产主义者，因为这是如今最新潮的事情；它让你更满足，于是你调整自己适应那个专制的体系，而你称之为"革命"。但那是革命吗？对压力、对体系、对观念的适应——这种调整是真正的、根本的突变吗？

你有没有如实地看到自己呢？你可曾以自我批判的方式觉知自己？你是否知道你实际的样子——愤怒、嫉妒、羡慕、野心勃勃、憎恨以及诸如此类的一切？那么，什么会让你改变呢？让我们从这个问题开始。你怎样才能改变呢？什么能让你改变？你改变是因为它能帮助你吗？你改变是因为那让你开心吗？你改变是因为恐惧吗？或者是因为你认为通过改变，你就会变成一个更好的人？抑或是因为如果你遵从，你就会得到更多的金钱，你就会更受人尊敬，如此等等？如果你曾经改变过，那就是你改变的方式吗？而你真的发生过任何改变吗？请务必问问这些问题。不要让我向你提出这些问题；你自己也问问这些问题。你发生过任何改变吗？如果发生过，那么是什么让你改变的呢？

让你改变的原因、动机、力量、冲动和渴望是什么呢？是外在的激励或者社会的道德观，还是基于你自身恐惧等等的内在冲动，让你做出改变的呢？你有没有注意到，你有没有观察到你改变了呢？是什么让你改变的？如果你说是反感让你改变的，那么由反感带来的你自身的改变，那是改变吗？那只不过是反应。如果你把一个想法追究到底，不半途而废，那么你就会发现，对那个想法的追究最后会终结那个想法。你必须给那个想法以充分绽放的自由。

我们现在就给反感以绽放的自由。这就意味着：我嫉妒；我反感这点，于是我说："我必须不嫉妒。"那个"必须"就是反应，不是吗？你说你很反感，因为那是一个非常简单的心理现象，不是吗？你反感，那是因为社会告诉你嫉妒是错的。而且，你自己也发现那很痛苦，那没什么好处，无利可图；所以，是这些原因让你说你讨厌"现状"的。如果你不介意，请不要用"反感"这个词。然而，如果你说每一和改变跟所有的改变都是类似的，而所有的改变都是空洞的，那么你就会剩下一颗不接受改变的心。

当改变意味着危险，你唯恐失去自己的工作或者妻子，你就不会希望改变。你会问："有什么必要改变呢？"如果你不改变，显然你就已经死去了。生命意味着运动，而不是静止。如果你拒绝生命，你就已经死去了。生命和改变是同义词。你在改变，你的身体在变化，你在变老，你的各个感官都在变化。然而，你内心不希望改变，因为你找到了一个信仰、一个观念，找到了某种迷信、某个结论、某种经验；你不想从那里离开，因为那令人愉快而且有利可图。如果那很痛苦，你就希望改变它，把它抛开。

问题： 改变是从内在还是从外在发生的？

克： 你说的"外在"或"内在"是什么意思呢？这两者定义得那么清楚吗？"外在"不就是"内在"吗，"内在"和"外在"不就是一回事吗？那就像涨起又落下的潮汐一样。你不会说这是"外在的"，那是"内在的"。那是同一个运动，而我们把它割裂开来。那是同一个运动，而这就是它的美。通过了解外在的运动，你开始理解内在的运动。然后你发现这两者是分不开的。然而，如果你把外在看作是不真实的而内在是真实的，那么这种分割就会造成可怕的混乱。但是，如果你看到外在和内在之间没有分别，那么在了解外在的过程中——了解社会、社会的道德观和外界整个压力的过程中——你就会开始了解到内在和外在为何是同一回事。我们正在探讨的，是有必要在这个过程中带来一场突变。

我们大部分人都从心理上抗拒任何一种形式的改变。我们找到了某种形式的保障，某种形式的永恒；那带给我们一种巨大的满足感，我们就在那种满足感周围建起了一道围墙，并滞留其中。外界的压力只不过是一种偶然出现而又必须接受的东西——去办公室上班以及诸如此类的一切。当你发现从内在和外在都可能发生突变，那么你就必须非常非常深入地探询，并质疑我们所谓改变的每一步。

请务必去探询。你能抛开对改变抱有的所有想法吗？你必须放弃改变，不是从口头上，而是从情感上放弃，而这比口头上重要多了。当你抛开了所有改变的想法，心智中会发生什么呢？终结了改变的心灵处于怎样的状态呢？我这么来讲：否定的心灵状态是怎样的呢？你是如何否定的？有天主教也有印度教，而你否定了它们。此时的心灵是怎样的状态呢？你否定，是因为你要加入别的什么吗？抑或你否定了所有的传道者、所有组织化的宗教？否定一个是因为你要加入另一个，那就根本不是否定。我明白组织化宗教的所有含义，于是我否定了它。但我不知道超越组织化宗教之外的是什么。我彻底否定了它，我什么都不加入。因此我的心是彻底不安全、不确定的。当我发现了改变的无益，我就否定了它；于是只剩下事实，而我不想改变它或者根据它来改变自己。当心灵摆脱了这种改变的冲突，它觉察时就会变得敏锐起来，它意识到自己是迟钝的。

当我说我的心很迟钝，那是因为别人告诉了我，或者我拿自己跟更聪明的人比较才知道自己迟钝的吗？我是如何认识到迟钝的？这涉及一个识别的过程，涉及"知道"这个问题。知道有两种方式——一种是因为你学过了，别人告诉过你了，所以你知道了；另一种是因为你自己发现了所以知道的。你是如何发现的呢？你是通过比较发现的吗？当你提出了所有这些问题，并且发现了改变的无益，那么还会有迟钝吗？此时你是如何看待这个问题的呢？你是从语言上去看的吗？

正如我以前所说，词语并非事物本身，而让观察剥离词语的影响是极其困难的事情。你明白吗？我们此刻是在不带词语地看着事实，而"迟钝"这个词已经传达出了它自身的含义。而不带词语地看着什么，就是直接地看着它，而没有透过词语和符号进行诠释。如果没有词语，那么事实——愤怒、嫉妒或者无论什么事实——将会怎样？不要回答我，先生。这需要非常深刻的洞察。那意味着心灵本身必须摆脱语言，而若要摆脱语言的奴役，你就必须深入探究语言的问题。若要看到事实，你就必须了解改变的无益，同时心灵也不能成为语言的奴隶。你看看其中涉及了些什么。你依靠词句为生。你是一个印度教徒，或者一个基督教徒、一个佛教徒，或者一个共产主义者——这些都是词语。印度国籍——这是一个词。《薄伽梵歌》是一个词，而这个词已经变得无比重要。所以，心灵摆脱词语非常困难，而词语是一种符号。如果你摆脱了词语，那么事实是什么呢？事实是一个词吗？不要回答我。看看这个问题。我是用词语来指代事实的。当你拿掉词语，当词语不再影响你的观察，此时的那份观察就是一项纯粹的行动，不是吗？你能不能看着《薄伽梵歌》，你最爱的书籍，却不带着"薄伽梵歌"这个词呢？你不能。因为整个传统的世界，整个体面的世界，权威以及社会认可那是一本圣书——这一切都束缚着你，你是词语的奴隶。而看到事实，就需要非常深入地探询"改变"本身，而不是这个词。然后你就理解了"改变"，进而摆脱了那个词。

抗拒改变的人是一个已死之人——他也许还活着，他也许去办公室上班，他也许有孩子；但他是一个已死之人，他没有真正地活着。而我们大多数人都已经死了，因为我们抗拒改变；我们保持我们最初的样子，死的时候依然如故。生活——不是印度式的生活也不是美国式的生活，而是活着——需要你粉碎任何一种形式的改变。而当你开始探询改变这个问题，你就必然会发现它是空洞的、毫无意义的。因此抱有理想没有任何意义。当你得了癌症，你就不能考虑理想了——疾病在吞噬你。所以通过探究改变，你抛开了所有的理想，进而抛开了所有的榜样、所有的模式和所有的权威。

你是借助词语进行探询的吗？我们不得不使用词语来交流、做事和行动。但我们也必须不带着词语地去看。你必须不带着植物学知识去看一朵花——这是一个非常复杂的观察过程。当你是这样去看的时候，你就需要无限的、广袤的洞察与冥想。在我讲话的时候，请只是单纯地倾听；为了弄清真相，你就必须深入进去，参透这个问题。如果你从情感上深入探究了事实——不是用词语也不是用符号和结论——那么你自己就会发现事实已经发生了改变，因为你给了它充分绽放的自由。重要的是事实的绽放，而不是词语。事实必须绽放，那绽放之中就有着无限的意义。然而，如果心不是高度敏感的，那意义就无法得到探究或理解，而如果你抗拒改变，就不可能拥有敏感性。

（马德拉斯第三次演说，1961 年 11 月 29 日）

自由从探究自我开始

上几次我们聚在这里的时候，谈到了我们是多么迫切地需要拥有一颗崭新的心灵。我们说"崭新的心灵"，指的不是一颗借助各种形式的改变造就的心灵，而是一颗全新的心灵，它只有在突变、在彻底而根本的革命中才可能出现。这并非只是想象，也不是某种要去追求的东西，而是它需要我们为之付出非常艰苦的工作。你必须非常深入地探究这整个思想的问题及其机制。那颗心并非某种你端坐树下要去冥想的东西，它无法通过追随某种哲学或者参加这些讲话来获得，你也无法漫不经心地、轻而易举地就拥有它。它必须在日常生活中产生、得出。我说的"得出"，并不是通过仿效、服从或约束去遵循我们任何一个人设下的特定模式，而是探究一天之中发生的每一个行为、每一条思绪、每一种感情。因为如果没有自我了解，如果不知道思想和感情的运作方式，我们就只不过是在虚构和揣测崭新的心灵应当是怎样的。

造就一颗崭新的心灵，无疑是可能的。但是带来这种崭新的品质，确实需要某些特性，某种必要的品质，那就是爱和正直。我们大部分人都不知道爱意味着什么。对我们来说，它只是一个我们随意使用却没有太多意义的词而已。爱无疑是某种被精心护卫的东西，我们对它并不熟悉，尽管我们如此流利、如此轻易地使用这个词——爱祖国、爱真理、爱生活，我们谈论着各种各样的爱；而我认为这些东西与爱毫不相干。造就崭新的心灵所必不可少的"成分"——如果我可以用这个词的话——是爱和正直的品质。我说的正直，并不是指任何一种形式或模式的信仰，也不是指就你的生活经验而言的正直，而是指，当你开始观察自己思想的每个活动，没有任何思想藏匿起来的时候，出现的那种正直。你没有着面具，你不再装作并非你实际样子的某个人；因而此时无须戒律，没有想象，没有膜拜；从这里就会产生一种永恒的正直感。我说的是这种正直，而不是抱有信仰并依照那个信仰生活的人，不是虔诚但怀揣某些理想的人，也不是遵守某种戒律、从情感上或理智上力求做到正直的人。这种努力不会带来正直。相反，它们会增加冲突和不幸。而我们所说的正直，是每一分钟都能看到事实的品质，不试图依据快乐和痛苦诠释事实，而是毫无选择、毫无观点地让事实绽放——从这种看到之中就会出现那恒久不变的正直。所以说，爱和正直，这两者是必需的。

你看，爱是一件稀有的东西。它并不存在于家庭中，也不存在于任何关系中。它来自心灵的空无——不追寻，不需索，不渴求。然而，如果我们不了解终结悲伤的迫切需要，爱就不会到来。因为，对我们大多数人来说，悲伤与我们如影随形，它始终在那里；有我们能意识到的悲伤——死亡的悲伤，争吵的悲伤，笑容里的悲伤；当你看到一个村民日复一日地负重走过，日日夜夜长时间劳作不息，此时涌出的悲伤；当你看到贫穷，当你看到一个人是那么迟钝和愚蠢，这时你感到的悲伤；当你没有获得成功，当你只有挫败和痛苦，这时袭来的悲伤；还有随着焦虑和愧疚而生的悲伤。世上有各种各样不同种类的悲伤，我们每个人都为环境所迫，或者因为我们自己的愚昧，以这种或那种方式受困于悲伤之中。悲伤始终在那里，就像一个我们无法逃避的影子一样。你知道你自己的悲伤。所以，有必要深入探究悲伤的整个来龙去脉，并实实在在地终结它，一天也不让它继续下去，因为日复一日延续的任何问题都会扭曲心灵，会败坏大脑的品质。每个问题都必须被立即处理和解决，不带到下一分钟去，这样心灵和头脑就能够永远年轻、纯真、新鲜，永远不会被任何问题或经验所腐化。

所以，如果还有悲伤，崭新的心灵品质就无法出现。悲伤必须从完全不同的角度得到了解，你不能逃避它。你也许能够摆脱悲伤带来的痛苦，但你会制造出更严重的悲伤的问题。你的神明、圣书和仪式，你的妻子和丈夫，都变成了你纯粹用来逃避心灵空虚悲伤这个事实的工具。如果不了解这一点，那么一颗新鲜、年轻而又纯真的心怎么可能出现呢？我说的"了解"，指的是面对你身处悲伤的事实——而不仅仅是找到悲伤真正的原因。你寻找原因，而原因也许是欲望、野心或者长久的不满。原因也许是没人爱你而你渴望被爱，或者你希望拥有更多的金钱、更多的才能、更多的权力。我们知道各种各样的原因，但我们继续日复一日、年复一年地背负着那种悲伤走下去，直到走进坟墓。知识不会消除悲伤，无论知识的疆域有多么宽广、多么辽阔。没有什么能消除悲伤，所以你无处可逃。没有宗教，没有领袖，没有古鲁，没有任何东西能把悲伤清除；你得自己来——那就意味着面对它并把它连根斩除。这是问题之一。

　　接下来的另一个问题就是你要拥有那件真东西，一颗清新而纯真的心。为此，心灵必须摆脱所有权威，而摆脱权威是一件很困难的事情。你也许可以摆脱外在的权威或者要求，也许你还可以有意无意地避开法律。你也许不想交税，但是你迫不得已得纳税，尽管你想通过各种方式来欺骗政府。但你还是得服从，你必须遵守外界的这些要求、外在的法律。然后还有内在的权威，在你努力寻找经验之光、领悟之光的过程中，知识的光芒本身就变成了权威。所以，经验、知识和记忆变成了妨碍心灵纯真的负担。

　　所以，你必须理解权威——它本质上就是对功成名就的渴望，不仅仅在这个外部世界、在这个腐烂的社会上，而且在精神领域也希望成名成家。我们建立起权威——外在有古鲁的权威、书本的权威，无论是《薄伽梵歌》还是马克思主义，内在还有经验的权威，而这种权威要更加苛刻，更加顽固，具有更强的限制性。你必须理解这一点。我们对挑战的反应就是经验。我们无法逃避挑战。生活每时每刻都在不停地带给我们挑战，无论我们有没有意识到。而我们做出反应依据的是我们的背景，我们成长于其中的社会和道德方面的文化，还有那个有着宗教条规、虚荣体面的特定社会的价值观。所以我们总是在不断地堆积着经验。如果你非常深入地观察和探究经验的问题，你就会发现经验无法带来从冲突中解脱的自由。我不知道你有没有注意到这一点。每个事实、每个感受或想法，都有意无意地依照过去来诠释自己；而此时的反应被过去所制约，并被添加到过去之中，然后再去应对新的挑战，进而制约着下一步的反应。

请允许我指出，这不是一场单纯的讲话。这不是某种你听了之后赞同或不赞同的东西，而是你要实实在在地审视自己的头脑，真正深入地探究自己的内心，这样你就能洞察自己大脑的运转过程，以及它所有的反应、记忆、伤害和经历，这样，当你离开这里的时候——如果你真的非常深刻地理解了——那么你就不会只是单纯地重复你听到的某些字句，也不会把它们与你之前听到的、学到的东西做比较，而是你自己已经发现了真相；否则，在我看来这真是一种时间的浪费。所以说你必须认真地、诚恳地倾听。

倾听是非常困难的事情。如果你实际上是在把你听到的和你以前读到过的其他东西相比较，那么你其实根本就没有听。或者，当你确实听到了一个词、一句话或者一个观点，而你抗拒它，因为那是某种新东西，它也必定让你感到不安，于是这就妨碍了你去倾听。又或者，当你听到了什么，你马上想把它转化成行动，然后发现这样一种行动是不可能实现的，于是你就抗拒你所听到的话。然而，如果你能真正去倾听——也就是说，没有丝毫抗拒地倾听，既不接受也不拒绝，既不诠释也不比较，而是实实在在地聆听——那么你就会发现这样的倾听——而不是你赞同与否——会引发一种崭新的运动。这种倾听不是接受宣传，也不是你狂热地奉行某些东西，希望借此消除你所有的问题。所以说确实有这种倾听的行为，如果你这么做，不再只是关心眼前的问题，那么这倾听本身就是一件无比非凡的事情。你知道，我们大部分人都只关心眼前的问题——"眼前"是相对于将来、相对于无数个明天而言的，但那无数个明天依然是眼前的翻版。短浅的眼光被改头换面变成长远的眼光，这是全世界所有政客的做法，不幸的是，这也是所谓宗教人士的做法。而我们所说的既无关短浅也无关长远，而是了解我们心理上、我们的内在所发生的一切，一刻接一刻地面对每一个事实，并跟随事实而动。

所以说权威是一种邪恶的东西，就像权力一样——无论是妻子掌控丈夫的权威，还是丈夫凌驾于妻子之上的权威，或者父母对孩子的权威。尽管他们说孩子是新一代，是新希望，但我们看到的是孩子遵守着我们设下的模式。这就是我们所谓的教育。所以说根本没有什么新一代、新希望；有的只是通过新的一代把过去传递下去。

权威实际上是对安全的渴望，对安全的渴望表现为野心和权威。我们无时无刻不在权威的影响之下——道德的权威，国家的权威，法律的权威，是非对错的权威。请务必跟上，请务必认真听。我们必须对此做些什么，为此我们必须具有巨大的革命精神。但老一代是不会对此采取任何行动的，因为他们现在非常安全，他们的心已处于半睡和半死状态。而年轻人想要的显然是生活得快乐；他们想过得开心，他们想取得人生的成功，所以他们也不会听。然而，也许介于这两种人之间还是有些人是愿意听的，并且也许想要那种革命的自由——不是经济革命、社会革命，而是当你真正地、实实在在地否定了所有的权威时，所发生的那种革命。

若要自由，你就必须检视权威，检视权威的整个构造，把这整个肮脏的东西撕成碎片。而这需要能量，实实在在的物质能量，同时，也需要心理上的能量。但是，当你身陷冲突时，这种能量就被破坏了、浪费了。一旦你开始了解外在和内在冲突的整个过程，你就不仅会发现面对事实会带给你充足的能量，而且你也会开始理解这种冲突——信仰、"应当如何"、你的理想和你自己之间的冲突，想要变得高人一等或者功成名就的渴望，以及人类所发明的一切之中隐含的冲突。你也会懂得，接受冲突是不可避免的，进而把冲突当作某种非同寻常的东西，这些做法的来龙去脉。所以，当你理解了冲突的整个过程，冲突就终结了，你就有了充沛的能量。此时，摧毁了你千百年来建立起来的毫无意义的堡垒，你就可以继续前行了。

你知道，摧毁就是创造。我们必须摧毁，不是摧毁建筑，也不是摧毁社会或经济体系——那种摧毁每天都在上演——而是摧毁你个人理性地建立起来的有意无意、或深或浅的心理上的防御和安全感。我们必须彻底摧毁这一切从而毫无防御，因为你必须毫无防御才能去爱，才能拥有爱。此时你就会看清并懂得野心和权威；你就会开始了解何时需要权威以及在什么层面上需要权威——有警察的权威就够了，无须更多。此时就不再有学习的权威、知识的权威、能力的权威，也不再有会演变成地位的职责所掌握的权威。若要理解所有的权威——古鲁、大师以及其他人的权威——就需要一颗敏锐的头脑、一颗清晰的头脑，而不是一颗糊涂的头脑。你们正在听讲的这些人，并没有孜孜不倦地、坚持不懈地、亲力亲为地深入探究这个问题。你也许会这么做上几天或者一两小时，或者你根本就没有听，但你必然会重返模式之中，因为那个模式中有保障；那里有体面，有金钱和利益，有可以获取的东西，所以你们变成了权威的奴隶；否则，任何宗教都不可能存在。

牧师的权威在全世界都非常强大，因为我们每个人都希望自己的所作所为是安全的、有保障的，永远不被打扰——这是我们真正想要的东西。我们不想要神，我们不想要领悟；我们只想要更多的安全、更多的保障，因而我们堆起权威——不只是书本和古鲁的权威，还有你自己的理论和知识的权威。但是，当你完全推倒权威的堡垒，将它彻底摧毁，此时自身就拥有非凡安全感的自由就会到来。自由的心没有恐惧，因而那个状态之中就有真正的安全——那不是一颗琐碎、狭隘的心的安全感，因为那样的一颗心只不过是在寻找安全和保障。自由的心没有任何恐惧，也不想获得任何成就，它没有权威，因而永远有能力去爱，有能力保持正直。爱着的人，永远地、完全地无所畏惧。

可是你看，不幸的是，我们这里的大部分人都不会为此做些什么。当你回到家里，请一步步地深入探索自己，发现你的权威在哪里，你为什么会抓住它不放。请亲自去非常深入地探究这个问题，花些时间深入进去。然后你自己就会发现你妻子的权威，对你的家庭和孩子的控制，当然你在其中也有控制权——看到权威的整个来龙去脉。如果你一步步非常深入地探究，那么你就会发现权威的重负是多么彻底、多么不知不觉地滑落下来；你无须对它做任何事情。就这样跟随事实而动，让它带领你。让权威之花绽放，看着它绽放而不去阻止，因为它是一朵奇妙非凡的花，你会看到它外在的表现。请跟随外在的表现、外在的事实；每分每秒都深入进去，在你与妻子或丈夫谈话时，在你去办公室与上司谈话时——每一分钟都观察它。从这种观察、倾听和看之中，你就会发现自己完全从权威中解脱了出来。

或者，因为你是一个如此敏锐、机警而清晰的人，以至不经过观察、看和看清的过程，你就可以完全一步跳过，立刻走到这一点上，电光石火间你就明白了这整个结构。也就是说，上帝、神明的庙宇、书籍、知识和经验——一切都消失了，你只剩下一颗毫无负担的心。因此心能够懂得知识的意义和重要性，却不为之所累。斤以，无论是哪一种方式，你都必须奋力探究，然而却没有人愿意这么做，因为人们总是想得到些什么。没人愿意把这个问题探索清楚，因为这里边没有成功、没有前景，带不来更多的金钱、更大的房子、更多的汽车。然而这就是我们大部分人想要的——利益、所得。我们之中很少有人头脑不被金钱和利益所占据，很少有人不实用主义。很少有人敏锐地、不懈地、清晰地深入探索自己，然而只有这样，每个活动、每个想法、每个感受才能得到发现和了解。有时候去试一试，看看那是多么奇特而非凡的一件事。然而，如果你谴责或者辩解，你就会挡住自己的去路。如果你为你看到的东西赋予价值，那么你就阻止了探索，你就阻止了"你实际上如何"这个事实的绽放。你热爱权威，不是吗？你非常喜欢做一个文学学士、工程师、科学家等等，你会跪倒在一个身为这个或那个总裁的人面前。你从来都找不到一个没有任何学位、任何头衔的人。我们也看重言辞，能带来利益的言辞。这就是我们所关心的一切——因而我们所有人的生活都变得非常鄙陋、空虚而乏味。我们很少有人能立刻看到一个事实的真相，因为我们从来没有让心保持自由、机警、清晰和敏感。当你非常清楚地看到了什么，行动立刻就会发生。即使是跟随权威深入到它的根源，你也需要拥有一颗敏感的心，但那种敏感性无法经由幻想或冥想得来。它在你观察一棵树，观察鸟儿、蚂蚁等等时不期而至。

请观察你自己——你如何走路、说话、穿衣、吃东西，在你有闲暇的时候，试着去观察一下你是如何让自己变得非常重要的。去试试看。然后你自己就会发现，去爱、拥有爱是多么非凡的事情。任何有动机、有目的的爱或感情，都根本不是爱，我们只有在毫无动机的时候才能去爱。

你来这里听我讲话，显然是为了得到些什么。可是你根本什么也得不到，你会两手空空地离开。你并没有真正倾听讲者所说的话，你只是听见了正在发生的事情。所以你没有捣毁你在自己周围建立起来的堡垒。

悲伤的终结是对权威的否定。只有迟钝的心会满怀悲伤，而不是敏感的心。只有积累了知识并受困其中的心才会有悲伤——而不是敏感的心、探询的心，也不是在质疑和探问的心。这样的一颗心不寻求回答，它质疑并不是为了找到答案。它提出问题，是因为提问却不寻找答案是一件非常奇妙的事情，因为此时问题就会被解开；这就开启了你自己心灵的门窗。所以，通过这种质疑、观察和倾听，你的心变得格外敏感。因而这样的一颗心有能力去爱，而那种爱就拥有它自身的正直。这样的爱，这样的正直，拥有能够造就崭新心灵的博大品质。造就这颗心的，并不是观念、理论、听无数次讲话和读无数本书，以及无休止地重复字句，而是只有这两样东西——没有动机的爱和正直——能够造就崭新的心灵。然后你自己就会知道崭新的心灵为何物。

你知道大脑和心灵是不同的。大脑本质上是基于感官感觉的。它经由数个世纪被打造出来，受到了教育，也受到了制约。它是记忆的仓库。这个大脑控制着我们所有的思想，塑造着我们的思维；而每个想法又塑造着大脑按某种特定的方式运转。如果你留意过某个科学家、工程师、专家或者技师，你就会发现，当他年复一年接受训练，没完没了地按照某个特定的轨道运转，他也许会成为一个优秀的技工，一名出色的技术人员。但他的心，他心灵的整体非常狭隘，因为他没有探究这整个心灵的问题。对他来说，那个狭隘的东西——专门化的生活——就是一切。他的反应都是针对眼前的每个需要做出的。所以我们的大脑变得无比重要。它本身确有某种重要性，但是若要超越大脑，就需要拥有一颗高度敏感而又安静的大脑，没有睡去，也没有被机械的事物所麻痹。

毕竟，大脑更大的一部分是从动物身上遗留下来的结果——就像生物学家告诉你的那样——而大脑剩下的那一部分还没有研究清楚。我们生活在一个非常狭隘的范围内，从不探究，从不扰动，从不跳出我们熟悉的那个小地方。所以，当你深入探究自己，当你观察每个想法，跟随每个感受的绽放，就会发现大脑可以出奇地敏感而又安静，大脑可以彻底安静下来。然后从这种安静中，心的绽放就开始了。这就是突变，但是我们改次再谈这个问题。

我只是把这些指出来，因为你永远无法让大脑安静下来，除非潜藏在我们内心和头脑深处的权威和悲伤完全地、彻底地终止，除非心灵彻底摆脱权威和悲伤。一颗被社会、被冷冰冰的虚荣践踏的愤怒而扭曲的大脑——这样的大脑永远无法安静；当它安静下来，它就是一颗死去的大脑。只有一颗安静、敏感而又警觉的大脑才能真正开始运转，这样的大脑是发现另一种心灵的基础。

所以，若要走得很远，你就必须从近处开始。若要开始，近处就是你自己。你是离自己最近的东西——不是你的财产、你的妻子、你的孩子，也不是你的神明，而是只有你自己。如果你开始揭开权威的来龙去脉，你就会发现它多么轻易地就从你身上滑落了，尽管那看起来很可怕，尽管一切也许暂时会崩塌。如果你能够迈出最初的一步，将恐惧、希望和绝望抛在一边，那么随后突变就会怡人地、天真地到来；正是那突变能够解答社会、文明和文化中的所有问题。如果没有它，我们就只会变成机器——甚至不是特别聪明的机器。所以，如果你想要彻底地、完全地自由，那就探究你自己，而如果你心怀权威和悲伤，你就无法探究自己。

（马德拉斯第四次演说，1961年12月3日）

拿起你的恐惧，穿透它

前几天在这里会面的时候，我们谈到了正直，以及活得完满的能力。在我看来，理解这一点真的非常重要，因为我们大部分人都崇尚智力。对我们来说，知识已经变得太过重要，理论化的做法、词语的堆砌占据了无比重要的位置，而不是如何从整体上去行动，作为一个完整的人——而不是一个分裂的、矛盾的存在体——去行动。在我看来，当我们如此崇尚智力，我们招来的就不仅仅是退化，而且还有横亘在智力——也就是思考和推理的能力——和生活之间的巨大鸿沟，而生活是整体的、圆满的、完整的。活得圆满而完整的能力即可终止退化。我说的"退化"，不仅指身体上，也包括人类情感上和智力上敏感性的逐渐萎缩。退化的因素比活得完整的能力要强大很多。

如果可以，今天晚上我想讨论或者谈谈这个退化的因素，不只是大脑的退化——思考能力、感受能力的退化——还有作为一个完整的人，没有矛盾、没有紧张、没有恐惧地活着，这种能力的退化。在我看来，恐惧真的是导致退化的一个主要因素，若要理解这整个恐惧的问题，我们就必须了解思想的整个来龙去脉；如果不相当深入地探索思想的过程，单纯讨论恐惧就是一种时间的浪费。但是，在我们深入思想的整个过程之前，我们是不是也应该探究一下人类为什么赋予了思想、智力和知识以如此非凡的重要性？

人们质疑的方式通常有两种——出自反应的质疑，和完全不是来自反应的质疑。我可能因为不舒服、焦虑或者害怕而质疑某件事情；出于这种恐惧、焦虑或愧疚，我质疑生活、现实和社会。我质疑是因为有个反应引发了我的质疑，而这样的质疑会找到一个答案，但这种质疑是局限的、不完整的——因为所有的反应都是不完整的。这就是我们大多数人的做法——我们的质疑来自某个背景、某种反应。

然而在我看来，还有另外一种质疑，它更为重要，也更为深刻，那就是：那种质疑并非出自反应，而是理解了反应并且摒弃了反应，进而能够进行深入的探询。我也许质疑当今社会的价值观，无论它看起来多么正确，我仍然可以质疑它的道德观，质疑这整个体系。但这种质疑之所以出现，是因为我在其中找不到自身的位置，或者我看不到它的价值，又或者我有某些理想要去实现，因而我反抗现有的社会；这种反应会依靠我局限的思维找到一个答案。我认为这种情况很简单，也很清楚。然而另外一种质疑要更加困难、更加伟大，也更加重要——那就是，清楚地觉察环境，觉察社会结构，以及它的道德观，它宗教、政治和经济方面的价值观；觉察这一切却不对其做出反应，进而也不选取任何一种特定的做法，而是不做反应地质疑。

如果我们能这么做，就会发现这是一项艰巨的任务，因为我们依靠反应为生，这些反应我们称之为"积极的行动"——"我不喜欢这样"，所以我做了一件什么事；这种"做"就是一个积极的行动，而它会带来另一些问题。然而，如果我可以看着事实并且不做反应地质疑这个事实，那么事实本身就能够带给我能量，将会帮助我更进一步地深入到事实中去。我们所说的，并非一项智力上的技巧。在我看来，智力只是我们整个生命中非常狭小的一部分。所以，只靠智力生活，就像只培育浩瀚领域中的一个角落，并依靠那个角落的产物为生一样。而完整的生活是培育整个领域，与整体共生——既拥有智力及其所有的理性能力，也拥有情感上的敏感度，能够敏锐地觉察外在的一切：觉察思想、美和别人说的话，觉察所有的疑虑和并无恶意的情绪，觉察思想的所有高超和狭隘之处，觉察思想的一切局限。活得完满就是全然觉知，从那份觉知中，只是质疑而不做任何反应。此时的那份质疑就会变得全然不同，因为答案并不是依照我们的希望、我们的反应得出的，而是依据"现在如何"的事实——那就是让事实充分绽放。

所以，我们并不是从智力上、文字上来探讨恐惧，或者我们谈到的其他任何一个问题的。若要质疑事实、事物本身，你就必须认识到你所受词语的围限是多么强大、多么深重——无论是意识中的还是潜意识中的。词语已经取代了事物本身。当我们探讨恐惧，在我们深入下去的过程中，如果我们不理解词语和符号的整个机制，词语就会变得格外重要；我们误以为词语就是体验。活在体验中是极其困难的事情；所以，词语更让人满意，也更容易限制我们的行为、生活、感受和思考。如果你观察过自己，你必定发现了所有思想都需要借助语言。我们大量的思考都是语言化的过程，是玩弄词句；表达出来的或者感受到的每个想法，都表现为语言和符号的形式。

如果你拿掉词语，那么思想还存在吗？我不知道你有没有仔细考虑过、深入探究过这个问题。大脑如果不借助语言来思考，那它会怎么样？如果大脑发觉自己是语言的奴隶，意识到语言的局限，并把那些符号的含义抛在一旁，那么思想会怎样呢？此时思想不会再制造问题，因为此时你是在一刻接一刻地与事实，而不是与关于事实的想法共处。所以，如果我们能够真正抓住词语的实质，发现它的局限并进而把它抛在一边，那么除了单纯作为沟通的手段之外，词语将不再具有任何意义。词语的使用导致了非常多的误解。我也许会用到某个词，比如"爱"，而你会以各种不同的方式来诠释它——它应当如何，不应如何，什么是圣洁的、神圣的爱，如此等等，到处都是划分。在我看来，爱根本无法分门别类，它就是生活，它就是一种存在和生活的品质。这个词对你来说意味着一件事情，对我来说则意味着完全不同的另外一件事情。所以沟通变得几乎不可能，因为你总是依照你的已知、你的经历或者别人告诉你的一切来诠释词语。所以你不能仅仅使用词语，而且必须看到词语在使用过程中变成了一个多么突出的难题，它是如何导致误解的——也就是说你必须极其警觉地看到词语以及对词语习以为常有多么危险。

觉察到什么，是一个极其复杂的过程。我觉察到你，你也觉察到我——你看到了我，我也看到了你。你以某种方式、带着某些词语和知识来看待我；你并不了解我；你知道我的名声，你知道我有什么想法。我实际上也根本不了解你。然而如果我想了解你，我就不能对你抱有先入为主的看法——那就意味着没有判断、没有评估，而是只有这个事实：你在那里，而我看着你。这真是出奇地困难，因为我内心也许抱有看法，也许没有。毫无观点、毫无选择地看着什么，实际上就是觉察。这并不复杂，也不是什么神秘的东西。你如此觉察，于是开始懂得无限，能够以非同寻常的视野去看待生命万物，看待每一条思绪、每一个感受。那么，觉知这些树——我们大部分人从来都不去看那些树，从来都不知道它们长什么样；我们哪怕从植物学上都对它们毫不熟悉——觉知就是足够敏感，能够看到树木的美或者落日的美。请跟上这些。这并不是什么不相干的东西，而是与我们将要谈到的事情紧密相关。

所以对我们来说，觉察只不过变成了一个习惯——去办公室上班，坐上巴士，跟妻子讲话、争吵，等等。我们落入了某个习惯之中，而习惯的机制则是从来不想受到打扰。我们从来不想感受我们的习惯之外的东西，因为拥有深刻而生动的感受会令人非常不安。所以，为了避免这种不安、痛苦和不适，我们逐步建立起一堵抵抗的围墙，并生活在那道围墙之内，进而逐渐变得迟钝、乏味和低效。而我们必须觉察到这个因素——我们迟钝，是因为我们拥有不计其数的传统、观念、想法和评判，是这一切让我们变得琐碎、乏味和愚蠢的。我们必须觉察到这一点，而不说："我要保留这个，但不保留那个。"我们必须毫无选择地、完整地觉察影响、习惯和传统，以及作为一个印度教徒、基督教徒等等所受的制约。完整地觉察这一切就意味着整体上的敏感。所以，觉察并非只针对外在的事实——肮脏的马路，愚蠢的社会，腐烂、败坏而又毫无意义的宗教，对《薄伽梵歌》的反复诵念，以及书本的权威。你必须觉察到所有这些事实，同时也觉察到：你从来没有看过一棵树，从来没有与美丽非凡的大自然有过任何交融。觉察到所有外在的事物，然后觉察到你对外界事物的反应——那是由外而内的运动，而内外是不可分割的——觉察到外在的事实和内在对它们的反应，觉察到对那些反应的体验，这就是全然的觉察。而全然觉察需要一颗非常警觉的心，一颗非常敏感的大脑，而不是被五十年来的工作变得迟钝的大脑。在某个特定的职业中做五十年的专家，确实会对你的大脑产生影响；无论你从事什么，那都会破坏你的能力。一旦你停止工作，你就会萎缩，你就会死去。如果你始终生机勃勃，每一分钟都在敏锐、警觉地观察，觉察肮脏的马路、办公室的上司及其丑陋的行径和实施的控制，觉察这整个人类文明，那么去办公室上班就不会成为一件破坏性的事情。

对我们大多数人来说，词语已经变得太过重要。拿"神"这个词来说，这个词对你们的影响有多么巨大，真的可以说是惊世骇俗！如果在俄国、在共产主义世界使用这同一个词，他们就会加以嘲笑。而若要发现究竟有没有"神"这回事，词语连同它带给人类的所有经验都必须一并消失。所有的形象、象征以及所有导师的观念——都必须消失，才能发现神是否存在。这需要巨大的能量、活力和动力；而只有你否定了词语这种虚假的东西，你才能拥有这样的动力和能量。"神"这个词本身毫无意义，因为你被这个词深深地制约着。

于是你开始意识到，不仅在意识层面，而且在我们无意识的深处，在我们生命最深最遥远的角落里，词语已经变得何等重要。我们是词语的奴隶——比如妻子、丈夫、儿子、家庭和国家之类的词语。而我们必须毫无选择地觉察这些词语，不说："我要保留这个词，但我不想保留那个词，因为它让我不满意。"当你觉察到某个词意味着什么，晓知了那个词的所有含义，此时那个词就失去了它的意义；于是你就不再是那个词的奴隶了。你必须来到这个状态才能弄清真相；而由于大部分人都靠词语为生，所以你就被赶出了人群，而这是你不喜欢的事情——总是独自一人。所以你依赖词语，进而再次回到社会的闹剧之中。你必须看清词语具有的整个内涵；觉察到这一点之后，你就完全摆脱了词语，你就是在和事实而不是和词语打交道了。

知识对我们来说已经变得非常重要，而电脑正在取代我们的知识。你现在都可以给它们下达口头指令了。它们具备人类拥有的或者即将拥有的所有知识。所以说机器正在渐渐占据主导，知识很快就会变得毫无意义。因此，若要机警地觉察词语，不被词语所困，你就必须推翻你学到、听到的一切，推翻所有传统；推翻一切，摧毁一切，才能弄清真相——也就是要不带反应地去质疑。此时你也许就会发现真理是否存在。而你发现的，别人无法体验。

因此我们看到了我们是词语的奴隶，我们不敏感，而只是在重复和模仿，因为模仿和重复之中既有心理上的安全也有生理上的安全。生活在词语的监牢里，属于某个国家、某个群体，属于你的家庭，能够带来巨大的安全感。"群体"一词的背后，"国家"一词的背后，有着巨大的保障，一种活得安全的感觉。那么，在探讨过这些之后，我们来谈谈恐惧是什么。

我们每个人都心存恐惧。我们有各式各样的恐惧，或者说我们内心有多种恐惧，有很多很多恐惧——害怕死亡，害怕公众舆论，害怕社会，害怕丢了工作，害怕不被人爱，害怕不成功，也害怕别的一堆事情。你知道你自己害怕什么——害怕你的妻子、你的丈夫、你的邻居，害怕关门之前没有及时赶到，还有各种各样别的恐惧。

拿起你的恐惧，穿透它。我会从语言上探究它，但你必须穿透它；否则它就没有意义。你拿自己一种特定的恐惧为例，然后在倾听讲话者的过程中，你就会发现如何面对那种恐惧并将其完全消除——不是消除某种特定形式的恐惧，而是消除一切恐惧。我说这是可能的。

请不要接受我说的话，因为我不是一个权威或者古鲁；相反，你自己就能发现心灵或者头脑——无论你称之为什么——确实可以处于一种彻底摆脱恐惧进而毫无幻觉的状态。但是，若要理解恐惧，你就必须理解思想，因为是思想制造了恐惧。思想是时间，没有思想就没有恐惧。因为我们有时间，因为我们有思想，所以才有恐惧。如果我们直面一个真切的事实，内心就不会有恐惧。如果你下一刻就会死去，那么你就只能接受，此时并没有恐惧可言。然而，如果我说你后天会死，那么你就有48小时来担心这件事情，为此忧心忡忡。所以说时间就是恐惧，思想就是恐惧，而思想的终结，时间的终结，就是恐惧的终结。我不知道你有没有明白这些。

所以，除非你理解了思想的机制，否则恐惧还会继续。无论你做什么，去参拜任何一座庙宇，寻求任何一种逃避，去找女人、看电影、反反复复诵读《薄伽梵歌》——你都不可能终结恐惧。若要终结恐惧，你就必须了解思想的机制以及时间的问题。

思想是什么？思想无疑是对挑战的反应，不是吗？而挑战无时无刻不在向你袭来。没有哪个时刻是没有挑战的，所以应对挑战的反应始终存在，这就是我们所说的思想。我问你："思想是什么？"问你的那一刻，你就试图去找到一个答案。而在试图找到答案的过程中，问题和回答之间的时段和时间间隔之中就有着思想机制的运作，也就是有着那个反应的动力或者活动。所以说思想完全是机械的，它既可以非常理智，也可以非常不理智，既可以错乱、失衡、愚蠢，也可以非常非常聪明和有启发性，等等。所以，当你观察自己的思想，你就会发现所有的思想都是记忆的反应。先生们，请务必注意听这一点。这个问题必须得到非常清楚的了解。所有的经验都是知识进而是记忆的积累。所以思想仅仅是反应而已，它受到了制约和局限，因而是机械的。每个想法都在塑造心灵，每个想法都在制约心灵、视野和反应；所以你必须了解思想——不是别人的思想，而是你自己熟悉的思想，当你去办公室上班，当你与妻子讲话，当你在这里听讲，当问题被提出来，当你看到或美丽或丑陋的事物时，在你身上运作的思想。所有这一切，每一个反应都是记忆也就是识别的产物，这些都以经验为基础。除非你了解了这个机制，否则思想不会终结，因而恐惧也不会终结。你可以说"我要反抗恐惧，我要逃离恐惧"，为了逃避恐惧你可以尝试各种花招——这就是我们大多数人的做法——但它始终在那里。然而，如果你想非常深入地探究恐惧，并将它彻底根除——我说这是可能的——那么你就必须了解这个所谓思想的机制，看看它能不能结束。

你知道，人会有出于自我保护这个意义上的恐惧：比如说，你看到一条蛇，身体立刻就会做出反应。这是正常的、敏感的反应，我说的不是这种恐惧，这是一种自然的自我保护反应。然而，若要搞清楚哪里的自我保护反应是心理上的而不是身体上的，觉察到心理上的恐惧会控制我们的活动、我们的观点、我们的行为、我们的思想，就需要非常敏锐、清晰而又客观的思维；任何事情都不能想当然。你非常清楚地看到，不仅在意识层面，而且在无意识的深处，存在着各种各样你完全不熟悉的恐惧——种族的恐惧，对传统的恐惧，害怕你也许上不了天堂，因为从小就有人这么告诉你。如果你是一个天主教徒或者新教徒，等待着你的就是地狱；恐惧就在那里，你也许拒绝承认，你也许会说"我已经脱离了教会"，但内心深处依然有恐惧存在，你必须把它带到你的意识中来。而只有通过探究思想的整个过程，进而在一天中的每时每刻觉察到每一个想法，因而晚上从不做梦，这样你才能做到这一点。因为你整天或者说一天中的每一分钟都意识清醒、充分觉察，都在机警地留心、观察、检视以及质疑，所以潜意识把它所有的暗示都释放到意识之中，进而再也没有必要做梦；当你睡去，那就是一种截然不同的睡眠。我们暂时不会探讨这个问题。请不要说"我要等着听你讲这个问题"。

所以，弄清思想这个问题，非常重要。思想产生了恐惧——害怕人们会说些什么，害怕死亡，害怕疾病。假设你生病了，遭受着病痛；你想着过去，你再也不想遭受痛苦了。所以恐惧是因为对已知事物的思考而得以产生的。你知道你必然会死；你难逃一死，所以你想着这件事情，于是就唤起了对死亡的恐惧。这就滋生了时间，心理时间——不是钟表上的时间，而是昨天、今天和明天这样的心理时间。

所以，觉察到这一切——是思想产生了恐惧——对思想极其深刻的了解会让思想停止，因而你就能够如实地看待生活，而不是透过词语、观念和传统的屏障去看。这实际上意味着内心没有任何问题。毕竟，问题只因为我们没有了解事实才存在——无论是什么事实，人类的事实还是科学事实。恐惧会变成问题——我害怕丢掉工作，我害怕公众舆论，还害怕一大堆别的东西。当你面对事实，恐惧就会终止。而只有你对事实不抱任何看法，不否认，也不依据你的背景去诠释它，你才能面对事实。一个智慧的人必须做到这些，因为恐惧会破坏，恐惧会腐蚀，恐惧会制造幻觉；所有的神明都是人们出于恐惧制造出来的。当你真正做到了这些，内心就再也不会恐惧，进而不会内疚，也不会有任何渴求、希望和绝望；于是心只与事实共处，因而没有任何问题。这点是可以做到的，但需要极其警觉地观察到思想和感情的每个活动。

做到这一点，是冥想的基石，是冥想和进一步探询的基础。然而，一颗恐惧的心若没有非常深入地探究这个问题，就无法做到这一点。你必须摧毁所有围墙、所有保障、所有观念、所有词语；只有此时你才不会制造幻觉——你的大多数神明都是幻觉，而不是事实。所以说这是基础。一颗心、一个头脑若理解了语言的危险，因觉察而变得敏感，一颗大脑如果没有任何问题——这颗心、这个大脑就会变得出奇地安静，并且非常敏锐；只有此时，一种别样的突变才可能发生，这是一颗崭新、年轻、新鲜而又纯真的心发生的突变。只有这样的一颗心才能走得很远，只有这样的一颗心才能发现那不可衡量者是否存在。而一颗狭隘、琐碎、恐惧并且记挂着各路神明的心，根本没有任何意义。这就是我们需要一场巨大而深刻的革命，一场心理革命、一次突变的原因，那是当你面对事实时才会发生的一种突变——而不是借助思想引发的改变。于是思想终结了，进而时间也终结了，此时就会有一种永恒的状态不期而至。

（马德拉斯第五次演说，1961年12月6日）

一颗安静的大脑可以毫不歪曲地观察

我想和你们一起来探讨一个非常复杂的问题。我说的"问题",指的是某种我们不理解的东西。每一个问题似乎都与我们纠缠不清,我们的头脑或内心所触及的一切都变成了问题。问题无疑是一件你没有解决的事情,一个你没有完全理解的事实,或者以未完和未解的问答的形式,紧随我们身后的一次经验。

如果可以,今天晚上我们来探究一件需要我们全然关注的事情。我说的"关注",指的完全不是专注。在我看来,专注是一个相当狭隘而又颇具破坏性的过程,尽管它在某个层面上也有一定的用处。但觉察是某种完全不同的东西,所以这次讲话的一开始我想先讨论一下这个问题,因为我觉得我们应该懂得觉察和专注之间的区别。我们迫切需要改变,当今世界的局势和我们自己的生活,是如此平庸、如此乏味,没有多少意义,这些都急需改变。我们确实需要一场根本的、深刻的转变,需要一次突变,而不是改变。

而这种转变、这种突变无法由思想引发,因为,正如我们前几天所探讨的,思想非常有限。思想只是来自记忆的一种反应,而记忆是非常有限的。行动中记忆的集合,跟行动中的觉察不是一回事。记忆变成了行动中的技巧和方法。学到了某些东西之后,我能把它应用出来——我们大多数人都习惯于这样运用机械知识或者能力。然而,这样的能力、知识或者方法限制了、约束了我们的自由。我知道这些词的含义,我是故意这么用的。

如果可以，我想请大家注意听，这样才能搞清楚讲话者的意思。然而若要搞清楚，请不要一开始就解释，不要说："这是他的意思，那不是他的意思。"请一直听到讲话的最后。倾听，非常注意地聆听，是一门非常有难度的艺术——不是带着知识去听，也不是努力集中精神去听——因为那样的话你就会激起整个记忆的反应。相反，倾听与此截然不同——我马上就来探讨这个问题。你越是专注，你拥有的知识或者能力就越多。你拥有的能力越多，你就越擅长把自己的注意力集中在某件事情上，好把能力发挥出来。你知道专注引发的行动——我们大部分人都有这样的行动。技工、律师、工程师、专家、技术能手——他们都专注于行动，那是知识、经验和方法的产物；所以那些东西限制了他们的觉察，限制了他们生命的完满。而如果你在我讲话的时候试验我说的话，你就会发现专注和觉察之间存在着某种不同。

　　觉察是把一切——掠过天际的乌鸦，树上盛开的花朵，坐在前面的人们，他们衣着的颜色——都纳入进来的一种心灵状态。广泛地觉察，这需要机警地观察，把树叶的姿态、枝干的形状，另一个人头部的轮廓以及他在做什么，都尽收眼底。广泛地觉察并从那里行动——这就是觉知一个人自身生命的整体。仅仅拥有某个局部的能力、片面的能力或者支离破碎的能力，追求那种能力，并从那种有限的能力中得出经验——这让心灵的品质变得平庸、局限、狭隘。然而，觉知一个人自身生命的整体，通过觉察每一条思绪和每一种感受而获得了解，从不限制它们，让每一条思绪、每一个感受都充分绽放，进而保持觉察——这与能力非常有限的专注或行动完全不同。

　　让一条思绪或者一种感受绽放，需要关注——而不是专注。我所说的"思绪的绽放"，指的是给它充分的自由，看看会发生什么，看看你的思想、你的感情之中发生着什么。任何事物的绽放，都必须拥有自由，必须拥有光明；它不能受到局限。你不能赋予它任何价值，你不能说："这是对的，那是错的；应该这样，不应该那样。"——那样的话，你就限制了思想的绽放。它只有在那样的觉察中才能绽放。所以，如果你非常深入地探究这个问题，你就会发现思想的这种绽放就是思想的终结。而这就是我今天晚上想要探讨的内容——那是冥想真正的开端。我是故意用"冥想"这个词的，因为它对我们每个人来说都有着不同的含义。对某些人来说，它意味着重复字句，躲进角落，闭上双眼，反复诵念某些词句，或者把精力集中在某个想法、某个形象上——这些都是专注的行为——那实际上是在限制思想，进而是在限制生命。让一条思绪充分绽放，或让一种感受充分舒展，并把它们追究到底，并不意味着沉溺于思想或沉溺于感受。在每个感受、每个思绪出现之时，给它如实呈现的自由，深入探究它，搜寻每一个角落、每一次呼吸、每一个角度，搞清楚它实际的样子——如果你只想限制它，它就不可能绽放。

我们需要行动。生命中必须有行动，否则生命将不复存在。然而，如果你非常仔细地检视你的行动，你就会发现它以知识、能力、记忆和动机为基础。而这样的行动必然会限制整体的表达。探究整体，探究思想和感情的整个过程，弄清这一切背后是什么，就是冥想的过程。

所以，这就是我今晚想要探讨的内容。我也许用了一些你不太熟悉的词语。它们不是有着特殊含义的技术词语或者术语，而是有着普通的词典释义的普通词语。有几件事情我们得先弄明白，比如经验，我们也得了解为冥想打下基础需要些什么。我先来探讨一下冥想需要什么——是基础，而不是你通过冥想能得到什么，也不是你会不会拥有心灵的安宁；如果说"我必须拥有内心的安宁"，那就太幼稚、太傻、太愚蠢了。如果你野心勃勃，你就无法拥有内心的安宁，而对内心安宁的渴望——很不幸把它叫作"内心的安宁"，无论那代表的是什么意思——只会造成停滞不前。所以我想探讨这个问题：首先，冥想需要什么？或者说冥想必不可少的基础是什么？这意味着行动，而不只是理论。而突变正是这个基础的核心。

我们大部分人的心灵都是琐碎、肤浅和相当迟钝的——这就是平庸。一颗平庸的心可以没完没了地反复诵念东西方的圣书。它可以追随一个体系，体验到某些兴奋和刺激，但依旧是一颗琐碎的心，一颗肤浅的心。这是一个心理事实。一颗整天想着神明的狭隘心灵还会依然狭隘下去，因为它的神明就是狭隘的，这是一个事实，无论你接受与否。所以，打破狭隘的心很重要。平庸的世界观，狭隘的家庭观，局限重重的探询，这些都是一颗琐碎心灵的表现，一颗狭隘、局限、肤浅和迟钝的心灵所具有的表现。

那么，这颗迟钝的心要如何才能被打破，这颗狭隘的心要如何才能推倒围墙，粉碎它所有的形象、观念、希望和绝望呢？这是我们首先要探询的。请不要说你的心是个例外，你不平庸，别人才平庸。让我们把这种探询带入个人，把它个人化，这样当你深入探究时，你自己的狭隘就会被打破。

所以我们关心的是，这颗琐碎的心必须发生突变，某种全新的东西必须发生在这颗狭隘的心灵之中——那意味着这颗琐碎的心不再是一颗平庸的心——因为琐碎的心、平庸的心无法探询；它只能追随，它只会重复，只知道拥有古鲁和领袖以及诸如此类的东西。而如今的整个世界或多或少都是狭隘的、局限的，并且追随着领袖。打破这颗狭隘的心，显然已经迫在眉睫。那么，如何才能做到这点呢？思想能做到吗？当然不能。一颗狭隘的心想着自己的狭隘，衍生着依旧狭隘的思想，它是无法打破这种狭隘的。所以，思想并非出路——这并不意味着我们不应该理性，而是说你能够看清思想的局限。理解这一点非常重要。

正如我所说，请认真听我讲，只是倾听，既不赞同也不反对。因为，我并不想进行任何宣传，我也不想说服你什么。所以，你可以放松下来。之后你可以回到你旧有的模式中去，或者随心所欲地做你喜欢的事。但是，既然你不辞辛苦来到了这里，就请你认真倾听并弄清真相。如果你只是依照你之前听说的、知道的东西，根据某些权威所坚持的说法，来诠释你听到的话，那么你就无法弄清真相。然而，请你倾听——这并不意味着你必须抛开你批判的能力，也不意味着你不可以质疑我所说的一切。只有当你警醒和觉察之时，你才能质疑，只有你并非仅仅专注于讲话的一部分而忽略其他部分时，你才能倾听。若要倾听，你需要关注，而不是专注。

所以，一颗琐碎、狭隘的心无法应对生命中庞大的难题。回归过去，回归印度教的传统，或者复兴基督教，复兴这个、复兴那个，根本无法解决这些问题。你需要一颗新头脑，一颗崭新的心灵——而不是培养了某些能力的琐碎心灵。

因此，你需要一颗崭新的心灵，来做出一系列全新的反应和一系列崭新的行动。只有当我们懂得了如何打破我们生命当前的制约，不是从社会或经济角度，而是从内在、从心理上和精神上去突破，这颗崭新的心灵才能诞生。我用"精神上"这个词用得很谨慎，它在这里指的并不是"宗教上"——因为对我们大多数人来说，宗教已经变成了一件没什么意义的劣质赝品。朝拜寺庙，或者奉行印度教的礼拜仪式，读上十分钟的《薄伽梵歌》，或者无论你做什么——这些根本不是宗教。我指的也不是属于某些组织或者团体——那些也是一颗琐碎心灵的做法。国家主义实际上正是一颗狭隘心灵所处状态的写照。而这个世界需要的是崭新的行动，不只需要从经济上、社会上，而且需要从精神上、心理上，从内在采取一系列截然不同的新行动。所以说一场突变亟待发生，而这种突变只有通过关注才能发生。

如何才能带来这种关注呢？——不是寻找一种方法，因为方法意味着练习，而练习意味着重复进而形成习惯，而习惯正是平庸的本质所在。你必须首先看清我们面临的难题，那就是我们琐碎而平庸，这是个事实。

然而我们必须找到答案，必须找到摆脱这场混乱的出路。而这需要一颗全然不同的心——而不是一颗经过某种改革的心。造就那样的一颗心可能吗？又如何实现呢？这就是我今天晚上想和你们一起讨论的问题。

现在，我们来讨论几个不同的问题，比如经验、嫉妒、行动以及思想产生影像等这些问题。接下来，我们将探询这些问题——也就是质疑，非常非常深入地探究这些问题。我请求大家理解这些，不仅仅从字面上，而且要实实在在地、真正地领会——那就是观察你自己的反应，观察你自己的心灵状态和体验状态。

我们说的经验是什么意思呢？因为，指导我们大多数人的，显然正是我们从经验中得出的知识，无论是我们自己的还是别人的经验、团体的还是种族的经验。经验是种族遗传下来的某些知识、某些传统；那些传统和知识是经验的衍生物，而经验是对刺激的反应，这种被激发出来的反应会留下我们称为"知识"的残余。如果你观察这一点，就会发现这非常简单明了。你拥有经验，这经验是挑战和反应的产物。你受到了刺激，然后依据你的记忆做出反应，这整个过程就叫作"经验"。而我们靠感官感受和经验为生——经验正是以知识、信息和记忆为基础的。每种经验都会因为它本身的局限而加强我们的记忆。所以经验并非解放的因素。经验会教你机械的事物——机械地做什么或者不做什么。如果你是一个工程师，你必须拥有大量的知识才能建造桥梁、摩天大楼或者发动机。为此，你必须拥有知识；为此，你必须拥有经验，从很多人那里得到的经验——这就是所谓的科学。然而，经验，心理上内在的经验，只不过是对外界刺激的反应，这种反应受到其自身局限的影响，会制约心灵，因而无法造就一种崭新的心灵品质。如果我是个印度教徒，我心里留有某些记忆、某些传统，我就会依照那些传统去体验生活。这些经验会进一步增强过去，而我就依照那些过去做出反应、采取行动。

然而，当今世界的危机，如今的生存状态，需要一颗别样的心灵，需要一种全然不同的应对方式，而不是脱胎于过去的反应。因此，世界需要一种崭新的行动，所以不能再依赖经验去行动，无论是实用主义的经验还是实际的经验。你不能指望经验，因为如果你依赖它的话，你就会唤醒过去——而这种做法会变得机械。但生活并不是机械的。所以，你必须用这样的一颗心去应对生活：它了解了经验的整个本质，给经验以充分绽放的空间，进而摆脱了获得更多经验的需要。

我们所有人都希望得到经验，不是吗？越来越多的经验，越来越多的欢愉、快乐，越来越多的这个或那个，看到更多的影像，内心拥有更多的安宁——这些我们都想要。因为我们已经厌倦了眼下的生活经验，我们想要更多。然而，当我们想要更多的经验，那就意味着想要更多的感官感受，这些感受将按照过去来诠释，因而会巩固过去；所以这不是打破过去，而仅仅是过去的延续和调整。如果你非常清楚地看到了这一点，那么你就会发现确实存在一种完全不寻求经验的心灵状态。

我会换个方式来说这个问题。我们大部分人都依赖于挑战和反应——外界的挑战以及对它的反应。这就是我们的生活；否则我们就会睡去。这个世界的压力无处不在，工业、科学和战争的压力，我们都不得不去应对。外界有挑战，然后我们去应对。而这种应对脱胎于我们的背景、我们的知识、方法和能力。然而，如果你不依赖于外界的刺激、外界的挑战，而是每一分钟都拥有你自身的挑战，那么你就是在挑战一切——而这比外界的挑战要强大得多、重要得多。如果你摒弃了外在的挑战和反应——你在深入探究并消除整个经验问题的过程中就可以做到这一点——那么你就会发现你拥有了一种崭新的心灵品质，它不再指望经验作为知道如何行动的手段——不是在机械事物方面，而是在生活中如何行动。

我希望我把这点说清楚了。一颗拥有经验的心，是一颗非常局限的心。它具备某个特定方面的能力，但我们面对的不是生活的碎片而是生活的整体。而若要了解生活中整体的行动,那么刺激以及对它的反应——无论是外在的还是内在的——都必须终止,一种全新品质的行动必须发生。只有我们懂得了经验的全部含义,包括种族的以及个人的、集体的、家庭的经验,这种行动才能发生。

此时,如果我们理解了经验的复杂微妙,懂得了它虽然无限庞大却又琐碎渺小,我们就会发现经验无法造就一颗新鲜、年轻而又纯真的心,而这样的一颗心经历了突变,正是突变的本质所在。

接下来我们需要探讨一下整个嫉妒和野心的问题。一颗野心勃勃的心是一颗腐朽的心。一颗野心勃勃的心不可能懂得冥想是什么;它从功绩、成就、实现的角度思考问题。一个人有可能毫无野心地活在这个世界上吗?你知道野心意味着什么。它包含了无情,其中没有爱,没有同情,没有慈悲——每个人都借用国家、和平和上帝之名为自己谋取利益。所以这样的一颗心,总是与自己和邻人处于冲突之中。野心就意味着这一切,一个野心勃勃的人从来不爱自己所做的事情。他只是在利用他所做的事情去往别处,因而他的行动是实现其他目标的手段;这样的一颗心没有美德可言。

美德的精髓即是谦卑,而美德就是秩序。秩序并非过去的延续——那只是习惯——而是一刻接一刻的秩序,一刻接一刻、每一分钟都把房间清扫干净,因而没有积累,没有傲慢,没有骄矜,只有谦卑。一颗野心勃勃的心永远无法拥有谦卑感,因而不是一颗富于美德的心;野心勃勃的心正是冲突的核心。可是你会问:"我们要如何才能毫无野心地生活在这个世界上呢?我怎么能去办公室上班却余生都当个小职员呢?我想往上爬,我想成为大人物,我必须野心勃勃才能生存下去。"确实如此,社会结构就是这样设置的,带来的后果就是如此。然而,如果你开始探究野心的问题——而不说,"我们必须活下去,我们必须如此,因为社会结构就是这样设置的,我们必须遵守,所以我们必须野心勃勃"——

那么你就会发现你可以活在这个世界上而毫无野心，而就在探究野心的过程中，你就会爱上你所做的事情本身——而不是它会带来什么好处——所以你会以更强的能力和更大的热情去做那件事。同时，你也不会总是拿自己做的事情跟别人做的事情做比较。因此，职能和身份是两回事。如果你热爱你所做的事情，就不会寻求身份——那是野心，是利用那件事情取得威望、权力和地位。

所以，一个人如果想拥有一颗崭新、年轻和新鲜的心，就必须彻底摆脱野心。因为，野心意味着竞争，我们从小就是在竞争的环境下成长起来的——在学校里竞争然后成为某某人物，然后竞争一直延续到这个世界上和我们的整个生活中——成为某某人物，就意味着暴力和无情，其中没有爱和同情。

一颗在日常生活中野心勃勃的心怎么能知道冥想是什么呢？它怎么可能去冥想呢？它可以靠安定剂让内心平静，它可以重复字句，它可以欺骗自己，它可以看见佛陀、基督或者甲、乙、丙的影像，但它在日常生活中依然是野心勃勃的。所以，这样的冥想，这样的探询，这样一种找到平静的方式，都只不过是自欺欺人的花招，毫无意义可言——而这就是我们所有人都在做的事情；我们把手伸进了别人的口袋却在谈论着神明。社会尊重野心勃勃的人，尊重名人，声名显赫的人，照片登上报纸的人——因为我们每个人都希望自己的脸出现在那些照片里。因此我们实际上腐化不堪，尽管我们谈论着爱，谈论着家庭、善良、美德、神和宗教。所以，发源于野心的行动——无论是为了个人、集体、国家还是为世界树立的野心——都是不行动，因为这样的行动会造成不幸，就像你在这个世界上实际看到的那样。所以，国家主义已经变成了一种毒药。

当你理解了这整个野心的问题，并在你的日常生活中觉察到它——不是从字面上、理念上，也不是作为最终要去实现的一个想法或者理想，而是实实在在地觉察到它——你就会发现，从那份觉察中就诞生了一种崭新的行动，那是一种没有丝毫努力和挣扎的行动，因为你已经豁然开朗。你发现了野心的真相，对真相的洞察进而带来了解放。所以你是在自由地行动，没有任何勉强、任何恐惧。这同样适用于嫉妒的问题。

我们腐败的社会建立在获取的基础之上——不仅仅是获取物质，而且也获取知识和能力。如果你具备很强的能力，你就会获得尊重；如果你拥有丰富的知识，你就会被看作一个非常有学问的人。而这种营营役役的求取——获得、收集、积累，不仅从内在，而且外在亦如此——是时尚，是大家热衷去做的事情。而嫉妒的本质正是贪得无厌。如果你停止获取，你就不会再嫉妒。请理解这些；你也许不会这么做；你也许根本不会对我们所说的问题采取任何行动。

请注意听我说的话。看看你的生活是怎样变成如今这个样子的——不幸、悲伤、挣扎，从你出生的那一刻一直持续到你生命的终点，你感受到的痛苦、焦虑、恐惧、愧疚以及不计其数的伤痛，还有无聊、责任和义务，其中没有爱，没有慈悲；什么都没有剩下。这就是你的生活，你不会因为我说了这些事情而做出改变。但是，如果你聆听了某种事实性的、真实的东西，它并非宣传，也不试图强迫你做什么或者以某种方式思考，那么你就会不知不觉地做出改变。如果你觉察到你真实的生活本身——所有的痛苦、不幸和肤浅——从对事实的觉察之中，突变就会发生，而且毫不费力。这就是我们所关心的一切——只需要看到事实。同时，带着怎样的清明来看待事实，这很重要——而不是你要对事实做些什么。你对事实无从下手，因为你的生活太过局限，你深受制约。你的家庭和你的社会都太过庞大可怕，它们不允许你有所作为。不幸的是，只有少数人能够从中突破。然而，如果你只是单纯地倾听，如果你只是单纯地看清事实——事实究竟如何，这一切是多么不幸、乏味和浅陋——那么对事实的观察本身就足够了。如果你不对抗它，如果你不说"我什么也做不了，所以我得逃避"，那么那份观察就会对你起作用。每天都观察你的生活，首先清楚地觉察到它。然后，从这份觉察中，就会毫不费力地诞生一种行动，因而这种行动永远不会是满怀嫉妒、贪得无厌的。

所以，当你理解了经验的问题，当你懂得了野心和嫉妒——那正是我们琐碎、浅陋的社会和经济生活的本质——那么你就为进一步的探询打下了基础。如果没有这个基础，无论你做什么，你都无法走远。如果没有这个基础——没有从意识层面以及深层的潜意识理解整个经验的过程，野心腐蚀性的影响以及嫉妒的浅陋——你就无法继续前行。这个基础就是冥想的基础，这就是冥想之美。冥想是一件无比非凡的事情。现在我就来探讨这个问题，不是从理论上，也不是让你说佛陀是这么说的，商羯罗或者基督是那么说的——那些都是重复性的、浅陋而空洞的言辞。

冥想的基础也是正直的基础——不是从社会或经济角度而言的正直，而是自我了解这种正直。当心灵打下了这个基础，思想会怎么样呢？此时思想的位置在哪里呢？我们一直运用思想去获取、去达成、去实现；我们运用思想以期拥有更多的经验，去选择或者避免某些经验。

所以，当你理解了经验、野心和嫉妒，此时思想具有什么地位呢？此时思想还存在吗？抑或是不是有一种别样的行动发生，它既不是思想的产物，也不是记忆的反应？所以，探询思想的含义，以及思想和行动的作用——包括集体和个人的思想和行动——是当你打下基础之时即会发生的探询。如果没有这个基础，你就不可能探询思想的本质、思想的终结，或者思想将会如何。单纯控制思想，依然是一种矛盾。控制就意味着压迫，意味着限制，意味着约束。一颗被某种模式——社会、宗教或者其他种类的模式——所约束的心，永远无法自由。它总是受到模式的制约，因而没有能力获得自由，进而没有能力打下正确的基础，也无法探询思想的意义。

正如我所说的，我们认清了控制的含义，以及它的局限所在。控制之中有约束、限制和压抑，进而有无尽的冲突。当你理解了这一点，非常非常深入地探究了这个问题，从中就会产生一种觉察，有了这份觉察就可以专心致志，同时又没有任何局限。然而，一颗训练自己去控制自己的心，永远无法觉察，而觉察却可以专心致志，同时又不限制自己。于是你就会发现，当你懂得了那种觉察，当你理解了经验、野心的含义以及嫉妒的本质，你就在自己身上打下了基础——并非通过努力，因为你是通过单纯地看清事实而获得这些领悟的。对事实的了解给你带来了能量。所以，事实从来不会制造问题。你把事实变成了问题，然而，如果你能够客观科学地看待事实，事实就永远不会制造问题。这时你就可以继续探索下去了，你就可以看清思想具有怎样的地位了。

如果你不再寻求经验，那么思想还存在吗？你的心被野心、成就所驱使，或者想要触及神明——这也是野心。如果你不再营营役役地求取，无论是凡俗之物还是内在的追求——那意味着不再获取、不再要求越来越多的经验，越来越多的感官刺激，越来越多的享受，或者看到越来越多的影像——那么思想将再也没有任何地位可言。此时你就会发现大脑变得格外安静。大脑之前已经习惯了这些目的，当这些目的被以理性、清醒和健康的方式审视一番，并得到了充分的理解，大脑就从那一切中脱离了出来。此时大脑自然变得格外安静——不是因为它想去到哪里，也不是因为它没有理解那些可怕的不满、失败和绝望。大脑理解了那一切，进而变得高度敏感、异常警觉，但又十分安静。同样，这也是冥想的基础。

一颗安静的大脑可以毫不歪曲地观察，因为它理解了思想和感情，它不再寻求经验。因而这样的一颗大脑可以毫不扭曲地观察，因为它不再关心任何经验，它就像通过显微镜观察细菌一样看着事实。只有你打下了基础，只有你自己非常非常深入地探究了这个问题，你才能这样观察。没有书本，没有古鲁，没有导师，没有救世主能够引领你——他们只会告诉你："要这么做，不要那么做，不要野心勃勃，或者要野心勃勃。"当你自己打下了基础，你就会发现这颗大脑变得极其安静而又高度敏感。

此时这颗大脑就可以观察实际发生的事情；此时它不再关心经验，不再关心如何把它的所见诠释成语言并传达给别人；它只是单纯地观察。当你已经走了这么远，你就会发现有一种运动出现了、它摆脱了时间。

完全安静、没有任何反应的一颗心、一个大脑——做到这点极其困难——只是一个观察的工具，因而异常活跃和敏感。而这一切，我们从一开始一直到现在所讲的内容，就是冥想。当你在冥想之中已经走了这么远，你自己就会发现有一种摆脱了时间的运动或者行动，有了一种无法衡量的状态——你可以称之为"神"，但那个称谓毫无意义。这种状态就是创造——不是写首诗、画幅画，或者雕刻大理石；那些都不是创造，而只是表达。

确实存在一种超越了时间的创造状态。除非我们知道了这种状态——"知道"指的不是知识——除非我们无比分明地觉知到这种状态，否则我们日常生活中的行动将毫无意义。你也许非常富有，你也许非常成功，你也许拥有一个兴旺的家族，你也许拥有这世上的一切，或者你也许饥渴地追求着俗世之物。但是，如果你不懂得那样东西，你的生命就会变得空洞、浅薄。

只有当你通过毫不费力的觉察，终止了我们刚才谈到的一切——野心、经验和冲突，突变才可能发生。此时就会诞生一种无法借助言语传达的东西。它无法被体验，也不是一种你要去追求的东西，因为所有的追求都止息了。这就是冥想。而这具有非凡的美，有一种浩瀚的奇妙的真实感，那是一颗琐碎的心、一颗平庸的心所不可能领会的——那颗心只知道追随古鲁，反复诵念《薄伽梵歌》《奥义书》和咒语，那些没完没了的词句。这一切必须统统结束。大脑必须彻底清空已知，只有此时那不可知者才可能诞生。

（马德拉斯第六次演说，1961 年 12 月 10 日）

彻底的摧毁才能带来创造

如果可以，今天晚上我想谈谈"死亡"这个问题。然而，在我们深入探讨之前，我想我们应该能够以某种非传统的方式——并非人们通常所接受的那种方式——来着手。也许我们可以通过直接的体验来理解这个问题。但是在我们正式进入之前，我想我们应该先了解"恐惧"的问题——对年老的恐惧，对疾病的恐惧，对寂寞的恐惧，对未知的恐惧。而在我们探讨那些内容之前，我想我们还应该弄清楚"努力"这个问题。

我们所有人都在生活中做着各种各样的努力——努力达成，努力失去，努力获得，努力摒弃，努力成就以及努力否定。我们所做的一切都是一个努力和奋斗的过程。然而在我看来，任何一种形式的努力都会妨碍直接的洞察。

我们有没有可能活在这个需索无度的世界上——这个世界上的一切都迎合着奋斗的需要，每一种形式的竞争、成就和功绩都备受鼓励——而没有丝毫的奋争和努力？而我们又是为了什么要做出努力呢？如果我们不做努力，又会怎么样呢？从童年开始，我们就被训练去努力，有意无意地去竞争，去获得，去求取。我们为什么要做出努力？如果我们不做努力，我们会停滞不前吗？难道就没有一种毫不费力的生活方式吗？我想我们应该理解这个问题，因为，如果我们不深入探究这个努力的问题，那么我们就无法充分理解今天晚上将要探讨的内容。我们有没有可能直接看到什么，看到某种真实的东西，让它运转，而不是由我们来对它动手动脚？

有一种东西叫作"孤独"。我们都非常孤独。我们也许有很多人陪伴，有朋友、有家庭，我们也许还光顾寺庙和教堂，用不计其数的事情来占满自己——我们的脑袋里挤满了信仰和教条，还有办公室里没完没了的例行公事。然而，在这一切之外，还是有一种孤独感，如果我们对此有所觉察，我们就试图借助各种各样的方式来逃避它。如果我们没发觉，它就在那里伺机而动，偶尔会将你捕获，于是你就转身求助于收音机、参拜寺庙，或者说点儿什么、做点儿什么来逃避这种巨大的隔离感。这些你们都知道。当你对自己周围的一切有所觉察，当你向内探寻，你必然会遇到它。这是一个事实，它使我们做出各种各样愚蠢但看似聪明的事来逃避它。

请允许我在这里停一下，暂且不继续刚才那个特定的话题，而是来指出一点：这不是一场你在某天晚上随便听听的讲话，听完走掉之后再聊聊里边的观点——它们是对是错，它们管不管用，它们是不是实际，还是只是理论上的说法。我相信你来这里不是只为了听听讲话者说什么，而是当你倾听时，你从自己身上就能发现我所说的内容，就在我们探讨的过程中，发现你自己正在亲身体验我所说的内容。而若要直接体验什么，你就必须既不拒绝也不接受。你不能接受一个挑战，也不能拒绝一个挑战；无论你喜不喜欢，它都在那里。你可以用不恰当的方式应对它，进而加剧痛苦、困惑和不幸，或者你可以完整地应对它，进而消除痛苦的根源。所以，如果你仅仅听取一堆词语——而词语是没有尽头的——如果你来这里只是为了消遣掉一个晚上，那么我要说，这是对你时间的极大浪费。然而，如果你能够认真地、全神贯注地深入探究我们所探讨的问题，真正去探询、质疑和追究，那么你也许不仅能够亲自发现孤独是什么，而且也许你还能走得更远。

孤独会导致扭曲，孤独让我们依附，孤独让我们竞争、求取、依赖他人，而你管这叫作"关系"。所以，探究这个问题，看看我们能不能消除这种被称为"孤独"的东西、这份隔离，真的非常重要。只有当你能够一步步切实地而不是从理论上去探究这个问题，你才能做到这一点。而当你这么做的时候，你就会发现，你能察觉到内心不仅有孤独，而且还有大量对孤独的恐惧。而恐惧并非与实际存在的状况有关，而是来自对可能会发生什么的担忧。我们知道有孤独这种东西，我们害怕。我们已经下定决心或者已经得出了一个结论，那就是我们理解不了它，我们不懂得或者没有能力理解它；所以我们感到害怕。然而，如果我们不在一瞬间就直接做出即时的反应，而是直接密切关注导致恐惧的事物，那么我们就不会害怕。你不会逃避。所以，同样，当你孤独时，你得看一看，你得探究孤独并且彻底了解它，因为如果你不彻底了解它，你就会逃避。而所有的庙宇里都充斥着你那些毫无意义的神明以及女神。所有的《薄伽梵歌》、仪式、家庭，所有的关系——都毫无意义，如果你不了解这份孤独。

然而，若要了解孤独，首先你就必须理解"孤独"这个词。词语并非事物和事实本身。所以，你必须对词语保持警惕，不要让它吓得你不敢靠近——比如"仇恨"这个词，比如"恐惧""共产主义""神"这些词；它们只是词语而已。而若要理解词语背后有什么，你就必须摆脱词语，绝不能让它引发和滋生恐惧。所以，如果你希望了解这种孤独是什么，你就必须首先抛开词语，而我也希望你正在这么做。做到这一点，抛开"薄伽梵歌""圣经"这些词，确实非常困难，因为《薄伽梵歌》和《圣经》具有能够将你压垮的如此巨大的权威、如此重大的意义，承载着如此沉重的传统。那是终极的权威——你不能质疑它；如果你质疑，你就是反宗教的。然而，若要发现真相，你就必须摧毁所有词语、所有权威，包括《薄伽梵歌》和《圣经》。只有当你愿意发现何谓真、何谓假——而不是仅仅谈论毫无意义的词语——你才能做到这点。所以，如果你能够抛开词语，看看那件被称为"孤独"的事物，那么恐惧就不会存在，因为此时你面对的是事实，而不是代表事实的词语。

请在听我讲话的过程中亲自做做这个试验，你会发现你在何等程度上是词语的奴隶。一颗心若是词语的奴隶，它就无法走远——比如"阿特曼""吠檀多①"或者其他任何此类的词语，它们实际上毫无意义，你只不过是在重复它们。你必须把一切都彻底推翻才能发现真相。

你才刚刚开始发现如何去推翻。所以，当思想摆脱了词语，你就能够去看了。你可以看到孤独是什么，它是由很多隔绝行为和自我中心行为导致的。你也许结了婚，有了孩子和家庭；然而你依然孤独。因此，你与你的家庭、邻居、老板以及所有人的关系都是以自我为中心的。因为自我中心，所以始终存在对孤立的恐惧，而孤立你自己的过程就在实际发生着，最终必然导致这种巨大的孤独感。然而，如果你能够与事实共处，能够实实在在地和"你很孤独"这个事实相处，切断所有逃跑的通道——不再闲聊，不再喝酒，不再打开收音机——并且抛开人类制造出来的所有丑陋的神明——救世主、大师、古鲁——此时你就是在面对事实了；于是你就能够理解现状并将其超越。然后，当你在超越它时，你就会遇到一件截然不同的事情——那就是单独——因为当你抛开了那一切，只有此时心灵才能摆脱所有的影响、所有的传统，以及心灵加诸自身之上的各种面具，即刻把它们彻底摒弃；只有此时，心才能孑然独立。而它必须孑然独立，完全赤裸，彻底剥除所有的观念、理想、信仰、神明和承诺。此时你就能踏上通往未知的旅程了。

所以，为探究死亡的问题，就需要打下坚实的基础。而我们又是为什么要做出努力呢？如果我愚蠢、迟钝、笨拙，就像我们大多数人那样，还有不敏感，我为什么就看不到、觉察不到这些缺点呢？一颗迟钝的心

---

① 吠檀多（Védānta），由婆罗门圣经《吠陀》（Veda）和终极（anta）两个词组成，意为吠陀的终极，是被视为正统的古印度六派哲学之一。是影响最大的一派。《吠陀》经典即此派的理论根据。吠檀多派的经典主要有：《吠檀多经》《奥义书》和《薄伽梵歌》。

通过努力也无法变得更加聪明、敏锐、清晰和有用，因为一颗迟钝、琐碎的心即使做出努力也依然会迟钝和琐碎。但是，当迟钝的心觉察到自己迟钝的事实，当你发觉了你迟钝的事实——不是发觉这句话，也不是别人跟你说你迟钝，而是你觉察到了你的心昏睡着、不敏感这个事实——此时你就会发现，无须努力，无须挣扎，无须费力变得聪明、机灵和敏感，对心灵迟钝这个事实本身的洞察，这份觉察本身就带来了敏感，而无须你做出任何努力。请认真听一听这些。因为你的全部生活都是一场可怕的斗争；从早到晚，你都在和别人战斗；你所有的关系都是抗拒——你来我往，争斗不断。当真正意义上的生活如此之少，喜悦如此之少，一切就都变成了一场痛苦、一场不幸、一场战斗。而一颗征战不休的心会将自己损耗殆尽；在它开始环顾四周之前就已经开始枯萎，老朽不堪了。

所以请务必认真考虑我说的话：一个人可以毫不费力地活在这个世界上，也就是在一天中的每一分钟都看到事实——看到事实，而不是你以为事实如何，因为你的想法只不过是传统，是你想强加于事实之上的知识和信息。事实从来不受制约，但你的心受到了制约。作为基督教徒、印度教徒、佛教徒和共产主义者，你的心受到了制约——我们并不是作为一个村民，而是作为一个文明人遭受到所有那些愚蠢制约的；村民并没有受困其中，那家伙太可怜了。

所以，你的心受到了制约。带着这颗吸收了传统、依照宣传内容——无论是《薄伽梵歌》《圣经》的宣传，还是报纸和人民委员（苏联政府部长）的宣传——来生活的受限的心，你试图去了解事实，进而把事实变成了问题。但是，当你观察事实，事实并不会制造问题；它就在那里。所以，一颗能够每一分钟都始终在观察事实的心，没有问题，进而也无须做出任何努力。并不存在正确还是错误的努力；所有的努力都妨碍了对事实的了解。

我们现在就来提出并探讨"死亡"的问题。正如我前几天指出的那样，你可以为了找到答案而提出疑问。这样的质疑以反应为基础，因为你希望得到某种让人喜欢、令人开心的答案，因为你已经有了某种恐惧，或者你的恐惧已经发号施令如何去寻找答案。所以你的质疑只是反应；它脱胎于反应，因而根本算不上质疑。还有一种质疑是没有反应的——只是单纯地质疑，而不想找到答案。这种质疑本身就打开了一扇门，你可以通过它发现真相，通过它去看、去观察、去倾听。

所以我们探究死亡——并非是为了知道死后会有怎样的生活。谁在乎呢？你愿意延续你现在的生活，延续这些痛苦、污浊、争吵、野心、挫败以及被称为道德的巨大邪恶吗？你希望延续这些吗？所以我们这就来探询，来弄清真相。

若要探询一件事情，你就必须永不满足，永不寻求庇护所。显然，一旦你为自己的疑问找到了令人满意的答案，你就结束了，你就不再探索追究了，你就已经滑入了旁边一个令你满意的池塘，可以在那里开心地腐烂了。然而，探询意味着推翻，推翻你的家庭，推翻你的想法，推翻一切才能发现真相。而我们正要这么做——我会这么做，但你不会，因为你有自己的家庭，因为你抱有如此根深蒂固的想法，连炸弹都无法将它们粉碎；即使炸弹来了，你也能躲进避难所并成功生还，继续原来的生活方式。

所以我们来探询，而不是寻求答案，因为不寻求答案即有一种美，因为此时的每一分钟你都是生机勃勃的，能够去发现事实如何，而不是你认为应该如何。所以在探询的过程中，我们必须来看看时间的问题。死亡即时间。时间是由此及彼，是需要时间的距离——达成的时间，收获的时间，培养你努力培养的所谓美德的时间——每一天，日复一日，通过重复，通过一次又一次地做某件事情，借助你所谓的"好习惯"来实现。这都需要时间。

然而习惯是美德吗？你按照某个模式日复一日培养的那样东西，依据你自己的想法、你的种族、你的家庭、你的古鲁或者社会投射出来的那样东西——那是美德吗？抑或，美德是某种截然不同的东西？它难道不是与时间完全无关的吗？它难道不是某种你瞬间即可看到的东西吗？不需要培养，不需要等级式的渐进过程——逐渐变好、变高尚，就像一个虚荣的人努力拥有谦卑那样的过程。一个虚荣的人，无论他做什么，都永远无法拥有谦卑。他所能做的，只有对虚荣死去。

所以，时间是钟表上的时间，是昨天、今天、明天、明年等等这样的物理时间。但是还有另外一种时间，那就是心理时间——"我将如何；我要成为一个大人物；我要拥有一辆豪车、一栋豪宅；我要最终变得不暴力。"这都意味着心理上、内在的时间，也就是从这到那，"现在如何"与"应当如何"之间的心理距离。

请和我一起深入。我不是你的权威、你的古鲁，我只是请你注意听。

那种时间到底是不是一个事实呢？抑或它是一颗聪明头脑或愚蠢头脑的发明——是头脑发明了这个我最终将会找到"神明"的想法？进而借助累世的经验，我慢慢培养出各种美德，直到我变得完美——这些都说明把时间当作了拖延去了解"现状"、了解事实的手段。当你了解了你愤怒这个事实，对这个事实的了解本身就让你消除了时间。请务必探究这个问题，你会发现这一点极其简单，因而具有无限重大的意义。所以，把时间用作求取的手段、成就的手段，是错误的，是一种愚蠢的行为。

从这里回家，你需要时间。你需要时间来学一样东西，成为一门技术的专家。获得知识，成为一名熟练的医生，学会一门电子技术等等，需要机械性的时间。这些机械过程需要时间，此外再没有另外的时间了。如果你看到了这个事实，你就会知道，从心理上、从内在来讲，时间并不存在。此时你的整个视野就发生了一场巨大的突变。于是你不再从到达、获取、成为的角度来思考；你从心理上完全消除了"成为什么"的感觉，"成为什么"就是受困于悲伤、痛苦和困惑之中——那就是整个人类的全部艰辛所在。而我们通过给这个问题提供土壤进而从心理上制造出了时间。我们有心理上的时间，因为我们不知道如何对一个问题死去——对一个问题死去，而不延续它，不把它带到明天。如我所说，只有当你没有能力去看事实时，问题才会存在。当你看着事实，此时问题并不存在，因为你是直接在和事实打交道，进而你消除了时间以及牵涉时间、处于时间之中的问题。

所以，在提出和探究"死亡是什么"这个问题的过程中，显然我们必须探究的，并不是死后将会如何的问题，而是死亡本身是什么。你非常清楚你不能跟死亡讨价还价。根本没有讨价还价的余地，你也不能跟它讲道理。那是绝对的终结。你可以发明出各种各样的理论——说你的生命会得以延续，存在着真我或者高我，神明会保护你——你捏造出一大堆理论，它们也许是事实，也许不是。但你会死去，这是最终的结局，无论你现在是年轻还是年迈。所以，这一点是不容置疑的；当死神敲响你的门，你不会讨价还价，你不会说："请再等几天，我得见到我的家人，我得起草遗嘱，我得解决我和妻子之间的争吵。"你没法讨价还价。但我们跟生活讨价还价，我们欺骗生活，我们玩弄生活，我们出卖生活，我们有着双重思维，我们竭尽全力掩饰生活。我们会讨价还价，我们会选择，我们会胡闹玩耍。我们并不把生活看得像死亡那么终极。然而如果我们这么看待生活的话，我们就不得不每一分钟都视若珍宝地对待它，带着果断——而不是拖延。

所以，我们学会了玩弄、选择、讨价还价、掩饰和逃避生活的伎俩，进而用同样的态度来对待死亡。你可以玩弄生活，但你无法玩弄死亡；它就在那里，你就那样逝去——并非有什么来生，那毫不重要。而且，你们那些相信有来生的人，根本就没当真。如果你真的这么以为，你就会立刻改变你生活中的一切。因为你相信业报，你说你会为此付出代价——就像你播种了所以会收获一样。你根本不相信这些，因为如果你真的相信，如果你发觉了这个事实，你就不会掩盖你头脑和内心的丑陋、嫉妒、残忍和冷酷，哪怕一分钟都不会；你会改变，你会立刻发生突变。所以说你的信仰根本毫无价值。

所以，我们必须面对死亡的问题，如我所说，这里没有讨价还价的余地。你不能跟爱讨价还价，对吗？也许你会讨价还价——而那是嫉妒。也许你根本不会爱，你不知道那意味着什么——因为如果你爱过，你知道会发生什么吗？你会拥有一个截然不同的世界；你的孩子将会不同——他们不会追随你为他们设下的模式：追求金钱、地位、才能，赚得越来越多，变得惊人地丑陋和愚蠢。当你谈到爱，你所关心的一切就是这些——性、孩子和家庭。而在家庭中，你为自己的老去寻找保障；同时，因为孤独，你紧紧依附着你的家庭、你的儿子、你的女儿——你称之为爱，不是吗？当你只关心自己时，你会害怕，所以你没有爱，但是你感到孤独，所以就会害怕死亡。

那么，不从理论上而是真正面对死亡，你就必须了解一些事情。显然肉体的死亡确实存在。关于这点你无能为力，除非某些科学家或者医生发明了一种新药，能让你再活五十年，继续生活在同样的痛苦、浅陋、狭隘和愚蠢之中，没完没了地上班、生养孩子，并按同一种旧有的模式教育他们，延续这种污秽的文明。

所以说身体会死去——你不得不接受这一点。而人们怀有对老去的恐惧——变老、变瞎、变聋，记性不好，必须得有个人可以依靠；所以你紧紧依附着家庭、妻子、丈夫——你称之为爱，你称之为责任、义务、高尚的道德。请理解这一点——不是我的言辞，而是你自己的生活。所以说身体会死去。那么，我们就不能从心理上也对我们已知的一切死去吗？因为那就意味着死亡，不是吗？你明白吗？对你已知的一切死去，对你的家庭死去——人们很难做到这点，因为家庭对于大部分人来说都如此重要；家庭就是他们的死亡之所。

所以渐渐地，我们开始害怕死亡、害怕未知，因为你对死亡一无所知，你从来没有遇到过它——除了你看到过被运往火葬场或者墓地的尸体，但你从来没有遇到过死亡。你可以与死亡相遇，那就是从心理上对你的家庭、你的神明、对你积攒的一切死去，每一分钟都对出现的每个经验死去，离开它、放下它——这意味着生活在一个巨大的高度，不知道下一分钟将会发生什么，因为你已经彻底消除了恐惧；你已对自己积攒的一切死去；你不再是一个印度教徒，你不再是一个律师，你不再拥有一个银行账户，你不再与任何事物有关，尤其是不再与你的家庭有关。当你紧紧依附着你的家人，你就会想让他们像你一样受到制约；你不希望他们改变；你希望他们有份好工作，有个好职位，生几个孩子，然后继续同样的模式。所以，当你在一天中的每一分钟，从心理上、从内在对一切都死去，那么你就会发现，你可以毫无恐惧地进入死神的居所。于是你在活着的时候就知道死亡是什么，而不必等到最后一分钟，在你几乎没了意识，疾病缠身，几近崩溃而且毫不情愿的情况下，才知道死亡是什么。

　　然而，现在活着，进而现在就带着充沛的活力和清晰感死去，意味着彻底摧毁一个人在自己身上建立起来的一切，没有传统，没有经验，没有能力。而那就是你死去的时候会发生的事情——你完全没有任何能力，你就剩下一具空壳，尽管你的思想也许会延续下去。思想只是一堆毫无意义的言辞，是一个也许会延续的结论，因为你接受了生命中的某些行动、某些感受、某些力量。即使是对这些，你也必须死去；你必须对你的想法、你的经验、你的大师、对一切都死去。

　　你害怕的并非死亡，而是已知，你害怕离开已知，离开你的家庭、你的儿子、你的经验、你的银行账户，离开你习惯的国家，离开你当作知识积攒起来的一切。而把这些都抛在身后——是这些吓坏了你，而不是未知。你怎么可能害怕未知呢？因为你对未知一无所知，无从怕起。

所以你必须对已知死去；这是一项极其艰巨的任务，只有当你面对你实际如何的事实，而不引入观点、判断、评估、传统以及你的好恶时，你才能做到这点——抛开那一切，把那一切都推翻，直接面对你实际如何的事实。那意味着摧毁——然而没人愿意去摧毁。革命分子——经济革命者、社会革命者——他想要摧毁建筑或者社会结构，那是一种反应；而革命者的这种行动会带来一系列其他的反应，稍做调整但依然陷于同一种旧有的模式中。但我们所说的死亡——不是革命——指的是彻底清空一个人已知的一切。

只有此时，当你摆脱了已知，你才能进入未知——你都不用进入未知，它自己就会到来。此时你的心灵摆脱了已知，将会懂得那不可知者。但你无法到达那不可知者，因为你不知道它是什么——你只知道你的《薄伽梵歌》告诉了你什么，你的《圣经》或者你的古鲁、你千百年来所接受的宣传告诉了你些什么。但是那并不意味着你知道未知。你必须对那一切都死去。不要说："那不是为我准备的。只有极少数人能做到。"如果你这么说，那就意味着你不知道爱是什么。你想得到爱，你想要同情，你想弄懂那件叫作生与死的非凡的事情。若要了解它，若要懂得互为彼此的生命和死亡，你就必须推翻你围绕着自己，围绕着你的家庭、你的保障、你的希望、欲望和目的建立起来的所有心理上的架构。当心彻底清空了心灵和大脑所拼凑出来的一切，当它拥有了从思想中解脱出来的自由，此时那不可知者就会出现，那就是生命，那就是死亡，那就是创造。它们彼此之间并不是分离的。死亡与生命密不可分，生命就是死亡，因为只有当你死去时，而不是当你延续旧有的愚蠢的生活模式时，才有生命可言。

只有当你自始至终都在彻底地摧毁，摧毁你的大师、你的社会、你的信奉，你对自己家庭、观念的所有依附，彻底消除它们并孑然独立时，才有创造可言。你必须如此——这就是死亡，所以这也是生命。而哪里有生命，哪里就有创造，这创造就是摧毁，就是生命。

（马德拉斯第七次演说，1961 年 12 月 13 日）

从已知中解放出来

这是最后一场讲话。如果可以，今天晚上我想谈谈宗教心灵和当今的科学心灵。

对我们大多数人来说，符号具有非同寻常的意义——对于基督教徒来说，是十字架、神像、教堂、大教堂等；对于印度教徒来说，是有着无数条手臂的各路神明、寺庙、环绕寺庙的古老围墙、石头，以及无论是用手还是用头脑雕刻出的神像——它们对我们有着非同寻常的影响。它们塑造我们的思维，它们制约我们做出的努力，它们圈住流浪的灵魂，它们减轻痛苦，它们给出不计其数令人满意的解释。然而，如果我们观察的话，观察我们自己的思想，我们就会发现，一个词、一句解释、一个符号多么轻易地就能让我们满足。《薄伽梵歌》《奥义书》《圣经》《古兰经》或者任何一本你奉若神明的书，里边的一个词、一句话似乎都能在某种程度上减轻生活中的痛楚、苦难、绝望和无聊。而一个符号，无论其形式如何，似乎都能涵盖我们的诸多难题；因符号之名，我们就可以变得十分激动，我们就会变得满腔热情——就像基督教徒那样，就像印度教徒那样，轻易就被言辞、说法和符号所驱动。

正如我在这些讲话中反复说到的那样，请不要只是听我讲，请不要只是听取言辞。你必须超越言辞、超越名称、超越符号才能真正去发现，才能非常深入地探索，才能毫无局限、毫无制约地去探询。我想极其恳切地建议——如果你愿意这么做的话，如果你足够认真的话——请不要只是来听一场晚间的讲座或者一场此类的探讨，而是在倾听的行动发生之时，就在深入地探索你自己。在倾听的行动发生之时，如果你确实带着觉察、毫不费力地倾听，在这个行动本身之中就真的会发生一项奇妙无比的奇迹，就像一道光芒将黑暗穿透。然而这份倾听并非只是对宣传的接受，也不是被一系列言辞所催眠。只有在倾听的行动中你能深入探究自己，揭示出你自己思维和感受的方式，发现你是如何被符号和词语所奴役的，并从情感上真实地直接体验到我们现在所说的这件事，只有此时，倾听才有其重要性。此时，在我看来，我所说的话才会有意义。否则这些话就只不过是垃圾，没什么价值，因为我们关心的是我们每天的生活，关心的是我们生活中让人备受折磨、无聊乏味以及充满悲伤的日常事件。

如何才能在我们的生活中带来真正的突变，不去膜拜符号，不去成为某个神明或某个观念的信徒，不去膜拜旗帜——那不过是流行于全世界的新型宗教——而是有没有可能为我们的思想、我们的感情、我们日常的生存方式真正带来一场根本的转变——这才是最重要的事情。只有当我们不仅能够倾听这里所说的话，而且也能在一天中的每一分钟倾听鸟鸣，观察树木，倾听你的邻居、妻子和孩子说的话，于是你每一刻都在学习，进而驱散心灵的迟钝和疲惫，这样我们才能认识到上面所说问题的重要性，并带来一场深刻的、根本的转变。

所以，请务必以同样的方式来倾听，以发现你自己头脑的运作方式，你自己内心的活动方式，这样你就可以了解自己的一切——不仅包括意识，还有潜意识，以及千百年中你积累起来的所有影响、见解、观念和传统。如果一个人每天都困在混乱、痛苦和绝望的折磨中，我看不出他怎么能够在思想上或者深切的关爱方面走远。然而，我们回避这些现实，我们企图把它们模糊起来、掩盖起来，然后让自己迷失在某些观念、信仰和符号之中。所以，如果你真的在听的话，正确地倾听在我看来非常重要。如果你确实在正确地倾听，不再被你的环境和社会所驱使，那么你就抛开了那一切，然后也许你就能够理解什么是一颗真正的宗教心灵了。

唯一能够解决我们各种问题的心灵，是宗教心灵，而根本不是科学心灵。若要真正了解而不是从理论上了解什么是宗教心灵，你就必须不仅仅审视符号，质疑每一个符号，而且要深入探究影响的问题。我们是多么容易被说服，多么轻易就成为某个观念的奴隶，而观念实际上就是宣传。我们的情感多么轻易地就和一种新的，或者可能新鲜的逃避方式纠缠在一起。我们是多么严重地被奴役着，不仅被符号所奴役，而且被社会、传统、家庭、姓氏和职业的所有影响所奴役，被报纸、书籍的影响，被人们认为非常聪明、认为是领袖的要人们的影响所奴役。我们是多么轻易又是多么灾难性地被影响着去这样或那样思考，以某种特定的方式为人处世，遵循着某个体系或者习惯。能够分辨出每一种影响，能够觉察到这些却不被纠缠于其中，当你读书时，觉察到书籍的影响，觉察到家庭的压力和制约，觉察到你成长于其中的文化——这就是智慧。

有不计其数的影响每时每刻都在渗透到心灵那非常微妙的机制之中；现在所说的每一个词都在影响着心灵。你必须觉察到这一切而不被困在其中。你穿的衣服，你吃的食物，你所处的气候，你读的书，以及那些历尽折磨的岁月——五十年、三十年或者四十年的职业生涯或办公室生活——它们是如何扭曲和败坏心灵，让心灵变得琐碎渺小的。你必须觉察到这一切，觉察到所有这些有意识或下意识的微妙影响，特别是那些下意识的影响——古老的人类继承了如此之多的影响，如此之多的传统，如此之多的思维方式和思维习惯，这些都如此深刻地嵌入到了他们的潜意识之中。你必须觉察到这些，把它们拖出来，审视它们，质疑它们，把它们撕成碎片，以至于不留下一丝一毫你尚未彻底地、完全地加以了解的影响。

真实的东西没有任何影响可言。真实的东西只会把你从虚假中解放出来。它不会去影响什么；你可以离开它，也可以带走它。然而，若要理解它，与它同行，在大地之上带着它浪迹天涯，若要深刻地穿透它，你就必须觉察到有意识以及无意识的心灵之中存在着的那些局限性的、破坏性的影响。因为，我们意识的大部分正是由影响构成的；如果你审视它的话，它就是影响——佛陀们、奎师那们、商羯罗们、政治领袖们的影响——那些实际上就是宣传——这些影响根深蒂固。而我们大部分人并没有意识到这一点；我们甚至都不关心这些——我们关心的大多只是赚取生计，生几个孩子，膝下承欢，继续过着一种单调乏味或者相当愚蠢的生活。只有当生活中有了麻烦，我们才清醒几分钟，试图去解决它们，而后知道我们解决不了，于是又继续昏昏睡去。这就是我们的生活。若要解放心灵，就必须觉察到诸多的影响，因为如果没有一颗自由的心就不可能有任何发现。当你被观念、信仰、教条、家庭以及你培育和积攒的不计其数的附属物所捆绑、所束缚时，你是不可能发现任何新事物的。同样，束缚你的不仅仅有符号和影响，还有这种被叫作"知识"的特殊事物。

我们有多么崇拜知识，这真是奇怪。知识总是意味着过去，不是吗？了解始终处于此刻，而知识总是属于过去——就像体会处于现在，而经验总是处于过去。对我们来说，过去具有非同寻常的意义——而过去就是知识。知识在技术层面、机械层面是必需的；你具备的知识越多越好——如何登上月球，如何建造房屋，如何美化花园，如何肥沃土壤。然而知识也变成了深入探索的障碍，因为我们大部分时间都活在过去。我们知道的只有过去。请务必观察你自己的思想、你自己的生活；你会发现这是一件非常显而易见的事情——知识是怎样导致腐化的。关于你住在哪里的知识很重要；否则你就得了失忆症。然而知识本身也会带来局限、制造恐惧，于是你不愿意离开已知的一切。被知识所困的心总是焦虑、愧疚，害怕探询，害怕探究未知。

因此，你始终活在过去，现在只不过是从过去走向未来的一个通道，所以我们就活在了一个恶性循环里，始终活在已知的领域中，进而永远发现不了新鲜、崭新、年轻和纯真的东西。你也许知道如何登上月球，如何驾驶汽车；你也许懂得建造桥梁所需的大量工作。但那不是创造，那只不过是机械知识的运作。那种知识可以年复一年、世世代代被大规模地添加，但那不是创造，也无法开启通往无限的大门。所以，符号、影响和知识，虽然在我们的日常生活中如此重要，但它们确实会腐蚀和破坏正确的探询和正确的质疑。

　　如果这一点我们每个人都清楚了，那么我们就可以开始探究什么是宗教心灵，什么是科学、现代的 20 世纪心灵了。真正的科学心灵和真正的宗教心灵，是能够存在于 20 世纪的仅有的两种心灵，而不是迷信、盲信、光顾寺庙、朝拜教堂的心。科学心灵是追究事实的心。而追究物质世界的事实——也就是在显微镜下进行探索——需要积累海量的知识。这样的一种科学心灵是 20 世纪的产物。所以你开始发现，科学心灵，所谓受过教育的心灵，学会了某种技术并运用知识进行理性思考的心，总是从已知走向已知，从事实走向事实。这样的一颗心是绝对必要的，因为它可以逻辑、清醒、理性、准确地推理。但是，这样的一颗心显然无法解放自己去探询超越积累的知识之外的东西——而这正是宗教的作用。

　　那么，宗教心灵是什么呢？你知道有一种否定的思维方式，那是最高形式的思考。那就是看清何为虚假，而不是何为真实。我们所受的训练是以肯定的方式思考——也就是模仿性地思考，依照传统、根据已知去思考，遵循某种特定的方法和体系去思考，而这些方法、体系总是从过去投射出来的。这就叫作肯定式的思考。然而，还有一种否定式的思考——也就是看到肯定的虚妄，然后从那里开始。这就是我们将要做的，去发现什么是宗教心灵——看到何为虚假并将其彻底否定，不接受一丝一毫的虚假。如果你已经知道了你会从对虚假的否定中得到些什么，你就无法彻底地否定。如果你知道了未来，你就无法否定。如果我否定所有的宗教组织，认为它们都是虚妄的，没有任何基础，而我知道我否定是因为我在其他的组织中找到了希望，那么这就不是否定。只有在不知道下一步的情况下我才能否定，而这是真正的挑战，这是真正的摒弃——不是故意而为，而是只知道什么是虚假的。这就是否定式的思考。

　　所以我们这就以否定的方式来探究什么是宗教心灵。首先，宗教心灵显然不是一颗信奉什么的心，因为信仰基于想得到安全和保障的愿望，所以任何形式的信仰都会妨碍正确的探询和正确的质疑。如果我信奉国家主义，那么我就不可能探究如何才能真正与他人兄弟以待。我必须否定国家主义；此时我就能发现以兄弟之情与人友爱相处究竟是怎么一回事。但我们的大部分宗教都是信仰。你相信有个神存在，因为一万年来的宣传都是这么告诉你的，说存在着神，存在着阿特曼——有各种各样的说法，编织着众多的理论和言辞。你相信那一切，因为你就是这么被抚养长大的，这么接受的教育。当你去到世界的另一头——去俄国和其他地方——你会发现他们不信神，他们的成长环境就没有信仰。信神的人和不信神的人并没有多大区别，因为他们都是语言和宣传的奴隶——只不过一个当了一千年的奴隶，另一个当了四十年的奴隶。我知道你们会笑，我知道你们觉得这很滑稽，但你们还是会相信神明。一个真正探究神是否存在的人，必须彻底消除他所受的一切制约，他对神明的一切信仰。

　　所以说宗教心灵不是一颗信奉的心，也不是光顾寺庙的心。你每天都去寺庙，反复诵念某些词句，做咒语唱诵以及诸如此类的一切——这根本不能表明你是一个宗教人士。这也许能表明你是一个迷信的人，你被困在了社会传递给你的习惯之中。你也许用参加游行、看足球赛、打板球、坐在收音机旁消遣时日来代替宗教仪式——可那都是一回事。所以，仪式性的心灵，光顾寺庙、教堂并膜拜符号的心，根本不是宗教心灵。人为什么要这么做呢？你为什么这么做？因为各种各样显而易见的原因——首先，你一直是被这样训练的；去相信，在观念中寻求庇护，这已经渗透到了你的内心深处。如果你没有神明可信，你还有国家可以膜拜，国家也有它的牧师——那就是这个或那个领袖。我们都想得到安全保障，因为我们害怕生活。当我们遇到了麻烦——有人去世了，我们丢了工作，我们身上发生了什么事情——我们不用一颗科学心灵去实事求是地探究这些问题，并将其突破。于是我们轻易地、静悄悄地暗自转向某种我们希望能带来安全和宁静的东西；而那样东西也确实能带来宁静，带来安全。信仰确实能带来安全感。但那种安全只是一个词，是空洞的——它除了让你彻底昏睡以外没有任何心理上的保障可言。

所以，对于一颗宗教心灵来说，用来激励和组织人们去膜拜神明的寺庙、教堂和符号根本毫无价值可言。否定了这些，否定了你成长于其中的宗教架构以及其中所涉及的权威——商羯罗们、佛陀们、古鲁们、《薄伽梵歌》《圣经》——彻底否定那一切，就是宗教心灵的伊始。这并不意味着心变成了怀疑论者或者接受另外的权威。它否定所有宗教、所有上师的权威，进而否定所有书本、所有寺庙和教堂的权威。否定是一件非常困难的事情，因为你也许会因此丢了工作；你母亲会为此哭泣，而你自己也感到如此害怕。你能否定被膜拜了千百年的这些神明吗？你又是谁呢，要去否定它们？

你知道我们虚构出来的那些东西，我们对自己玩的那些把戏。否定并待在那种否定之中——这就是真正的宗教心灵的开端。因为，当你否定了虚妄，你的心就会变得非常敏感；当你否定了虚妄，你就拥有了能量。你知道，你需要大量的能量才能去探询和发现，才能活在那种宗教心灵之中；你需要能量，巨大的能量。然而，如果你身陷冲突——你实际如何的事实和你应当如何的想法之间的冲突——你就无法拥有那种能量。所以宗教心灵没有任何理想；他只是一刻接一刻地面对事实。而美德就在对事实的面对当中。从对事实的面对当中，你就会拥有一种无须控制的纪律——而不是你称之为戒律的那种致命的练习，那只不过是习惯、抗拒和压抑。

所以，一颗正在探究宗教心灵的特性和本质的心，是一颗摆脱了命令式的、僵化的宗教和传统戒律的心。但它有它自身非凡的、无需压抑和控制的纪律，当你面对事实，这种纪律就会产生。你知道，面对事实需要巨大的能量。只有当你不与事实冲突时你才能看着它——事实就是在某个特定的时刻你实际的样子，事实也许是你嫉妒、野心勃勃、贪婪、羡慕、无情、残忍。面对事实，看着它，需要能量。如果你与事实相冲突，你就无法与事实共处。而当你毫无冲突地看着事实，那个事实本身就会释放出能量，能够带来它自身的纪律。这样的纪律不会扭曲心灵，因为其中没有压抑。而我们所有的纪律都是压抑事实的手段，因为我们膜拜并逃避到并非事实的观念之中。如果你在倾听——我希望你并非只是在听取一堆十分廉价而又多余的词句——如果你透过我说的话在观察你自己，你必然会看到事实。如果你与事实——也就是你自己，而不是你毫无意义的阿特曼以及诸如此类的一切——并无冲突，那么你就会看到，当你在观察事实，从那观察之中就会出现一种奇特的纪律。若要非常清晰地看到什么，你不会谴责，你没有评判——就像科学心灵客观公正地观察某样东西那样。

所以，宗教心灵没有权威，因而宗教心灵不是一颗仿效的心。你也会发现宗教心灵没有被困在时间里。它不从进化、成长和渐变的角度来思考——渐进的是一颗兽性的头脑，因为大脑，大脑的一部分是从动物本能进化而来、成长而来的。大脑的其他部分还有待开发，但如果还是依照动物的本能和经验来发展的话，它依然会停留在时间之中。因此，宗教心灵永远不会从成长和进化的角度来思考，它始终跳脱于时间之外。我认为你会理解这一点，这对你来说也许相当新鲜、相当奇特，因为这就是我说的突变的含义。

一颗变化着的心，一颗改变着的大脑，始终在从已知走向已知。而宗教心灵总是在把自己从已知中解放出来，于是它能够体验未知。未知在时间之外，已知在时间之内。所以，如果你非常深入地探究这个问题，你就会发现宗教心灵不是时间的奴隶。如果它发觉自己野心勃勃、嫉妒或者恐惧，它不会从理想和拖延的角度来思考。它会在那一瞬间立即将其结束；那结束本身就是那非凡、微妙、敏感、无须控制却又自由的纪律的开端。

所以，宗教心灵是真正具有革命性的心灵，那种革命不是对既存事物进行反应的革命——就像共产主义只不过是对资本主义的一种反应一样，所以这种革命根本算不上革命。任何反应都不是革命，因此反应无法带来突变。只有宗教心灵，探究自身的心灵，觉知自身活动和行为的心灵——这就是自我了解的开端——只有这样的一颗心才是革命性的心灵。而一颗革命性的心灵是一颗正在突变的心——也就是一颗宗教心灵。

所以你可以看出我们的问题在于：如果你真正醒觉的话，当今的挑战和每时每刻的挑战，就是要完整地应对崭新的事物。我说的"完整应对"指的是——完整，是用你的整个心灵、你的整个大脑、你的整个内心、你的整个身体、你的一切，用你全部存在的整体去应对——而不仅仅从智力上、情感上或者感情用事地应对。我想知道你究竟有没有如此完整地应对过任何事情。你会发现，当你如此完整地应对时，就不会有自我中心的行为。当你完整地应对某件事情时，你会发现，那一刻，那一瞬间，自我连同它所有的活动、恐惧、野心、残忍和嫉妒都不见了。因而你能够完整地应对，而当你具有敏感性也就是生命力时，你确实会完整地应对。

于是你会发现，宗教心灵懂得爱是什么，不是我们都知道的那种爱，我们所说的那种爱——对家人的爱、肉体的爱等等，那些爱被弄得支离破碎，被分裂、被肢解、被败坏、被腐化了。当你爱着，你既爱一个人，也爱很多人。这并不是"你爱所有人还是一个人？"的问题，而是：你爱着。所以说宗教心灵没有国籍，没有宗教，比如信仰和组织化的教条。而且宗教心灵是一颗谦卑的心——那意味着"谦逊"。谦逊并非习得，也并非培养而来；只有虚荣者才培养谦卑。然而，当你倾听事实时，你就拥有了谦卑。而那谦卑就是美德，因为，毕竟美德就是秩序——就是秩序，没有更多了——就像你让自己的房间保持整洁有序一样。美德的作用从谦卑中产生，而那秩序是一刻接一刻地得以保持的。你不能说："我有了秩序。"你得留意和打扫；而只有当你谦卑时，那种清洁、那种美德才会到来。

于是你开始看到，宗教心灵总是在把自己从已知中——也就是从知识、经验、积累的东西和过去中——解放出来。不要说："这只是为少数人准备的。"不是这样的。而是，如果你深入地深究和质询你自己——也就是当你观察你自己，你的思想、你的感情，你吃东西的方式，与仆人讲话的方式，你对家庭、对儿子、对女儿的依附，鄙视一些人却尊重另一些人，拜倒在某些象征的脚下却踢开另一些人——当你观察这一切，当你毫无选择地觉知这一切，你就会发现你的心灵、你的头脑变得非常平静、非常安宁，却又格外活跃和敏锐。虽然它知道自己必须在知识中运转，但它摆脱了知识——而这是绝对必要的，如果想要发现真相究竟是否存在的话。心必须完全自由，彻底摆脱已知——也就是所有的知识，所有的经验，所有的传统、权威、不幸的伤痕和挫折，以及一个人积累起来的会制造幻觉的悲伤——这一切都必须消失；只有此时你才能开始了解什么是宗教心灵。

如果你已经走了这么远的话，此时你就会发现，冥想并非重复词句，也不是坐在某个黑暗的角落里，看着你自己投射出来的意象和观念。冥想是揭开已知并把自己从已知中解放出来。此时你就拥有了能量，必不可少的非凡能量——而不是通过保持单身、每日一餐、裹上腰布、独自进山、藏身于寺院的围墙之后、接受一个虚假的名号或者号码所带来的那种能量。那么做不会带给你能量，那恰恰否定了能量。但你必须知道这一切的危险所在，觉察到那一切，并进而将其否定。你必须像一名外科医生拿起手术刀切除肿瘤那样，切除生命中所有虚假的事物。如果你已经走了这么远的话，从中你就会发现你的大脑变得格外安静而又非常敏感——只有格外安静的东西才能敏感。

此时你就能开始理解美是什么了。你必须拥有美，而那并不是良好的品位——良好的品位只是一种个人反应。良好的品位——个人的好品位也必须消失，此时你就会知道美是什么。美并不是由人类在画布上、纸上或者石头上拼凑出来的东西。美也不单单是对艺术家怀有的某种感受产生的一种反应。美是某种超越了那一切的东西。当你已经走了这么远，你就会发现此时创造出现了。

创造永远无法被诉诸语言。创造不是发明，宇宙并非发明出来的。所以说宗教心灵是一颗创造性的心灵，因为它懂得了什么是活着，进而让自己摆脱了日常生活中的所有琐碎渺小。我们的日常生活根本不算是活着，那是一场折磨，而当这场折磨停止，只有此时你才开始活着。只有宗教心灵才能这样活着。所以，摆脱所有的琐碎渺小，以及活着——这并非一项发明；它是一扇门，那无法衡量者、不可知者通过它得以发生。

（马德拉斯第八次演说，1961 年 12 月 17 日）

PART 07

问题

1961 年，新德里

1. 先生，你说的"学习"指的是什么呢？

2. 你用"学习"这个词指的难道不是一种非常特殊的含义吗？我们所理解的学习，是与知识有关的——也就是获得越来越多的知识。除此之外，"学习"这个词里并不包括别的意思。你用这个词指的是一种非常特殊的含义吗？

3. 先生，我对了解思想的机制很感兴趣。有时候思想好像是从深层的结论中产生的，有时候好像是从最表层产生的，就像从上面落下来的一滴水一样。对于这点我很困惑。我不知道还有脱离背景存在的思想。我无法估量"思想"这个词真正的含义是什么。

4. 思考是什么呢？

5. 先生，我们能暂时让观点脱离结论吗？

6. 先生，那就像一个人走进了黑暗，手里却连个火把都没有，不是吗？

7. 如果心不感兴趣，那它怎么才能做到感兴趣呢？

8. 当我看到一样东西，我的看是自动发生的；然后诠释就会出现，还有谴责。

9. 先生，困难在于，我们无法只是看着自己而不评判我们的行为。同样，当我们评判时，我们立刻就停止了行动。

10. 可是，行动跟语言是分开的吗？

11. 观察跟思考有什么不同呢，先生？

12. 观察的时候不可能没有思考过程，也就是形成记忆的过程。

13. 我现在对你做出的反应是一回事，等我走出去之后我的反应就是另一回事了。要养活我的家庭和我自己，需要一些最基本的东西。在得到这些东西的过程中，我也觉得需要保证这些物质类东西的延续性——食物、衣服和住处——未来也是如此。而且我的各种需求也在增长。于是，贪婪就来了，而且不断加剧。我的心怎样才能在某个层面上停止贪求呢？

14. 一个数学家有一个未解的问题。他的心要怎样摆脱这个问题呢？

15. 这是已有的知识带来的一个结果吗？先生，我爱我的孩子们，我爱我的兄弟。我承担了他们的责任。我遇到了一些困难，所以我想摆脱这些责任。

16. 先生，"知识"这个词的用法相当含糊。你涵盖的内容太多。现在我们以汽车为例——这是技术上的知识。但是，这种知识完全不同于对生活问题的认识，对那些难以解决的事情的认识，也跟它完全不一样，因为有太多的社会条件在发生着变化。所以，知识并不总是能导向解决办法——这点并不是必然的；有时候在某些情况下，知识也许隐含了解决办法，而在某些情况下就没有。

17. 先生，直觉是怎么回事？

18. 我们想达到我们为自己设定的标准。

19. 只有精神错乱的心才会没有问题。

20. 先生，你说的"共处"是什么意思呢？

21. 当我们用到"不满足"这个词，难道不就意味着有比较吗？

22. 先生，不满足和心智是两回事吗？心能看着它吗？

23. 可是意识到这一切，让我有一种不开心的感觉。

24. 我们能逃离传统、家庭并按照自己想要的方式生活吗？

25. 心智有存活下去的愿望。如果我的心智知道自己是迟钝的，它就活不下去了。

26. 那是玩耍。如果我没有野心，如果我不想为我的孩子们努力工作，我为什么要改进呢？

27. 但是因为环境的缘故我们没有选择。

28. 我们通常看到的是部长，很少看到那个人。

29. 难道不存在毫无目的的行动这回事吗？

30. 在我看来，当我看着一朵花的时候，我没有目的，这是行动。当我听到小鸟在唱歌，小鸟的歌声会给我某种触动，我听着的时候体会到真正的喜悦；这也是行动，但是没有目的。

31. 我看到有个孩子溺水了，然后我去救他。这个行动是有目的的行动吗？

32. 我想过一种没有矛盾的生活。那会成为一个目标吗？

33. 为什么一颗暴力的心就不能努力变得不暴力呢？

34. 先生，你提倡自发的爱吗？

35. 你认为超脱的行动会导向这个结果吗？

36. 依附很正常，那是本能。而超脱是一件你需要努力去做的事情，是一种积极的行动。

37. 孩子们一旦能够自力更生了，你就不应该再依附了。

38. 先生，如果遵从导致矛盾，那么彻底的不遵从也许会导致彻底的混乱。

39. 先生，遵从在某种程度上是必要的。

40. 我能知道领悟的技巧吗？

41. 如果一个人高效地履行职能，地位自然就会到来。在那种情况下，地位并不是邪恶的，因为它不是通过追求得来的。

42. 那不会是一个反应吗，先生？

43. 先生，我们不得不在社会的这个或那个领域中运转，而这需要与那个领域有关的越来越多的知识。那么，怎么能说知识越多就让我们离了解越远呢？

44. 假设我不关心那种地位呢？

45. 先生，在行动的过程中，有识别发生；而识别会变成知识。

46. 先生，是因为对未知的恐惧。

47. 那是某种彻底的湮灭。

48. 心的这种整体性是一个从世界中抽离出来的抽象概念。

49. 如果我发现了一条眼镜蛇，我就会退回去或者做点儿什么，后来我才知道我害怕那条眼镜蛇。

50. 恐惧难道不是人与生俱来的一种本能吗？

51. 这意味着本能反应根本不是恐惧。

52. 那些思想唤起的神经反应，我们称之为恐惧。怎么可能不带着"恐惧"这个词、这个名称观察恐惧这种神经反应呢？

1961 年，孟买

1．我们满怀恐惧，我们超越不了这种恐惧。

2．我可以问问你说的"探询"（enquire）或者"尝试"（try）是什么意思吗？

3．当你说话的时候，我们大部分人都在想着我们自己的问题。这就是困难所在。

4．那是表象，就像一场梦一样。

5．感受是心的一个方面吗，先生？

6．那有点儿难。

7．有少数的时候是觉察的。

8．怎样才能摆脱所有那些东西呢？

9．你是不是否定这种革命中存在阶段或者对某些方面的发现？

10．试着探索恐惧的原因。

11．单纯观察恐惧——会把我们带到哪里呢？

12．它实在是太可怕了，所以我们没有了解它或者观察它的能力；与此相反，我们试图设想出某种神圣的力量来保护我们。

13．你一旦明白了，恐惧自己就消失不见了。

14．你说所有的思想都是机械的，然而你却要求我们去探询和发现。这种看法难道不是思想的一个方面吗？

15．先生，那种能量是神的吗？

16．人为了释放紧张感于是写作——不是吗？

17．在某些时刻我们确实感觉到没有矛盾、没有困惑，也没有涉及时间。那是创造性吗？

18．个人对外界的挑战做出反应，这种反应来自记忆。为了能够用你说的那种方式来应对挑战，心怎样才能消除记忆呢？

19．提出问题是为了找到一个解决办法。

20．一个人知道的是答案呢，还是信息的组合呢？

21．没有反应和挑战的心有什么用处呢？这样一颗心并不能把我们带到哪里去。这样的一颗心会带来什么呢？

22．你描述过最终的阶段和最初的阶段，而中间的阶段并不清楚。

23．那是不是意味着你不在反应和挑战之间进行选择呢？

24．似乎大部分人来听你讲话是因为他们绝望，因为他们是怀疑主义者、是愤世嫉俗的人。就工作而言，等待不是非常困难的事情吗？

25．先生，我认为你对科学家做了一种不公正的评价。例如，现在有一种探索，是通过做实验挑战过去时代的那些说法，这就是新东西。

26．思考跟语言的组织过程有关。当你用"否定式思考"这个词组，是不是意味着语言的组织过程还在继续呢？

27．那就不能是真正的洞察而不是否定式的思考吗？

28．从我们小时候就一直有认可感；我们从小就是被我们的教育、我们的背景和所有那些方式培养长大的；所以，无论我们看到什么，无论我们观察到什么，必然会有所反应。

29．词语会消失，但是还会回来。

30．词语之外难道没有某种早期的精神倾向导致的不明障碍吗？

31．我们是从孩童时期的无语言状态进入语言状态的。现在你告诉我们要消除我们积累的所有过去。有可能现在即刻就回到那种无语言的状态吗？

32．从科学、进化的观点来看，我们是从一个无语言状态进化到语言状态的。我们现在能抛弃语言吗？

33．那你如何区分前语言状态——也就是最初或不发达的状态——和你所说的无语言状态呢？

34．当意想不到的事情发生时，对我们会产生巨大的影响，在那一刻有一种状态可以说是没有时间的；在那种状态中根本没有语言，人被惊呆了。你会把那种经验叫作没有时间的经验吗？

35．读本书。

36．因为有恐惧的想法。

37．我们很悲伤，因为他曾经活着，我们爱的人曾经填补了我们内心的空白，并帮助我们活了下来。

38．我们本能地避开痛苦和悲伤。

39．因为我们不完满，因为我们的心灵不完满，生命极端空虚。

40．接受存在痛苦的事实。依附是悲伤的成因。

41．痛苦的含义是什么呢？

42．先生，第一颗心是如何形成的呢？

43．心智、时间和经验似乎是一个东西，但记忆不可能是时间，因为记忆是过去的。它是时间这个概念的一部分。

44．我听你说话的时候，被你的思想所影响；然后我说：我会探究你所说的话。你难道不认为"我会探究"这个问题也引入了时间吗？

45．那你怎么要求我们不受影响地觉察事实呢？

46．时间与神有任何关系吗？

47．观察到自身所受制约的心灵——它能超越思想和二元性吗？

48．爱有指向的对象。爱里面有二元性吗？

1961 年，伦敦

1. 心似乎在不停地兜圈子，但是好像从来没有超越它自身的局限。

2. 你必须带着理解而不是用心智去看。

3. 这种即刻的清除——其中无疑不会有任何思想存在。

4. 那似乎是我们正试图了解的事情，但我们做不到。

5. 我们只能说我们不知道。

6. 在我看来，我们只能借助语言来看。

7. 你也许在那么一瞬间看到了，然后心智又回来了。

8. 那难道不就是不假思索的行动吗？

9. 我会说思考是对经验的一种神经反应。我们无法对我们不知道的东西做出反应。

10. 难道不可能拥有创造性的思维吗——比如，在科学或者数学领域获得新的发现？思想完全是制约的产物吗？

11. 你是不是说这个过程不是思考？

12. 如果它来自潜意识，那实际上就是旧东西了。它并不真正是新的，对吗？

13. 我确信有意识的心智能够自由，但在我看来巨大的困难在于潜意识。

14. 看得没有那么清楚，因为我属于一个为联合国（the United Nations）工作的组织，我认为那是一件好事儿。

15. 我们认为我们是被自己对社会和家庭的责任制约了。

16. 我们有太多意识不到的制约了。

17. 我认为这种情况偶尔会发生在我们身上；它来来去去，不由我们决定，就像林中吹过的风或者随风飞舞的落叶一样。

18. 冲突来自欲求。

19. 那我们对上帝的追求呢？

20. 是对欲求的抗拒制造了矛盾。

21. 我认为我并没有了解欲望。

22. 对经验的记忆。

23. 问题是，若要防止记忆在心中留下印记，我们就必须对我们的每一个经验都怀有巨大的兴趣。

24. 我想我打算说的是：如何才能产生这种兴趣呢？

25. 不如说：我为什么不感兴趣呢？

26. 对我来说，我害怕被迫进入周围的环境之中，比如说生活在某些大城市或者在工厂里工作，在那里没什么我能够去爱的或者感觉有价值的东西。

27. 当然，你什么也不能做。

28. 如果你有一份非常喜欢的工作，那里面也会有恐惧吗？

29. 那似乎是我所认识的自己的彻底终结。

30. 在你所谈的事情中，习惯显然占了相当大的一部分，是吗？

31. 那也许是一种逃避方式。

32. 因为恐惧，不是吗？也因为贪婪，我认为。

33. 因为心灵就是占据。

34. 那些东西是某个层面上的心灵，但并不是心的全部。

35. 心始终在对各种刺激做出反应。这就是被占据的过程。

36. 不可能做这样的尝试，因为如果心空了，人就无法存在了。

37. 人是通过生命中的刺激和挑战洞察到自身所受制约的吗？

38．我认为你说的那种觉察或者高度的感知，偶尔能在目睹一场事故的时候体验到。

39．一个人怎么才能知道他看到的是整卷书还是只看到其中一页呢？

40．是不是可以这么说：为了找到正确的答案，你必须不提出任何问题，也不期待任何答案。

41．我们都有一些时刻能够觉察一切，然后我们就会希望留住和延续这样的时刻。

42．那种愤怒不就是一种自我中心状态吗？

43．我会说我们从来都没有看到过任何事情。

44．我们只能全然地感受。

45．我认为人需要喝醉才知道喝醉是什么。

46．正是欲望本身的自相矛盾，使得我们几乎不可能拿它怎么样。

47．我们害怕如果我们把自己完全投入到一个愿望中去，也许会发生什么事情。

48．在始终有一种分裂存在的情况下，究竟有没有可能真正把自己如此彻底地交付给什么呢？

49．有没有可能把自己完全交给什么人呢？

50．当欲望不会破坏其他任何事情时，它就是正确的、好的。

51．有没有可能摒弃欲望的对象，并与欲望的核心共处呢？

52．我一直以为只要有空间，就必然会有时间，而你的说法似乎很不一样。两个词语之间的空间不就是时间吗？

53．物理时间和心理时间不是一样的吗？

54．心脏停止跳动之后，作为个人的思想还存在吗？

55．如果有人告诉你明天你就会死，那不会对你本人产生任何影响吗？

56. 是这同一颗心创造了失序和秩序吗？

57. 我认为你会同意这个说法，即人类社会的状态留下了很多需要解决的问题。一个宗教人士有可能抗衡其他所有做法不同的人，以一种有效的方式来应对这个社会吗？

58. 你可以给我们多讲讲爱是什么吗？

59. 换句话说，那一刻你就是爱。

60. 基督有言教导我们如何去爱："爱邻人如爱你自己。"

61. 涤清心灵的过程是一个思想过程吗？

62. 你能不能告诉我们在看到"真相"的那一刻会发生什么呢？

63. 如果没有记忆那还能思考吗？

1961 年，萨能

1．为什么我们发现很难提出正确的问题呢？

2．是什么阻止我们深入探索问题呢？

3．深入探索问题是非常痛苦的。

4．所以若要解决世界上的这些麻烦，我们就需要秩序。

5．为此我们要付出什么代价呢？

6．恐惧无疑是我们最大的绊脚石之一，阻挡着我们进步。但是我们无法从一开始就拆除所有的东西。我们难道不应该姑且满足于折中的措施吗？

7．但是要想实现立即看到的可能性……

8．我认为课堂上有更多创造性的活动将有助于解除心灵所受的制约。

9．一个人如何才能看到恐惧的整体呢？

10．创造的本质是什么？

11．我认为我们必须反抗外在的世界，而就在对抗世界的行为之中存在着冲突。

12．我认为如果我们能一刻接一刻地生活，就没有冲突。

13．我们怎么才能知道我们面对的是真正的事实呢，还是关于事实的想法呢？

14．如果你自己彻底地探究冲突，那么你是不是就必须接受世界上的冲突？

15．了解是一种能力吗？

16．人似乎能够看到欲望的愚蠢并摆脱它，但是随后它还会再回来。

17．与我们所看到的事物相认同和与之共处，有可能区分开这两者吗？

18．如果一个人不让自己跟什么相认同，那么我想他是不是就能完全置身事外了？

19．在探索的过程中就有喜悦和快乐；而探索不是学习吗？

20．在我看来，首要的事情之一是了解心灵的构成是什么。

21．了解自己需要进行某种努力。

22．人如何才能获得这一切所需的能量呢？

23．我不太理解必须在最开始就有自由而不是最后，因为开始的时候有着所有的过去，并没有自由。

24．我们怎么才能如此清晰地看到并忘掉所有经验呢？

25．只要有悲伤，无疑我们就会不可避免地想要对它做点儿什么，对吗？

26．在有身体疼痛的情况下，我们不应该去看医生吗？

27．当我看到自己周围有着如此深重的悲伤，我有可能摆脱悲伤吗？

28．如果一个自由了的人不能帮助别人，那他有什么用呢？

29．与悲伤共处意味着悲伤会延长，而我们对悲伤的延长十分畏缩。

30．我们的先入之见是拦路的障碍，我们得解决它们，而这也许就需要时间。

31．如果我们没有那种热烈，我们又能怎么办呢？

32．全然关注的状态和没有动机的欲望——它们是一回事吗？

33．在探究恐惧的过程中，会有精神紊乱的危险吗？

34．宗教心灵可以通过冥想获得吗？

35．我们无法利用理性去发现什么是真实的，真的是这样吗？

36．我们看到了谴责外在和内在各种事物这种做法的荒唐，但却继续谴责着。那么我们该怎么办呢？

1961 年，巴黎

1．一个人要如何才能从情感上和事实相联结？

2．我们难道不需要关注我们身上始终在上演的二元化过程吗？这不就是自我了解吗？

3．有让心灵安静下来的方法吗？

4．心本身之中是不是就具备自身获得领悟的因素呢？

5．为什么一个自由的人就不会受到打扰呢？

6．对上帝的信仰都是基于恐惧吗？

7．如何才能给欲望以自由，而无须摧毁它或压抑它？不带谴责地看着欲望，能让它消失吗？

8．前几天你说我们必须受到打扰，那是什么意思呢？

9．一个人要怎样才能发现自己的主要问题呢？

10．追随任何一派特定的宗教能够让人解放自己吗？

11．你说过通过信仰上帝是无法找到上帝的，但是人能通过天启找到上帝吗？

12．当我们意识到自己的空虚时，为什么恐惧就会袭来？

13．你说过我们基本的生存需要是食物、衣服和住所，而性属于心理欲望的范畴。你能进一步解释一下这点吗？

14．每个人都可以实现解放吗？

15．我读过你关于教育的一本书。既然你到巴黎来了，我们就不能成立那样的一所学校吗？

16. 孩子为什么会有恐惧呢？

17. 有可能始终处于将恐惧排除在外的全然关注状态之中吗？

18. 所有的记忆都和知识联系在一起吗？抑或，那种安静是另一种类型的记忆？

19. 如果一个人直观地、如实地看到了虚假并丢掉了它，那是否定吗？抑或还有更多的东西？

20. 当一个人有了这种空无感，他又怎么能实际地生活在这个世界上呢？

21. 你能不能再跟我们讲一下为什么分析是错的？我不太明白这点。

22. 你说过从所有影响中解脱的自由，可这些集会不就在影响着我们吗？

23. 如果人每一分钟都在死去，那么后代还怎么生存呢？

24. 如果一个人活着的时候不知道真理是什么，那么他死的时候会知道吗？

25. 我明白人必须摆脱恐惧才能拥有这种能量，但是对我来说，恐惧在某些方面是必需的。那么我们该如何摆脱这个恶性循环呢？

26. 也许我们在听你讲话的时候能处在那个状态中，可是为什么我们不能一直处在那个状态中呢？

27. 那身体上的死亡是怎么回事？

28. 孩子要是问死亡的问题，我们该如何回答呢？

29. 难道不存在一种正确的努力吗？

30. 人们，包括我自己，如何才能拥有这种对真相的热爱呢？

31. 搞清楚死亡所需要的能量，与冥想所需要的能量，是不同的吗？

32. 专注和关注有什么不同？

33. 这整个问题不就是一个消除某种不真实的东西，以接收某种真实的东西的问题吗？

34．没有挑战也没有反应的心灵状态，是不是和冥想是一样的?

35．难道不存在一种并非思想产物的恐惧吗?

36．死去之中不就有一种新生吗?

37．我们为什么不能始终处于那种奇妙的状态中呢?

1961 年，马德拉斯

1. 改变是从内在还是从外在发生的?